技术经济学

高　晶　潘冬梅　主　编

北京理工大学出版社
BEIJING INSTITUTE OF TECHNOLOGY PRESS

内 容 简 介

技术经济学是一门由技术科学与经济科学相互渗透而形成的交叉学科,广泛应用于社会和经济生活的各个领域,成为政府和企业以及个人进行投资决策分析的工具。

本书内容分为十章,知识安排顺序:绪论、技术创新、资金的时间价值与等值计算、经济性评价基本要素、技术经济评价基本方法、技术方案的不确定性分析、设备更新的技术经济分析、价值工程、项目可行性研究、项目可行性研究案例。同时,提供与教材配套的教学大纲、电子课件、学习指导、自测试题及模拟试卷。

本书可作为高等院校经济管理类专业的核心教材,高等院校理工科专业或者需要进行工程认证的专业的本科生经济管理基础课的学习教材,也可作为经济管理类研究生、MBA、项目管理、工业工程硕士研究生的参考用书,同时对工程技术人员、政府与企业管理人员和教师也有很大的参考价值。

图书在版编目(CIP)数据

技术经济学 / 高晶,潘冬梅主编. -- 北京:北京
理工大学出版社,2023.12
ISBN 978-7-5763-3285-8

Ⅰ. ①技… Ⅱ. ①高… ②潘… Ⅲ. ①技术经济学-
高等学校-教材 Ⅳ. ①F062.4

中国国家版本馆 CIP 数据核字(2023)第 238363 号

责任编辑:徐艳君	**文案编辑**:徐艳君
责任校对:刘亚男	**责任印制**:李志强

出版发行 / 北京理工大学出版社有限责任公司
社　　址 / 北京市丰台区四合庄路 6 号
邮　　编 / 100070
电　　话 / (010)68914026(教材售后服务热线)
　　　　　　 (010)68944437(课件资源服务热线)
网　　址 / http://www.bitpress.com.cn

版 印 次 / 2023 年 12 月第 1 版第 1 次印刷
印　　刷 / 河北盛世彩捷印刷有限公司
开　　本 / 787 mm×1092 mm　1/16
印　　张 / 20.75
字　　数 / 487 千字
定　　价 / 99.00 元

前言

技术经济学是一门交叉学科，由技术科学与经济科学相互渗透而形成，是一门应用性很强的学科。其主要内容包括：研究技术方案的经济效果，寻求提高经济效果的途径与方法；研究技术和经济的相互关系，探索技术与经济相互促进、协调发展的途径；研究如何通过技术创新，加速技术进步，推动企业发展，促进国民经济增长。技术经济学作为经济与管理专业的专业基础课程，在整个课程体系中具有统领的作用。

在本教材的编写过程中，团队成员按照国家"十四五"教育发展规划纲要，秉承"价值塑造、学导相融、协同育人、学做合一"的教育理念，确定了"精简理论、强化实践、重在实用、突出创新"的编写思路，以思政为引领、知识为根本、应用为主线、技能为核心，体现了教材内容的更新、体系结构的精简、叙述方式的多元和学生学习的便捷。

本教材的主要特色有：第一，学习内容体系完善。教材在内容规划上具有系统性、全面性的特点，以"实用、适度、够用"为原则，重点突出"应用"和"能力"，有利于学习者较全面地建立自己的知识体系。第二，知识结构简明扼要。每一章从引导性案例入手，明确本章学习目标、知识重点和难点，并配以知识思维导图，方便学习者了解各知识点的层级关系；为了增加阅读的趣味性和知识的延展性，主体内容部分增加了便于移动阅读和学习的二维码；每一章结束部分设置本章小结、关键名词、思考题、练习题和实训题，有助于学习者加强知识的理解和运用。第三，注重融入思政元素。教材内容紧跟时代发展潮流，将党的二十大精神与相关知识点学习有机融合，选取了许多中外著名的典型案例，并且在案例中注重彰显中国特色，体现中国智慧、创新意识和创业精神，增强绿色、双碳和可持续发展理念，旨在培养学习者在工程领域的经济管理思维、系统思维、批判性思维和全局性思维，塑造学习者的价值追求和理想信念，激发学习者的责任意识和家国情怀。第四，案例主导学以致用。教材注重理论和实践紧密结合，列举了大量实际案例，学习者可以从案例中汲取丰富的经验，培养学习者运用课本经典知识，分析当前热点和社会经济现象的能力。除了基本的理论讲解，教材还注重互动实训，培养学习者的实际应用能力；技能与策略并重，让学习者不仅能"知其然"，还能"知其所以然"。第五，教学资源丰富多样。教材编写体例新颖，采用活页式结构，供学习者灵活选择，自由组合。同时，提供与教材配套的教学大纲、电子课件、学习指导、自测试题及模拟试卷。

本教材共分十章，其中第二章、第八章、第九章、第十章由高晶编写，第一章、第三章、第四章、第五章、第六章、第七章由潘冬梅编写。

　　本教材的出版得到了北京理工大学出版社的大力支持，在此致以诚挚的谢意。

　　在本教材的编写过程中，参阅和引用了许多专家、学者的文献资料，在此对有关作者一并表示感谢。由于水平有限，在编写过程中难免存在疏漏和不足之处，恳请各位专家和广大读者不吝赐教，多提宝贵建议。

编　者

目 录

第一章 绪 论

引例

我国某公司在毛里求斯承担某机场建设项目时，项目投标阶段拟采用的地基处理方式为强夯，但实际地质条件决定了需要采用桩基，然而依据合同条款此项费用无法进行索赔。本项目所处的地质情况非常复杂，属于中度发展的玄武岩伴有地下孔洞带，岩层厚薄不均，同一地层受风化、冲击程度不同，强度差异较大，地下空洞容易导致承载力不足，给钻孔桩施工带来隐患。开工后，结构设计分包 SJP（Safety Job Procedure，安全工作程序）进行了全场范围内的高密度电法补充勘探、每柱下的无取样钻孔和复杂地质区域的取样钻孔共三种形式的地质详勘，并给出了 1 000 多页的报告，结论是要在大部分柱下打桩，总桩数为 507 根，平均桩长 10 米。由于毛里求斯只有一家桩基施工公司，费用谈不下来，成本压力非常大。项目部的合约人员和技术人员，通过分析基础的设计书，针对设计的前提条件，结合高密度电法、无取样钻孔和取样钻孔的三种地勘报告逐桩分析，交叉对比，最终将桩的数量减少到 224 根，并得到了设计顾问的认可。按平均桩长 10 米计算，减少了 2 830 米的桩，节约了近一半成本，并缩短了一半的桩基施工工期。

（资料来源：翟冰. 国际工程"价值工程"实施案例及分析[J]. 科技创新与应用，2014（29）：235-236）

学习目标

知识点：

1. 了解技术经济学的基本概念；
2. 了解技术经济学的产生与发展；
3. 理解技术经济学的研究对象及特点；
4. 理解经济效果指标的概念，掌握经济效果指标的表达形式及提高经济效果指标的途径；
5. 掌握技术经济分析的一般过程的运用。

> 重点：技术与经济的相互关系、经济效果指标的概念及表达形式、提高经济效果指标的途径、技术经济分析中方案的可比条件。
> 难点：提高经济效果指标的途径、技术经济分析的一般过程的运用。

本章知识思维导图

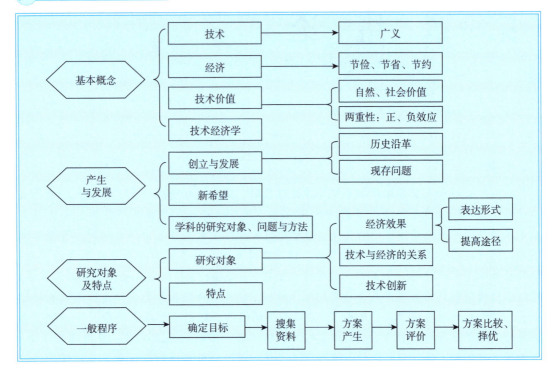

人类社会的进步和经济的发展与人类有目的、有组织的技术经济活动是分不开的。由于技术进步、技术创新和技术应用于实践的经济活动要消耗经济资源，因此使技术经济活动既能最大限度地实现经济增长，又能够节约资源、保护环境、保持社会的可持续发展，在我国创新驱动、转型发展的背景下显得尤为重要。技术经济学正是这样一门研究技术经济活动中的技术发展规律和资源配置规律的科学。

第一节　技术经济学的基本概念

一、技术的含义

随着社会化大生产的发展，人们对技术的认识不断深入。技术的概念包括狭义的技术和广义的技术。

狭义的技术，是指用于改造自然的各种生产工具、装备、工艺等物质手段的总和，即物化形态的"硬技术"。

广义的技术，是指人类在认识自然和改造自然的实践中，按照科学原理及一定的经济需要和社会目的发展起来的，为达到预期目的而对自然、社会进行协调、控制和改造的知识、技能、手段、方法及规则的复杂系统，包括"硬技术"和"软技术"。软技术，体现为工艺、方法、程序、信息、经验、技巧和管理能力的非物质技术（或称软技术）的统一。技术作为一个系统，既不是知识、能力或物质手段三者中任何一个孤立的部分，也不是三者简单的机械组合，而是在特定条件下解决特定问题的过程中体现的有机整体。

现实中人们通常将科学活动、技术活动与项目活动联系在一起，其实，它们既有本质区别，也有密切联系，三者的区别如表1-1所示。

表1-1 科学活动、技术活动与项目活动三者的区别

区别	具体目标	核心活动	成果的主要形式	所有权
科学活动	没有具体目标、 与现实没有直接的利益关系	发现	普遍适用的科学规律	人类共同财富
技术活动	目的性、计划性和预见性	应用	发明、专利和技术诀窍	私有"产权"
项目活动	有具体目标、有直接的利益关系	建造	物资产品和设施等物质财富	产权属性

在人类社会发展的相当长时间里，科学活动、技术活动与项目活动并没有什么联系，它们各自按照自己的逻辑并行发展。19世纪后，科学活动、技术活动与项目活动逐渐密切结合，三者的联系如图1-1所示。

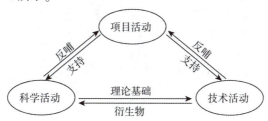

图1-1 科学活动、技术活动与项目活动三者的联系

二、经济的含义

"经济"也是一个人们非常熟悉的名词，其含义比较丰富。应用的场合不同，其实际含义也不同。大体来讲，对经济的含义有以下四种表述：

(一)经济是生产关系的总和

经济是生产关系的总和，是上层建筑建立的基础。这种定义认为，经济指的是与一定社会生产力相适应的生产关系，或适应于一定社会生产力发展的社会经济制度，如经济制度、经济基础中的"经济"。

(二)经济是社会再生产过程中各个环节的经济活动

经济是指社会再生产过程中各个环节的经济活动。这种定义认为，经济是指物质资料的生产以及相应的交换、分配和消费，也可以说是生产和再生产的过程，包括相应的交换、分配和消费环节。经济增长中的"经济"，就是指这种含义。当把经济视为物质资料的生产以及相应的交换、分配、消费或视为生产和再生产的过程来认识时，它指的是人类的活动。人类的经济活动不是人类的一切活动，但它是人类活动最基本的方面。人类经济活

动首先体现为人类物质生产生活方面的活动，即开展能够满足人们基本生存需要的衣、食、住、行等物质生产生活方面的活动。在衣、食、住、行等物质生产生活方面得到满足后，人类开始丰富经济活动的内容，从而派生出精神文化等方面的东西。总体来讲，经济是人类所创造的满足、维持、完善和发展自身需要的变革物质的实践活动，是人和自然界进行物质、能量及功能交换的社会活动，是创造和推动社会发展的历史活动。因此，经济活动是决定、支配、制约和影响其他一切活动的最基本的社会实践活动。

(三)经济是指一个国家国民经济的总称或国民经济的各部门

经济是指一个国家国民经济的总称或国民经济的各部门，如工业经济、农业经济、商业经济等，当经济被视为一个国家国民经济的总称或国民经济的各部门来认识时，它指的是经济活动的组织及分类。如果不进一步考虑全球经济，则经济活动组织及分类的起点可以从一个国家的国民经济总体入手来划分：首先可以划分三次产业，即农业、工业和流通服务业；其次按各产业可以划分其经济部门；最后按各经济部门可以划分其企业。当然，也可以按空间区域来划分经济。

(四)经济是指日常生活用语中的节俭、节省、节约等意思

经济是指日常生活用语中的节俭、节省、节约等意思，如经济效益、经济合理性等。这种定义包含和强调了对人力、物力、资金、自然资源、时间的合理利用和节约使用的意思，它主要是针对具体微观经济活动的结果而言的。但值得注意的是，为了实现节省、节约等经济性结果，这种定义可能会扩展到收入、支出以及成本等大量的经济指标概念上。

技术经济学中的"经济"，主要是指"节俭""节省"或"节约"的意思，也指经济组织与分类等方面的经济含义。

三、技术价值的含义

(一)技术的价值

1. 概念

所谓价值，在一般意义上理解为对实现系统目标所作贡献的大小，技术的价值就是技术应用于系统中对系统所产生的贡献。根据技术本身所具有的属性，我们可以把技术价值分为自然价值和社会价值两种。技术的自然价值包括思想价值、认识价值、知识价值、审美价值等。技术的社会价值包括政治价值、经济价值、军事价值、文化价值等。

20世纪下半叶以来，在第三次科技革命浪潮中，涌现出一批对世界政治、经济、军事和社会等领域具有重大影响的高新技术，包括信息科学技术、生命科学技术、新能源与可再生能源科学技术、新材料科学技术、先进制造技术、空间科学技术、有益于环境的高新技术和管理科学技术等。这些高新技术的出现伴随着新的产业革命，形成高新技术产业和战略性新兴产业，引发了世界范围内产业结构的调整和升级，促进了生产力和社会的巨大进步。

2. 技术价值的两重性

技术价值的实现既有正效应也有负效应。如汽车的应用给人类的出行、货运带来了极大便利，却又产生污染及交通事故等负面影响；核能的开发，既可产生核电能源，造福大众，又会导致战争中引爆原子弹的世界危机。因此应全方位评价一项新技术的价值，考虑如何开发其正效应，如何避免、控制其负效应。

3. 高新技术的价值主要体现在以下四方面

(1)高效益。高效益来自首创利润，高新技术具有创新性和独特性，是创造性思维和劳动的结果。利用它生产出的东西前所未有，所以能获得高利润。

(2)高势能。高新技术对国家的政治、经济、军事、文化和整个社会发展有很大的影响，具有很强的渗透性和扩散性，有着很高的态势和潜在的能量。

(3)高集成。在高新技术领域，科学、技术、生产三者已密不可分，体现了基础研究、应用研究、开发研究和商品化生产的融合，使得科学研究成果能够迅速转化为生产力，实现产品化、市场化和国际化。例如，超导研究一开始就被认为是科学的探索、理论的研究和材料本身的应用以及工艺方面研究的紧密结合。

(4)高竞争。高新技术覆盖面之广、所需投入之多、风险之大是任何国家都不能全"包"得了的，因此需要彼此合作。在合作过程中，大家都想抢占高新技术的优势，又势必出现激烈竞争，自然形成非常强的创新氛围，因此形成竞争与合作并存、交流和限制相伴的格局。

(二)技术的经济价值

技术的经济价值是指该技术应用于经济系统，对实现经济目标所作贡献之大小。经济系统的最终目标是以最小的消耗最大地满足社会需求。因此，技术的经济价值的大小，就取决于该项技术应用于经济活动后所能产生的超额收益。所谓超额收益，是指超过不应用这项技术的收益，或者说是从总收益中扣除资本和劳动的应得收益后的剩余收益。这个剩余收益越大，则表明这项技术的经济价值越大。

(三)技术的经济价值的主要表现

技术的经济价值主要表现在以下三方面：

(1)提供了能够以更少的消耗(资源、原材料、人力、时间等)生产和创造出相同数量和质量的产品或者劳务的手段或方法。例如，各种节能技术、自动控制技术等。

(2)提供了能够创造出原有技术所不能创造的产品和劳务的手段及方法。例如，利用声、电转换技术创造出了收音机、电话等新产品；利用声、磁、电转换技术创造出了电唱机、录音机等一系列新产品等。

(3)提供了利用和产生新能源、新材料以替代日益稀少的自然资源的新方法。例如，核能技术和太阳能技术使人们减少了对煤、石油等化学能源的消耗，各种合成材料取代了木材、兽皮等天然材料等。

📖 案 例

3D技术在医疗行业中的应用

美国密歇根州有一个两个月大的婴儿，因患气管软化，导致氧气无法顺畅地进入肺部，随时面临窒息。密歇根医学院在征得婴儿父母及相关机构允许后，利用3D打印机，根据患者胸部的CT影像，打印出了气管的形状及一块夹板。然后将夹板放入患儿胸部，支撑起坍塌的气管，让气流畅通。这块3D打印的夹板采用的是聚己内酯材料，可在3年后患者呼吸道机能完全成熟后自然降解，制作只耗时一天，成本只有传统工艺的1/3。

(资料来源：仰东萍，姚永玲.3D打印骨骼[N].光明日报，2013-07-21)

四、技术经济学的含义

技术经济学是一门应用理论经济学的基本原理，研究技术领域经济问题和经济规律、技术进步与经济增长之间的相互关系的科学，是研究技术领域内资源的最佳配置、寻找技术与经济的最佳结合以求可持续发展的科学。

案　例

技术上先进，经济上失败

创造了航空史上奇迹的"协和"号，并未能在经济上给制造者们带来丰厚的利润，反而使英法两国承受了巨大的经济损失。这是因为什么呢？原因有二：第一个原因是违背了经济效果原理。飞机为了超声速飞行，必须加大推力，这就必然要消耗大量燃料。在相同距离内，"协和"号飞机比其他飞机多消耗3倍以上的燃料。换一个角度说，如果飞机携带同样多的燃料，"协和"号的航程要比其他飞机短得多。我们将"协和"号客机与同它重量几乎相等的波音767飞机作一比较，前者最大装油量为82吨，满载乘客为100人，航程为6 230千米；而后者最大装油量为72吨，满载乘客为210人，航程为10 674千米。简单地算一下，就可以看出每位旅客每千米的耗油量，"协和"号是波音767的4倍。这正是伦敦—纽约航线上两种飞机机票价格的倍数。由于"协和"号装载的燃料占据了飞机上的大量空间，旅客在飞机上活动的空间也小于其他飞机，舒适程度下降。乘坐这种飞机得到的好处是节约出5小时的飞行时间，而且体验了超声速飞行的滋味。昂贵的票价使"协和"号客机成为一种"贵族"飞机，一般只有少数富人和寻求刺激的人才会去坐它。第二个原因是违背了科学预见原理。"协和"号客机使用有利于飞行的涡轮喷气发动机，它所产生的噪声远大于使用涡轮风扇发动机的亚声速飞机，更有甚者是当飞机超越声速时，它使空气剧烈振动，发出了一阵阵雷鸣般的响声，这种响声被称为声爆，它具有强烈的破坏力。在低空飞行时，声爆甚至可以使地面建筑物产生裂纹。因此"协和"号只能在公海或很高的高空中做超越声速的飞行。世界上很多国家对飞机发出的噪声有严格规定，因此"协和"号由于噪声太强以致活动范围受到限制和约束。例如，美国只允许"协和"号在规定的时间内在东海岸的三家机场起降。种种原因使得"协和"号的商业价值变小，没有多少航空企业愿意出巨资去购买它。"协和"号的生产型总共被制造出14架，英、法各拥有7架，其他国家都没有购买，有的国家草签了购机合同以后又纷纷退货。巨大的研制开发费用没能收回，造成了英法两国财政上的噩梦。"协和"号飞机取得了技术上的巨大成就，得到的却是经济上的巨大失败。

当然，人类不会因为"协和"号在经济上受到的挫折而停止探索提高飞行速度的脚步，科学技术的发展没有穷尽。"协和"号客机留给航空业的教训是先进的技术发展必须与社会经济发展相适应，这样才能相互促进，不断向前发展下去。

（资料来源：http：//www.caac.gov.cn/MHBK/FJXH/200706/t20070621_5530.html）

第二节 技术经济学的产生与发展

一、技术经济学科的创立与发展

(一)技术经济学科的历史沿革

20 世纪 60 年代初期，一批 50 年代留学苏联的工程经济专家与 50 年代前留学英美的工程经济专家在中国创立了技术经济学科。技术经济学科创立之初，主要研究的是"项目和技术活动中的经济分析"。20 世纪 60 年代后期到 70 年代初中期，由于当时中国特定的历史环境，技术经济学科发展受到抑制。改革开放初期，"科学的春天"真正到来了，从此时一直到 20 世纪 80 年代中期，技术经济学科研究的主要是"项目和技术活动中的经济分析"（以 60 年代技术经济学科的创立者为代表）、"科技发展中的经济及政策问题"（以新加入的科技哲学学者为代表），以及"经济发展中的科技及政策问题"（以新加入的经济及管理学者为代表）。

从 20 世纪 80 年代中期到 80 年代末期，伴随着我国大规模的工业技术改造和技术引进，不少学者开始研究"技术选择、设备更新与技术改造评价的方法体系，技术经济学的理论与方法，项目的财务评价与国民经济评价"。伴随着新技术革命的兴起，以及国外学者因"测算技术进步对于经济增长的贡献"而获得诺贝尔经济学奖，国内不少技术经济学者也开始研究并测算"技术进步对于中国经济增长的贡献"。20 世纪 90 年代直到 20 世纪末，一些 80 年代留学美、英、日等国的科技管理学者和工程管理学者学成归来，也加入了技术经济学科之列。同期，国内也陆续培养出了一批技术经济学科硕士和博士。归来的科技管理学者主要研究的是"科技管理"问题，归来的工程管理学者主要研究的是"工程技术管理"问题，国内培养的技术经济硕士、博士研究的主要是"基于国情的技术创新理论"与"高新技术产业化及其产业发展"等问题。20 世纪末期前后，国内外高新技术创业"风起云涌"，一批技术经济学者又开始研究"技术型创业问题"。

可以说，从 20 世纪 60 年代开始，特别是改革开放以来到 20 世纪末，在老一辈技术经济学者的带领下，中国技术经济学者矢志努力，不断从国民经济建设和发展中寻找问题，研究现实、发现规律、提升理论、建立方法，为国民经济的发展和技术经济学科的发展作出了巨大贡献。从工程经济评价、价值工程、技术选择、设备更新与技术改造评价等方法体系、项目的经济评价体系的建立、技术经济学的理论与方法，到技术进步贡献率的测算、生产率的本源、科技预测、技术创新理论和方法的研究，再到高新技术创业的研究，技术经济学科取得了巨大发展。时至今日，主流的技术经济学者主要研究两类问题，一是经济领域的技术发展规律；二是技术领域中的经济活动规律。其中一个值得关注的问题是，由于技术经济研究通常是"由定性到定量""实证研究与规范研究结合"，因此，不少学者常常希望在搞清问题的基础上提出一些"解决问题的思路与办法"，这就使得技术经济学科又有了一些"管理学"的特征，这或许是 1997 年国家学位主管部门将"技术经济"学科改名为"技术经济及管理"学科的一个重要原因。

(二)技术经济学科现存的主要问题

从 20 世纪 60 年代到 20 世纪末，技术经济学科取得了巨大的发展，但也在发展中产生了新的问题。

（1）学科研究对象不甚明确，学科边界不甚严格。同行中出现了"能研究什么就研究什么"的现象，一些人甚至将"技术经济"理解为"技术"与"经济"，或者说"技术"加"经济"。

（2）由于学科研究对象不明确、学科边界不严格，导致高校技术经济专业无共识的课程体系，甚至在一些学校出现了本科、硕士、MBA 使用同一教材的现象。

（3）技术经济学科发展受到相关学科的"挤压"。在经济管理大学科建立之初，技术经济学科拔地而起，对推动和带动中国经济管理学科的建设与发展起到了公认的作用；但随着多数商学院（或管理学院）建立起经济学、会计、财务、金融、企业管理等学科，这些学科开始涉猎技术经济学科起家的项目经济评价、项目财务评价等内容，一些学科外专家开始怀疑技术经济学科的技术性、集成性与中国特色。事实上，技术经济学科的研究对象和研究领域是其他任何学科无法替代的。就此而言，技术经济学科无疑有必要作为一个独立的学科继续存在和发展。

二、技术经济学科的新希望

（一）技术经济有必要作为自成体系的学科

客观地看，在我国经济管理学科群中，极有必要将技术经济作为自成体系的学科来发展。这主要是基于以下几点：

（1）理性地看，技术经济学科应研究的是"技术领域中的经济活动规律、经济领域的技术发展规律、技术发展的内在规律"。在国内，目前还没有任何其他学科能全面涵盖这些研究对象，也没有任何学科可替代技术经济学科在我国经济发展、学科建设、高等教育中的作用。特别是，中国尚处于工业化的初期和中期，"技术立国"是工业化的重要内容。在这一背景下，技术经济学科更有必要自成体系地发展，担当起为国民经济各部门培养"懂技术、懂经济、懂管理"的复合型人才的历史重任。

（2）技术经济学科研究的问题涉及美、英、日国家的多个学科，如工程经济、经济性工学、工程管理、技术管理、技术经营、科技管理，但又与国外相关学科不完全对应。这是由我国的具体国情决定的。在一定意义上，学科发展的国际接轨更多的应是教育模式、研究方法的接轨，各国有各国的具体国情，不能国外有什么学科我们就必须紧紧跟上。但如果硬要强调学科范畴接轨，至少有一点，国外不少学校越来越关注国内技术经济学科所研究的问题，开设与我国相近的课程，这已足以说明我国发展技术经济学科的必要性。

（3）在知识经济时代或称后工业化时代，知识集成、技术整合成为经济发展的重要途径。在知识集成与技术整合过程中，技术经济作为一个自成体系的学科相对独立地发展，更有助于为国民经济各部门培养"懂技术、懂经济、懂管理"的复合型人才，进而更有助于解决中国现存的原始创新少、技术创新不活跃、技术整合能力差、大规模工业化生产技术落后的现实问题。

（二）国外开设相近专业的学校

近些年来，国外不断有学校开设与国内技术经济学科相近的专业或专业方向，这里略做罗列：第一类，技术管理。开设这一专业或专业方向的主要有澳大利亚昆士兰大学、新加坡国立大学、新加坡南洋理工大学、韩国科学与技术政策研究院、澳大利亚格里菲斯大学、瑞士洛桑大学、英国布莱德福德大学、英国利物浦约翰穆尔大学、美国纽约州立大学斯托尼布鲁克分校、美国新奥尔良大学、美国马里兰大学科利奇帕克分校、美国乔治梅森大学、美国史蒂文斯理工学院、美国新墨西哥州大学、美国佐治亚理工学院、美国华盛顿大学、美国麻省理工学院斯隆管理学院等。第二类，技术管理、创新与营销。开设这一专业或专业方向的主要有英国德拜大学、英国曼彻斯特大学、英国普利茅斯大学、加拿大卡尔顿大学、美国新泽西州立大学等。第三类，工程与技术管理。开设这一专业或专业方向的主要有美国圣托马斯大学等。第四类，管理与技术。开设这一专业或专业方向的主要有美国伦塞勒理工学院、美国宾夕法尼亚大学等。第五类，技术与运作管理。开设这一专业或专业方向的主要有美国哈佛大学商学院等。第六类，技术创新与创业管理。开设这一专业或专业方向的主要有美国麻省理工学院斯隆管理学院等。

(三)技术经济学科怎么办

历史地、客观地看，技术经济学科要生存、发展，要自立于中国经济管理学科之林，要为国民经济建设和发展作出更大贡献，就必须在发展中加快自我调整，在自我调整中加快发展。在相当程度上，放弃调整就等于拒绝发展。需要进行的调整主要是：第一，研究对象要明确定位。必须坚决地将技术经济学科的对象调整到基本研究"技术领域中的经济活动规律、经济领域的技术发展规律、技术发展的内在规律"。第二，研究内容要收敛、要集中。技术经济学科以往研究的内容过于分散，不少研究并不属于"技术领域中的经济活动规律、经济领域的技术发展规律、技术发展的内在规律"的范围。因此，至少是主流的学术单位和学者，研究内容一定要集中、要收敛到前述三大内容。第三，学科方法要国际化。技术经济学科的研究方法要便于国际交流和学科提升。让广大群众一看就懂，否则，技术经济学科的发展就起不到应有的作用，甚至会失去群众基础。第四，教育发展要创新。技术经济学科教育要顺应学科发展规律，要适应国民经济发展形势对学科的要求，要与技术类、经济类、管理类学科交叉和结合，整合相关知识服务于社会，同时在为社会服务中谋求自身学科的发展。

三、技术经济学科的研究对象、问题与方法

(一)技术经济学科的研究对象

技术经济学科的研究对象可以界定为三个领域、四个层面、三个方面，如图1-2所示。

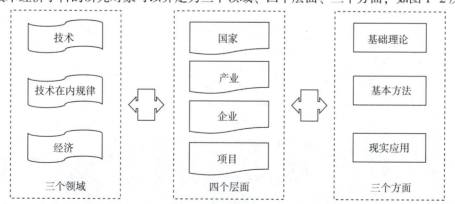

图1-2 三个领域、四个层面、三个方面之间的关系

历史地看，技术经济学科主流学者以往研究的主要是两个领域的问题，一是技术领域中的经济活动规律；二是经济领域的技术发展规律。它涵盖了技术经济学科三分之二的研究对象，这显然是不够的。客观地看，搞清"技术发展的内在规律"是基础。如不搞清"技术发展的内在规律"，我们就不可能真正搞清"技术领域中的经济活动规律"和"经济领域的技术发展规律"。换言之，只有搞清"技术发展的内在规律"，我们才可能在技术与经济交叉的"集合"上搞清"技术领域中的经济活动规律"和"经济领域的技术发展规律"。在前述三个领域，技术经济学科应研究四个层面的问题，一是项目层面的技术经济问题；二是企业层面的技术经济问题；三是产业层面的技术经济问题；四是国家层面的技术经济问题。

在前述三个领域、四个层面之外，要研究三个方面的技术经济问题：一是技术经济学科的基础理论；二是技术经济的基本方法；三是技术经济学科基础理论、基本方法在现实技术经济活动中的应用问题，例如，项目经济可行性评价、技术创新、技术整合等理论与方法在现实中的应用。

(二)20世纪80—90年代技术经济学科关注的问题

要明确界定技术经济学科的研究对象和范围，就有必要历史地审视一下技术经济学科主流学者以往关注的主要问题。不同时期技术经济学科关注的主要问题如表1-2所示。

表1-2　不同时期技术经济学科关注的主要问题

四个层面	20世纪80—90年代	20世纪90年代末期至今	关注趋势
项目层面	●项目的技术选择 ●项目的财务及国民经济评价	●技术型项目管理 ●项目的技术管理	●如何测算项目"净现值"之外的技术能力的成长、企业价值网络的改进、无形资产的增加等"其他收益"
企业层面	●价值工程 ●设备的更新与技术改造 ●技术创新与技术扩散	●企业技术创新管理 ●技术过程管理 ●知识产权管理 ●创新产权的有效配置	●企业技术创新产权的配置问题 ●有效的企业技术创新组织模式 ●企业创新的技术模式与企业成长路径之间的关系
产业层面	●产业的技术经济预测 ●产业技术创新与技术扩散 ●高新技术创新与科技产业园区的发展 ●产业技术政策 ●以技术创新为核心的技术进步对于行业增长的贡献	●竞争前技术预测与选择 ●行业共性关键技术 ●产业技术创新与技术扩散，产业技术标准战略 ●产业技术升级的路径与战略 ●高新技术创业管理	●产业技术进化的技术轨道 ●有效的产业技术升级换代的决策方法 ●非连续创新的内在规律 ●技术标准及技术壁垒的经济学理论和方法体系
国家层面	●国家技术政策 ●以技术创新为核心的技术进步对于国民经济增长的贡献 ●国家技术创新系统	●"跨越式发展"的国家技术战略和技术创新战略 ●国家技术创新体系的机制与建设 ●基于国家经济安全的科技安全、信息安全	●政府科技及技术创新政策的评估 ●基于国家经济安全的科技安全与信息安全问题

整个20世纪80年代到90年代，在项目层面，技术经济学科主要关注的是项目的技

术选择，项目的财务及国民经济评价。在企业层面，技术经济学科主要关注的是价值工程，设备的更新与技术改造，技术创新与技术扩散。在产业层面，技术经济学科主要关注的是产业的技术经济预测，产业技术创新与技术扩散，高新技术创新与科技产业园区的发展，产业技术政策（包括技术创新政策），以技术创新为核心的技术进步对于行业增长的贡献。在国家层面，技术经济学科主要关注的是国家技术政策（包括技术创新政策），以技术创新为核心的技术进步对于国民经济增长的贡献，国家技术创新系统等问题。

这些研究对于推动项目实施单位科学地进行技术选择和项目的财务及国民经济评价，对于企业实施以经济效益为目标的价值工程和设备的更新与技术改造，对于企业和产业部门活跃技术创新与技术扩散，对于政府制定积极的产业技术政策和高新技术产业园区政策，重视以技术创新为核心的技术进步，都起到了重要作用。特别是，在国家推动"技术创新工程"和"技术创新示范工程"，推动高新技术产业园区发展和国家创新系统建设过程中，技术经济学科同仁的努力已留下了历史性的一笔。

（三）20世纪90年代末期至今技术经济学科关注的问题

整个20世纪90年代末期至今，在继续关注20世纪90年代所研究问题的基础上，在项目层面，技术经济学科主要关注的是技术型项目管理和项目的技术管理等。在企业层面，技术经济学科主要关注的是企业技术创新管理、技术过程管理、知识产权管理、创新产权的有效配置等。在产业层面，技术经济学科主要关注的是竞争前技术预测与选择、行业共性关键技术、产业技术创新与技术扩散、产业技术标准战略、产业技术升级的路径与战略、高新技术创业管理等。在国家层面，技术经济学科主要关注的是"跨越式发展"的国家技术战略和技术创新战略，国家技术创新体系的机制与建设，基于国家经济安全的科技安全、信息安全等问题。在方法论方面，不少学者对于技术经济评价的方法论给予了新的关注。

这些研究对于项目实施单位科学地进行项目管理，对于企业有效地实施技术创新管理、技术过程管理及企业内部的知识产权配置，对于推动产业技术创新与技术扩散及高新技术创业管理，对于政府重视基于国家经济安全的科技安全、信息安全等问题，都产生了实际的效果。

（四）技术经济学科需要进一步关注的问题

进入21世纪以来，科学技术以前所未有的速度持续发展。特别是，中国更深地融入了经济全球化、科技国际化的进程中。相应地，技术经济学科也需要"继往开来、与时俱进"，在以往基础上研究新的问题，赋予技术经济学科以新的任务。

就技术发展本身，"原创性技术少"是困扰我国科技、经济发展的"瓶颈"性问题，为此，我们需要研究"技术原创的内在规律"；"技术创新缺少科学依据"曾是第一次世界大战后英国落后的重要原因之一，中国要避免重蹈覆辙，就需要搞清"技术进化的科学轨道"。

在项目层面，一项具体的投资项目给予项目实施单位带来的不仅是"现金流""净现值"，往往还会带来其他收益，如技术能力的成长、企业价值网络的改进、无形资产的增加等。如何测算项目"净现值"之外的"其他收益"（附加项），就成为一个需要深入研究的问题。

在企业层面，需要继续关注企业技术创新产权的配置问题，有效的企业技术创新组织模式，企业创新的技术模式与企业成长路径之间的关系。特别是，从创新到大规模制造还有相当的路要走，而我国企业恰恰在这段路上"徘徊不前"，因此，极有必要深入研究"从创新到大规模制造的技术整合问题"。

在产业层面，进入 21 世纪以来，不少学者预期我国未来有可能成为新的世界制造中心，但"一些产业技术能力落后"已成为制约我国一些产业在国际竞争中获胜的"瓶颈"性问题。为此，我们迫切需要搞清"产业技术进化的技术轨道""有效的产业技术升级换代的决策方法"等问题。非连续创新已成为产业技术创新的重要现象，为此，也需要研究"非连续创新的内在规律"。"技术标准及其他技术壁垒"已成为一国参与国际竞争的重要手段。为此，我们也需要认真研究"技术标准及技术壁垒的经济学理论和方法体系"。

在国家层面，政府政策对于推动科技发展、技术创新至关重要，但我们的政策还有缺失。为此，需要认真研究"政府科技及技术创新政策的评估"问题。在经济全球化、科技国际化、信息网络化的背景下，科技安全和信息安全对于一国经济的基础稳固、稳健增长、持续发展是极为重要的。为此，我们还需要持续研究基于"国家经济安全的科技安全与信息安全问题"。

第三节　技术经济学的研究对象及特点

本教材研究的技术经济学，主要属于以项目层面为主，进而研究企业层面的技术经济分析。所以本教材技术经济学的研究对象及特点如下所述：

一、研究对象

(一)经济效果

研究技术方案的经济效果，寻找最佳经济效果的方案。在这个意义上，技术经济学亦可称为技术的经济效果学。

1. 经济效果的概念

经济效果：是指人们在经济实践活动中所采用的技术方案取得的有效产出与劳动耗费之比。对于取得一定有效成果和所支付的资源代价及损失的对比分析，就是经济效果评价。

劳动耗费：生产过程中消耗的物化劳动和活劳动。

$$劳动耗费\begin{cases}劳动直接消耗(包括资金、人力、物力等)\\劳动占用(物资的占用)\end{cases}$$

有效产出：在经济活动中消耗和占用劳动创造出来的有效的劳动成果，常表现为满足一定需要的有用效果。

$$有效产出\begin{cases}难以用货币计量——质量方面\\可以用货币计量——数量方面\end{cases}$$

2. 经济效果的表达形式

(1)差额表示法：差额表示法是用有效劳动成果与劳动耗费之差表示经济效果，此时经济效果是个绝对量指标，其表达式是：

$$E = B - C \qquad (1-1)$$

式中：E——经济效果；

B——方案的有效劳动成果；

C——方案的劳动耗费。

这里的 B 和 C 必须使用相同的计量单位，必须都用价值单位表示。其差额大于等于零即 $E \geq 0$ 是技术方案可行的经济界限。当二者都以货币单位计量时，所计算的经济效果称为净收益。采用差额表示法的指标有利润额、利税额、国民收入、净现值等。差额表示法一般不宜用来衡量技术装备水平和内外部条件差别较大的技术方案，如规模不同的企业不能仅仅用净收益来评价经济效果的优劣。

（2）比值表示法：比值表示法是用有效劳动成果与劳动耗费之比表示经济效果，此时经济效果是个相对量指标，其表达式是：

$$E = \frac{B}{C} \qquad (1-2)$$

式中：B、C 的单位可以相同，也可以不同。单位相同时，可行界限 $E \geq 1$。

（3）差额比值表示法：差额比值表示法是将差额表示法与比值表示法结合起来使用的表示方法，用经济效果与劳动耗费之比表示，其表达式是：

$$E = \frac{B - C}{C} \times 100\% \qquad (1-3)$$

式中：B 和 C 的计量单位必须一致；可行界限 $E \geq 0$。E 越大，说明方案经济效果越好。

以上三种经济效果表示方法是建立经济效果评价指标的基础，也是定量分析经济效果的重要依据，一般应结合起来加以使用。

3. 提高经济效果的途径

从经济效果的概念和表示方法中可以看出，经济效果随人们在经济实践活动中所取得的劳动成果的增加而增加，随劳动耗费的增加而减少。也就是说，在技术方案实施过程中讲经济效果，就是要用尽可能少的投资及生产费用，生产出尽可能多的社会需要的产品，其中包含了劳动耗费的节约和有效劳动成果的增多两方面内容，由此可以归纳出提高经济效果的五种基本途径。

（1）$E = \dfrac{B \rightarrow}{C \downarrow}$，$B$ 不变，$C \downarrow$，有效劳动成果保持不变，使劳动耗费减少。

在项目实施过程存在各种耗费，这个途径的实质就是减少投资和生产耗费，提倡节约，在降低消耗上想办法。有效劳动成果保持不变，劳动耗费减少，从而提高经济效果。

（2）$E = \dfrac{B \uparrow}{C \rightarrow}$，$C$ 不变，$B \uparrow$，劳动耗费保持不变，使有效劳动成果增加。

在劳动耗费的各种资源不增加的情况下，通过改善产品质量、调整结构、改善管理来提高经济效果。这就要求在项目的劳动耗费不变的情况下，一方面提高资源利用率，使在资源消耗不增加的情况下生产出更多符合社会需要的产品；另一方面改善品种结构，提高质量，即在资源消耗总量不变的情况下提高产品的附加价值。

（3）$E = \dfrac{B\uparrow\uparrow}{C\uparrow}$，$C\uparrow$，$B\uparrow\uparrow$，使有效劳动成果的增加量超过劳动耗费的增加量。

有效劳动成果与劳动耗费同时增加，但是有效劳动成果增加的幅度大于劳动耗费增加的幅度，因此经济效果得以提高。对于这种途径，应要求提高劳动生产率，提高各种物资设备的利用效果，使有效劳动成果的增加大于劳动耗费的增加。

（4）$E = \dfrac{B\downarrow}{C\downarrow\downarrow}$，$C\downarrow\downarrow$，$B\downarrow$，使劳动耗费下降的幅度超过有效劳动成果下降的幅度。

有效劳动成果与劳动耗费虽然都同时减少，但由于劳动耗费减少的幅度大于有效劳动成果减少的幅度，因此使得经济效果得到了提高。对于这种途径，应采取措施，有效利用和节约使用各种资源，大幅度地降低劳动耗费，使经济效果在有效劳动成果有所减少的条件下仍能得到提高。虽然使用价值略有降低，但能满足人们的需要，同时使生产耗费大幅度降低，从而提高技术经济效果。

（5）$E = \dfrac{B\uparrow}{C\downarrow}$，$C\downarrow$，$B\uparrow$，使有效劳动成果增加，而劳动耗费却下降。

显然，这是提高经济效果的最理想的途径，即以尽可能少的劳动耗费取得尽可能多的劳动成果，这种途径比较难办到，通过技术改进和改善管理，既能增加使用价值又可以降低劳动耗费。为此，应不断提高劳动生产率，不断改善产品质量和扩大产品品种，使产品适销对路，并且不断挖掘潜力，节约资源，提高资源利用效率，不断降低生产和建设中的劳动耗费，显著地提高经济效益。

（二）研究技术和经济的关系

技术作为知识的外在体现，与经济之间存在着矛盾统一的关系。技术和经济虽然代表着两种不同的研究方向，但它们也同为人类社会物资生产和改进不可或缺的推力，技术应用需要在充足的人力、物力和财力的支持下完成，技术本身的成就反映当代的经济发展程度，并对经济发展提供强大的助力。

1. 技术与经济的相互促进

技术与经济之间既不是简单的并列或平行关系，也不是一种谁先谁后的先后关系，而是一种相互促进的关系。技术进步是推动经济发展的必要条件和物质基础，是达到经济目标的手段，只有通过技术的不断发展进步，才能够给社会发展提供先进技术与设备，促进当代经济的快速发展。经济发展的需要又倒逼技术的进步，是技术发展的主要方向，社会经济需求已经成为技术进步的基础条件和主要目标。在知识经济时代，技术与经济都是双方发展的必要前提和充分条件，也是发展中的相互桎梏和制约瓶颈。

2. 技术和经济的协调发展

从短期、局部和发展阶段来看，技术和经济之间还存在着相互制约、相互矛盾的一面。有些先进的技术，需要有相应的工程技术条件来支撑，需要相应的资源结构来配合，高新技术的研究需要投入巨额的资金。当企业的资金不足时，就缺乏财力支撑技术研究，一个国家也是一样。对社会经济有推动作用的技术不一定是先进的、经济效益好的产品，其技术含量也有可能不高；技术很先进的方案，经济上可能没有效益；技术过分超前，脱离了当时的应用条件和社会基础，是没有经济效益的。因此，技术的发展需要与当时的经济环境相适应。

欧美等发达国家，劳动力成本较高，资本比较充裕，因此生产过程中使用更多的先进技术和装备代替人的劳动。我国是一个正在崛起的发展中国家，劳动力资源丰富，某些领域技术不够领先，最优的要素组合方式必然不同于发达国家。同时，我国又是一个发展中大国，各地区资源条件和经济发展水平很不平衡，这就决定了我国现阶段的技术体系应该同时包容新技术、高技术、中间技术和传统技术，以满足不同地区经济发展的条件。

从长远、整体和前沿来看，技术与经济之间相互促进。一组统计数据表明，世界各主要发达国家科学技术因素在推动经济增长中占比越来越大。在进入 20 世纪 50—70 年代后，技术进步对经济增长的贡献已经超过 50%，超过了劳动力投入和资本投入的总和。

从未来来看，社会财富的增加和经济的发展都离不开技术的进步和应用。技术研发和产业推广存在着社会环境制约，更是需要经济投入。任何技术的应用都必然要受到当时、当地的外部自然条件和经济条件等社会因素的影响，经济发展了，企业就会有更多的资金投入持续的技术开发和生产研究中。经济实力的上升，为企业的技术进步和推广提供雄厚的物资保障。

经济越发展，经济组织越复杂，对技术的发展需求就越强烈、越广泛，从而使大量的新技术不断涌现，经济发展对先进技术成果的需求成为技术进步的直接动力。随着社会进步和技术发展，原来不具备经济效益和推广价值的技术，可能转变为可用的极具推动价值的技术，而原来经济效益良好的成熟技术，又有可能落后并被淘汰。适用的技术不一定最先进，它只有在对使用者适用，为使用者掌控时，才会受到青睐。总之，任何技术的应用，都应该以提高经济效益为前提，要因地因时处理好技术与经济之间的关系。

 铱星的陨落

（三）研究技术创新，推动技术进步，促进企业发展和国民经济增长

什么是"创新"？"创新"这个字眼在今天很流行，也很时髦，许多机构都把它当作口号，甚至写进自己的宣言，但是对它的理解却是千差万别。首先，把"创新"与聪明的创意或发明混为一谈；其次，一提到它就意会到科技方面；最后，很多人认为凡开创一项新生意或者新事业就是创新。

管理学科开创者，"现代管理学之父"彼得·德鲁克深刻地指出，"创新"与上述误解的区别在于是否为客户创造出新的价值。什么是价值？价值并不是价格。价值是客户得到的，价格是客户付出的。企业推出一项新产品、新服务或新流程，要满足客户未被满足的需求或潜在的需求，创造出新的客户满意。客户有新的所得，才会从不买到买、从买得少到买得多，或者愿意付出比过去更高的价格。这反映在企业的收入和利润上，就是创造了新的财富。同样，非营利机构的创新也要让服务对象有新的满意，从而愿意接受你的服务；政府的政策创新或体制改革也要产生让人民可以感受到新便利或保障。虽然很多"创新"与科技有关，但是科技含量很低甚至"零科技"的社会创新，不但机会更多，而且效益

更大。一家新公司如果只是以同等价格提供市面上已有的产品或服务并不算创新，因为它只是对别人已经创造出来的客户群进行瓜分，并没有创造新客户，这样的新公司注定会在市场萎缩的时候被"边缘化"。

当前我国经济已由较长时期的两位数增长进入个位数增长阶段。在这个阶段，要突破自身发展瓶颈、解决深层次矛盾和问题，根本出路就在于创新，关键要靠科技力量。要坚持自主创新、重点跨越、支撑发展、引领未来的方针，以全球视野谋划和推动创新，改善人才发展环境，努力实现优势领域、关键技术的重大突破，尽快形成一批带动产业发展的核心技术。

创新引领发展，创新开创未来，创新是发展的第一推动力。十八大以来，习近平总书记着眼于中华民族伟大复兴对创新进行全局性思考，发表了一系列重要论述，为新时代实施创新驱动发展战略、建设创新强国指明了方向。习近平创新观是立足于"两个大局"，在深刻把握创新已成为引领世界发展潮流、新时代中国创新发展面临重大机遇与挑战的背景上而形成的具有系统性、时代性的创新认识。

习近平总书记指出，创新是引领发展的第一动力。抓创新就是抓发展，谋创新就是谋未来。不创新就要落后，创新慢了也要落后。要激发调动全社会的创新激情，持续发力，加快形成以创新为主要引领和支撑的经济体系和发展模式。要积极营造有利于创新的政策环境和制度环境，对看准的、确需支持的，政府可以采取一些合理的、差别化的激励政策。

习近平总书记指出，科技创新时，关键要依靠科技创新转换发展动力，加快实施创新驱动发展战略。

习近平总书记强调，创新始终是推动一个国家、一个民族向前发展的重要力量。我国是一个发展中大国，正在大力推进经济发展方式转变和经济结构调整，必须把创新驱动发展战略实施好。实施创新驱动发展战略，就是要推动以科技创新为核心的全面创新，坚持需求导向和产业化方向，坚持企业在创新中的主体地位，发挥市场在资源配置中的决定性作用和社会主义制度优势，增强科技进步对经济增长的贡献度，形成新的增长动力源泉，推动经济持续健康发展。

面向未来，我们要把满足国内需求作为发展的出发点和落脚点，加快构建完整的内需体系，大力推进科技创新及其他各方面创新，加快推进数字经济、智能制造、生命健康、新材料等战略性新兴产业，形成更多新的增长点、增长极，着力打通生产、分配、流通、消费各个环节，逐步形成以国内大循环为主体、国内国际双循环相互促进的新发展格局，培育新形势下我国参与国际合作和竞争的新优势。

二、技术经济学的特点

技术经济学与其他学科相比较，有以下六个特点：

（一）综合性

属于边缘学科的技术经济学，所研究的对象和内容范围决定了这门学科的理论和方法是在综合多学科的基本理论和方法的基础上形成的。因此，在学科的构成方面具有明显的综合性。

（二）比较性

技术经济学是一门比较性的学科，要对能满足同一种目的或社会需要的两个以上的方案进行分析和比较，以便选择出最优方案。因此，比较性是技术经济学研究的一个基本特征。一般来讲，比较方案必须具有可比条件，才能进行比较。方案的可比条件包括满足需要的可比，消耗费用的可比，价格的可比，时间的可比。

（三）系统性

任何一个技术经济问题都置于一个系统中，都要受到社会、政治、经济、资源等客观条件和自然环境的制约。一项技术或一项工程项目，不仅本身是一个系统，而且又是更大系统——技术经济系统的组成部分，是一个子系统。因此，要评价一个技术方案或一个项目的经济效益，或一个地区的经济发展规划时，必须运用系统的理论、系统的思想、系统的方法，把所研究的问题放在一个更大的技术经济系统中，去研究、考察和分析它们同系统其他各个部分之间的关系及影响因素，才能得出科学合理的结论。所以，系统的观点和系统分析的方法是技术经济研究中很重要的一种观点和方法，是技术经济学的突出特点。

（四）预测性

技术经济学主要是对未来实施的技术政策、技术方案、技术措施进行事先论证。因为技术经济的论证分析在先，所以很多数据要依靠预测得到，这就必须根据过去的经验和实际资料，结合现在的实际情况，对未来的状况和趋势进行定性和定量的预测和判断。但未来是不确定的，技术经济预测结果亦具有一定的不确定性，为了提高决策的精确性和科学化水平，技术经济评价还要进行详尽的敏感性分析和概率分析，以提高方案的可靠性。

（五）定量性

技术经济学的特点之一是进行定量计算，也就是说，可以协助我们在各项社会实践中计算出经济效益的大小，离开必要的计算，这门学科就失掉了其存在的意义。因此技术经济学要引进量的概念，要有量的规定。

（六）实用性

技术经济学是一门应用学科，具有很强的实用性，它分析、论证、评价的技术方案来源于实践，并且都是经济建设中亟待解决的实际工程技术问题。因此，技术经济学要密切结合国家和各地区的自然资源特点、物质技术条件和社会经济状况，并结合具体情况进行具体分析。技术经济学研究所需的各种数据和资料必须来源于实践，其研究成果如规划、方案、报告及建议书等，也都用于生产实践或社会实践。

第四节　技术经济分析的一般程序

技术经济分析是一项多环节、多方位、顺序性强的工作。由于涉及面很广，因此同其他科学研究一样，技术经济分析有自己的一般程序，如图1-3所示。

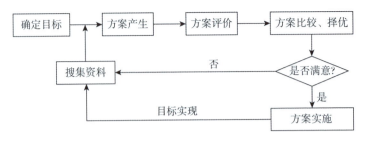

图 1-3　技术经济分析的一般程序

一、确定目标

确定目标即界定系统对象，提出系统的预期任务或最终要取得的结果。这种目标大致分为社会目标和具体目标两部分：社会目标是从宏观角度来把握的；而具体目标则是从部门、地区和企业等中、微观角度确定的，这一目标应服从于社会的总体目标，具体目标常包括科技发展、产品开发、新工艺研究、工程建设项目等。例如，为了解决甲地与乙地之间每年 1 000 万人次与每年 1 000 万吨货物的交通运输问题，就要提出方案，可能是通过铁路运输，也可能是通过公路运输；可能是单一方案，也可能是复合方案，如公路与铁路、公路与航空、公路与水运等，但必须解决同样的运输量。

二、搜集资料

根据所确定的目标进行调查分析，要尽量搜集相关问题的历史资料，重点搜集有关技术、经济、财务、市场、政策法规等方面的资料。可以使用宏观环境分析法（GPEST）、行业环境分析法（波特五力模型）、自身要素分析法，进而用态势分析法（SWOT 分析法）综合分析。

三、方案产生

建立各种技术方案，为决策提供各种依据是技术经济分析的重要环节。这不仅需要掌握全面的技术与经济的资料和信息，更需要进行创造性的思维劳动，尽可能地建立各种客观上能够实现的方案，以便评比选优。

四、方案评价

列出的方案要经过系统的评价，评价的依据是政策法规与反映决策者意愿的指标体系。例如，产品要符合国家的产业政策、质量标准，出口的产品要符合进口国的标准与习惯，厂址选择要符合地区布局与城建规划，生产要符合国家的技术政策、劳保条例、环保条例、劳动法等。在符合基本条件后，最重要的是要有较好的经济效益和社会效益。通过系统评价，淘汰不可行方案，保留可行方案。

五、方案比较、择优

决策的核心问题就是通过对不同方案经济效果的衡量和比较，从中选择经济效果最好的方案，或者当前环境下比较的满意方案。

这些分析步骤只是技术经济分析的主要程序，而不是唯一程序，随问题性质的不同还可以采用其他研究方法和程序。

本章小结

技术往往与经济密切相关，技术的经济价值就体现在应用该技术对经济目标的贡献大小。技术的经济活动就是将有形技术和无形技术应用在自然资源、人力资源和其他资源的运动系统中，其更侧重于实践和创新。技术经济学是一门研究技术经济活动中资源配置规律和技术发展规律的科学。作为应用经济学的分支，我国的技术经济研究创立于 20 世纪 60 年代初期，经过半个多世纪的发展，已为我国经济发展作出了巨大贡献。技术经济学的研究、学习，对于迎接知识经济条件下的各种挑战以及促进我国经济快速健康发展具有重大的理论和现实意义。

关键名词

技术　Technology/Technique　　　技术价值　Technology Value
技术活动　Technical Activities　　　技术经济学　Technical Economics
经济效果　Economic Effect

思考题

1. 技术经济学的基本概念有哪些？
2. 简述经济效果的概念及表达形式。
3. 简述提高经济效果的途径。
4. 简述技术经济活动的后果和效果有何区别与联系。
5. 简述技术经济分析中方案的可比条件。
6. 简述技术经济分析的一般程序。

本章实训

一、实训目的

1. 明晰技术和技术经济学的基本概念。
2. 通过相关案例，掌握提高经济效果的途径。
3. 锻炼收集与分析材料、团队合作、个人表达等能力。

二、实训内容

将班级学生分为六组，每组学生分别讲解提高经济效果途径的案例，可以通过书刊、报纸、网络等渠道收集案例信息，并通过视频、文字、图片等方式进行讲解，最终全班讨论案例所反映的提高经济效果途径的推广价值。小组实训作业如表1-3所示。

表1-3 小组实训作业

团队名称		组长		成员	
小组选择的项目		具体研究的经济效果指标			
提高经济效果指标的途径（每组至少选择两种途径研究并填表）	$E=\dfrac{B\to}{C\downarrow}$				
	$E=\dfrac{B\uparrow}{C\to}$				
	$E=\dfrac{B\uparrow\uparrow}{C\uparrow}$				
	$E=\dfrac{B\downarrow}{C\downarrow\downarrow}$				
	$E=\dfrac{B\uparrow}{C\downarrow}$				

三、实训组织

1. 指导教师布置或学生自选实训项目，提示相关注意事项及要点。

2. 将班级学生划分为六组，小组成员可自由组合。小组人数划分视班级总人数而定。由教师给每组分配所要阐述的内容，每组选出组长一名。

3. 以小组为单位，通过书刊、报纸、网络等渠道收集案例若干。对于收集的材料，小组内部先充分展开讨论，讨论时间长度可视情况而定，课堂讨论或课外讨论均可。选择最能反映本组提高经济效果途径的案例作为参考，具体经济效果指标由本组成员自由决定。

4. 各小组在班级进行讲解，每组讲解时间以不超过15分钟为宜。

四、实训步骤

1. 指导教师布置任务，指出实训要点、难点和注意事项。小组讲解PPT或文字材料可以附在表1-3后面。

2. 讲解之前，小组发言代表对本组成员贡献或者角色进行介绍。讲解结束后，小组发言代表陈述本小组的提高经济效果途径的方案。其间允许并鼓励其他同学提问，小组发言代表及该组成员有义务作出解答。

3. 由各组组长组成评审团，对各组讲解进行评分。其中，讲解内容自述为30分，小组发言代表语言表达及台风展现能力为10分，小组回答协作应变能力为10分。每个评审团成员分别给各组评分，取平均值作为该组的评审评分。

4. 教师进行最后总结及点评，并为各组实训结果打分。教师评分满分为50分。

5. 各组的评审评分加上教师的总结评分作为该组最终得分，对于得分最高的小组，适当进行鼓励或奖励。

第二章 技术创新

引例

引例

中国北斗产业技术创新西虹桥基地(以下简称"基地"),作为全国唯一一个以"北斗导航"为特色的国家火炬特色产业基地,围绕"规模化、产业化、国际化"的产业发展要求,以"创新时空、赋能产业"为使命,按照"一核两翼"产业定位,立足定位导航对智能无人系统和空间信息服务领域的支撑和引领带动作用,积极打造基于专业化创新孵化支撑体系、具有全球影响力的北斗导航科创中心。该基地是由上海市科委和青浦区政府整合各种社会、高校资源,投入大量的人力、物力建设起来的战略性新兴产业基地。基地以打造具有世界影响力的北斗导航科技创新中心为整体愿景,凝聚相关研发机构和企业,通过各种方式激发基地内研发机构和企业技术创新的活力和动力,不断加强基地研发机构和企业与更多领域的跨界合作,加速推动"北斗+"产业升级和可持续发展,在上海市青浦区初步形成了北斗导航和位置服务领域的创新生态系统。

(资料来源:搜狐网 www.sohu.com)

学习目标

知识点:
1. 了解技术创新的含义与特征;
2. 了解技术创新的阶段及其转变的影响因素;
3. 了解不同技术创新模式的划分标准及特点;
4. 掌握技术创新战略的含义及类型,理解技术创新战略的制定与选择;
5. 掌握技术创新的组织形式。

重点:技术创新的含义及类型、技术战略的含义及类型、技术创新的组织形式。

难点:技术创新模式的划分及特点、技术创新战略的制定与选择。

✏️ **本章知识思维导图**

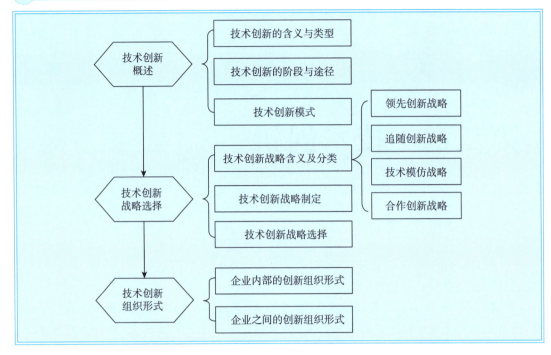

第一节　技术创新的含义与类型

一、创新的含义

"创新"一词英文为 Innovation，来自拉丁文 Innovore，表示"某种新事物的引入或某种新思想、方法或装置的引入"。从广义上讲，创新是在前人基础上的一种超越，是思想认识的升华，是创造性的实践。凡是在前人或他人已经发现或发明的成果基础上，能够做出新的发现，提出新的见解，开拓新的领域，解决新的问题，创造新的事物，或者能够对前人、他人已有的成果做出创造性的运用，都可以称为创新。创新是人类以获取新成果为目标的一种认识世界和改造世界的活动。

但经济学意义上的创新，又有其特定的含义。美籍奥地利经济学家约瑟夫·熊彼特在其 1912 年出版的《经济发展理论》一书中率先提出了"创新"概念，后又在《经济周期》一书中系统地阐述了他的创新理论。在他看来，创新是将"一种从来没有过的关于生产要素的新组合引入生产体系"。按照熊彼特的观点，创新是生产要素的重新组合，它包括五个方面的内容：①引进新产品或提供新质量；②采用新的生产方式；③开辟新的市场；④开拓原材料和半成品新的供应来源；⑤采用新的生产方法和实现工业的新组织。由此可见，熊彼特的创新概念已远远超出了技术创新的范畴，将市场创新和组织创新也包含在内。

根据以上分析，可从以下四个方面展开对创新含义的理解。

（一）创新的主体

创新的主体主要包括企业、政府和个人。企业创新是基本的、普遍的或者说典型的创新形态，它是指企业在生产经营过程中建立新的生产函数，或将各种经济要素进行新组合的经济行为。个人创新总要直接或间接地通过一定的组织来实现，而政府创新则主要是以企业为着眼点。

（二）创新的范围

创新绝不仅仅局限于"技术创新"，而是包括技术创新、市场创新、管理创新、制度创新等在内的综合性经济概念。技术创新是指与新产品、新工艺等有关的研究、开发、设计、制造及其他商业活动，它包括产品创新、工艺创新和服务创新等。市场创新是指伴随新产品的开发而形成的对市场的开拓和占领，它包括开拓新的市场空间、开发新的市场（消费）层次、满足潜在市场需求、创造新的市场需求等。管理创新是指企业通过引入一种更为有效而尚未被众多企业所采用的管理方式和方法，改变原有的生产方式，从而在要素不变的情况下提高产出水平。制度创新是指"实现任何一种工业的新的组织"，包括企业的组织方式、产权结构、管理体制以及市场规则等方面的组织创新。

（三）创新的动因

创新的动因并非外部强加，而是来自经济活动自身发展的内在需要。这些内在的推动力包括规模经济的要求（如蒸汽机的发明）以及对稀缺资源的替代（如核能的利用），旨在降低交易费用等。

（四）创新的本质

创新的本质是对现有生产要素、生产手段作不同的使用和组合，进而使资源的财富创造潜能释放出来，最终改变人们的生产、生活方式，提高人们的生活质量。可以说，任何使现有资源的财富创造潜力发生改变的行为，任何能够创造新的"满意"和新的需求的行为，都可以称为创新。比如，20世纪初福特汽车公司的T型车的制造，并没有做出什么重大的技术发明，只是将他人发明的流水线作业、传送带、零部件的可交换性等用于汽车制造上，用技术的方法解决了提供可靠质量、最低成本、大规模生产等一系列经济问题。这一创新极大地拓展了汽车市场，使汽车不再是富人的专用品，从而改变了人们的生活方式。

二、技术创新的含义

技术创新是指与新产品、新工艺、新装备的研究、开发、设计、制造及与商业化应用有关的技术经济活动。它包括产品创新、工艺创新和服务创新等。

（一）企业是技术创新的主体

企业是技术创新活动及其风险承担的主体，企业家是技术创新的倡导者和实践者。企业在原有基础上的突破和发展，无不有赖于具有远见卓识、冒险精神、超人勇气与魄力的企业家从事的技术创新活动。经济体系中存在的潜在获利机会并非人人可以看到，只有那些对尚未利用的技术机会拥有直觉，并有能力动员社会资源来实现生产要素重新组合，敢于承担失败风险的企业家，才是真正的创新勇士。

（二）技术创新是一项系统工程

技术创新是一种复杂的社会经济现象，它是各种不同的社会因素、不同类型的社会组织相互影响和相互作用的结果。它的运行过程需要经历若干个相互联系而又相互作用的阶段，同时还要受到诸多内部和外部条件的制约。

(三)技术创新是创造性破坏的过程

企业是市场竞争的主体，市场竞争的最终结果是优胜劣汰。企业技术创新的过程，就是优势企业淘汰劣势企业的过程。这种淘汰过程本身又为生产要素的重新组合创造了条件，旧企业在破坏中为新企业孕育着生机，不断地破坏，又不断地创造，周而复始，循环往复。所以说，技术创新是创造，又是破坏，是创造性破坏。

三、技术创新的特征

技术创新本身既是科学实践，又是生产经营实践，这就决定了技术创新的二重性特征。

(一)技术创新作为科学实践活动的特征

1. 创造性

技术创新不是原有技术的沿袭，而是全新技术的引入或原有技术的完善，那么它必然表现出与原有技术的"差别"。从技术创新的过程分析，它泛指由技术变化引起的一系列营销、管理、技术、市场和企业组织变化或产业的变化。无论何种变化，实质上都是对生产方式、管理组织和资源配置进行有目的的调整，并最终转化为新的生产力。生产力的提高正是创造的结果。

2. 新颖性

技术创新必须是对已有技术水平或技术状况有所突破和发展。如果通过创新克服了现有技术中的某些缺陷，使技术效果有了新的较大的跃进，就可以认为这种技术具有新颖性。如日本的林内公司是一家生产家用炊具的企业，第二次世界大战结束后，日本企业在技术上与欧美各国存在很大的差距，为了改变技术落后的状况，林内公司先从德国引进了在当时技术比较先进的表面燃烧式煤气燃烧器。这种红外式燃烧器不仅可用作煤气炉，而且可用作多种用途的燃烧加热器，但是这种燃烧器也具有表面温度不均匀、加热时间长、燃烧不完全等缺点。为此，林内公司组成了攻关小组，对问题逐一进行研究。为了提高陶瓷板表面辐射热的均匀化和改善辐射效率，增加了隔板、玻璃棒和金属网。经过改进，原德国式燃烧器变成了全新的、独具特色的林内式红外燃烧器，投放日本市场受到了普遍欢迎。随后，他们又开发出满足现代饮食需要的新式炊具——快速烘烤机，于 1971 年成功地研制出强制对流式快速气流烘烤机，销售量占到市场上同类商品的 70%。

3. 先进性

先进性是反映技术成果的价值大小和技术水平高低的标志，它主要体现在三个方面：技术原理的进步、技术结构的进步与技术效果的进步。例如，上海冲剪机床厂通过引进国外样机，进行消化吸收，并改造原有产品，开发出剪板机系列新产品 9 种，拆板机系列新产品 6 种，使该厂的产品实现了更新换代，达到了国外同类产品的水平，取得了良好的经济效益。

4. 高投入性

与一般经济活动相比，技术创新需要投入更多的人、财、物。据 OECD 分析，企业技

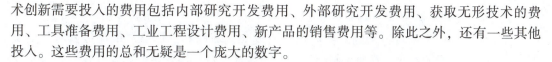

术创新需要投入的费用包括内部研究开发费用、外部研究开发费用、获取无形技术的费用、工具准备费用、工业工程设计费用、新产品的销售费用等。除此之外，还有一些其他投入。这些费用的总和无疑是一个庞大的数字。

5. 高风险性

技术创新酝酿着极大的不确定性和风险性。技术创新的不确定性包括技术上的不确定性、试验和试生产阶段的不确定性和市场的不确定性。技术上的不确定性，可能缘于技术本身的成熟程度、辅助性技术是否具备或技术的飞速变化和激烈竞争。研究开发过程中，一种新方案往往要经过成百上千次的试验、探索才能成功。爱迪生在寻找灯泡用的材料时，共试验了 1 600 多种不同的材料，最后才找到合适的材料。试验和试生产阶段的不确定性，主要源于研究开发成果是在实验室特定环境里完成的，而从试制到规模生产，还需要有合适的工艺、材料、环境与之相配套。市场的不确定性往往来自市场变化、预测失真、他人模仿和技术引进的冲击。一个新产品从立项到最终研制成功，往往需要数年时间，如一种新药的开发常需 10 年以上的时间，在这个时期里，市场会有很大变化，包括竞争者先于自己而将新产品投向市场，或是人们的消费观念发生变化，这既可能使新产品一开发成功就被市场淘汰，也可能会取得意想不到的市场成功。其他不确定性还包括投资强度、人才技能及创新过程等一些外部环境因素。一般而言，创新技术强度越大，不确定性越高。

（二）技术创新区别于一般科学发明、技术创造的特征

1. 成果的实用性

实用性是指技术创新能够在生产中应用。它包括三个条件：符合科学规律、具备设施条件和满足社会需要。虽然技术创新与技术发明常常交织在一起，但两者不能混为一谈。发明其实是为了改进产品、工艺、设计和管理而提出的思想、方案，或是一项新的技术以及某种产品的模型或样品，它至多是一种技术性的创造，或是利用模型对原理进行检验。而技术创新则强调将发明的成果应用到经济活动中，并取得市场成功。显然技术创新已经超越了纯粹的技术发明，发明充其量只是技术创新过程中的一部分。当发明还停留在样品阶段时，它和技术创新毫无关系；只有当技术发明应用于生产体系并产生了经济效益，它才真正成为技术创新的有机组成部分。

2. 创新的市场性

纯粹的技术发明、创造，追求的是技术上的先进性和新颖性，强调以成果为导向、以水平为中心。而技术创新则强调以市场为导向、以效益为中心，技术创新活动必须围绕市场目标而进行。纯粹而没有市场价值的技术突破并不属于技术创新，像美国的航天飞机，至今可能仍属于科学技术的范畴而不是技术创新。如果一项技术创新只具备了先进性和新颖性，却脱离市场需求，那么这种技术创新仍不能认为是成功的。在现实经济生活中，有些高新技术在技术上是成功的，但在经济上却是失败的，而有些小的技术创新却能收到显著的经济效益和社会效益。例如，英法联合研制的协和式超声速大型客机，3 小时即可飞越大西洋，技术上可以说是"高"和"新"的，但投入了上百亿美元，总共只生产了十几架。相反，集装箱称不上什么高技术，却引起了运输方式的重大变革，收到了巨大的经济效益。许多企业引进技术或开发新产品的失败，主要不是因为技术成果而是市场原因。我国的科技成果很多，但有产业化价值的成果很少，就是因为在科研中不注重市场性。

3. 要素的组合性与技术的集成性

技术发明突出强调新技术的首次应用，而技术创新则不仅仅追求单项科技成果的应用，也不是就技术论技术，而是强调将已有的技术成果进行综合集成和生产要素的优化配置，以形成新的财富创造能力。技术创新的一个基本原则是"从后向前做起"，即首先从市场和销售开始，根据市场需求和顾客可接受的价格，反过来决定如何组织生产，采取何种工艺，需要什么技术，如何获取技术(自主开发、联合开发或购买)，并把上述各个环节作为系统工程来抓。技术创新的最终目标是形成规模生产能力，它将科技成果转化过程作为一个整体，完成两个组合。首先是在吸收国内外科技成果的基础上进行技术综合集成或进行二次开发，开发出适销对路、低消耗、低成本、高附加值的产品，并以产品为龙头，带动相关技术、工艺和装备的发展；其次是进行技术、资金、装备、材料等生产资源的优化配置，实现产业化，并与市场开拓相结合，获得商业利益，最终体现在提高企业的市场竞争力和发展后劲上。

4. 过程的系统性

技术创新从新技术的研究开发到首次商业化应用是一个整体过程，是一个系统工程，它涉及技术、经济和社会的方方面面，以生产条件、生产要素、生产组织构成系统。这种系统性不仅要求企业内各个部门围绕着从研究开发到首次商业化应用的完整过程密切配合，从根据市场需求产生的某一构想，到新产品样品样机的试制、试产、生产工艺的改变及其质量的控制、开拓市场等任何一个环节出了问题，技术创新都不能完成；而且强调创新的实现也依赖于外部环境的密切配合，这包括经济、政治、与创新相关的其他产业的技术水平等。以铁路为例，1804 年，当特里维雪克在南威尔士的佩尼达伦矿车路轨上做使用蒸汽机车的首次实验时，已证明蒸汽机车的可行性，但蒸汽机车的推广使用却受到铁轨技术的限制，当时生铁制的铁轨比较脆、易断裂。1821 年，熟铁制铁轨的方法产生了，这种新铁轨使蒸汽机车最高时速达 29 英里①，证明了蒸汽机车的实用价值，才使铁路这一新生事物真正得到推广。

5. 经济性与收益的非独占性

市场实现程度和获得商业利益是检验技术创新成功与否的最终标准。创新的经济性是指发明创造能够为公司的生产经营与社会带来经济效益。考察技术创新时，要充分考虑到创新的滞后效应：一项创新由于不完善可能从目前来看经济性较差，只具有潜在的实用性；但当所需要的条件具备时，这项技术成果可能具有广阔的社会应用前景，从长远来看会给企业和社会带来较好的经济效益和社会效益。

所谓收益的非独占性，是指创新者难以获取创新活动所产生的全部收益。这是因为，创新与一般生产活动不一样，它产生两种产权：一是可供消费、有实际效用的物质实体——一种有形的物质产权，如一支牙膏；二是体现在产品上的新技术信息——一种无形的知识产权，如牙膏的配方。虽然创新者可通过大量制造新牙膏获取效益，但由于知识复制要比知识创造容易得多，所以它难以阻止他人通过对新牙膏实施化学分析等手段，破译这种配方，继而生产它，以分享创新者的发明收益。这就是我们所说的技术创新的非独占

---

① 1 英里 = 1.609 千米。

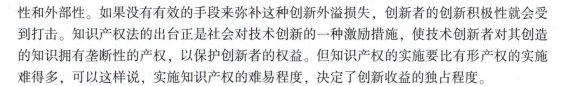

性和外部性。如果没有有效的手段来弥补这种创新外溢损失，创新者的创新积极性就会受到打击。知识产权法的出台正是社会对技术创新的一种激励措施，使技术创新者对其创造的知识拥有垄断性的产权，以保护创新者的权益。但知识产权的实施要比有形产权的实施难得多，可以这样说，实施知识产权的难易程度，决定了创新收益的独占程度。

四、技术创新的类型

对于技术创新，可以从不同的角度、按不同的标准划分类型。按照技术创新的产出成果形态来划分，可以分为产品创新与过程(工艺)创新；从技术变化量的大小来划分，又可将技术创新分为重大创新和渐进式(改进)创新；从节约生产要素的角度来划分，可分为资本节约型创新、劳动节约型创新和中性的技术创新；从技术变化性质来划分，可分为累进性创新(增量创新)、根本性创新、技术体系创新与技术革命；从技术成就的角度来划分，可分为突破型创新、应用型创新与改进型创新。

(一)产品创新与过程创新

产品创新是指新品种、新产品的问世，占领并开拓市场。过程创新是指企业不断改进生产流程、生产工艺、机器设备，以改善现有产品的性能、质量，降低其在制造过程中的物料消耗，从而降低产品成本，使产品在市场上有较强的竞争力，满足市场需要。如美国福特汽车公司早期采用流水线作业、标准化生产以及现代集成制造系统，这些可谓是重大的过程创新。区分两者有时并不容易。比如一台新设备的产生，对设备制造者而言，它是自己的产品，理应是产品创新；但对该设备的使用者而言，这台设备的使用改善了落后的工艺流程，它又是过程创新。二者区分的前提是选定共同的参照物。

(二)重大创新和渐进式创新

重大创新往往同技术上的重大突破和新技术革命相联系，产品用途及其应用原理有显著变化者可以称为重大创新。美国贝尔公司发明并生产出电话，开辟了机器对讲的时代，而晶体管的诞生则使人类进入半导体时代。这些都是利用新的科学发现，开发新产品，改变人类生活模式的典型例子，这类产品创新无疑是重大创新。

渐进式创新通常没有技术原理的重大改变，主要是基于市场需求的扩大和技术上的改进。这类创新绝不可小觑，正是渐进式创新不断地吸引顾客，为产品打开销路，赢得市场占有率。索尼公司每年都推陈出新，但绝大部分产品仅仅是某些功能的微小变化，或者不同功能的组合，但这并不妨碍索尼公司成为世界瞩目的跨国公司。渐进的过程创新同提高产品质量，降低消耗，提高劳动生产率有着密切的关系。对产品生产工艺进行改良，提高生产效率的一些措施以及降低生产成本的一些方法都能给企业带来可观的经济效益。

(三)累进性创新、根本性创新、技术体系创新和技术革命

累进性创新是连续的小创新，不是经过深思熟虑后研究开发活动的结果。企业内部人员的建议或者顾客要求易于产生这类创新。它们看似不起眼，却构成了创新过程永久的基础。从长远来看，一个接一个的累进性创新必然对企业生产率增长和经济发展造成巨大的影响。

根本性创新意指观念上的根本突破，它是基础研究产生新的科学原理运用后带来的技

术创新。它们又经常是企业与大学、科研机构携手合作的结果，产学研联合使科研机构的研究成果走出"象牙塔"，同市场需求紧密结合起来。根本性创新的同时还常伴有产品创新、过程创新和组织创新，甚至引起产业结构的变化。

技术体系创新是由众多技术上有关联的创新组成的创新群，它被认为是累进性创新和根本性创新共同作用的结果。由于这类创新对整个经济系统有广泛的影响，所以政府在推动技术体系变革中起着至关重要的作用。

技术革命是最重大的技术创新。它渗透到经济系统的各个层面，直接或间接地影响到每一部门，改变人们的思维方式和生活模式。人类历史上每次技术革命都引起了全社会的变革，引发产业革命，导致生产力的巨大进步。

（四）突破型创新、应用型创新、改进型创新

突破型创新指最新科学成果向技术成果的转移和物化。这种技术创新往往具有划时代的意义，甚至可能在此基础上发展成为新兴产业。对于在市场中居于领先地位的公司来讲，要想一直保持自己的领先地位，必须持续不断地进行突破型创新。由于这类技术创新的创新度最高，因而难度也最大，不是任何公司都有能力从事这类成本高、风险大的创新活动。例如，法国勒努瓦发动机公司于 1860 年推出的内燃机，德国西门子公司于 1867 年推出的发电机，美国杜邦公司于 1932 年推出的合成橡胶，美国柯达公司于 1935 年推出的彩色照相机，英国电气和乐器工业公司于 1936 年推出的电视机，美国 RCA 公司于 1953 年推出的彩色电视机，美国阿尔贡国家实验室于 1954 年推出的遥控器，英国皮尔顿兄弟公司于 1958 年推出的浮法玻璃，荷兰菲利浦公司于 1970 年推出的盒式录像机，美国英特尔公司于 1971 年推出的微处理机等，都是突破型创新的典型。

应用型创新，指将新成果向深度开发与应用，以及技术成果横向转移或派生。相对突破型创新而言，应用型创新的技术风险和市场风险较小。有的应用型创新不过是为老产品或技术找到一种新的商业化用途，或将已有的技术发明实现商品化和市场化。

改进型创新，指通过对已有的技术成果进行改进、完善的创造过程。改进型创新不必创造全新的产品和工艺，而只需对已有的产品或工艺进行改良，因此创新者承担的创新成本和风险比较小，而所获得的收益却未必低。改进型创新的重要性在于，如果没有改进型创新，突破型创新便没有市场发展前景。例如，飞机、汽车、计算机如果没有不断改进和再创新，就不会有今天的市场发展。

对现有的新产品进行改进和再创新，是实现改进型技术创新的主要方式。通过这种创新，创新者可以不断地提高现有产品的质量和性能，降低产品价格，改进产品的形象，提高产品的市场适用性，增加新的市场用途，开辟新的市场领域，扩大现有市场的规模，促进现有新产品市场的发展。例如，1952 年日本的东芝电器公司的电扇出现滞销，为了渡过难关，他们以市场为导向，改变传统电扇不重视色彩的缺点，首次推出了别出心裁的水色电扇。这种电扇色泽宜人、形态优美，因此一上市就受到了消费者的欢迎，几个月内销出了几十万台，从而摆脱了困境，这种创新就是改进型创新。再如，美国的哈里斯公司经常采用改进型创新，该公司总是进入那些已经存在新产品的市场，并充分利用自己强大的技术开发力量，对新产品进行改良或变通，生产出质量更可靠、性能更优良、价格更低廉的改进型产品，从而具有较大的市场竞争优势，获得较大的市场份额。

第二节 技术创新的阶段与途径

随着时代的变迁，技术创新的内容及形式也在不断变化。技术创新的变化主要指技术创新的性质(方式)和推动技术创新的主导因素的变化和更替。掌握技术创新发展阶段的一般规律，识别我国技术创新所处的发展阶段，不仅可以为技术创新测度研究提供理论依据，也可为相关的政策的制定提供设计思路。

一、技术创新的三个阶段

纵观发达国家的技术创新道路，一国的技术发展过程基本上与该国的工业化发展阶段相适应。工业化阶段分别对应着技术发展过程中的三个阶段，即使用技术阶段、改进技术阶段和创造技术阶段。技术创新由使用技术阶段起步，并经过改进技术阶段发展到创造技术阶段，也是发展中国家从技术依附(于外国)到技术自立的过程。

(一)使用技术阶段

在使用技术阶段，技术创新以生产中引入别国的生产技术为技术创新的基本方式。引进技术包括硬技术和软技术，硬技术包括成套设备、关键设备、材料、零部件，软技术包括专利、专有技术等。对技术供给国来说，自己的技术被别国使用属于技术转移和扩散；但对技术需求国来说，由于在生产中引入了新的生产要素、新的生产方法和用引进技术生产出新产品，因而属于使用新技术型的技术创新。处于使用技术阶段的国家，企业普遍依赖国外技术，企业技术水平提高的基本做法是引进先进技术；自主研制活动也有，但仅局限于本国优势产业部门；对大多数企业来说，不是缺少研制部门，就是研制水平低，而且缺乏资金和人才的问题十分突出。

(二)改进技术阶段

在改进技术阶段，技术创新表现在吸收引进技术的同时具有改进技术的能力。该阶段引进技术仍是提高技术水平的主要方式，但是由于通过使用引进技术已基本掌握了国外的技术和方法，能根据当地市场需要和企业生产要求改进生产技术、产品性能和质量，增加品种、规模和型号等。具有改进技术能力，说明企业已具有工艺设计和产品设计的能力，只是在工艺设计和产品设计水平上还低于国外先进水平。改进技术是技术创新的结果，这种技术创新从总体上说属于渐进式创新。与处于技术前沿的发达国家的渐进式创新不同的是，它是在消化吸收国外先进技术的基础上形成的，而发达国家对前沿技术的改进则属于技术的成熟化。

(三)创造技术阶段

进入创造技术阶段，意味着一国在产品和工艺设计能力上已达到了一个前所未有的高度。凭借多年积累起来的研究与开发实力，已经可以逐步摆脱对外来技术的依赖，走上技术自立的道路。在创造技术阶段，国家的技术创新能力不仅表现在产品、工艺上，而且表现在产业上，即拥有具有世界竞争力的若干优势产业。同时，也表现在服务创新上，即技术创新渗透到全部产业。在创造技术阶段，国家的技术贸易收支比将接近或大于 1。引进技术已不再是国家技术的主要来源，优势产业的技术主要依靠自己的研制力量，优势产业的技术水平处于世界前沿。处于该阶段的国家，其技术竞争力或技术优势能否保持或进一步提高，主要取决于研究与发展（R&D）投入强度的高低及保持高强度的持续时间。

二、阶段转变的影响因素

（一）经济因素

经济因素集中体现在经济发展水平上。实现技术创新阶段的转变总是与经济发展水平相联系。经济发展水平不同，科技发展阶段和水平也不同。

（二）技术因素

技术创新来自技术与创新的结合。没有技术的创新和没有创新的技术都不是技术创新。技术因素在技术创新由低级阶段向高级阶段发展时，具有决定性作用。技术因素主要包括三个方面：知识基础、研究开发投入和技术政策。

（三）制度因素

制度因素对技术创新发展的推动或抑制作用表现为现存的经济制度与技术创新是否相容。经济因素通过创造技术创新需求推动技术创新；技术因素加强技术创新的技术基础。制度因素并不直接作用于技术创新活动，它主要为经济因素和技术因素提供一个制度框架。我们说制度因素与技术创新相容是指存在一个有助于经济因素和技术因素发挥作用的制度框架；不相容则指技术创新需求受到抑制，技术因素不受重视，缺少技术与经济的结合机制。

三、技术创新的途径

（一）在模仿的基础上创新

所谓在模仿的基础上创新，是指在解剖他人样机的情况下，掌握他人的设计、工艺、制造原理，并进而在这一基础上引入自己的技术创新，以改进产品性能、提高产品质量、降低产品成本。在模仿的基础上创新将是我国企业在相当长的时期内的主要创新手段。

模仿成立的依据在于：有些技术是体现在商品上的，如产品设计、工作原理等。这些技术大多可以通过解剖、逆向分析工程了解并掌握。而有些技术不是体现在商品上的，如一些难以用文字描述的诀窍、一些工艺知识，以及一些仅有少数人知道、流传不广的科学技术原理。这些非体现的技术，可以借助文献（如专利说明书）、借助专家之间的交流等途径得到。

为了更好地理解在模仿基础上的创新，有必要了解自主创新与模仿创新的区别。一项自主创新，会遵从图 2-1 的发展过程。

图 2-1　在自有技术基础上的创新

在这里，创新思想、研究开发都是非常重要的阶段，是自主创新的龙头。但在模仿创新中，上述发展则有所不同，如图 2-2 所示。

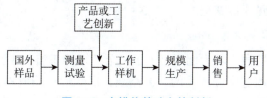

图 2-2　在模仿基础上的创新

正因为模仿有上述特点，所以在模仿基础上从事自主创新的较好方式是：①进行工艺创新，以降低产品成本；②对产品进行渐进式创新，以改善产品的质量；③重新设计生产系统，使生产方式、工艺流程更科学。

采用模仿创新，比自己从零做起，在经济上和时间上要合算得多。它可以使我们少走许多弯路，以较快的速度掌握许多新技术，但这种方式也存在一定的局限。历史也同样表明，纯粹的模仿，虽能有助于一个落后国家经济、技术水平的提高，但这种提高是有限度的。在不知产品、技术"为什么这样做"的情况下，很难在这一技术基础上再有大的进展和突破，难以摆脱"模仿—落后—再模仿"的怪圈。所以，在模仿的基础上从事创新，才有可能真正提高国际竞争力。

（二）在引进的基础上创新

在本身技术水平较低的时候，采用在引进技术上的自主创新可以说是一种事半功倍的创新方式。在技术引进基础上的创新与在自有技术基础上的创新有所不同：①技术引进基础上的创新可以省却大量的研究开发经费；②在技术引进中，许多技术并不完全体现在设备、产品上，从而"为什么这样"的原因仅靠技术引进是无法知道的，而自有技术却并非如此；③引进来的技术是在国外特定环境下开发出来的，而且技术是有一定的地理、环境特色的，所以引进技术不一定适用于本土的情形，而自有技术却没有这一问题。因此，在引进基础上的自主技术创新，有以下三个关键阶段：

1. 第一阶段：学习

所谓学习，与我们常说的消化吸收有相同也有差异。消化吸收被看作是引进技术后的事，而我们所说的学习包括以下内容：①在所引进的技术领域有一定的研究、跟踪。这种研究、跟踪有助于工程技术人员对引进技术的原理"为什么这样"的理解；②在引进技术过程中，对技术供给方进行访问、参观、学习，以掌握技术的秘诀、运作环境；③在技术引进后，不断地通过从干中学、从用中学，以掌握引进技术。

强调对引进技术的学习，主要是基于这样的认识：引进技术是外来技术，在这一技术的最初开发过程中，并没有我们的技术人员参与。而技术的发展有连续性、累积发展的特点，对后来者会构成入门壁垒，在以后阶段接触这一技术的人难以掌握、理解它。

2. 第二阶段：引进技术的本土化

为了使引进技术成为技术创新的基础，必须首先要做到使引进技术适应本土情形。这既可使引进技术更好地发挥作用，又能使引进技术成为再创新的基础。引进技术的本土化主要解决以下问题：①让国外的技术适应本国的原材料和环境；②让国外的技术适应本国的其他配套设施；③让国外的技术、产品适应本国的消费习惯。在引进之前和引进之中的学习，有助于克服技术进入的壁垒。

3. 第三阶段：在引进技术基础上创新

一旦走过了前两个阶段，就为创新打下了一个良好的基础。在引进技术基础上的创新可从以下方面着手：①改进国外产品的工艺路线，以降低产品成本，使产品更具吸引力；②重新设计产品，使产品适应本国的消费模式；③找到所引进技术的弊端所在，通过研究开发，进行产品创新和工艺创新，使产品提高一个档次后，重新打入国际市场。这是在引进基础之上进行创新的最高阶段。

在引进的基础上创新，虽有许多优势，但同样也存在许多限制。一是我们难以引进国外最先进的技术；二是当我们准备在引进基础上创新时，国外企业可能已经推出新一代产品了，因而往往陷入与模仿同样的境地；三是我们过去只注重引进生产线，不注重引进软技术，从而难以学习、消化、吸收技术，难以提高技术创新能力。因此，要真正做到自主创新，需要新的思想、新的方法。

（三）技术轨道和自主创新

所谓技术轨道，就是某一产业技术所可能有的发展方向及发展轨迹。如真空管的技术发展是一条技术轨道，而晶体管则对应着另一条轨道。前者用阴极射线原理将信号放大，后者则基于固体物理的原理，它们所用的材料也不同，但目标是一样的。现实表明，在技术轨道的不同阶段上，进入这一技术轨道的成本是不一样的，越是在后期进入这一技术轨道，则所需投资就越多，如图 2-3 所示。

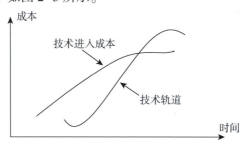

图 2-3　技术进入成本

上述趋势表明：随着技术发展的轨道清晰和不断延伸，进入这一产业的技术壁垒也就越来越高。当然，当技术发展到较成熟的阶段时，该产业会放宽对技术扩散的限制，从而降低产业技术进入壁垒。正因为如此，在技术轨道后期阶段，引进和技术转移成为发展中国家缩短技术差距的重要手段。

 技术轨道阶段性及特点分析

随着技术轨道的延伸，技术进入、自主创新的成本越来越高，而技术购买的成本则相对在下降，如图 2-4 所示。

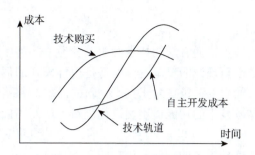

图 2-4　自主开发和技术购买两种方式的成本

在某条技术轨道不断延伸，技术进入壁垒升高的同时，会存在许多进入新技术轨道的机会，由此造成了产业的兴衰交替。这种新轨道机会可能来自：①本产业的重大技术突破；②他行业的重大技术突破，如信息技术给其他产业带来了巨大影响；③消费观念的转变，如环保意识的提高；④国内外政治、经济形势的改变，如中东石油危机曾对汽车的发展产生很大冲击。

这种机会是一个进入某产业的窗口，是技术轨道不连续性的反映。此时，产业有着两种发展方向：一是出现一条全新的轨道，二是在老轨道上继续前进，并有可能延长这一轨道的寿命。我们之所以称新轨道是一个进入产业竞争的高起点，乃基于以下认识：①在新轨道上，所有企业都没有什么知识积累，从而大家都处在同一条起跑线上；②在新轨道上，所需的投资并不多，从而进入壁垒较低；③在新轨道上，新企业包袱轻，能轻装前进，而老企业则因自满于在老轨道上的成功，不愿意轻易接受新轨道。而且，老企业已在旧轨道上投资很多，这是它转入新轨道上的一个大包袱。表 2-1 是几个产业技术轨道不连续、出现新轨道的情况。

表 2-1　几个产品的技术轨道

产品	技术轨道 1	技术轨道 2	技术轨道 3	技术轨道 4
打字机	手动	电动	专用文字处理机	电脑
灯	油灯	煤气灯	电灯	
汽车	蒸汽机	内燃机	电动机	
照排机	光机	阴极射线管	激光	

第三节　技术创新模式

关于技术创新模式的分类，运用系统的方法可以有多种划分方法。长期以来，学术界经过不断探索，逐渐形成了三种划分方法：一是以引发技术创新活动的诱因为标准；二是以技术创新组织方式为标准；三是以技术创新诱因与组织形式的结合为标准。

一、技术推动模式、需求拉动模式和推拉双动模式

以技术创新的诱因为标准可以将技术创新划分为三种模式，具体为技术推动模式、需求拉动模式和推拉双动模式。

(一)技术推动模式

技术推动模式是指创新主体拥有新的技术发明或发现,并利用这种发明或发现开展技术创新活动的模式。技术创新理论的奠基者熊彼特是这种模式的倡导者。他认为,技术是推动技术创新与经济增长的主发动机。对于技术创新的需求,并不是由市场产生,而是由拥有技术专利的创新主体按技术的功能适用性进行创新,从而间接地满足市场上存在的某种需求或在市场上创造新需求。20 世纪 60 年代以前,技术推动模式理论一直在西方技术创新理论界占主导地位。这种模式的创新轨迹如图 2-5 所示。

图 2-5　技术推动模式的创新轨迹

通过这一模式产生的技术创新,一般是比较重大的技术创新,它不仅会改变生产技术和管理技术,而且会引起技术体系的根本变革,导致新的产业崛起以及对传统产业的改造和对落后产业的淘汰,由此改变社会、经济和科技的发展进程。在现实中有很多技术创新成果都属于划时代的技术创新,如尼龙、人造纤维、核电站、电视机、半导体、计算机、激光等,它们都产生于这种模式。

(二)需求拉动模式

需求拉动模式是指由于客观存在的需求导致创新主体开展技术研究,并应用技术研究成果从事技术创新活动的模式。20 世纪 60 年代,人们逐渐发现,在有些产业领域,技术创新常常是在本产业投资、产业高潮之后才出现,即产业的需求在先,发明创新在后。这一发现对传统的技术推动模式提出了挑战。在施穆克勒 1966 年发表的论著中,他研究了19 世纪上半叶到 20 世纪 50 年代美国铁路、炼油、农业和造纸等行业的投资、存量、就业和发明活动的情况,研究结果表明,投资和专利在时间序列上表现出高度的同步效应,投资在时间上往往领先于专利。因此,他认为通过外部需求来解释投资波动更好,而发明和专利的高涨则是外部需求增长的结果。这就充分强调了市场需求对技术创新的推动力。因此,施穆克勒被认为是创新需求理论的倡导者。

在这一模式中,技术创新起始于市场需求,通过创新过程又复归市场来满足需求。这种模式的创新轨迹如图 2-6 所示。

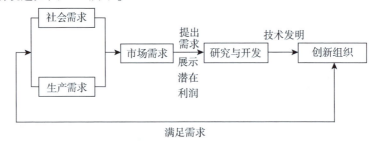

图 2-6　需求拉动模式的创新轨迹

需求拉动模式是以市场经济为基础的,在激烈的市场竞争中,企业为了生存与发展,必须不断地进行技术创新。企业采用需求拉动模式,可使创新活动耗时短、见效快,有利于发展那些短、平、快的技术创新项目。然而,由于需求拉动模式忽视或否定基础性研究对技术创新的作用，也会导致人们不重视基础性研究，使技术创新的发展可能缺乏强有力的后劲。

（三）推拉双动模式

推拉双动模式是指创新主体在拥有或部分拥有技术发明或发现的条件下，受到市场需求的诱发，并由此开展技术创新活动的模式。到 20 世纪 80 年代，人们进一步发现，创新是一个非常复杂的过程，很难确定某一因素就是创新的唯一或基本的决定因素。在大多数情况下，成功的技术创新取决于科技和市场需求的有效结合，科学技术与市场需求二者都是技术创新成功的决定性因素。美国斯坦福大学学者莫厄里和罗森堡通过研究指出："需求的作用被过分夸大了，这对于我们理解技术创新的过程，对于政府促进创新的政策方案选择，都可能形成严重的不利后果。实际上，科学技术知识基础和市场需求的结构，以一种相互作用的方式，在创新过程中起着同样重要的作用，忽视任何一方面都必定导致错误的结论和政策。"于是，弗里曼、莫厄里和罗森堡等人由此提出了技术创新的推拉双动模式。这一模式的技术创新轨迹如图 2-7 所示。

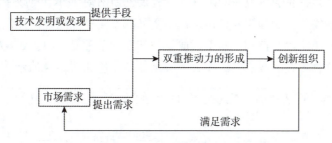

图 2-7 推拉双动模式的创新轨迹

推拉双动模式强调科技和市场需求的综合作用，克服了技术推动模式和需求拉动模式各自的片面性，从而能够较全面地反映技术创新的发展过程。这种模式的运用，能够促进技术与经济的紧密结合，从而为企业技术创新政策的制定奠定了理论基础。实际上，在以往的技术创新活动中，这种模式也是运用最为普遍的一种。加拿大学者摩罗和诺雷对本国的 900 多个企业的技术创新进行了调查，发现其中技术推动的创新仅占 18%，需求拉动的创新占 26%，而技术推动和需求拉动综合作用的创新则占到 56%。

（四）三种诱因模式的特点

由于上述三种技术创新模式的诱因不同，使得它们具有各自的特点，如表 2-2 所示。

表 2-2 三种诱因模式的特点

项目	技术推动模式	需求拉动模式	推拉双动模式
创新诱因	技术发明	市场需求	技术发明与市场需求合成
技术与需求关系	技术创造需求	需求促进技术发明	技术与需求双向作用
创新难度	难	较难	较易
创新周期	长	较短	短
创新主要遵循的规律	技术发展规律	经济发展规律	技术发展与经济发展规律
创新成功的关键人物	科学家	企业经营者	拥有一定技术能力的企业经营者

续表

项目	技术推动模式	需求拉动模式	推拉双动模式
创新成果应用	难	难	易
创新效果	一旦采用会使技术体系发生根本变化，导致新产品的形成	易于商品化，使创新成果迅速产生效益	易于商品化，技术与经济发展相互促进

二、政府组织模式、自行组织模式和联合组织模式

以技术创新组织方式为标准，可以将技术创新划分为以下三种模式，即政府组织模式、自行组织模式和联合组织模式。

（一）政府组织模式

政府组织模式是指企业按政府制定的计划开展创新活动，并以行政手段确保计划实施和完成的技术创新模式。这种模式是传统社会主义国家实行计划经济体制的产物，它曾在社会主义国家的初建阶段，特别是新中国成立初期发挥了重要作用，如我国"两弹一星"的成功，就受益于这种模式。政府组织模式的技术创新轨迹如图 2-8 所示。

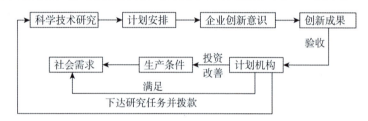

图 2-8　政府组织模式的技术创新轨迹

政府组织模式的特点

（二）自行组织模式

自行组织模式是指企业以创新主体的身份，独自组织技术创新全过程的各项活动，并对技术创新效果负责的技术创新模式。这种模式是以发达的市场经济作为前提条件，将企业的技术创新活动视为商品经济活动的一部分。在实行市场经济的国家中，多数技术创新活动都采用这种模式。自行组织模式的技术创新轨迹如图 2-9 所示。

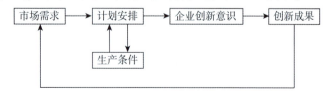

图 2-9　自行组织模式的技术创新轨迹

自行组织模式的特点

(三)联合组织模式

联合组织模式是指企业在接受外部(政府)任务后，自行组织创新活动，并对创新效果负责的技术创新模式。这种模式不仅适用于从计划经济向市场经济转轨的国家，而且在实行市场经济的西方工业化发达国家也被普遍采用。联合组织模式的技术创新轨迹如图2-10所示。

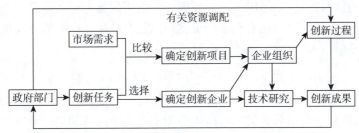

图 2-10 联合组织模式的技术创新轨迹

联合组织模式的特点

(四)三种组织模式的特点

上述三种不同技术创新的组织模式各有特点，如表2-3所示。

表 2-3 三种组织模式的特点

项目	政府组织模式	自行组织模式	联合组织模式
创新主体	政府	企业	企业
创新组织	以政府行政组织为主	企业自行组织	以企业自行组织为主
创新责任	政府负责	企业负责	企业负责为主
创新规模	不确定	较小	较大
创新难度	不确定	较易	较难
创新周期	不确定	较短	较长
创新风险	多数较大	多数较小	多数较小
创新收益归属	政府	企业	企业为主
创新成果应用	较难	易	易

三、技术创新的综合模式

以技术创新的诱因与组织形式的结合为依据，还可以划分出 9 种技术创新的综合模式，具体包括：技术推动—政府组织模式、技术推动—自行组织模式、技术推动—联合组织模式、需求拉动—政府组织模式、需求拉动—自行组织模式、需求拉动—联合组织模式、推拉双动—政府组织模式、推拉双动—自行组织模式、推拉双动—联合组织模式。其中，后三种模式的主要特点如下：

（一）推拉双动—政府组织模式

推拉双动—政府组织模式是指政府在制定技术创新计划时，拥有或部分拥有技术发明，并受到市场需求的诱发，通过行政手段组织技术创新活动的模式。实质上，推拉双动—政府组织模式是政府部门希望利用现有技术成果满足现有市场需求，并在满足市场需求的同时，完善技术成果的创新活动。这种模式兼顾了技术推动—政府组织模式和需求拉动—政府组织模式的特点，所不同的是，该模式在创新开始之前就通过计划将现有技术机会与现有市场机会相结合，从而有利于降低创新风险，并易于产品的市场化。

（二）推拉双动—自行组织模式

推拉双动—自行组织模式是指从事技术创新的企业拥有或部分拥有技术成果，并受到市场上特定需求的诱发，自行组织技术创新活动的模式。在这种模式中，创新企业具有一定的技术成果和该技术成果具有良好的市场前景是技术创新活动得以开展的前提。同技术推动—自行组织模式和需求拉动—自行组织模式相比，该模式的独特之处在于企业将现存的技术机会与市场机会有机地结合起来。

（三）推拉双动—联合组织模式

推拉双动—联合组织模式是指政府根据市场需求及企业所掌握的技术成果，制定技术创新计划，从事技术创新的企业在接受政府计划任务后，自行组织技术创新活动的模式。这种模式是将技术机会、市场需求、计划调配与自行组织完全结合的模式。同技术推动—联合组织模式和需求拉动—联合组织模式相比，这种模式不仅在创新计划中将技术机会与市场需求相协调，而且通过企业与政府的协作，强化技术优势，挖掘更广阔的市场潜力。另外，由于该模式涉及面广，要求企业与政府的协调性更高，相应地对有关机构人员素质的要求就更高。

第四节　技术创新战略及选择

一、技术创新战略的内涵及作用

（一）技术创新战略的内涵

"战略"一词原是军事术语，后被引申泛指重大的、带有全局性的、决定全局的谋划。企业战略则是指导企业经营发展全过程的一整套决策安排。它所关注的问题是：企业生产何种产品，使用什么技术，服务的对象是谁，企业获取竞争优势的方式等。战略一般不直接服务于企业当前目标，而主要着眼于企业的未来发展。技术创新战略是企业遵循市场经济和科学技术发展规律，适应市场环境变化，针对企业技术系统制定的具有全局性、长远性的企业技术发展谋划，它是企业在市场竞争中利用技术创新获取竞争力的方式，是决定

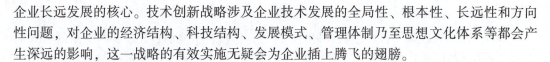

企业长远发展的核心。技术创新战略涉及企业技术发展的全局性、根本性、长远性和方向性问题，对企业的经济结构、科技结构、发展模式、管理体制乃至思想文化体系等都会产生深远的影响，这一战略的有效实施无疑会为企业插上腾飞的翅膀。

(二)技术创新战略的作用

一个国家在世界经济中的地位，很大程度上取决于是否拥有一批在全球经济中富有竞争力的大型企业。企业间的产品竞争，实质上是企业之间技术实力的竞争。因此，技术创新战略对于企业的生存和发展具有重要的作用。

1. 技术创新战略为企业经营战略的实施提供了重要保障

企业的经营战略是推动企业发展的总体战略，技术创新战略是总体经营战略中的一个重要组成部分，二者的关系是整体与局部的关系。在现代市场经济条件下，由于产品开发、技术进步在企业经营中的地位越来越重要，因此，技术创新战略在经营战略中也日益突显出特殊重要的地位。切实可行的技术创新战略为加快产品研究开发的进程、促进公司技术实力的增强、贯彻和实施公司经营战略奠定了基础，提供了技术上的保障。

2. 技术创新战略有利于企业掌握产品开发和技术发展的方向

当前，一场世界性的新技术革命正在兴起，信息技术、生物技术、新材料技术、新能源技术、空间技术、海洋开发技术等都得到了迅猛发展。新技术开发周期和新技术出现的间隔时间越来越短，新技术更新换代的速度加快。高新技术迅猛发展的同时，也必然给企业经营管理提出更高的要求。基于技术创新活动风险高、资金需求量越来越大的特点，每个企业必须在广泛搜集信息的基础上进行预测和判断，对本公司产品开发和技术创新进行总体的、长远的运筹谋划，制定正确的技术发展战略。只有这样才能在技术发展战略的指导下，高瞻远瞩，准确把握公司产品开发和技术创新的方向，有效地增强企业的生存和发展能力。

3. 制定技术创新战略有助于提高企业的技术素质、技术能力和技术管理水平

技术创新战略的制定是针对公司技术系统进行的总体的、全面的、系统的分析与研究，包括技术开发、技术改造、技术引进、技术管理等各个方面。因此，企业通过创新活动，可全面摆脱粗放型经营方式，走以技术创新为核心的集约型发展之路；可使科技与经济效益分离的现象得到根本性扭转，提高科技成果的转化率；可使企业形成核心技术，拥有自主知识产权；从而进一步适应市场需求，提高竞争能力，获得巨大的经济效益。

二、技术创新战略的分类

在技术创新管理过程中，可以根据不同的标准对技术创新战略进行分类，实践中最常用的，是按照企业的研究开发能力进行划分。按照这一标准，企业技术创新战略大致可以划分为四种类型，即领先创新战略、追随创新战略、技术模仿战略、合作创新战略。

(一)领先创新战略

领先创新战略又称进攻型技术创新战略，这是力求在新产品开发和新工艺应用等方面领先于竞争对手，并以此掌握市场领导权的一种战略。一般来说，采用这种技术战略的企业，应具备以下基本条件：

1. 具备强大的研究开发能力和技术优势

例如，四川天歌集团曾经是羽绒制品业的领先创新者，他们首先以补偿贸易的方式从德国引进了一流的生产线，在以后的发展中又引进了日本、美国的先进缝纫和羽绒加工设备，采用了先进的 CAD 服装设计系统。由于技术能力领先于国内同行业其他公司，天歌集团不断设计与生产出深受消费者喜爱的优质产品，因而处于同行业的前列。

2. 拥有独立研究开发的核心技术

企业在研究开发上没必要，也不可能做到面面俱到或独立攻克每一个技术环节，但核心技术却必须是由公司独立研究开发而得的。例如，"北大方正中文电子出版系统"是北大方正集团的重要创新，在开发该系统的过程中，该集团虽然参考了大量的国外技术成果，但其中的关键核心技术——汉字信息计算机处理技术是由企业自行开发的。这项技术创新为北大方正集团创造了 200 亿美元的潜在价值。

3. 采用领先创新战略的企业必须对市场变化具有较高的响应速度

企业对市场的响应速度是由企业的技术实力、企业经营者的个人才能以及企业的具体管理行为决定的。为了做到对市场需求变化具有较高的响应速度，企业要进行细致深入的市场调研，进行消费心理研究，进而抓住市场变化的特征和趋势。例如，制造环保型产品已成为现代企业的追求目标，当制冷设备市场上对无氟冰箱产生需求之初，青岛海尔集团就较早地认识到制冷设备市场的这一变化，快速做出反应，率先研制出无氟冰箱样机，并在 1990 年美国举办的"世界地球日博览会"上推出了"超级节能无氟电冰箱"，从而成为国内外无氟制冷设备的领先创新者。

4. 企业要具有良好的市场接受程度

一个企业能否成为领先创新者，不仅取决于企业自身的努力，重要的还取决于市场的接受程度。企业要真正成为领先的创新者，就必须花大力气培育名牌。企业拥有名牌产品，有助于企业保持领先地位，占领市场。例如，海尔、美菱、上菱曾是中国电冰箱市场上的三大名牌产品，这三个集团公司同时也是该行业的领先创新者。亲亲八宝粥曾是食品市场上的名牌，扬州食品总厂同时也是该行业的领先创新者。

领先创新战略的实施，一方面可为企业带来丰厚的利润，使企业较早地建立起原材料供应基地和产品销售网，率先获得产品生产所需的稀缺资源，在市场竞争中处于有利地位；另一方面，有助于企业树立在全行业中的优势地位，通过较强的技术壁垒，在一段时间内占据行业垄断地位。

（二）追随创新战略

并非所有企业都能采取领先创新战略，因为这毕竟是投资大、风险高的战略行动，而且企业也并非在任何时候都有必要采取领先创新战略。所谓追随创新战略是指企业在他人领先技术产生的初期，也迅速步入该产业，自主开发或引进同类技术，占领市场份额，获取较大利润的一种战略。历史表明，许多大公司都是在某一产品的新兴初期、主导设计产生之前进入该产业，因此获得了最大利润。IBM 公司就是以这种方式进入计算机行业而一举获得成功的。

追随战略有两种表现形式：第一种形式表现为采用自主开发的方式追随国内外技术的创新；第二种方式表现为在看到别人引进技术并获益时，本企业也引进同样的技术或更先进的、更适合市场的技术。

采取追随创新战略可以有效规避市场风险。因为，作为领先创新者，首次将新产品推向市场的做法是有风险的。而跟随者始终密切注视着领先者的行动，若领先者失败，就不跟随；若领先者成功，就迅速跟上。

采取追随创新战略并不意味着企业的研究开发力量会低于领先创新者。因为追随创新战略要求企业有迅速跟进的能力，即要求企业既要有一流的研究开发力量，又能迅速地投产到新的产品领域中去。

(三) 技术模仿战略

技术模仿战略是指在解剖他人创新产品的前提下，破译创新产品的核心技术和技术密码，掌握其设计、工艺和制造原理，进而在此基础上实施创新活动，以改进产品性能、提高产品质量、降低产品成本，获取强大竞争力和较高经济利益的一种战略。

技术模仿战略是一种十分普遍的创新行为。一项成功的创新总要引来许多模仿者，而模仿者又会在消化、吸收的基础上进行再创新，其成果又会被其他模仿者进一步模仿和创新，使得新产品与新工艺不断得到改进。因此，模仿创新在数量上较领先创新多得多。模仿创新战略并非落后企业所特有的行为，有许多实力雄厚的大公司也是模仿创新者。例如，日本松下公司开发录像机的过程，就是一个成功的模仿创新的例子。当索尼公司在1975 年率先推出了家用磁带录像机后，松下公司很快意识到录像机具有巨大的市场潜力，因此组织力量对索尼公司录像机的结构造型、功能原理、工艺材料及其他技术参数进行了全面剖析，从中找出了存在的两个毛病：录像容量小和放映时间短。松下公司对此进行了模仿和进一步开发，加大了容量和延长了放映时间，提高了录像机的性能，并使机型趋于小型化，而且在价格上低于索尼机 10%～15%，从而使松下产品很快在销售量上超过了索尼公司，占据了日本录像机总销售量的 2/3。

技术模仿战略具有投入少、风险小的优势。第一，它有效回避了研究与开发过程中的部分风险。技术模仿战略避开了率先性的技术研究与开发活动，使企业可以冷静地观察领先创新企业所从事的率先性研究与开发活动，选择最成功的技术成果加以引进、消化、吸收与改进。模仿创新者主要从事渐进性的改进，这种技术模式虽存在一定的被动性，但是其风险大大降低，且投入少、效率高。第二，模仿创新使市场开发风险大大降低。新市场的开发需要大量的资金投入，其成效如何又有很大的不确定性。模仿创新企业所进入的是率先创新者已成功开辟的市场，能够享受到率先者开辟新市场时各种投入所带来的诸多外溢效益，回避了新市场成长初期的不确定性。这一战略对我国大多数技术力量比较薄弱、资金紧缺的企业较为适合。

(四) 合作创新战略

合作创新战略是以创新为目标，以合作为基本手段，以资源互补为内容的技术创新方式。它可以充分利用创新资源，使科技成果与市场有机结合起来，以市场机制为基础，通过集中各种创新资源进行创新活动来降低创新成本，缩短创新周期，提高创新档次，促进经济增长。

合作创新战略一般有两种基本形式，即产学研合作创新和企业间合作创新。

产学研合作创新是指在技术创新过程中，企业与高等院校、科研院所在风险共担、利益共享、优势互补、共同发展的形式下进行合作，实现技术创新的一种形式，内容包括技术转让、合作研究、合作开发、共建新企业等。产学研合作创新能够优势互补，充分发挥科技优势，提高企业的劳动生产率，并加速科技成果的转化，是企业从事技术创新的重要途径。

企业间的合作创新是指企业间可以通过纵向与横向联合进行技术创新。联合，一是为了完成独自难以完成的技术创新项目；二是在合作中，可以达到取长补短的互相学习与提高的目的。企业之间的合作创新主要有以下模式：

1. 小企业推动大企业创新

小企业充分发挥自己具有创新热情、市场需求的敏锐嗅觉及灵活多变性的特长，到市场深层进行需求分析，确定自己期望和能实现的技术与产品的创新目的。但是，对市场需求或潜在需求的高新技术产品的开发，小企业自己难以实现，又不愿放弃机会。这样，可积极鼓动有较强技术创新能力的大企业，去进行主题项目的终端高技术或高科技新产品的开发，从而实现小企业期望和能够完成的技术与产品的创新目的。例如，大连凌水冷冻厂在水产品加工过程中产生很多虾蟹壳，听说这些东西可以利用，便找到光明化工研究院，期望能够共同开发这一资源。在冷冻厂的促动下，研究院成立了课题组进行研发，并利用研究院的知名度与销售渠道，很快开发出新产品并打入国际市场。在合作开发过程中，冷冻厂选派了技术人员向研究院的工程师学习，逐渐掌握了技术与市场。后来，冷冻厂根据市场的发展开发出第二代、第三代产品。

2. 小企业与小企业联合创新

小企业各有自己的优势，小企业与小企业的联合，常常创造出优势互补的效果，从而实现独自不能实现的技术创新目的。特别是在多角化技术创新上，创新的小企业可以通过与不同领域的小企业进行联合，实现多学科、多专业融合的技术创新；既能够使参与合作的小企业实现创新发展，又能够推动产业的发展，可谓一举两得。在联合创新的过程中，小企业通过自己的努力和向合作企业学习，逐渐地以企业核心主题发展领域为核心，实现知识融合和技术融合的知识与技术的积累，为实现自主技术创新奠定基础。同时，在联合创新过程中，比较深入地了解到不同领域的技术发展趋势，为技术突破和创新挖掘了新的机会。战略的核心是在合作过程中，抓紧学习相关领域的知识与技术，迅速提升企业的创新能力。

3. 大企业与大企业联合创新

大企业与大企业之间的创新合作，更能发挥优势互补的作用，无论是同行业或不同行业之间的联合创新，都会使创新速度加快。比如：微软公司与 IBM 公司的合作是强强联合；在燃料电池电动汽车技术研究开发上，由于燃料电池电动汽车技术研究开发费用高、难度大、涉及范围广泛、风险大，仅靠一家之力很难较快地取得满意成果和获得突破，因而，出现了跨国、跨地域、跨行业的企业集团之间进行联合研究开发的局面。2001 年 7 月，东风汽车集团的神龙公司与雪铁龙公司签署了一项电动汽车合作协议，中方向法方购买 20 辆电动汽车作为示范性应用，法方提供有关的培训和技术援助，在此基础上，双方将共同研究开发适合中国市场的电动汽车。

4. 竞争企业之间的联合创新

企业在创新发展过程中存在着区域、国内、国际同行业企业的竞争。企业之间的创新竞争有时是非常激烈的，正是这种相互激励(看谁做得更好)的竞争，促进了科学技术与经济的发展。面对市场需求，当自己不能独自开发新技术与新产品时(包括技术创新能力、设备能力、资源状况等)，可以通过与同行业竞争的企业之间的合作，来实现各自单独不能完成的技术创新。在合理分工和互利互惠的合作下，企业既没有失去创新机会，又能提高知识与技术水平，同时也密切了与同行业企业之间的关系。通过与竞争者的联合创新，可以学习竞争者的技术与管理经验。例如，佳能公司向柯达公司提供复印设备；法国汤姆森公司与日本 FVC 公司共同开发与生产摄像机；西门子与富士合作；通用汽车公司与丰田共同开发与组装汽车等。竞争者之间的合作要想取得成功，双方必须都提供一些独特的东西，如技术、销售渠道、基础研究能力或生产制造能力。

5. 企业与原料供应商和用户之间的联合创新

在原料供应企业、制造企业、用户三者之间，存在着推与拉的动态一体化的技术创新链。作为处于中间的企业，充分有效地利用下推上拉的作用，也可以迅速提高技术创新能力及创新速度。日本碟理商社针对日本共和油脂(株)每年需要大量的甲壳质，希望建立稳定的半成品供应关系。1990 年，碟理大连事务所找到刚刚建立的大连凌水甲壳质厂，面对工厂技术落后、没有技术人员、产品质量低下、生产成本高的局面，碟理从共和油脂(株)索取了生产工艺管理方法、产品分析方法等，并委派大连事务所的中国工程师到工厂为有关人员讲解。后来，碟理又邀请共和油脂(株)生产部的负责人到大连凌水甲壳质厂进行生产技术指导。1994 年后，扩大了生产规模的大连凌水甲壳质厂，蟹壳原料时常供应不足，日本大洋与其建立原料供应关系，碟理的角色是双方的商业代理。

近年来，伴随着新产品开发的国际化战略的发展，很多有实力的企业已不再采用"前店后厂"的经营模式了，而变成了"前店前研"和"前研前厂"的新产品开发布局。这既可及时满足用户的需要，又可以使企业与所在国家或地区的企业、大学、研究所等合作，还可以充分利用所在国家或地区的科技人才。

三、技术创新战略的制定

制定合理的技术创新战略，关系到企业竞争力的强弱及长远发展。企业技术创新战略的构成要素一般包括指导思想、战略目标、战略重点、战略步骤以及战略对策。其中，战略目标的制定尤为重要，它决定了整个创新战略的方向和具体实施。企业技术创新目标包括技术目标和经济目标两类。这两类目标是用于判定企业从事创新活动缘由的两种方法。这两种方法既可以同时使用，也可以择一使用，同时使用效果更佳。因为，技术目标分析能弥补经济目标分析的不足，尤其能指明靠何种技术目标去支持经济目标的实现。从依存关系看，经济目标是核心，技术目标是实现经济目标的有效途径。

(一)经济目标

企业技术创新的经济目标涉及工艺创新和产品创新两个方面。

1. 工艺创新的经济目标

工艺创新的经济目标有四项：提高产品质量、降低生产成本、降低消耗和改善生产条件。其中，前三项目标可为企业带来直接经济效益，第四项目标是通过改善生产条件来加强人本管理，对企业的经济效益可起到间接推动作用。

2. 产品创新的经济目标

产品创新的经济目标有五项：替代即将退出市场的产品、扩大产品范围、保持市场份额、开拓国内新市场、开拓国外新市场。这五项目标又可分为守成型目标和发展型目标两类。所谓守成型目标是指企业并不指望技术创新去发展自己，而只想通过技术创新保持现有市场地位。在产品创新的经济目标中，替代即将退出市场的产品和保持市场份额属于守成型目标。而发展型目标是指企业不满足于现状，希望通过技术创新获得新的盈利机会和新的竞争力。扩大产品范围、开拓国内新市场和开拓国外新市场属于发展型目标。

就我国企业而言，一般产品创新目标以选择发展型目标为主，把开拓国内市场和扩大产品范围摆在首位。而守成型的产品创新目标则属于次要目标。德国企业的技术创新目标属于守成型目标。如德国在 1992 年至 1996 年间，企业产品创新的三个主要目标分别为：增加现有领域的产品品种、保持市场份额和生产能替代现有产品的新产品。在德国企业看来，保持市场份额比开拓新市场更重要。中德两国企业在产品创新目标选择上的差异主要源于两国企业所面临的市场条件不同。德国企业处于成熟的市场经济国家，市场竞争激烈，只要维持现有市场份额就能确保现有竞争地位，企业把技术创新目标定在维持市场份额上有其合理性。我国则不然，我国市场巨大，企业间竞争还未达到此消彼长的状态，有许多尚待开拓的市场。而且中国经济正处于高速增长时期，市场容量随着经济发展而扩大，在这种经济环境中，企业依靠技术创新扩大市场份额是明智之举。这也正是我国企业把开拓国内新市场作为产品创新最重要目标的原因。

(二)技术目标

技术目标具体包括对率先创新者的模仿、采用别人开发的技术满足本企业要求、现有产品的渐进性创新和改变现有产品的生产方法。从总体上看，技术目标是为实现经济目标服务的。技术创新的经济目标以提高质量、降低成本和消耗为主，为此，实现这些经济目标的技术目标主要是采用渐进性创新和直接采用别人开发的技术来满足本企业的要求。我国企业技术创新之所以以渐进性创新和使用他人技术为重要方式，这是和我国目前的经济技术发展水平密切相关的，这正是企业处于使用技术阶段并有向改进技术阶段过渡的趋势时所具有的技术创新特征。

四、技术创新战略的选择

(一)不同竞争力企业的战略选择

1. 具有世界级竞争力的企业

具有世界级竞争力的企业，处于世界领先地位，目前所具有的技术一般达到世界领先水平，例如英特尔、波音等世界级绝对领先的企业。对这类企业来说，除了依靠高投入的自主研发，研发服务网络中的高校、科研机构、有价值的企业等研发服务主体较难为它们提供太多的研发服务。然而，它们所处的研发服务网络，还是具有一定价值的社会资本。单靠企业自主研发而造成研发服务搜寻的缺失，会加大它们技术创新的风险性。基于此，英特尔和波音等公司除了高投入的自主研发，也广泛和高校以及科研机构进行合作研发。对具有世界级竞争力的企业来说，技术创新的战略是以高投入的自主研发为主，利用研发服务社会资本为辅。

2. 有一定世界级竞争力的企业

有一定世界级竞争力的企业相对具有世界级竞争力的企业而言，所处研发服务网络中有能力为它们提供研发服务的主体较多。在技术创新中，自主研发的资金投入一般可较具有世界级竞争力的企业少，但仍要投入较大的资金进行自主研发；此外，这类企业较具有世界级竞争力的企业适宜投入更多的时间和资金去搜寻研发服务进而利用研发服务。对该类企业来说，技术创新的战略在于投入较大资金进行自主研发，另外还要注意搜寻外部可利用的社会资本，借助研发服务社会资本所能提供的技术创新模式来最大限度降低自主研发的风险，缩小与具有世界级竞争力的企业的技术差距。

3. 没有较强竞争力的企业

没有较强竞争力的企业技术相对不高。可供利用的既存技术理论上很多，只要能突破引进障碍，就能极大地提高企业的技术能力。由于此类企业一般不会追求最顶尖的技术，因此有能力为其提供合作研发和委托研发的社会主体也较多。对这类企业而言，关键是如何搜寻到可为其提供研发服务的社会主体，如何与这些主体建立紧密连接关系，如何突破有关障碍利用有关资源。另外需要特别注意的是，在利用研发服务网络社会资本的同时，要善于融合自主创新，特别在产品多样性、外观设计、实用性、迎合消费者心理需求等低风险性和高可达性方面实现创新，还要投入企业力所能及的资金进行适合的自主研发，这是此类企业技术创新战略的较优有效组合。

（二）不同规模企业的战略选择

1. 大型企业

从大型企业所具备的条件来说，大型企业规模较大，企业财力和整体实力较为雄厚，这使它们自主研发底气较足，并且有能力承受自主研发的失败。从大型企业的发展诉求来说，大型企业比中小型企业有着更高的发展目标，高投入于自主研发能够使大型企业掌握自己的技术，形成自己的技术开发模式，并且不需要担心因相关阻碍导致其他技术创新模式失效等问题。因此，在发展过程中，大型企业相较中小型企业而言，可以更加注重自主研发；在此基础上，注意引进国外先进技术，利用好高校和科研机构的研发力量，与有价值的企业实现技术研发合作。这是我国大型企业提升竞争力，走向世界的较优战略组合。

2. 中小型企业

中小型企业，抗风险能力一般比大型企业弱，不适宜过多开展大投入、高风险的自主研发活动。相对大型企业而言，中小型企业有必要投入更多精力去搜寻研发服务网络社会资本，在此基础上融合企业适合的自主研发。通过技术引进、合作研发和委托研发，坚持立足于技术创新基础上的其他方面（如产品多样性、外观设计、实用性等）再创新，谋求企业的发展。

（三）处于企业生命周期不同阶段的战略选择

处于不同生命周期阶段的企业生命特征不同，进行技术创新面临的障碍不同，且不同阶段企业的技术创新能力也有很大差异，所以，企业在选择技术创新战略时，应从企业的实际情况出发，随动态的市场客户需求变动，再根据企业的实际需要，将可选择的技术创新战略进行适当组合。

1. 初创阶段

初创阶段是从企业刚刚成立算起。刚起步的企业，研发团队尚未形成，企业的创新意识和创新能力相对比较弱。资金的缺乏，加上在市场上缺乏知名度，致使企业很难在市场上寻找到优秀的合作伙伴；即使能够与高校、科研院所合作，也可能因为企业没有品牌知名度，研发出来的新产品将很难在市场上进行推广。因此，难以进行合作创新战略。

2. 成长阶段

进入成长阶段后，已占有一定市场份额的企业，其生存问题已经得到解决，但是在组织结构和管理方面会显露出很多问题，企业应逐步重视组织结构的完善、流程的建立与优化，因为内部研发部门的逐步完善与发展会提高企业技术创新的条件和氛围。因此，该阶段在选择模仿创新、跟随创新、合作创新的技术创新组合战略的同时，适时采取领先创新的战略对企业来说更加合理和实用。

3. 成熟阶段

随着企业市场地位的日益稳固，销售收入增幅日渐放缓，利润水平也基本保持稳定，这时的企业开始迈入相对稳定发展的成熟阶段。在此阶段，为了与同行业竞争对手相异，获得核心竞争优势，领先创新是这一阶段企业实施技术创新的首要任务。与此同时，企业内部的其他子系统的重要性也日益显现，企业应采取综合发展的策略以延长成熟期，为避免进入衰退期做准备。

4. 蜕变（衰退）阶段

成熟阶段过后，企业的市场占有率增长速度会呈现负增长，销售收入增长率也日益降低，这便是企业进入衰退阶段的标志。盈利能力的下降、经济的负增长，会导致企业内部员工的危机意识增强，使得其改变目前状况的困难加剧。但是，如果企业在这个阶段能够迎难而上，抓住潜在的市场趋势和个性化的用户需求，进行颠覆性的领先创新，也可以在非主要技术方面采取跟随创新和模仿创新，企业便会蜕变成功进入下一个成熟阶段。一般情况下，企业在这个阶段不会选择合作创新战略，因为这个阶段企业的不良现状会使得企业很难找到合适的合作伙伴，即使花费大量精力找到优秀的合作伙伴，也可能因合作伙伴提出的不合理合作条件而告终。

此外，企业在选择技术创新战略时，除了要考虑技术创新，还应兼顾组织创新、管理创新等方面。因为组织创新、管理创新是产品与技术创新的支撑和保障，企业在进行技术创新的同时，需要注重其内部管理、组织等方面的逐步改善与提高。

第五节　技术创新的组织形式

企业通过实施技术创新战略，保持技术能力的动态发展和领先地位，才能获得可持续竞争优势。而组织结构是战略实施的载体，承担着战略实施、绩效评价、衡量及纠正偏差、监测环境变化的职能。有效的结构必须能促进增长，产生创造力，保证创新观点得到执行，要具有灵活性、适应性、信息传递快、便于沟通的优势。

一、技术创新对组织形式的要求

组织是一种资源，组织的结构决定了信息在组织内的传递和分享机制、资源在组织内的配置方式和途径，最终体现为组织的效率和能力，直接关系着技术创新战略实施的效果。技术创新战略是动态的，组织模式必须与战略的调整相适应。结构不支持战略时，就要进行组织模式的变革，结构既是问题又是方法。组织结构对技术创新的影响表现在六个方面：

（一）开放程度

组织的开放程度表明了组织内部部门之间以及组织与外部环境之间边界的可穿透性。组织的内部边界直接与组织的集权和分权程度、层级和部门的划分密切相关。外部边界的存在是因为组织思维僵化、妄自尊大，不愿意接受外部各种信息、经验，缺乏和外部沟通的结果。开放程度大的组织，其边界是可穿透的、模糊的，信息、技术创意和决策的传递更快，极大地提高创新的速度，降低技术创新成本。

（二）适应变化

组织的应变能力体现了组织的柔性。技术本身的快速发展以及目标市场竞争和用户需求的改变，要求企业必须能够抓住市场边界的快速变化，消除技术创新时滞，努力成为新技术、新产品的引领者。技术创新组织应根据产品开发的特点、市场环境和资源状况而灵活设置，变革原有的等级分明、层次较多的刚性组织。

（三）连续一致

随着环境的变化和创新阶段的进展，组织要能够保证创新的激励机制、行为、目标与结构的一致性，确保战略、文化、人员与结构相匹配。

（四）知识积累

企业在技术诀窍、经验等方面的累积存量和深度决定了其创新能力的强弱。技术积累是指内化到企业组织结构之中的技术知识和能力。知识和技能的积累通常是隐性的，而且是长期的。

（五）信息享用

技术创新是由创新构思的产生、创新项目决策、项目研究开发、项目工程化、项目市场化、用户反馈及产品改进等活动构成的创新链，涉及企业内各个部门和环节。信息在整个创新链上流动，实现信息的传递、扩散、共享。组织结构直接影响着信息的传递途径和效率。

（六）组织效率

组织效率实际反映了组织响应战略实施的速度和程度，不同的组织结构将影响组织内的信息流速、方向，资源配置的方式等创新因素及其整合。

二、企业内部的创新组织形式

企业要高效地实现技术创新战略，其内部组织形式应有效地协调各部门的创新活动，有效激发创新人员的创造性与积极性，对市场响应速度快，且具有较强技术消化能力、应变能力和二次创新能力。常见的企业内部的创新组织形式主要有技术创新项目小组、新事业发展部、技术中心等。

(一)技术创新项目小组

技术创新项目小组是指为完成某项创新而成立的创新组织，采用非固定编制的灵活组织形式。它可以是常设的，也可以是临时的；小组成员可以是专职，也可以是兼职。技术创新项目小组具有明确的创新目标和任务，企业高层主管对技术创新项目小组充分授权。项目小组在结构上有两个特征：一是淡化了以往组织的纵向和横向直线权力制；二是把原来的个人决策变为小组成员共同决策，自主管理。

技术创新项目小组的职能比较完备，在创新过程中有较高效率。其特点主要有：①创新项目小组由多学科、多部门、多方面的专业人员组成，优势互补有助于提高创新效率。②创新项目小组的目标由所有成员共同确定。小组成员对实现目标有强烈的责任感，便于实现创新目标。③创新项目小组淡化了纵横的直线权力制。小组领导是一种管理职能，成员之间平等协作，有利于充分发挥小组创新的潜力，提高小组创新的能力。④创新项目小组的决策由小组成员共同决策，自主管理。

(二)新事业发展部

新事业发展部是大企业为了开创全新事业而单独设立的组织形式，全新事业涉及重大的产品创新或工艺创新。由于重大的技术创新往往伴有很大的风险，因此这种创新组织又称为风险事业部。新事业发展部拥有很大的决策权，只接受企业最高主管的领导。新事业发展部非常适合企业的大型创新活动，这是因为：①任何一个独立的常规事业部都不愿承担创新活动的巨大风险，单独设立专门从事创新的新事业发展部有利于企业开展创新活动；②重大创新活动若在原有事业部进行，容易破坏正常经营秩序，受到原有业务的排斥，从而不利于创新的顺利实施。设立新的事业部并对之充分授权，有利于新部门的高效运转和创新目标的实现。

(三)技术中心

技术中心是大企业集团从事重大关键技术和新一代产品研发活动的专门机构，是企业技术创新体系的重要组成部分，技术中心的研发创新项目一般具有较高技术水平，有一定超前性和综合性。企业技术中心通常采取矩阵式组织结构，由不同专业技术人员组成跨部门课题组，根据项目进展，课题组成员根据需要进行调整。为保证研发成果最终实现向生产部门的转移，在项目研发阶段就充分考虑了工艺、装备和生产条件。在研发计划安排与科技成果转化的组织与管理方面，技术中心保持了与企业内其他技术开发机构和职能部门的沟通与配合。20世纪90年代以来，我国许多大型企业相继组建了技术中心，国家对大企业组建技术中心也提出了要求，并给予一定优惠扶持政策，从某种程度上说，技术中心已成为我国企业进行技术创新所采取的主要组织形式。

三、企业间的创新组织形式

除了企业内部的创新组织形式，技术创新的组织形式还有企业间的组织形式，主要形

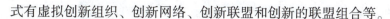

式有虚拟创新组织、创新网络、创新联盟和创新的联盟组合等。

(一)虚拟创新组织

虚拟创新组织是若干创新企业为共同获得某一市场优势，依靠信息手段以最快速度进行组合形成的没有企业边界、超越空间约束的临时性动态联盟组织形式。其实质是企业间基于技术创新的暂时联盟，联盟的基础在于企业间是否具有技术优势和核心能力的互补性。传统的技术创新小组通常是多人组成的专门小组，具有实物中心和实体组织的概念。而虚拟的创新组织在组织形式上没有固定的、永久性的实体组织，是根据创新的客观需要，通过信息技术将不同地区、不同组织的有关人员进行虚拟联合，实现某种目标的技术创新活动。

 虚拟创新组织的特点

(二)创新网络

弗里曼(Freeman)于1991年首次提出创新网络这一概念。1999年，创新网络概念引入国内。概括地讲，创新网络是不同层次的组织(企业、政府、高校和科研机构等)，基于共同的创新目标而建立起来的一种网络组织形式。目的是解决创新的不确定性、资源稀缺性以及创新能力有限性等问题，以帮助创新主体更好地利用外部资源实现创新目标，最终使创新网络中的所有主体共同获益。各式各样的创新网络不断兴起：产业集群创新网络、供应链创新网络、战略联盟创新网络、技术创新网络、研发创新网络。北京中关村的集群创新网络以联想、百度、中星微电子等企业为核心，联合北京大学、清华大学、北京航空航天大学等高校，形成了以电子技术行业为主导的高技术创新网络，网络中的创新主体数目超过3万家，75%以上的企业与企业之间达成了长期合作关系，84.1%的企业与高校之间进行长期合作。

(三)创新联盟

创新联盟是指由企业、大学、科研机构或其他组织机构，以企业的发展需求和各方的共同利益为基础，以提升技术创新能力为目标，以具有法律约束力的契约为保障，形成的联合开发、优势互补、利益共享、风险共担的技术创新合作组织，技术创新联盟是组织之间在技术创新领域建立的联合关系。理解"技术创新联盟"应考虑到以下三点：一是"联合"只局限于技术创新领域；二是"组织"的外延包括大学、研究所、政府部门、企业等；三是"联合关系"的表现形式很多。由于联盟成员构成的差异，国内对"技术创新联盟"的理解分为广义与狭义两种。广义的"企业技术创新联盟"认为联盟成员除企业外，还包括大学、研究所和政府部门等。狭义的"企业技术创新联盟"认为联盟成员均为企业。技术创新联盟已成为近年来效率最高的组织创新模式。

(四)创新的联盟组合

创新的联盟组合是指企业为了实现自身的创新战略部署，所建立的或参与的多个创新联盟的集合体网络组织形式，创新企业构建或参与联盟组合的主要目的是利用与不同联盟的知识交流，实现知识资源的优化整合，从而促进创新。企业缔结创新联盟组合的动机主要表现为技术和市场两个方面。技术动机包括获取创新机会、缩短创新周期、获取隐性知识、降低研发成本和风险等，而市场动机则包括改变市场结构、进入新市场、扩大市场规模等。实践证明，创新联盟组合的形成缩短了企业与市场之间的距离，极大地丰富了创新资源的外部来源，已成为企业把握市场需求、整合创新资源、提高创新绩效的重要手段。

📖 案 例

海思半导体有限公司的联盟组合

华为旗下的海思半导体有限公司成立于 2004 年 10 月，前身是创建于 1991 年的华为集成电路设计中心。海思公司总部位于深圳，自成立以来即与国内外众多业界同行建立了多个以自身为核心的联盟关系。2014 年，海思发布八核海思麒麟 920 芯片，这款具有划时代意义的芯片整合了与德国 Rohde & Schwarz 合作测试的 BALONG 710 基带、华为 LTE Advanced 通信模块、英国 ARM 公司 Mali T628MP 型 GPU、中国台湾 ALTEK（华晶）成像芯片组等关键模块，并于同年 6 月搭载于华为荣耀 6 上市。海思通过与多个战略伙伴建立联盟组合，为自身创造了丰富的资源和能力，实现了技术创新能力的跨越式提升。

（资料来源：海思官网 www.hisilicon.com）

（五）创新生态系统

创新生态系统，是由创新型企业、高校院所、创新人才、天使投资和创业金融、创新服务机构、创新载体机构、创新文化环境等要素组成，政府、企业和个人等主体在其中相互作用并有效协同，创新资源要素完整并形成良性循环的企业生态系统，创新生态系统是指一种协同机制，企业通过这种协同机制将个体与外部联系，并提供面向客户需求的解决方案。

创新生态系统具有以下特征：①创新环境良好，创新资源丰富。创新环境包括市场、公共政策、经济体制、社会文化等要素，创新资源包括企业或者高校院所开展科技创新需要的各种投入。②创新主体多元化，创新体系及创新服务体系完整。企业是创新的主体，是创新体系的主要组成部分，既包括大企业，也包括中小企业。创新服务体系包括高等院校、科研机构、行业组织、投资机构、各类专业服务机构等，它们有的是创新资源的提供者，有的是企业创新活动的外部支持者。创新企业与创新服务体系的各主体之间形成相互支撑的网络关系。③创新网络关系复杂而稳定，创新系统中的不同企业分为供应商、生产商、销售商和客户，彼此之间结成前向、后向和水平的产业网络关系。

四、技术创新战略的实施与组织适应性

不同的环境、行业和任务会要求不同的组织结构。寻求一种适应的创新整合架构是企

业面临的迫切问题，因为速度和灵活性是新产品开发的重要条件。图 2-11 表示创新战略实施的复杂性、环境变化/市场需求与企业组织架构的关联程度。

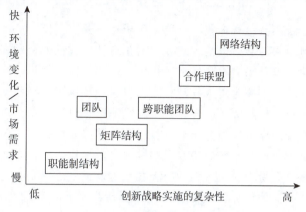

图 2-11　架构与战略（任务）的匹配

（一）不同的环境、行业会要求不同的组织结构

在不同的环境和产业领域，特定产业及其技术的成熟程度对组织可能建立的创新组织结构有直接影响。企业可根据战略的需要以及产品、市场和顾客的需求在不同的层面组建职能业务单元、矩阵式业务单元、团队或网络结构，实现快速反应。现在更清晰地看出，组织是战略进化的一种手段。

在快速变化的高技术领域，如计算机技术、软件技术、信息技术等需要知识密集的新创意，用户需求需要提前理解。这类企业创新开发投入强度高，市场风险难以测定，速度和效率是决定项目成功与否的重要因素，创新组织模式大多是风险分部、自主团队的形式，给参与创新的人员提供足够的决策权力和自由空间。

对于流程型企业，技术创新活动更多的表现为技术创新链，创新活动对物质资源（设备、仪器、原料、人员）的依赖性特别强，涉及企业内所有部门和环节，需要数额巨大的资金，项目的成功与否对企业效益的影响十分明显。如钢铁企业的新品开发，不仅需要技术中心研究人员的创造性研究，还要采购部门为之采购所需试验原材料，生产部门在生产线安排试生产等，企业可以建立重型项目团队来实施创新研发。而对基础性和重大突破性项目，则可采取联盟合作化的形式来进行。

（二）企业成长生命周期阶段、战略目标与组织结构

企业成长生命周期阶段不同、创新目标和任务不同，要求组织结构也不同。3M 公司的创新战略与组织结构的适应是十分明显的。3M 公司在海外扩张之初，以总部研发为中心，总部进行根本性的创新，创造主要新技术和新产品，然后向国外分公司扩散。国外的研发实验室只是将公司的技术或产品进行适当的改造。此时，3M 公司的创新组织成为中心—边缘型组织结构。后来，3M 公司创新战略调整为利用各地（国外）特有资源进行基础研究和技术开发，此时公司的国际化技术创新的组织形式逐渐转向为全球互联型网络。通过整合的网络和团队，整个组织体系有多种灵活的控制、沟通和协调方法，跨边界交流频繁，实现信息共享和知识的共同学习。

本章小结

技术创新是指与新产品、新工艺、新装备的研究、开发、设计、制造及与商业化应用有关的技术经济活动，它具有创造性、新颖性、先进性、高投入性和高风险性。随着时代的变迁，技术创新的内容及形式因受经济、技术、制度等因素的影响也在不断变化。技术创新模式以诱因为标准可以分为技术推动模式、需求拉动模式和推拉双动模式；以组织模式为标准，可以分为政府组织模式、自行组织模式和联合组织模式；以技术创新的诱因与组织模式的结合为标准，还可以划分出九种技术创新的综合模式。

技术创新战略是企业遵循市场经济和科学技术发展规律，适应市场环境变化，针对企业技术系统制定的具有全局性、长远性的企业技术发展谋划，它是企业总体经营战略中的重要内容之一。按照企业的研究开发能力，技术创新战略大致可以划分为领先创新战略、追随创新战略、技术模仿战略、合作创新战略四种类型。企业在选择技术创新战略时，除了要考虑技术创新，还应兼顾组织创新、管理创新等方面。

组织结构是战略实施的载体，承担着战略实施、绩效评价、衡量及纠正偏差、监测环境变化的职能。有效的结构必须能促进增长，产生创造力，保证创新观点得到执行，要具有灵活性、适应性、信息传递快、便于沟通的优势。

关键名词

技术创新战略　Technological Innovation Strategy　产品创新　Product Innovation

工艺创新　Process Innovation　　　突破式创新　Breakthrough Innovation

渐进式创新　Incremental Innovation　　模仿创新　Imitative Innovation

自主创新　Independent Innovation　　合作创新　Cooperative Innovation

创新联盟　Innovation Alliance　　　领先创新战略　Leading Innovation Strategy

创新网络　Innovation Network　　　追随创新战略　Following Innovation Strategy

虚拟创新组织　Virtual Innovation Organization　创新生态系统　Innovation Ecosystem

思考题

1. 简述技术创新的含义及特征。
2. 简述技术创新的类型。
3. 简述技术创新的途径。
4. 简述技术创新的模式划分。
5. 试述技术创新战略的内涵及作用。
6. 试述企业如何进行技术创新战略选择。
7. 简述技术创新对组织形式的要求。

本章实训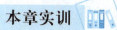

一、实训目的

1. 了解技术创新与经济增长的关系。

2. 明晰技术创新战略与企业竞争优势的关系。

3. 锻炼学生理论联系实际、系统思维、团队合作、个人表达等能力。

二、实训内容

将班级学生分为六个小组，每组学生分别讲解技术创新相关案例，可以通过书刊、报纸、网络等渠道收集案例信息，并通过视频、文字、图片等方式进行讲解，最终全班讨论案例所反映的技术创新对实践发展的意义和价值。小组实训作业如表2-4所示。

表 2-4　小组实训作业

团队名称		组长		成员	
小组选题					
请每个小组在右侧的选项中选择一个题目展开相关研究和设计	1. 请你分析自己所在省份改革开放以来经济的发展与技术创新的关系				
	2. 寻找一个典型企业，分析其技术创新的历史及创新的效益				
	3. 请你选择一个企业，分析其发展过程中技术创新的战略及其选择的原因				
	4. 分别寻找自主创新、模仿创新和合作创新的案例，与同学进行交流				
	5. 未来技术创新的组织形式可能有哪些变化？试举例说明目前出现的几种技术创新组织形式				
	6. 查找最新出台的国家或地方政府促进创新的政策或举措，并分析其对经济发展的意义				

三、实训组织

1. 指导教师布置或学生自选实训项目，提示相关注意事项及要点。

2. 将班级学生划分为六组，小组成员可自由组合。小组人数划分视班级总人数而定，每组选出组长一名。

3. 以小组为单位，通过阅读本章案例材料，小组内部先充分展开讨论。讨论时间长度可视情况而定，课堂讨论或课外讨论均可。

4. 各小组在班级进行讲解，每组讲解时间以不超过15分钟为宜。

四、实训步骤

1. 指导教师布置任务，指出实训要点、难点和注意事项。小组讲解PPT或文字材料可以附在表2-4后面。

2. 讲解之前，小组发言代表对本组成员贡献或者角色进行介绍。讲解结束后，小组发言代表陈述本小组的研究方案或结论。其间允许并鼓励其他同学提问，小组发言代表及该组成员有义务作出解答。

3. 由各组组长组成评审团，对各组讲解进行评分。其中，讲解内容自述为30分，小组发言代表语言表达及台风展现能力为10分，小组回答协作应变能力为10分。每个评审团成员分别给各组评分，取平均值作为该组的评审评分。

4. 教师进行最后总结及点评，并为各组实训结果打分。教师评分满分为50分。

5. 各组的评审评分加上教师的总结评分作为该组最终得分，对于得分最高的小组，适当进行鼓励或奖励。

第三章 资金的时间价值与等值计算

引例

现实生产生活中可能遇到资金不足的情况，如果确实需要借贷，合法的渠道是首选，但还是需要会计算资金的时间价值，从而评价借贷风险。同样，如果投资项目，也需要评价项目收益，对项目可行性评价分析，这也需要明确资金的时间价值。

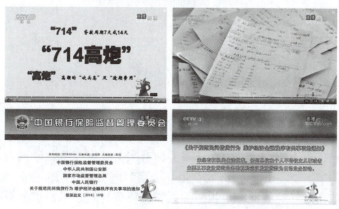

（资料来源：中央电视台 2019 年"3·15"晚会）

🎯 **学习目标**

知识点：
1. 理解资金时间价值的内涵；
2. 理解利息与利率的概念；
3. 理解名义利率和实际利率的概念；
4. 理解资金等值的概念及影响因素；
5. 理解资金等值常用相关概念；
6. 掌握资金等值计算的方法。
重点：资金时间价值的度量、资金等值计算。
难点：资金等值计算。

✏️ **本章知识思维导图**

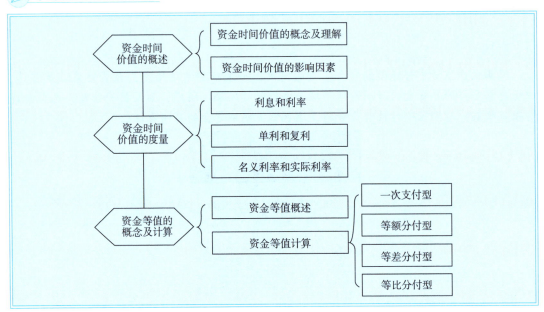

第一节　资金时间价值的概述

一、资金时间价值的概念

时间不能停止，也不能倒流。因此，对寿命有限的技术经济活动而言，时间是一种最宝贵也是最有限的"资源"。因为经济效益是在一定时间内创造的，创造同样的收入，所花费的时间越少，效益越好。因此，重视时间因素的研究，对技术经济分析有重要意义。

资金的时间价值，指不同时间发生的等额资金在价值上的差别。

根据经济学原理,资金的时间价值可以被看成是使用稀缺资源——资金的一种机会成本,是使用货币的利息、使用土地的租金,企业家才能创造的利润,或者是让渡资金使用权所得的报偿,是放弃近期消费所得的补偿。

资金的时间价值的实质是资金作为生产要素,在生产、交换、流通和分配的过程中,随时间的变化而产生的增值。资金的增值过程如图 3-1 所示。

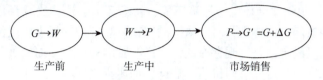

$$G \rightarrow W \qquad W \rightarrow P \qquad P \rightarrow G' = G + \Delta G$$

生产前　　　　　　生产中　　　　　　市场销售

图 3-1　资金的增值过程

在产品生产前,首先需用一笔资金 G,购买厂房、设备、专有技术作为该企业生产资料,同时还需垫支流动资金采购生产所需要的原材料、辅助材料、燃料、动力等劳动对象和招聘工人所需支出的工资;然后在生产过程中,资金以物化形式出现 W,劳动者运用生产资料对劳动对象进行加工,生产制作的新产品 P 比原先投入的资金 G 具有更高的价值 G';最后这些新产品 P 必须在生产后的流通领域(商品市场)里作为商品出售给用户,才能转化为具有新增价值的资金 G',使物化的资金 P 转化为货币形式的资金 G',这时的 $G' = G + \Delta G$,从而使生产过程中劳动者创造的资金增值部分 ΔG 得以实现。这样就完成了"G—W—G'"形式的、完整的资金增值过程。资金增值部分 ΔG 按生产要素的贡献进行分配,资本得到利润,借贷资金得到利息,土地得到地租等。资金在生产过程和流通领域之间如此不断地周转循环,这种循环过程不仅在时间上是连续的,而且在价值上也是不断增加的。因此整个社会生产不仅是价值创造过程,也是资金增值过程。

资金的时间价值,可以从以下两个角度理解:

(1)资金随着时间的推移,价值会增加。

从投资者的角度来看,资金投入流通,与劳动力相结合,其价值发生增值,增值的实质是劳动力在生产过程中创造了剩余价值。因此,资金的增值特性使资金具有时间价值。

(2)资金一旦用于投资,就不能用于现期消费。

从消费者的角度看,资金一旦用于投资,就不能用于现期消费,牺牲现期消费是为了能在将来得到更多的消费。因此资金的时间价值体现为对放弃现期消费的损失所应给予的必要补偿。

二、资金时间价值的影响因素

影响资金的时间价值的因素很多,其中主要有以下几点:

(1)资金的使用时间。在单位时间资金增值率一定的条件下,资金使用时间越长,则资金的时间价值越大;资金使用时间越短,则资金的时间价值越小。

(2)资金数量的多少。在其他条件不变的情况下,资金数量越多,资金的时间价值就越大;反之,资金的时间价值则越小。

(3)资金投入和回收的特点。在总投资一定的情况下,前期投入的资金越多,资金的负效益越大;反之,后期投入的资金越多,资金的负效益越小。而在资金回收额一定的情况下,离现在越近的时间回收的资金越多,资金的时间价值就越大;反之,离现在越远的时间回收的资金越多,资金的时间价值就越小。

(4）资金周转的速度。资金周转越快，在一定的时间内等量资金的周转次数越多，资金的时间价值越大；反之，资金的时间价值越小。

（5）通货膨胀因素。通货膨胀是指经济发展过程中，在纸币流通条件下，因货币供给大于货币实际需求，也即现实购买力大于产出供给，导致货币贬值，而引起的一段时间内物价持续而普遍地上涨现象。资金的时间价值，体现为对因货币贬值造成的损失所应作的补偿。

（6）风险因素。由于政治环境、经济环境、技术环境、法律文化环境、自然环境等风险的存在，资金的时间价值体现为对因风险的存在可能带来的损失所应作的补偿。

总之，资金的时间价值是客观存在的，生产经营的一项基本原则就是充分利用资金的时间价值并最大限度地获得其时间价值，这就要加速资金周转，尽早回收资金，并不断从事利润较高的投资活动；任何资金的闲置，都是在损失资金的时间价值。

第二节　资金时间价值的度量

承认资金的时间价值存在，就需要对其进行描述，包括尺度、计息方法、计息周期等。

一、利息和利率

（一）利息

利息是指占用资金所付出的代价，或放弃使用资金所得到的补偿。如果将一笔资金（本金）存入银行，经过一段时间之后，储户可在本金之外再得到一笔利息，这一过程可以表示为：

$$F_n = P + I_n \tag{3-1}$$

式中：F_n——本利和；

P——本金；

I_n——n 期的利息；

n——计算利息的周期数。

利息是社会利润的一部分，是资金时间价值的一种表现形式，也是衡量资金时间价值的绝对尺度。在日常生活中，一般把通过银行信贷而付出的代价或得到的报酬称为利息，这是一种狭义的利息概念。在技术经济学中，利息和利润都是资金的时间价值，可统称为广义的利息。

利息通常根据利率来计算。

（二）利率

利率是指一个计息周期内所得到的利息额与本金之比，一般用百分数（或千分数）表示，即：

$$i = \frac{I}{P} \times 100\% \tag{3-2}$$

式中：i——利率；

P——本金；

I——一个计息周期内所得的利息额。

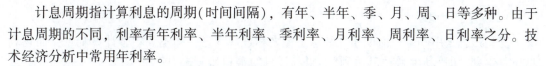

计息周期指计算利息的周期(时间间隔)，有年、半年、季、月、周、日等多种。由于计息周期的不同，利率有年利率、半年利率、季利率、月利率、周利率、日利率之分。技术经济分析中常用年利率。

利率也有广义和狭义之分。狭义的利率仅指银行利率。广义的利率是指资金的时间价值率，泛指由于资金运动所产生的各种收益率，如投资收益率、资金利润率以及银行利率等。技术经济学中用的正是这种广义的利率概念。

利率是衡量资金时间价值的相对尺度。利率这一概念在技术经济学中是一条贯穿始终的基线，它提供了对不同时间现金流量进行比较的途径，是资金等值的重要条件，是平衡现在与未来的杠杆。

【例3-1】某人购买一年期国债1万元，一年后国债到期时的本利和为1.112万元，试求这笔债券的年利率。

解： 根据式(3-2)计算年利率，$i = \dfrac{I}{P} \times 100\% = 1.112/1 \times 100\% = 11.12\%$。

利率是各国发展国民经济的杠杆之一，利率的高低由以下因素决定：

(1)行业平均利润率。在通常情况下，平均利润率是利率的最高界限。因为如果利率高于行业平均利润率，借款人投资后无利可图，也就不会去借款了。

(2)金融市场上借贷资本的供求情况。在平均利润率不变的情况下，借贷资本供过于求，利率便下降；反之，利率便上升。

(3)银行所承担的贷款风险。借出资本要承担一定的风险，而风险的大小也影响利率的波动。风险越大，利率也就越高。

(4)通货膨胀率。通货膨胀对利率的波动有直接影响，在实际利率一定时，通货膨胀率越高，名义利率越高。

(5)借出资本的期限长短。借款期限越长，不可预见的因素越多，风险越大，利率也就越高；反之，利率就越低。

二、单利和复利

利息的计算有单利计息和复利计息两种方法。

(一)单利计息

单利计息，指仅用本金计算利息，利息不再生利息。单利计息时，每期利息额相等。设i代表利率，则本金P在n期后的利息额I_n及本利和F_n分别为：

$$I_n = P \times n \times i \tag{3-3}$$

$$F_n = P(1 + n \times i) \tag{3-4}$$

【例3-2】某工程期初向银行借款100万元，若贷款年利率为10%，一年计息一次，用单利法计算到期后应付的本利和及利息，还款期为5年。

解： 本利和$F_n = P(1 + n \times i) = 100 \times (1 + 5 \times 10\%) = 150$(万元)

利息$I = F - P = 150 - 100 = 50$(万元)

该公司第5年年末一次偿还的本利和为150万元，利息为50万元。

(二)复利计息

复利计息是用本金和前期累计利息总额之和进行计息,即不仅本金计算利息,而且利息还要生息,即"利生利""利滚利"。复利计息的本利和公式为

$$F_n = P(1+i)^n \qquad (3-5)$$

复利计息与单利计息的计算如表 3-1 所示。

表 3-1 单利计息与复利计息的计算

年份	单利计息			复利计息		
	年末欠款	年末欠利息	年末欠本利和	年末欠款	年末欠利息	年末欠本利和
1	P	Pi	$P(1+i)$	P	Pi	$P(1+i)$
2	$P(1+i)$	Pi	$P(1+2i)$	$P(1+i)$	$P(1+i)i$	$P(1+i)^2$
3	$P(1+2i)$	Pi	$P(1+3i)$	$P(1+i)^2$	$P(1+i)^2 i$	$P(1+i)^3$
…	…	…	…	…	…	…
n	$P[1+(n-1)i]$	Pi	$P(1+ni)$	$P(1+i)^{n-1}$	$P(1+i)^{n-1}i$	$P(1+i)^n$

【例 3-3】某工程期初向银行借款 100 万元,若贷款年利率为 10%,一年计息一次,用复利法计算到期后应付的本利和及利息,还款期为 5 年。

解:本利和 $F_n = P(1+i)^n = 100 \times (1+10\%)^5 = 161.051$(万元)

利息 $I = F - P = 161.051 - 100 = 61.051$(万元)

该公司第 5 年年末一次偿还的本利和为 161.051 万元,利息为 61.051 万元。

复利计息比较符合资金在社会再生产过程中运动的实际状况,在技术经济分析中,一般采用复利计息。

复利计息有间断复利和连续复利之分。按期(年、半年、季、月、周、日)计算复利的方法称为间断复利(即普通复利),按瞬时计算复利的方法称为连续复利。在实际使用中都采用间断复利,这一方面是出于习惯,另一方面是因为会计通常在年底结算一年的进出款,按年支付税金、保险金和抵押费用等,因而采用间断复利考虑问题更适宜。

案　例

复利的秘密

从前,民间有位棋艺非凡的年轻人与国王下棋,经过紧张激战后,年轻人战胜了国王。国王问年轻人要什么赏赐,年轻人说只要一点奖赏,就是在他们下棋的棋盘的第一个格子中放入一粒麦子,第二个格子中放进两倍于前一个格子中麦子数量的麦子,接下来每一个格子中麦子数量都是前一个格子中的两倍,直到将棋盘的每个格子都放满。国王认为要求很小,就痛快地答应了。但很快国王就后悔了,因为即使他将国库中所有的粮食都给年轻人,也不够 1%。因为从表面看,是从一粒麦子开始,但经过很多次翻倍,就迅速变成庞大的天文数字。这就是复利的秘密。

(资料来源:陈镇,赵敏捷. 家庭理财[M]. 北京:清华大学出版社,2009)

三、名义利率和实际利率

在实际经济活动中，计息周期有年、半年、季、月、周、日等。当利率的时间单位与计息周期的时间单位不一致时，就产生了名义利率与实际利率的区别。

名义利率指计息周期给定的利率。

实际利率指年利率周期内，按实际复利计算得到的利率。

例如，月利率1%，每月计息一次，则1%是计息周期名义利率，也是计息周期实际利率。

用计息周期的实际利率乘以一年内计息次数得到的年利率，称为年名义利率。如例中1%×12＝12%，12%即为年名义利率。年实际利率应为$(1+1\%)^{12}-1=12.68\%$。

实际计算利息时不用名义利率，而用实际利率。名义利率只是习惯上的表示方法。如"月利率1%，每月计息一次"，也可以表示为"年利率12%，每月计息一次"。

设r表示年名义利率，i表示年实际利率，m表示一年中计息次数，则计息周期的实际利率为r/m，根据复利计息公式，名义利率与实际利率的换算公式为：

$$i=(1+r/m)^m-1 \tag{3-6}$$

当$m=1$时，$i=r$；

当$m>1$时，$i>r$；

当$m\to+\infty$时，即为连续复利计息，$i=e^r-1$（e为自然对数的底，e＝2.718 28）。

【例3-4】某银行2023年8月份的存款利率如表3-2中所示，其中整存整取三个月的存款年利率是1.25%，试求年实际利率。

解：三个月的存款年利率是1.25%，但三个月的利息不能使用1.25%直接计算，需要将其换算，三个月计息一次，每年计息次数$m=4$。

用$\dfrac{1.25\%}{4}=0.312\ 5\%$计算三个月的利息。

这里1.25%是整存整取三个月存款的年名义利率，而0.312 5%是计息周期（三个月）的实际利率。

年实际利率$i=(1+1.25\%/4)^4-1=1.255\ 9\%$。

表3-2　某银行2023年8月份的存款利率

项目	年利率/%
城乡居民及单位存款	
（一）活期	0.35
（二）定期	
1. 整存整取	
三个月	1.25
半年	1.45
…	…

【例3-5】年利率为12%，每季度计息一次，年初存款1万元，年末本利和为多少？

解：12%是年名义利率，每季度计息一次，每年计息次数 $m=4$。

由式(3-6)得，年实际利率 $i=(1+12\%/4)^4-1=12.55\%$。

一年年末本利和 $F=P(1+i)^1=1\times(1+12.55\%)=1.1255$（万元）。

📖 案 例

有关利率的相关规定

根据《中华人民共和国中国人民银行法》，中国人民银行就年利率作出的决定，须报国务院批准后执行。根据中国人民银行《人民币利率管理规定》，中国人民银行制定的各种利率是法定利率，其他任何单位和个人均无权变动。根据《中华人民共和国商业银行法》规定，商业银行应当按照中国人民银行规定的存款利率的上下限，确定存款利率，并予以公告，不得违反规定提高或者降低利率以及采用其他不正当手段吸收存款、发放贷款。

第三节　资金等值的概念及计算

一、资金等值概述

(一)资金等值

资金具有时间价值，因此同一数额的资金在不同的时点上具有不同的价值，而在不同时点上数额不等的资金有可能具有相同的价值。例如，现在的100元与一年后的110元，其数额并不相等，但如果年利率为10%，则两者是等值的。

资金等值，是指在考虑资金时间价值的情况下，不同时点发生的绝对值不等的资金在一定利率条件下可能具有相等的价值。

在技术经济分析中，资金等值是一个十分重要的概念，它为我们提供了一个计算某一经济活动有效性或者进行方案比较、优选的可能性。

(二)影响资金等值的因素

不同时点上数额不等的资金如果等值，则它们在任何相同时点上的数额必然相等。如第一年年初的100元在年利率10%的条件下，第二年年末的本利和为100元×(1+10%)=121元，而第一年年末的110元在同样利率下，第二年年末的本利和也是121元，即110元×(1+10%)=121元。

由上述分析可知，影响资金等值的因素有三个，即现金流量的大小、利率、现金流量发生的时点。

利用资金等值概念，可以把在一个时点发生的资金金额换算成另一时点的等值金额，这一过程叫资金等值计算。

在技术经济分析中，在考虑资金时间价值的情况下，其不同时点发生的收入或支出是不能直接相加减的。而利用等值的概念，则可以把在不同时点发生的资金换算成同一时点

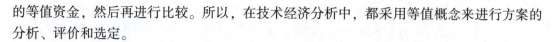

的等值资金，然后再进行比较。所以，在技术经济分析中，都采用等值概念来进行方案的分析、评价和选定。

(三)资金等值相关的基本概念

进行资金等值换算还需阐明以下几个基本概念：

1. 现值

现值是指资金现在的价值，是将来时点上的资金折现后的资金金额，是资金处于资金运动起点时刻的价值，又称本金，以符号 P 表示。需要说明的是，"现值"并非专指一笔资金"现在"的价值，它是一个相对的概念。现值，发生在研究时段的期初。

2. 终值

终值是指资金经过一定时间的增值后的资金值，是现值在未来时点上的等值资金。相对现值而言，终值又称将来值、本利和，以符号 F 表示。终值，发生在研究时段的期末。

3. 等额年值

等额年值又称等年值。等年值是指分期等额收付的资金值。由于各期间隔通常为一年，且各年金额相等，故又称年金，以符号 A 表示。等额年值，发生在研究时段紧挨着的若干期的每期期末，若计息周期为年，则为紧挨着的若干年的每年年末。

4. 贴现

贴现是指把将来某一时点的资金金额换算成现在时点的等值金额，即把终值换算为现值的过程称作贴现或折现。

5. 贴现率

贴现时所用的利率称为贴现率或折现率。

二、资金等值计算

(一)一次支付型公式

一次支付又称整收或整付，是指所分析系统的现金流量，无论是流入还是流出，均在某一时点上一次发生。例如，期初一笔资金 P，在利率为 i 的条件下，等值于 n 年后的资金 F，其现金流量的等值关系如图 3-2 所示。

一次支付有两个等值换算公式。

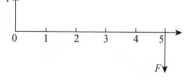

图 3-2 一次支付现金流量图

1. 一次支付终值公式

$$F = P(1+i)^n \tag{3-7}$$

式中，$(1+i)^n$ 称为一次支付终值系数。一次支付终值公式代表一项资金 P，按年利率 i 计算，n 年后本利和为 F。

在复利计算中，常用一种规格化代号来代表各种计算系数，其一般形式为 $(Y/X, i, n)$，括号中的第一个字母 Y，代表所求之未知数，第二个字母 X 为已知数，i 为年利率，n 为计算的期数。故复利终值系数 $(1+i)^n$ 的代号可用 $(F/P, i, n)$ 表示，其含义是单位资金经复

利计息 n 期后的本利和，其值可查复利系数表。

因此，式(3-7)的另一表达式为 $F=P(F/P, i, n)$。

【例3-6】某人现在存入银行10万元，年利率为10%，5年期满后一次收回本息，能收回多少资金？

解： 根据题意画现金流量图，如图3-3所示。

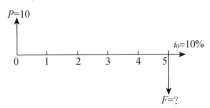

图3-3　例3-6现金流量图

由式(3-7)得，$F=10(F/P, 10\%, 5)=10×1.611=16.11$（万元）。

2. 一次支付现值公式

$$P=F\frac{1}{(1+i)^n} \tag{3-8}$$

式中，$\dfrac{1}{(1+i)^n}$ 称为一次支付现值系数，其含义是 n 期后的单位终值的现值，其值可查复利系数表。

因此，式(3-8)的另一表达式为 $P=F(P/F, i, n)$。该公式是一次收付终值公式的逆运算，适用于已知 F、i、n，求 P 的情况。

【例3-7】某人计划5年后从银行提取20万元，如果银行利率为10%，那么现在他应存入银行多少钱？

解： 根据题意画现金流量图，如图3-4所示。

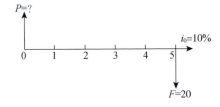

图3-4　例3-7现金流量图

由式(3-8)得，$P=20(P/F, 10\%, 5)=20×0.620\,9=12.418$（万元）。

（二）等额分付型公式

在技术经济分析中，多次支付是最常见的支付情形。多次支付是指现金流量在多个时点发生，而不是集中在某一个时点上。

等额分付现金流量图如图3-5所示，表示现金流量序列是连续的，且数额相等，用 A_t 表示第 t 期期末发生的现金流量大小，可正可负，$A_t=A=$ 常数（$t=1, 2, 3, \cdots, n$），可称之为等额序列现金流量。与之相关的等值计算公式，称为等额分付型公式。

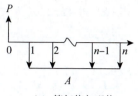 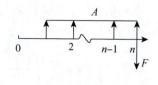

(a) 等年值与现值　　　　　　　　(b) 等年值与终值

图 3-5　等额分付现金流量图

1. 等额分付终值公式

$$F = A\frac{(1+i)^n - 1}{i} = A(F/A,\ i,\ n) \tag{3-9}$$

式中，$\dfrac{(1+i)^n - 1}{i}$ 称为等额分付终值系数，也可记为 $(F/A,\ i,\ n)$，其值可查复利系数表。等额分付终值公式的含义是发生在某一段时间序列每期期末的等额资金的终值。

【例 3-8】若某人计划 5 年内，每年年末存入银行 2 万元，年利率 10%，复利计息，则第 5 年年末可从银行连本带利取出多少钱？

解：根据题意画现金流量图，如图 3-6 所示。

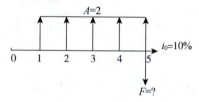

图 3-6　例 3-8 现金流量图

由式 (3-9) 得，$F = 2(F/A,\ 10\%,\ 5) = 2 \times 6.105 = 12.21$（万元）。

2. 等额分付偿债基金公式

$$A = F\frac{i}{(1+i)^n - 1} = F(A/F,\ i,\ n) \tag{3-10}$$

式中，$\dfrac{i}{(1+i)^n - 1}$ 称为等额分付偿债基金系数，也可记为 $(A/F,\ i,\ n)$，其值可查复利系数表。等额分付偿债基金公式的含义是将来的终值等价于发生在某一段时间序列每期期末的等额资金。

【例 3-9】某人欲在第 5 年年末获得 20 万元，若每年年末存款金额相等，年利率为 10%，复利计息，则每年年末需存款多少元？

解：根据题意画现金流量图，如图 3-7 所示。

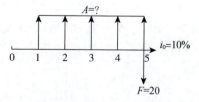

图 3-7　例 3-9 现金流量图

由式(3-10)得，$A=20(A/F，10\%，5)=20×0.163\ 80=3.276(万元)$。

3. 等额分付现值公式

$$P=A\frac{(1+i)^n-1}{i\ (1+i)^n}=A(P/A，i，n) \tag{3-11}$$

式中，$\frac{(1+i)^n-1}{i\ (1+i)^n}$称为等额分付现值系数，也可记为$(P/A，i，n)$，其值可查复利系数表。等额分付现值公式的含义是发生在某一段时间序列每期期末的等额资金的现值。

【例3-10】 若某人计划5年内，每年年末从银行取出2万元，年利率10%，复利计息，则现在应该存入银行多少钱?

解： 根据题意画现金流量图，如图3-8所示。

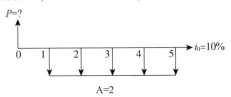

图3-8　例3-10现金流量图

由式(3-10)得，$P=2(P/A，10\%，5)=2×3.790\ 8=7.581\ 6(万元)$。

4. 等额分付资本回收公式

$$A=P\frac{i\ (1+i)^n}{(1+i)^n-1}=P(A/P，i，n) \tag{3-12}$$

式中，$\frac{i\ (1+i)^n}{(1+i)^n-1}$称为等额分付资本回收系数，也可记为$(A/P，i，n)$，其值可查复利系数表。等额分付资本回收公式的含义是现值等价于发生在某一段时间序列每期期末的等额资金。

【例3-11】 若某人有存款20万元，计划今后5年内全部取出，且每年年末取出相同金额，年利率10%，复利计息，则每年年末可从银行取出多少钱?

解： 根据题意画现金流量图，如图3-9所示。

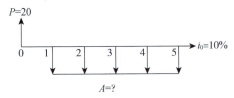

图3-9　例3-11现金流量图

由式(3-12)得，$A=20(A/P，10\%，5)=20×0.263\ 80=5.276(万元)$。

一次支付型公式和等额分付型公式，是常用的资金等值计算公式，汇总如表3-3所示。

表 3-3　常用资金等值计算公式汇总表

类别		已知	求解	公式	系数名称及符号	现金流量图
一次支付	终值公式	P	F	$F=P(1+i)^n$	一次支付终值系数 $(F/P, i, n)$	
	现值公式	F	P	$P=F\dfrac{1}{(1+i)^n}$	一次支付现值系数 $(P/F, i, n)$	
等额分付	终值公式	A	F	$F=A\dfrac{(1+i)^n-1}{i}$	等额分付终值系数 $(F/A, i, n)$	
	偿债基金公式	F	A	$A=F\dfrac{i}{(1+i)^n-1}$	等额分付偿债基金系数 $(A/F, i, n)$	
	现值公式	A	P	$P=A\dfrac{(1+i)^n-1}{i(1+i)^n}$	等额分付现值系数 $(P/A, i, n)$	
	资本回收公式	P	A	$A=P\dfrac{i(1+i)^n}{(1+i)^n-1}$	等额分付资本回收系数 $(A/P, i, n)$	

资金等值计算，除了一次支付型公式和等额分付型公式，还有等差分付型公式和等比分付型公式。

等差分付型公式和等比分付型公式

【例 3-12】某企业获得 8 万元贷款，偿还期为 4 年，年利率为 10%，若按下面四种还款方式还款：

(1) 每年年末还 2 万元本金和所欠利息；

(2) 每年年末只还所欠利息，本金在第 4 年年末一次还清；

(3) 每年年末等额偿还本金和利息；

(4) 第 4 年年末一次还清本金和利息。

针对这四种还款方式分别计算每年还款额、4 年还款总额及还款额的现值。

解：

(1) 第一种还款方式

第 1 年还款额：$2+8\times10\%=2.8$（万元）

第 2 年还款额：$2+6\times10\%=2.6$（万元）

第 3 年还款额：$2+4\times10\%=2.4$（万元）

第 4 年还款额：$2+2\times10\%=2.2$（万元）

根据题意画现金流量图，如图 3-10 所示。

4 年还款总额：$2.8+2.6+2.4+2.2=10$（万元）

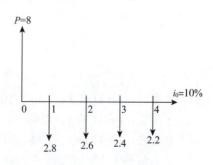

图 3-10　例 3-12 现金流量图（1）

4 年还款额的现值：$2.8(P/F，10\%，1)+2.6(P/F，10\%，2)+2.4(P/F，10\%，3)+2.2(P/F，10\%，4)=8$（万元）。

（2）第二种还款方式

第 1 年还款额：$8×10\%=0.8$（万元）

第 2 年还款额：$8×10\%=0.8$（万元）

第 3 年还款额：$8×10\%=0.8$（万元）

第 4 年还款额：$8+8×10\%=8.8$（万元）

根据题意画现金流量图，如图 3-11 所示。

4 年还款总额：$0.8+0.8+0.8+8.8=11.2$（万元）

4 年还款额的现值：$0.8×(P/A，10\%，4)+8(P/F，10\%，4)=8$（万元）。

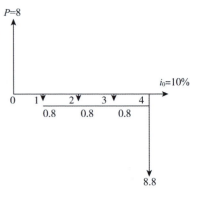

图 3-11　例 3-12 现金流量图（2）

（3）第三种还款方式

根据题意画现金流量图，如图 3-12 所示。

每年还款额：$8(A/P，10\%，4)=2.52$（万元）

4 年还款总额：$2.52×4=10.08$（万元）

4 年还款额现值：8 万元。

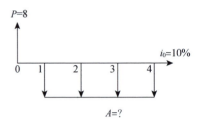

图 3-12　例 3-12 现金流量图（3）

（4）第四种还款方式

根据题意画现金流量图，如图 3-13 所示。

第 1 年还款额：0

第 2 年还款额：0

第 3 年还款额：0

第 4 年还款额：$8×(F/P，10\%，4)=11.712$（万元）

4 年还款总额：11.712 万元

4 年还款额的现值：8 万元。

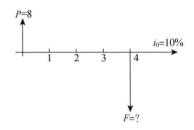

图 3-13　例 3-12 现金流量图（4）

【例 3-13】某人计划在未来 10 年中，每年年初向银行存入资金 1 万元，若银行的年利息率为 10%，采用复利法计息，求到第 10 年年末的本利和。

解：根据题意画现金流量图，如图 3-14 所示。

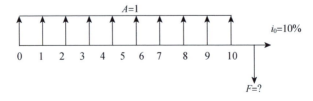

图 3-14　例 3-13 现金流量图

方法一：$F=1(F/P，10\%，10)+1(F/A，10\%，9)(F/P，10\%，1)≈17.53$（万元）

方法二：$F=1(F/A，10\%，10)(F/P，10\%，1)≈17.53$（万元）

方法三：$F=1(F/A，10\%，11)-1≈17.53$（万元）

此处仅给出三种典型解法，解法不唯一，可以勤加思考，以求更多解法。

【例3-14】我国《国民经济和社会发展第十二个五年规划纲要》中指出，我国2010年国内生产总值达到了39.8万亿元。有研究机构预测，按2010年价格计算，到2015年我国国内生产总值可能达到55万亿元，到2025年国内生产总值有可能在2015年的基础上翻一番。问：

(1)"十二五"期间我国国内生产总值的年增长率为多少？

(2)2015年到2025年的年增长率又为多少？

解：题中"到2025年国内生产总值有可能在2015年的基础上翻一番"，故有2025年国内生产总值为$55 \times 2^1 = 110$(万亿元)。

根据题意画现金流量图，如图3-15所示。

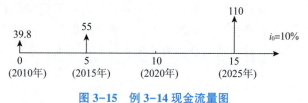

图3-15　例3-14现金流量图

(1)求"十二五"年增长率，利用一次支付终值公式可得：

$39.8(F/P, i, 5) = 55$

$(F/P, i, 5) = 1.381\ 9$

查复利系数表可得：

$(F/P, 6\%, 5) = 1.338\ 2$

$(F/P, 7\%, 5) = 1.402\ 6$

显然，所求i在6%和7%之间，利用线性内插法可解得：

$$i = 6\% + \frac{1.381\ 9 - 1.338\ 2}{1.402\ 6 - 1.338\ 2} \times (7\% - 6\%) = 6.68\%。$$

(2)求2015年到2025年的年增长率，利用一次支付终值公式可得：

$55(F/P, i, 10) = 110$

$(F/P, i, 10) = 2$

查复利系数表可得：

$(F/P, 7\%, 10) = 1.967\ 2$

$(F/P, 8\%, 10) = 2.158\ 9$

显然，所求i在7%和8%之间，利用线性内插法可解得：

$$i = 7\% + \frac{2 - 1.967\ 2}{2.158\ 9 - 1.967\ 2} \times (8\% - 7\%) = 7.17\%。$$

即该机构预测"十二五"期间我国国内生产总值的年增长率为6.68%，2010年到2025年的年增长率为7.17%。

当然，采用线性内插法是有误差的，因为因子的数值与时间成指数关系。但由于线性内插是在极小的范围内进行的(一般不超过2个百分点)，这种误差对方案评价来说影响甚微，不会影响方案评价的结论。

本章小结

现金流量是特定经济系统在某一时点发生了使用权或所有权转移的现金或其等价物的数量。计算期是经济评价中为进行动态分析所设定的期限，包括建设期和运营期。资金时间价值的实质是资金作为生产要素，在生产、交换、流通和分配的过程中，随时间的变化而产生增值。计息的方式有单利法和复利法两种。资金时间价值的基本公式主要有：一次支付终值公式、一次支付现值公式，等额分付终值公式、等额分付偿债基金公式，等额分付现值公式、等额分付资本回收公式。名义利率是指计息期的有效利率乘以一年中的计息次数。实际利率是以计息周期利率为基数，在利率周期内的复利有效利率。等值计算是指将不同方案在不同时间上的资金序列采用相同的折现率折算到同一时点的过程。资金等值是考虑了资金的时间价值后的等值。资金的等值包括三个因素：金额、资金发生的时间和利率。

关键名词

现金流量　Cash Flows
资金时间价值 Time Value of Money
利息　Interest
利率　Interest Rate
单利　Simple Interest
复利　Compound Interest
名义利率　Nominal Interest Rate
实际利率　Actual Interest Rate
现值　Present Sum of Money
终值　Future Sum of Money
年值　Annual Value
等值　Equivalence

思考题

1. 简述资金时间价值的概念。如何理解资金的时间价值？
2. 单利与复利的区别是什么？试举例说明。
3. 什么是名义利率、实际利率？两者有何关系？
4. 什么是资金等值？什么是资金等值换算？
5. 常用的现金流量等值换算公式有哪几个？
6. 什么是现金流量的现值和终值？

本章练习题

1. 某企业拟向银行借款 1 500 万元，5 年后一次还清。甲银行贷款年利率 17%，按年计息；乙银行贷款年利率 16%，按月计息。企业向哪家银行贷款较为经济？

2. 某人想从明年开始的 10 年中，每年年末从银行提取 1 万元，如果按 10% 利率计年

复利，则此人现在必须存入银行多少钱？

3. 某人每年年初存入银行 1 万元，连续存入 8 年，若银行按 8% 利率计年复利，此人第 8 年年末可从银行提取多少钱？

4. 某人计划以分期付款的方式购买 M 产品，该产品定价 4 500 元，要求顾客在交货后的第 1、第 2 年年末等额付款 1 500 元，两年付清，利率为 10%，此人在购买时应付多少现金？

5. 某企业年初从银行借款 1 200 万元，并商定从第二年开始每年年末偿还 250 万元，若银行按 12% 年利率计复利，那么该企业大约在第几年可还清这笔贷款？

6. 某债券是 1 年前发行的，面额为 500 元，年限为 5 年，年利率为 10%，每年支付利息，到期还本，若投资者要求在余下的 4 年中，年收益率为 8%，问该债券现在的价格低于多少时，投资者才会买入？

7. 某人从 25 周岁开始参加工作起至 59 周岁，每年年末存入养老金 5 000 元，若利率为 6%，则他在 60~74 岁每年年初可以领到多少钱？

8. 某企业贷款 200 万元建一工程，第 2 年年底建成投产，投产后每年收益 40 万元。若年利率为 10%，问在投产后多少年能收回 200 万元的投资？

9. 某企业拟购进一台设备，付款方式有两种：一是分 5 年每年年初付款 5 万元，二是现在一次付清共 22 万元。若市场利率为 10%，考虑复利，应选择哪种付款方式？

10. 在现金流量图 3-16 中，考虑资金的时间价值后，总现金流出等于总现金流入。试利用各种资金等值计算系数，用已知项表示未知项。

(1) 已知 A_1，A_2，P_1，i，求 P_2；

(2) 已知 A_1，P_1，P_2，i，求 A_2；

(3) 已知 P_2，A_2，P_1，i，求 A_1。

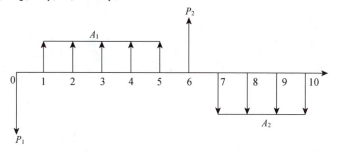

图 3-16　现金流量图

 本章实训

一、实训目的

1. 明晰资金时间价值的概念。

2. 掌握资金时间价值的计算。

3. 掌握经济活动中等值的思想。

二、实训案例

假如某天早晨当你醒来的时候，你的秘书给你送上一份账单，这是你事先不知道的

1 250亿美元的巨额账单，你会作何感想？

这事确实于1994年发生在瑞士田西纳镇的居民身上。纽约布鲁克林的法庭判决田西纳镇应向一群美国投资者支付这笔钱，以补偿他们与田西纳镇内部交换银行破产有关的损失。田西纳镇的居民知道这一诉讼，却以为是件小事，因而自然被这账单惊呆了。他们的律师声称，若高级法院支持这一判决，为偿还债务，所有田西纳镇的居民都不得不在其余生中靠吃麦当劳等廉价快餐度日。

田西纳镇的问题源于1966年，一群美国投资者将6亿美元存入该镇内部交换银行，存款协议要求银行按每周1％的利率付款(难怪银行第二年就破产了)。1994年10月，法院作出判决：从存款日开始的前7年以每周1%的复利计息，后21年按8.54%的年利率计息，于是就有了上面的近似数。

三、实训要求

1. 请你用所学的知识说明案例中的1 250亿美元(报道的近似数)是如何计算出来的。若精确到个位，金额是多少？

2. 从资金时间价值的角度考虑，你认为该案例对你有哪些启示？

四、实训步骤

1. 教师讲解本次实训的目的、要求、评分标准，并对案例进行介绍与分析。

2. 学生自主分为4~5人一组，对案例进行自由讨论，教师从旁辅导。

3. 每组由学生推选一人陈述对该案例的认识。

4. 在实训专用纸上按要求当场回答问题、点评该案例。

5. 教师点评该案例的要点。

第四章 经济性评价基本要素

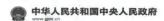

营改增累计减税近2万亿元

2018-01-18 07:13 来源：人民日报   字号：默认 大 超大 | 打印

充分释放政策红利 切实优化营商环境
营改增累计减税近2万亿元

记者从17日召开的全国税务工作会议上获悉：近年来，税务部门不折不扣落实国家出台的各项税收优惠政策，充分释放减税政策红利，营改增试点自2012年实施以来已累计减税近2万亿元。去年支持"大众创业、万众创新"税收优惠政策减税超过5000亿元，其中，符合条件的小型微利企业减半征收企业所得税、月销售额3万元以下小微企业免征增值税等支持小微企业发展的税收优惠政策共减税超过1600亿元，惠及纳税人超过3600万户；高新技术企业减按15%税率缴纳所得税，促进软件产业健康发展、支持集成电路产业发展免免增值税、企业所得税等税收优惠政策共减税2400多亿元；固定资产加速折旧减免企业所得税130亿元；研发费用加计扣除税收优惠政策等减税待超1000亿元，减税效应进一步扩大。

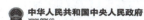

近年来我国营改增减税超1.7万亿元
——减负"组合拳"注入新动能

2017-12-18 07:50 来源：经济日报   字号：默认 大 超大 | 打印

　　我国税制改革——营改增，是一项减税的改革，但并非仅仅出于直接减税目的的权宜之计，而是完善税制，降低制度性交易成本，激发市场活力和促进公平竞争的重要举措，也是推进中央与地方事权和支出责任相统一的财政体制改革的重要一环。在有效减轻企业负担的同时，让市场在资源配置中发挥决定性作用，形成一个公平的竞争环境，推动供给侧结构性改革。只要坚定不移地将营改增进行到底，改革红利的效果将更大、更持久、更宽广。

（资料来源：中国政府网，2018-01-18）

学习目标

知识点：

1. 掌握现金流量的概念及表示方法；

2. 掌握构成和影响现金流量的基本经济要素；

3. 掌握投资、成本费用、收入、利润、税金等基本概念及计算口径；

4. 了解折旧的概念和计算方法。

重点：现金流量的概念及表示方法、影响现金流量的基本经济要素。

难点：现金流量图的应用。

本章知识思维导图

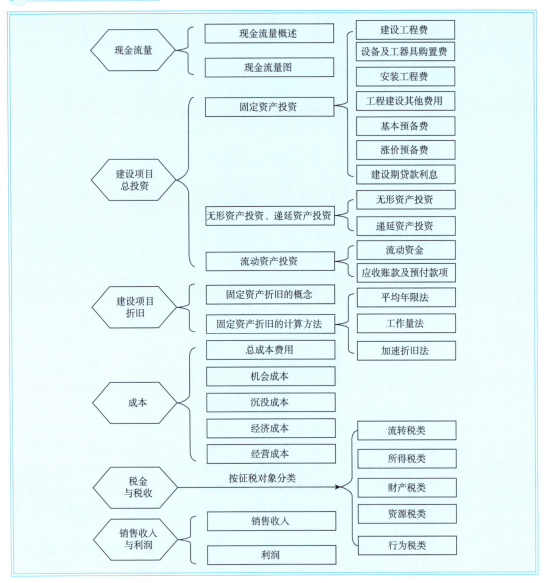

第一节　现金流量

一、现金流量概述

（一）现金流量定义

对项目生产经营活动可以从物质形态与货币形态两个方面进行考察。从物质形态来看，生产经营活动表现为人们使用各种工具设备，消耗一定量的能源，将各种原材料加工、转化成所需要的产品。从货币形态来看，生产经营活动表现为投入一定量的资金，花费一定量的成本，通过产品销售获取一定量的货币收入。不同方案的比较，通过货币形态描述、分析，使之具备可比性。

对于一个特定的经济系统而言（这个经济系统可以是一个企业，也可以是一个地区、一个部门或者一个国家），投入的资金、花费的成本、获取的收益，都可看成是以货币形式（包括现金和其他货币支付形式）体现的资金流出或资金流入。在技术经济分析中，把各个时间点实际发生的这种资金流出或资金流入称为现金流量，流出系统的资金称现金流出（例如，企业购买货物、购置固定资产、偿还债务等支付的现金），通常用 CO 表示；流入系统的资金称现金流入（例如，企业销售商品或提供劳务、出售设备取得的现金，从金融机构获得的借款等），通常用 CI 表示。在同一时点的现金流入与现金流出之差称净现金流量，简称净现金，通常用 CI-CO 表示。

技术经济分析的目的就是要根据特定系统所要达到的目标和所拥有的资源条件，考察系统在从事某项经济活动过程中的现金流出与现金流入，选择合适的技术方案，以获取最好的经济效果。

（二）确定现金流量需要注意的问题

（1）每一笔现金流入和现金流出都应有明确的发生时点。也就是说，现金流量度量的是经济系统内投入、产出随时间的变化量或边际值。

（2）现金流量必须是实际发生的，每一笔现金流量都有可靠的凭证验证。例如，不应将应收账款、应付账款、暂时不能兑现的有价证券和不能立即出让的固定资产账面价值等作为现金流量。

（3）确定同一项活动的现金流量，因研究系统不同，即所站的立场和看问题的出发点不同，而会产生不同的结果。对一项经济活动的现金流量的考察与分析，因考察角度和所研究系统的范围不同会有不同的结果。例如，国家对企业经济活动征收的税金，从企业角度看是现金流出，从整个国民经济的角度看既不是现金流出也不是现金流入，而是在国家范围内资金分配权与使用权的一种转移。在技术经济分析中，必须在明确研究对象和考察角度的前提下，正确区分现金流入与现金流出。

（4）使用权或所有权未发生转移的现金或其等价物不是现金流量，如企业固定资产折旧在未被使用前不列入现金流量。

二、现金流量图

在建设项目或技术方案的经济评价中，现金流量一般以年为时间单位，用现金流量表或现金流量图来表示。

现金流量表，是反映建设项目或技术方案在整个寿命周期内所有的现金流入和现金流出情况的报表。在现金流量表中，应按时间先后顺序分项列出项目的全部现金流入与流出项目(详见本书第 5 章)。现金流量图是表示建设项目或技术方案在整个寿命周期内的现金流量与时间之间对应关系的图形，是反映项目在一定时期内资金运动状况的图解，它可以很方便地把系统的现金流量与时间之间的对应关系直观、形象地表示出来，是进行技术方案动态分析的有效工具。

(一)现金流量图概念

现金流量图，就是能反映经济系统现金流量随时间变化的图式，即用图形的形式表示特定系统(项目)在一段时间内发生的现金流量，把经济系统的现金流量绘入一个时间坐标图中，表示出各时点现金流入与现金流出的对应关系，如图 4-1 所示。

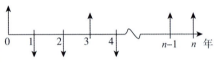

图 4-1　现金流量图

(二)现金流量图的绘制方法

1. 横轴

横轴是时间轴，代表研究的"系统"。

(1)向右延伸：表示时间的延续。

(2)轴线等分：轴线等分成若干间隔，每一间隔代表一个时间单位，在不作特别说明的情况下，通常是"年"(在特殊情况下也可以是季或半年等)。

(3)时点含义：时间轴上的点称为时点，时点通常表示的是该年的年末，同时也是下一年的年初，或者本期期末下期期初。零时点"0"表示时间序列的起点，即为第一年开始之时点，或者项目第一期开始点。

2. 纵轴

纵轴是若干条与横轴相连的垂直线，代表流入或流出这个"系统"的现金流量。

(1)箭头指向：箭头向下表示现金流出；箭头向上表示现金流入。

(2)箭线比例：垂直线的长度根据现金流量的大小按大致比例画出。

(3)金额标识：现金流入和现金流出亦可分别称为正现金流量和负现金流量。现金流量图上还要注明每一笔现金流量的金额，标注在箭头旁边。

总之，要正确绘制现金流量图，应该把握好现金流量的三要素，即现金流量的大小、方向和时点。

对于一般项目生产经营活动来说，投资、成本、销售收入和利润等经济量是构成经济系统现金流量的基本要素，也是进行技术经济分析最重要的基础数据。

第二节　投资

一、投资的概念及构成

(一)投资的基本概念

广义的投资，是指人们的一种有目的的经济行为，即为了将来获得收益或避免风险而将资金投入某一事业的经济活动；狭义的投资，是指人们在社会经济活动中为了保证项目投产和生产经营活动的正常进行，为实现某种预定的生产、经营目标而预先垫支的资金。

作为一种有目的的经济行为，投资是实现扩大再生产、增加积累和降低经营风险的重要手段。从不同角度来说，投资可分为：生产性投资和非生产性投资；基本建设投资和更新改造投资；直接投资和间接投资；营利性投资和非营利性投资；长期投资和短期投资；自主投资和联合投资；初始投资和后续投资；固定资产投资和流动资金投资。

作为衡量技术方案投入的经济指标，投资是为技术方案建设和正常运行而投入的资源总价值。投入的资源可以是资金、人力、技术或其他资源，它们将形成有形资产或无形资产的原始价值。本章讨论的投资是指狭义上的概念。

(二)投资的构成

项目从筹建开始，到项目全部建成投产为止全过程所发生的费用总和称为项目总投资，它由建设投资和流动资产投资组成，如图4-2所示，最终形成相应的固定资产、无形资产和递延资产。

图4-2　项目总投资构成

二、固定资产

(一)固定资产概念

固定资产，指使用期限较长(一般在一年以上)，单位价值在规定标准以上，在生产过程中为多个生产周期服务，在使用过程中保持原来物质形态的资产。具体来说，企业的固定资产包括使用一年以上的房屋、建筑物、机械、运输设备和其他与生产经营有关的设备、器具、工具等。固定资产是项目建设经营和管理过程中不可缺少的物质条件，为了便于管理和核算，通常按照其经济用途、单项价值、使用时间等标准进行划分，凡达到规定标准的，作为固定资产管理和核算，不够规定标准的，作为低值易耗品管理和核算。

在会计核算中，购建固定资产的实际支出(包括建设期贷款利息、外币贷款汇兑差额及在达到使用状态前发生的运输费、装卸费)即为固定资产的原始价值，称为固定资产原值。当项目投入运营后，固定资产在使用过程中会逐渐磨损和贬值，其价值逐步转移到产品中，这种伴随固定资产损耗发生的价值转移称为固定资产折旧。转移的价值以折旧费的形式计入产品成本，并通过产品的销售以货币形式收回到投资者手中。固定资产使用一段时间后，由于损坏、技术陈旧或者其他经济因素，导致其可收回金额低于其账面价值，这种情况称为固定资产减值；固定资产原值扣除累计的折旧费总额再扣除已经计提的减值准备称为当时的固定资产净值。

当固定资产寿命周期结束时，根据社会再生产条件和市场情况对固定资产的价值重新进行评估，得到固定资产的残余价值，称为固定资产期末残值，简称期末残值或残值。对于某一项目，固定资产期末残值是一项在项目寿命周期末可回收的现金流入。

（二）固定资产投资

固定资产投资，是指项目用于购建固定资产而预先垫付的资金。

固定资产投资主要包括以下几项，如图4-3所示。

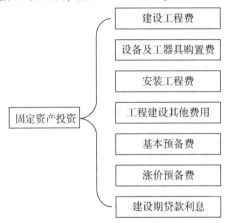

图4-3 固定资产投资构成

1. 建筑工程费

建筑工程费是指为建造永久性建筑物和构筑物所需要的费用，如场地平整、厂房、仓库、电站、设备基础、工业窑炉、露天剥离、桥梁、码头、堤坝、隧道、涵洞、铁路、公路、管线敷设、水库、水坝、灌区等工程的费用。

2. 设备及工器具购置费

设备及工器具购置费包括设备的购置费、工器具购置费、现场制作非标准设备费、生产用家具购置费和相应的运杂费。

3. 安装工程费

安装工程费包括各种机电设备装配和安装工程费用，与设备相连的工作台、梯子及其装设工程费用，附属于被安装设备的管线敷设工程费用，安装设备的绝缘、保温、防腐等工程费用，单体试运转和联动无负荷试运转费用等。

4. 工程建设其他费用

工程建设其他费用包括土地使用费、建设单位管理费、勘察设计费、研究试验费、建设单位临时设施费、工程建设监理费、工程保险费、施工机构迁移费、引进技术和进口设

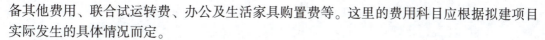

备其他费用、联合试运转费、办公及生活家具购置费等。这里的费用科目应根据拟建项目实际发生的具体情况而定。

5. 基本预备费

基本预备费是指在项目实施中可能发生难以预料的支出，需要事先预留的费用，又称工程建设不可预见费。

6. 涨价预备费

涨价预备费是对建设工期较长的项目，由于在建设期内可能发生材料、设备、人工等价格上涨引起的费用增加，需要事先预留的费用，也称价格变动不可预见费。

7. 建设期贷款利息

建设期贷款利息是指项目贷款在建设期内发生并计入固定资产的利息。

三、无形资产和递延资产

(一)无形资产

无形资产是指不具有实物形态，而以某种特殊权利、技术、知识、素质、信誉等价值形态存在于企业并对企业长期发挥作用的资产，如专利权、非专利技术、租赁权、特许营业权、版权、商标权、商誉、土地使用权等。

1. 无形资产的特点

(1)无形资产无独立实体，但又依托于实体。例如，土地使用权、专利权与机器设备、厂房等各项实物资产相比，最明显的区别是不具有独立实体，但它又往往必须依托于实体而存在。

(2)无形资产具有排他性。无形资产由一定的主体排他性地占有。如果仅仅是偶尔对经济发挥作用，不具有持续性，就不能视为无形资产；即使能持续地发挥作用，但因不能被排他性地占有，如政府发布的经济信息、公有技术、未经技术鉴定和未入贸易市场的技术等也不能视为无形资产。

(3)无形资产是一种无形财产权。无形资产与固定资产相比不具有实物形态，但无形资产也属于生产资料或生产条件范畴。例如技术专利权、商标权、土地使用权等都是通过企业的生产和经营活动以及土地的使用开发加以体现的，无形资产的存在使有形的资产运营更有效益。

2. 无形资产的分类

无形资产，可以分为不可确指的和可确指的两大类。

(1)不可确指的无形资产，主要是指商誉，它是由企业的素质、管理水平以及经营历史等因素综合决定的，并通过超额利润来反映，其价值只能通过企业的整体资产评估的途径来确定。

(2)可确指的无形资产，根据内容可分为知识产权、对物产权、行为权利、公共关系等。知识产权是指专利权、商标权、版权、服务标志、顾客名单等；对物产权，如土地使用权、矿业开发权、优惠融资权等；行为权利，如专营权、许可证、专有技术等；公共关系包括客户关系、销售网络、职工队伍等。

(二)递延资产

递延资产，指集中发生但在会计核算中不能全部计入当年损益，应当在以后年度内分期摊销的费用，包括以下几种：

1. 开办费

开办费是企业在筹建期间实际发生的各项费用，包括筹建期间人员的工资、差旅费、办公费、职工培训费、印刷费、注册登记费、调研费、法律咨询费及其他开办费等。但是，在筹建期间为取得流动资产、无形资产或购进固定资产所发生的费用不能作为开办费，而应相应确认各项资产。开办费应当自公司开始生产经营当月起，分期摊销，摊销期不得少于5年。

2. 租入固定资产改良支出

企业从其他单位或个人租入的固定资产，所有权属于出租人，但企业依合同享有使用权。通常双方在协议中规定，租入企业应按照规定的用途使用，并承担对租入固定资产进行修理和改良的责任，即发生的修理和改良支出全部由承租方负担。对租入固定资产的大修理支出，不构成固定资产价值，其会计处理与自有固定资产的大修理支出无区别。对租入固定资产实施改良，因有助于提高固定资产的效用和功能，应当另外确认为一项资产。由于租入固定资产的所有权不属于租入企业，不宜增加租入固定资产的价值而作为递延资产处理。租入固定资产改良及大修理支出应当在租赁期内分期平均摊销。

3. 长期待摊费用

长期待摊费用，是指开办费和租入固定资产改良支出以外的其他递延资产，包括一次性预付的经营租赁款、向金融机构一次性支付的债券发行费用，以及摊销期在一年以上的固定资产大修理支出等。长期待摊费用的摊销期限均在一年以上，这与待摊费用不同，后者的摊销期限不超过一年，所以列在流动资产项目下。

四、流动资产

流动资金，指在项目投产前预先垫付，在投产后的生产经营过程中用于购买原材料、燃料动力、备品备件，支付工资和其他费用，以及被在产品、半成品、产成品和其他存货占用的周转资金。

项目总投资中的流动资金形成项目运营过程中的流动资产。

流动资产，是指可以在一年内或者超过一年的一个营业周期内变现或者耗用的资产，包括货币资金、交易性金融资产、应收账款、预付款项和存货等。

1. 货币资金

货币资金，是企业拥有的，以货币形式存在的资产，包括现金、银行存款和其他货币资金。企业要进行生产经营活动，首先必须拥有一定数量的货币资金，以支付劳动对象、劳动手段和活劳动方面的费用，通过生产经营过程，将产品销售出去，又获得了这部分资金。

2. 交易性金融资产

交易性金融资产，是指企业以赚取差价为目的，准备近期内出售而持有的债券投资、股票投资和基金投资。

3. 应收账款

应收账款，是指企业在正常的经营过程中因销售商品、产品、提供劳务等业务，应向购买单位收取的款项，包括应由购买单位或接受劳务单位负担的税金、代购买方垫付的包装费和各种运杂费等。

4. 预付款项

预付款项，包括预付货款和预付工程款等。

5. 存货

存货，是指企业在生产经营过程中为销售或者耗用而储存的各种有形资产，如材料低值易耗品、产成品等。流动资产中存货的价值占有较大的比重，其特点是不断处于销售和重置或耗用和重置中。一般情况下，存货价值一次性转移，并随着产品销售的实现，被耗用的价值一次性得到补偿。

第三节　固定资产折旧

企业在生产过程中，流动资产的实物形态不断发生变化，在一个生产周期中，其价值一次全部转移到产品成本中去，并在产品销售后以货币形式得到补偿。但是对于非流动资产（包括固定资产、无形资产和递延资产），一般可以在几年甚至更长的时间内为企业生产服务，因此，其价值不能在一个生产周期中全部转移到产品成本中去，而需要逐期进行转移。对于无形资产和递延资产，主要通过无形资产摊销和递延资产摊销的方式将其价值逐期转移到生产成本之中；对于固定资产，则通过固定资产折旧的方式将其价值逐期转移到生产成本当中。由于无形资产摊销、递延资产摊销的基本思路和固定资产折旧类似，因此，本节将主要介绍固定资产折旧的具体计算方式，对于无形资产摊销和递延资产摊销的计算，可参照固定资产折旧的计算方法和《企业会计准则》的有关规定执行。

一、固定资产折旧的概念

固定资产折旧，是指在固定资产的使用过程中，随着资产损耗而逐渐转移到产品成本费用中的那部分价值。将折旧费入成本费用是企业回收固定资产投资的一种手段。按照国家规定的折旧制度，企业把已发生的资本性支出转移到产品成本费用中去，然后通过产品的销售，逐步回收初始的投资费用。根据我国财务会计制度的有关规定，计提折旧的固定资产范围包括：房屋、建筑物，在用的机器设备、仪器仪表、运输车辆、工具器具，季节性停用和在修理停用的设备，以经营租赁方式租出的固定资产，以融资租赁方式租入的固定资产。结合我国的企业管理水平，将固定资产分为三大部分、二十二大类，按大类实行分类折旧。在进行建设项目的经济分析时，可分类计算折旧，也可综合计算折旧，要视项目的具体情况而定。我国现行的固定资产折旧方法，一般采用平均年限法、工作量法、加速折旧法。

二、固定资产折旧的方法

(一) 平均年限法

平均年限法，亦称直线法，即根据固定资产的原值、预计的净残值率和折旧年限计算折旧。它是在设备资产估算的折旧年限里按期平均分摊资产价值的一种计算方法，即对资产价值按时间单位等额划分。它是最简单与最普遍应用的方法，也是我国多年使用的传统方法。其计算公式为：

$$年折旧费 = (固定资产原值 - 预计净残值) / 折旧年限 \qquad (4-1)$$

如果以资产的原值为基础，每年的折旧率公式为：

$$年折旧率 = (年折旧费 / 固定资产原值) \times 100\% \qquad (4-2)$$

式(4-1)和式(4-2)中各项参数的确定方法如下：

1. 固定资产原值

固定资产原值，一般为购置设备时一次性支付的费用，又称初始费用。它是根据固定资产投资额、预备费和建设期贷款利息等计算求得。

2. 预计净残值率

净残值，是指固定资产使用期满后，残余的价值减去应支付的固定资产清理费用后的价值。预计净残值率，是预计的固定资产净残值与固定资产原值的比率，净残值指设备的残值减去其清理费用以后的余额。设备的残值是指设备报废清理时可供出售的残留部分(如当作废料利用的材料和零件等)的价值，它可以用来抵补一部分设备的原值。设备资产的清理费用是指设备在清理报废时，因拆除、搬运、整理和办理手续等的各项费用支出。根据企业会计制度规定，固定资产净残值率按照固定资产原值5%确定。特殊情况，如净残值率高于5%的，由企业自主决定，并报主管财政机关备案。在建设项目的经济分析中，折旧年限是根据项目的固定资产经济寿命期决定的，因此，固定资产的残余价值较大，净值残率一般可选择10%。个别行业，如港口等，可选择高于10%的净残值率。

3. 折旧年限

国家有关部门对各类固定资产折旧的最短年限作出如下规定：房屋、建筑物为20年；飞机、火车、轮船、机器、机械和其他生产设备为10年；与生产经营活动有关的器具、工具、家具等为5年；飞机、火车、轮船以外的运输工具为4年；电子设备为3年。若采用综合折旧方法，项目的生产期即为折旧年限。在建设项目的经济分析中，对轻工、机械、电子等行业的折旧年限，一般可确定为8~15年；有些项目的折旧年限可确定为20年；对港口、铁路、矿山等项目的折旧年限可选择30年或30年以上。

【例4-1】某设备的资产原值为15 500元，估计报废时的残值为4 500元，清理费用为1 000元，折旧年限为15年。计算其年折旧费、折旧率。

解：依据平均年限法的计算逻辑，得：

年折旧费 = [15 500 - (4 500 - 1 000)]/15 = 800(元)

如果以资产原值为基础，运用式(4-2)，得：

年折旧率=800/15 500×100%=5.16%。

直线折旧法计算简单，因此被广泛应用。但它不能准确反映固定资产实际损耗情况，不利于投资的尽快回收，在出现新设备而使原设备提前淘汰时，可能由于未提足折旧而承担经济损失。

(二)工作量法

工作量法，即根据每年固定资产的工作量大小来确定该年的折旧数额。具体地，根据固定资产的原值、预计的净残值率和总工作量计算年折旧费。对于下列专用设备可采用工作量法计提折旧。

(1)交通运输企业和其他企业专用车队的客货运汽车，按照行驶里程计算折旧费。其计算公式如下：

$$单位里程折旧费=(原值-预计净残值)/规定的总行驶里程 \tag{4-3}$$
$$年折旧费=单位里程折旧费×年实际行驶里程 \tag{4-4}$$

(2)大型专用设备，可根据工作小时计算折旧费。其计算公式如下：

$$每工作小时折旧费=[原值×(1-预计净残值率)]/规定的总工作小时 \tag{4-5}$$
$$年折旧费=每工作小时折旧费×年实际工作小时 \tag{4-6}$$

【例4-2】某公司2020年10月购入一辆小轿车，原始价值20.5万元，预计残值收入1万元，预计清理费用0.5万元，预计可使用40个月，可行驶50万公里；2020年10月份行驶了1万公里；2020年11月至2022年3月每月均行驶了1.25万公里，共行驶21.25万公里；2022年4月汽车报废，报废当月没有行驶。请用工作量法计算折旧。

解：运用式(4-3)计算该汽车单位里程折旧费：

单位里程折旧费=(20.5-1+0.5)/50=0.4(元/公里)

由式(4-4)，可计算得出2020年10月发生折旧=0.4×1=0.4(万元)

2020年11月至2022年3月每月发生折旧=0.4×1.25=0.5(万元)

2022年4月不计提折旧，该小轿车合计计提折旧=0.4+0.5×17=8.9(万元)。

(三)加速折旧法

加速折旧法，又称递减折旧法，是指在固定资产使用初期提取折旧较多，在后期提取较少，使固定资产价值在使用年限内尽早得到补偿的折旧计算方法。它是一种鼓励投资的措施，即国家先让利给企业，加速回收投资，增强还贷能力，促进技术进步。因此，只对某些确有特殊原因的建设项目，才准许采用加速折旧法计提折旧。加速折旧的方法很多，主要有年数总和法和双倍余额递减法。

1. 年数总和法

年数总和法，是以固定资产原值扣除预计净残值后的余额作为计提折旧的基础，按照逐年递减的折旧率计提折旧的一种方法。采用年数总和法的关键是每年都要确定一个不同的折旧率。其计算公式为：

$$年折旧率=(折旧年限-已使用年数)/[折旧年限×(折旧年限+1)/2]×100% \tag{4-7}$$
$$年折旧费=(固定资产原值-预计净残值)×年折旧率 \tag{4-8}$$

【例4-3】某机床的原始价值为9万元，净残值为1万元，折旧年限是6年，试用年数总和法求各年的折旧率和折旧费。

解：运用式(4-7)和式(4-8)，可以计算得出：

第1年的折旧率：$(6-0)/(6×7÷2)×100\% = 28.57\%$

第1年的折旧费：$(9-1)×28.57\% = 2.2856(万元)$

第2年的折旧率：$(6-1)/(6×7÷2)×100\% = 23.81\%$

第2年的折旧费：$(9-1)×23.81\% = 1.9048(万元)$

第3年的折旧率：$(6-2)/(6×7÷2)×100\% = 19.05\%$

第3年的折旧费：$(9-1)×19.05\% = 1.524(万元)$

第4年的折旧率：$(6-3)/(6×7÷2)×100\% = 14.29\%$

第4年的折旧费：$(9-1)×14.29\% = 1.1432(万元)$

第5年的折旧率：$(6-4)/(6×7÷2)×100\% = 9.52\%$

第5年的折旧费：$(9-1)×9.52\% = 0.7616(万元)$

第6年的折旧率：$(6-5)/(6×7÷2)×100\% = 4.76\%$

第6年的折旧费：$(9-1)×4.76\% = 0.3808(万元)$。

2. 双倍余额递减法

双倍余额递减法，是以平均年限法确定的折旧率的双倍乘以固定资产在每一会计期间的期初账面净值，从而确定当期应提折旧的方法。其计算公式为：

$$年折旧率 = (2/折旧年限)×100\% \tag{4-9}$$

$$年折旧费 = 年初固定资产账面净值×年折旧率 \tag{4-10}$$

实行双倍余额递减法的固定资产，应当在其固定资产折旧年限到期前两年内，将固定资产净值扣除预计净残值后的净额平均摊销，即最后两年改用平均年限法计算折旧。

【例4-4】某机床的原始价值为9万元，净残值为1万元，折旧年限是6年，试按双倍余额递减法求各年的折旧率和折旧费。

解：运用式(4-9)，第1~4年的年折旧率均为

$2/6×100\% = 33.33\%$

运用式(4-10)，第1~4年中每年折旧费依次为：

第1年折旧费：$9×(2/6) = 3(万元)$

第2年折旧费：$(9-3)×(2/6) = 2(万元)$

第3年折旧费：$(6-2)×(2/6) = 1.3333(万元)$

第4年折旧费：$(4-1.3333)×(2/6) = 0.8889(万元)$

第5和第6年折旧费按照平均年限法折旧：

第5年期初的固定资产净值为$4-1.333 = 2.6667(万元)$

第5和第6年每年折旧费均为：$(2.6667-0.8889-1)/2 = 0.3889(万元)$

第5和第6年折旧率为$0.3889/9×100\% = 4.32\%$。

第四节 成本

成本通常是指为获得商品或服务所需支付的费用，但事实上成本的含义非常广，不同的情况需要用不同的成本概念。在本节中我们将讨论投资决策过程中所需要用到的一些主要的成本概念。

一、总成本费用

总成本费用也称会计成本，是会计记录在公司账册上的客观的和有形的支出，包括生产和销售过程中发生的原料、动力、工资、租金、广告、利息等支出。按照我国财务制度，总成本费用由生产成本、管理费用、财务费用和销售费用组成，如图4-4所示。

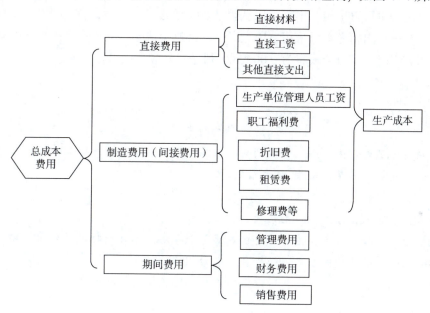

图4-4 总成本费用构成

生产成本是生产单位为生产产品或提供劳务而发生的各项生产费用，包括各项直接费用和制造费用。直接费用包括直接材料(原材料、辅助材料、备品备件、燃料及动力等)、直接工资(生产人员的工资、补贴)、其他直接支出(如福利费)；制造费用，又称间接费用，是指企业内的分厂、车间为组织和管理生产所发生的各项费用，包括分厂、车间管理人员工资、折旧费、维修费、修理费及其他制造费用(办公费、差旅费、劳保费等)。

管理费用是指企业行政管理部门为管理和组织经营而发生的各项费用，包括管理人员工资和福利费，公司一级的折旧费、修理费、技术转让费、无形资产和递延资产摊销费及其他管理费用(办公费、差旅费、劳保费、土地使用费等)。

财务费用是指为筹集资金而发生的各项费用，包括生产经营期间发生的利息净支出及其财务费用(汇兑净损失、银行手续费等)。

销售费用是指为销售产品或提供劳务而发生的各项费用,包括销售部门人员工资、职工福利费、其他销售费用(广告费、办公费、差旅费)。

管理费用、财务费用和销售费用统称期间费用,直接计入当期损益。

二、机会成本

机会成本是指将有限资源用于某种特定的用途而放弃的其他用途中的最高收益。机会成本这个概念的产生来源于这样一个现实:资源是稀缺的。资源的稀缺性决定了人类只有充分考虑了某种资源用于其他用途的潜在收益后,才能做出正确的决策,使有限的资源得到有效的利用。

由此可见,机会成本并不是实际发生的成本,而是方案决策时所产生的观念上的成本,因此,它在会计账本上是找不到的,但对决策却非常重要。例如某企业有一台多用机床,可以自用,也可以出租,出租可以获得 7 000 元的年净收益,自用可产生 6 000 元的年净收益。当舍弃出租方案而采用自用方案时,其机会成本为 7 000 元;当舍去自用方案而采用出租方案时,其机会成本为 6 000 元。很显然,应采用出租方案。

📖 案 例

机会成本的算法

小明是一名大学生,国庆长假期间他准备做兼职,现在有三份工作可供选择:

第一,发调研问卷,每天 70 元报酬;

第二,做推销员,每天 80 元收入;

第三,做家教,每天 100 元收入。

如果小明选择发问卷,他的机会成本就是 100 元;如果选择做推销员,机会成本还是 100 元;如果选择做家教,则机会成本为 80 元。

选择做家教机会成本最小,所以三份工作相比较,应选择做家教。

三、经济成本

当决策时,一旦认识到存在着机会成本,就可以清楚地看到企业除发生看得见的实际成本——显性成本(如企业购买原材料、设备、劳动力、支付借款利息)外,还存在隐性成本。它是指企业自有的资源实际上已经投入生产经营活动,但在形式上没有支付报酬的那部分成本。例如,某人利用自己的地产和建筑物开了一个企业,那么此人放弃了向别的厂商出租土地和房子的租金收入,也放弃了受雇于别的企业可赚得的工资,这些隐性成本并没有列入企业的账册,导致经营利润偏高。而事实上,以自己拥有的资源投入,存在着自有要素的机会成本,这一成本应该被看作是实际生产成本的一部分。因此在经营决策时应运用经济成本概念,经济成本是显性成本和隐性成本之和。

案　例

创业是否明智?

小王担任某服装公司的销售部经理，最近受国家创新创业政策的激励，他决定自己创业，于是创办了一家服装厂。创业一年后，会计人员小张拿来了收支报表，此时小王的一个经济学家朋友小李正好在场。小李看完收支报表后说，他的算法和会计小张不同。小李也列出了一份收支报表，这两份报表如表4-1所示。

根据这两份报表判断，小王自己创业是否合适?

表4-1　服装厂的收支报表　　　　　　　　　　单位：万元

会计小张的报表		经济学家小李的报表	
销售收入	100	销售收入	100
设备折旧	3	设备折旧	3
厂房租金	3	厂房租金	3
原材料	60	原材料	60
水电费	3	水电费	3
工资	10	工资	10
贷款利息	15	贷款利息	15
—	—	小王应得的工资	6
—	—	自有资金利息	2
总成本	94	总成本	102
利润	6	利润	−2

四、沉没成本

沉没成本，是指过去已经支出而现在无法得到补偿的成本，即和当前决策无关的成本。它对企业决策不起作用，主要表现为过去发生的事情，费用已经支付，事后尽管可能认识到这项决策是不明智的，但是今后的任何决策都不能取消这项支出。

例如某企业一个月前以3 300元/吨的价格购入钢材500吨[这是不能改变的事实，3 300×500＝1 650 000(元)是沉没成本]，现该规格的钢材市场价格仅为3 000元/吨，该企业在决策是否出售这批钢材时不应受3 300元/吨购入价格的影响，而应分析钢材价格的走势。若预计价格将上涨，则继续持有，如有剩余资金，也可逢低吸纳；若预计价格将继续下跌，则应果断出货。

讨论题——要不要签合同?

五、经营成本

经营成本是为了分析的需要，从产品总成本费用中分离出来的一部分费用，是在一定期间(通常为一年)内由于生产和销售产品及提供劳务而实际发生的现金支出。它不包括虽计入产品成本费用，但实际没发生现金支出的费用项目。在技术方案财务分析时，经营成本一般按下式计算：

$$经营成本 = 总成本费用 - 折旧费 - 摊销费 - 财务费用 \qquad (4-11)$$

在经营成本中不包括折旧费、摊销费(指无形资产和递延资产的推销费)和财务费用的原因是：①由于投资已经在期初作为一次性支出被计入现金流量，所以不能再以折旧费和摊销费形式计入现金流出，否则就会产生重复计算；②在评价项目经济效益时，只评价这笔投资的经济效益，一般不考虑资金的来源问题，因此财务费用不作为现金流出，但是在计算自有现金流量时需要将财务费用单列。

在技术经济分析中，通常将经营成本作为一个单独的现金流出项。

六、变动成本和固定成本

按照与产量的关系分类，成本可以分为变动成本和固定成本两种。固定成本指在一定产量范围内不随产量变动而变动的费用，如固定资产折旧费、管理费用等。变动成本指总成本中随产量变动而变动的费用，例如直接原材料、直接人工费、直接燃料和动力费及包装费等。

固定成本的特点是：其总额在一定时期和一定业务量范围内不随产量的增加或减少而变动，但就单位产品成本而言，其中的固定成本部分与产量的增减成反比，即产量增加时，单位产品的固定成本减少。

变动成本的特点是：其总额将随产量的增加而增加，就单位产品成本而言，如果产品设计稳定、工人操作成熟稳定，则单位产品变动成本是固定不变的。

固定成本与变动成本的划分，对于项目盈亏分析及生产决策有重要意义。

【例4-5】某企业生产A产品的设计生产能力为15万件，现因市场销路问题只生产10万件，销售价格为50元/件，全厂固定成本为150万元，单位产品变动成本为24元，单位产品总成本为39元(150/10+24=39)。现有一客商提出以37元/件的价格再订购3万件，这样使生产能力达到13万件，问企业若接受订货是否会增加盈利？

初看起来，企业若接受订货会亏损，因为37元/件的价格低于39元/件单位产品成本，但在掌握了固定成本特性后，就可清楚地分析出接受3万件订货，企业实际增加支出24元/件，则可获得盈利13元/件，总盈利增加39万元。若不考虑其他因素，单从经济角度分析，企业应该接受订货。

七、边际成本

边际成本是企业多生产一单位产量所产生的总成本增加。例如，当产量为1 500吨时，总成本为45万元；当产量为1 501吨时，总成本为45.031万元，则第1 501吨产量的边际成本等于310元。因为边际成本考虑的是单位产量变动，故固定成本可以视为不变，因此边际成本实际上是总的变动成本之差。

第五节　税金与税收

一、税金概述

(一)税金与税收

税金是国家依据法律对有纳税义务的单位或个人征收的财政资金。税收是国家筹集财政资金的手段，又是国家凭借政治权力参与国民收入分配和再分配的一种形式。税收具有强制性、无偿性和固定性的特点。

投资项目应按规定计算并缴纳税金。税金在财务分析中是一种现金流出，在国民经济分析中是一种转移支付。

目前，我国共有增值税、消费税、企业所得税、个人所得税、资源税、环境保护税、城镇土地使用税、房产税、城市维护建设税、耕地占用税、土地增值税、车辆购置税、车船税、印花税、契税、烟叶税、关税、船舶吨税等。

(二)税金种类

按征税对象分类，可将全部税收划分为五种类型，如图4-5所示。

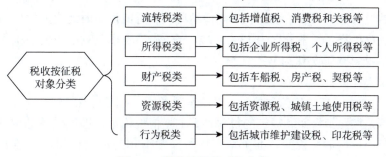

图4-5　税收按征税对象分类

1. 流转税类

流转税类，指以商品生产、商品流通和劳务服务的流转额为征税对象的各种税，包括增值税、消费税和关税等。

2. 所得税类

所得税类，指以单位(法人)或个人(自然人)在一定时期内的纯所得税额为征税对象的各个税种，包括企业所得税、外商投资企业和外国企业所得税以及个人所得税等。

3. 财产税类

财产税类，指以法人和自然人拥有及转移的财产的价值或增值额为征税对象的各种税，主要包括车船税、房产税、契税、土地增值税和船舶吨税等。

4. 资源税类

资源税类，指以被开发或占用的资源为征税对象的各种税，包括资源税、城镇土地使用税等。

5. 行为税类

行为税类，是国家为了对某些特定行为进行限制或开辟某些财源而征收的一类税收。如针对财产和商事凭证贴花行为征收印花税。行为税大都选择某些特定的征税对象和特定的调节区域征收，具有税源分散的特点。我国目前开征的行为税主要有城市维护建设税、烟叶税、印花税、车辆购置税和环境保护税。

其中与投资项目经济分析有关的税种主要有：计入项目总投资的耕地占用税；计入总成本费用的房产税、城镇土地使用税、印花税、车船税等；从销售收入中扣除，作为销售税金及附加的增值税、消费税、资源税、城市维护建设税、教育费附加等；从利润总额中扣除的所得税等。

二、现行主要税种

(一)增值税

增值税，是以商品和劳务在流转过程中产生的增值额作为征税对象而征收的一种流转税，增值税是对在我国境内销售货物或者加工、修理修配劳务(以下简称劳务)、销售服务、无形资产、不动产以及进口货物的单位和个人，就其销售货物、劳务、服务、无形资产、不动产(以下统称应税销售行为)的增值额和货物进口金额为计税依据而征收的一种流转税。

增值税纳税人分为一般纳税人和小规模纳税人。增值税一般纳税人发生增值税应税销售行为或者进口货物，税率分别为13%、9%、6%和零税率。对小规模纳税人，实行简易办法计算应纳税额，征收率为3%。

一般纳税人计税公式为：

$$应纳增值税税额 = 当期销项税额 - 当期进项税额 \qquad (4-12)$$

销项税额是按照销售额和规定的税率计算的增值税税额，进项税额是购进货物或接受应税劳务应负担的增值税税额。准予从销项税额中抵扣的进项税额是指增值税扣税凭证(增值税专用发票及海关提供的完税凭证)上注明的增值税税额。

(二)消费税

消费税，是对特定消费品和消费行为征收的一种流转税。消费税是为了保证国家财政收入，体现基本保持原税赋的原则，同时考虑对一些消费品进行特殊调节，对少数消费品在征收增值税的基础上征收的。消费税的征收范围为以下五大类产品：

(1)一些过度消费会对人类健康、社会秩序、生态环境等方面造成危害的特殊消费品(如烟、酒、鞭炮)。

(2)奢侈品、非生活必需品(如化妆品、贵重首饰、珠宝玉石)。

(3)高能耗及高档消费品(如小汽车、摩托车)。

(4)不可再生的资源(如汽油、柴油)。

(5)有财政意义的产品。

消费税采用从价定率、从量定额和从价从量复合计征三种征收办法。采用从价定率计征办法的，按不含增值税税金但含有消费税税金在内的价格和规定税率计算征收消费税。应纳消费税税额的计算公式为：

（1）实行从价定率办法：

$$应纳消费税税额 = 销售额 \times 税率 \quad (4-13)$$

（2）实行从量定额办法：

$$应纳消费税税额 = 销售数量 \times 单位税额 \quad (4-14)$$

（3）实行从价从量复合计征办法：

$$应纳消费税税额 = 销售额 \times 税率 + 销售数量 \times 单位税额 \quad (4-15)$$

（三）资源税

资源税，是对在我国境内从事应税矿产品开采和生产盐的单位和个人征收的一种税。资源税税目主要包括能源矿产、金属矿产、非金属矿产、水气矿产、盐等。

资源税采用从量定额、从价定率的征收办法。

应纳资源税税额的计算公式为：

（1）实行从价定率办法：

$$应纳资源税税额 = 销售额 \times 税率 \quad (4-16)$$

（2）实行从量定额办法：

$$应纳资源税税额 = 课税数量 \times 单位税额 \quad (4-17)$$

课税数量是指纳税人开采或者生产应税产品的销售数量或自用数量；单位税额根据开采或生产应税产品的资源状况而定，具体按《资源税税目税额幅度表》执行。

（四）城市维护建设税

城市维护建设税，是一种附加税，以增值税、消费税税额为计税依据，与这两种税同时缴纳，其收入专用于城乡公用事业和公共设施的维护建设。现行税率是根据两种税纳税人所在地区分：市区的税率为7%；县城、镇的税率为5%；其他地区税率为1%。

（五）教育费附加

教育费附加，是向缴纳增值税、消费税的单位和个人征收的一种费用，它以纳税人实际缴纳的上述两种税的税额为计征依据，教育费附加率目前为3%。为贯彻落实《国家中长期教育改革和发展规划纲要（2010—2020年）》，财政部下发了《关于统一地方教育附加政策有关问题的通知》（财综〔2010〕98号），要求各地统一征收地方教育费附加，地方教育费附加征收标准为单位和个人实际缴纳的增值税和消费税税额之和的2%。

（六）企业所得税

企业所得税，是对我国境内的企业和其他取得收入的组织的生产经营所得和其他所得征收的一种税。企业所得税以企业每一纳税年度的收入总额，减除不征税收入、免税收入、各项扣除以及允许弥补的以前年度亏损后的余额，为应纳税所得额，基本税率为25%。收入总额包括生产经营收入、财产转让收入、利息收入、租赁收入、特许权使用费收入，以及股息收入等。应纳企业所得税税额的计算公式为：

$$应纳企业所得税税额 = 应纳税所得额 \times 税率 \quad (4-18)$$

在技术经济分析中，可以近似地认为：应纳税所得额 = 利润。纳税人发生年度亏损的，可用下一纳税年度的所得弥补；下一纳税年度的所得不足弥补的，可以逐年延续弥补，但是延续弥补期最长不得超过五年。

国家对重点扶持和鼓励发展的产业和项目、符合条件的小型微利企业、需要重点扶持的高新技术企业等，实行税收优惠政策。

第六节　销售收入与利润

一、销售收入

销售收入是指企业销售产品或提供劳务等取得的货币收入，它是投资项目财务收益的主要来源。

销售收入包括产品销售收入和其他销售收入。产品销售收入包括销售产成品和自制的半成品、提供工业性劳务等取得的收入。其他销售收入包括材料销售、资产出租、外购商品销售、无形资产转让以及提供非工业性劳务等取得的收入。

销售收入是按销售量乘以销售单价计算的：

$$销售收入 = 商品销售量 \times 商品单价 \tag{4-19}$$

销售单价在财务分析中为实际市场价格或预测的市场价格，在国民经济分析中为产出物的影子价格。在项目经济分析中，常假定销售量等于产量，且全部收入立即回收，此时的销售收入即为技术方案的现金流入。按会计方法计算的销售收入并不等于实际现金流入。

二、利润

利润是企业经济目标的集中表现。企业的利润是企业在一定会计期间的经营成果。企业利润的表现形式有营业利润、利润总额和净利润。

$$销售利润 = 销售收入 - 销售成本 - 销售费用 - 管理费用 - 财务费用 - 销售税金及附加 \tag{4-20}$$

$$税后利润 = 销售利润 - 所得税 \tag{4-21}$$

(一) 营业利润

营业利润是企业利润的主要来源，营业利润的计算公式为：

$$\begin{aligned} 营业利润 = &营业收入 - 营业成本 - 税金及附加 - 销售费用 - 管理费用 - 研发费用 - \\ &财务费用 + 其他收益 + 投资收益(损失为负) + 公允价值变动收益 \\ &(损失为负) + 信用减值损失(损失为负) + 资产减值损失(损失为负) + \\ &资产处置收益(损失为负) \end{aligned} \tag{4-22}$$

1. 营业收入

营业收入是指企业经营业务所确认的收入总额，包括主营业务收入和其他业务收入。其中，主营业务收入是指企业为完成其经营目标而从事的经营性活动所实现的收入，如建筑业企业工程结算收入、工业企业产品销售收入、商业企业商品销售收入等。其他业务收入是指企业除主营业务收入以外的其他销售或其他业务的收入，如建筑业企业对外出售不需要的材料的收入、出租投资性房地产的收入、劳务作业收入、多种经营收入和其他收入(技术转让利润、联合承包节省投资分成收入、提前竣工投产利润分成收入等)。

2. 营业成本

营业成本是指企业经营业务所发生的实际成本总额，包括主营业务成本和其他业务成

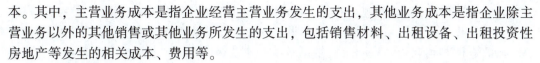

本。其中，主营业务成本是指企业经营主营业务发生的支出，其他业务成本是指企业除主营业务以外的其他销售或其他业务所发生的支出，包括销售材料、出租设备、出租投资性房地产等发生的相关成本、费用等。

3. 信用/资产减值损失

信用/资产减值损失是指企业信用或计提各项资产减值准备所形成的损失。

4. 公允价值变动收益(或损失)

公允价值变动收益(或损失)是指企业交易性金融资产等公允价值变动，形成的应计入当期损益的利得(或损失)。

5. 投资收益(或损失)

投资收益(或损失)是指企业以各种方式对外投资所取得的投资收益减去投资损失后的净额，即投资净收益。投资收益包括对外投资享有的利润、股利、债券利息、投资到期收回或中途转让取得高于账面价值的差额，以及按照权益法核算的股权投资、在被投资单位增加的净资产中所拥有的数额等。投资损失包括对外投资分担的亏损、投资到期收回或者中途转让取得款项低于账面价值的差额，以及按照权益法核算的股权投资在被投资单位减少的资产中分担的数额等。如投资净收益为负值，即为投资损失。

(二)利润总额

企业的利润总额是指企业营业利润加上营业外收入，再减去营业外支出的金额，即：

$$利润总额 = 营业利润 + 营业外收入 - 营业外支出 \tag{4-23}$$

营业外收入亦称营业外收益，是指与生产经营过程无直接关系，应列入当期利润的收入，例如没收包装物押金收入、收回调入职工欠款、罚款净收入等。营业外收入是企业财务成果的组成部分。营业外支出是指除主营业务成本和其他业务支出等以外的各项非营业性支出，例如罚款支出、捐赠支出和非常损失等。

(三)净利润

净利润是指企业当期利润总额减去所得税后的金额，又称企业的税后利润。

$$净利润 = 利润总额 - 所得税 \tag{4-24}$$

式(4-24)中，所得税是指企业应计入当期损益的所得税。

技术方案的利润已包含在销售收入之中，不再作为单独的现金流入项目。但为了计算税金支出和分析技术方案的盈利能力，必须对利润进行测算。

本章小结

项目的建设可以看成是以货币形式体现的现金流入或现金流出，投资、经营成本、销售收入、利润、期末残值构成现金流量的五个基本要素。这些基本要素可以用现金流量表或者现金流量图的形式表示。

投资具有双重含义，技术经济学中的投资是指为了保证项目投产和生产经营活动的正常进行而投入的活劳动和物化劳动价值的总和，主要由建设投资(固定资产投资)和流动资金投资两部分构成。期末残值是在项目寿命期结束时对成本的补偿。成本费用是从劳动消耗角度衡量建设项目投入的基本指标，技术经济分析主要应用按会计成本预测的经营成本进行具体评价。折旧是对固定资产价值损耗的补偿，其计算方法有平均年限法、工作量法、年数总和法和双倍余额递减法。销售收入是企业销售产品或提供劳务等取得的货币收入。利润是项目经营目标的集中体现，是项目在一定时期内的经营净成果。税金是国家依法向有纳税义务的单位或个人征收的财政资金。税收具有强制性、无偿性和固定性的特点。

关键名词

现金流量　Cash Flow　　　　　现金流量图　Cash Flow Diagram
投资　Investment　　　　　　　经营成本　Cost of Operation
销售收入　Sales Revenue　　　　期末残值　Residual value

思考题

1. 什么是技术方案的现金流量？如何表示现金流量？
2. 什么是投资？建设项目总投资由哪几部分构成？
3. 什么是固定资产投资？什么是流动资金投资？二者有什么区别？
4. 技术经济分析中常用的成本费用概念有哪些？各自的含义是什么？
5. 如何理解项目建设期、投产期、寿命期？

本章练习题

1. 某设备原值为 6 万元，使用年限为 5 年，预计净残值率为 5%。试分别用平均年限法、年数总和法和双倍余额递减法计算各年折旧额及年末账面净值。

2. 现有一项目，其现金流量为：第 1 年年末支付 1 000 万元，第 2 年年末支付 1 500 万元，第 3 年收益 200 万元，第 4 年收益 300 万元，第 5 年收益 400 万元，第 6~10 年每年收益 500 万元，第 11 年收益 450 万元，第 12 年收益 400 万元，第 13 年收益 350 万元，第 14 年收益 450 万元。试画出现金流量图。

3. 某项目投资 2 000 万元，分别在第一年投入 800 万元，第二年投入 1 200 万元，项目建设期 3 年，项目投产后寿命为 20 年，投产的第一年销售收入为 1 000 万元，经营成本为 700 万元，以后每年销售收入为 2 000 万元，经营成本为 1 300 万元。项目的残值为投资额的 10%。项目投产时需要流动资金 400 万元。试画出现金流量图。

本章实训

一、实训目的

1. 明确现金流量的概念。

2. 明晰构成现金流量的各基本要素。

3. 锻炼收集与分析材料、团队合作、个人表达等能力。

二、实训内容

将班级学生分为六组，每组学生负责搜集整理小组项目现金流量各要素数据，可以通过书刊、报纸、网络等渠道收集案例信息，并通过视频、文字、图片等方式进行讲解，最终全班讨论各小组案例现金流量基本要素数据的合理性。小组实训作业如表 4-2 所示。

描述小组项目的现金流量构成，并填表。

表 4-2　小组实训作业

现金流量要素数值 现金流量要素　时点/年	0	1	2	3	4	5	…	n
1. 投资								
固定资产投资								
流动资金								
2. 销售收入								
3. 经营成本								
4. 残值								
净现金流量								

三、实训组织

1. 指导教师布置或学生自选实训项目，提示相关注意事项及要点。

2. 将班级学生划分为六组，小组成员可自由组合。小组人数划分视班级总人数而定，每组选出组长一名。

3. 以小组为单位，通过书刊、报纸、网络等渠道收集案例信息。对于收集的材料，小组内部先充分展开讨论，讨论时间长度可视情况而定，课堂讨论或课外讨论均可。选择最能反映本组项目现金流量的要素，具体指标计数值由本组成员自由决定。

4. 各小组在班级进行讲解，每组讲解时间以不超过 15 分钟为宜。

四、实训步骤

1. 指导教师布置任务，指出实训要点、难点和注意事项。小组讲解 PPT 或文字材料可以附在表 4-2 后面。

2. 讲解之前，小组发言代表对本组成员贡献或者角色进行介绍。讲解结束后，小组发言代表陈述本小组项目现金流量要素的选取和预估值。其间允许并鼓励其他同学提问，小组发言代表及该组成员有义务作出解答。

3. 由各组组长组成评审团，对各组讲解进行评分。其中，讲解内容自述为 30 分，小组发言代表语言表达及台风展现能力为 10 分，小组回答协作应变能力为 10 分。每个评审团成员分别给各组评分，取平均值作为该组的评审评分。

4. 教师进行最后总结及点评，并为各组实训结果打分。教师评分满分为 50 分。

5. 各组的评审评分加上教师的总结评分作为该组最终得分，对于得分最高的小组，适当进行鼓励或奖励。

第五章 技术经济评价基本方法

引例

雄安新区某造纸厂历史悠久，以安新县盛产的芦苇为主要纤维原料，一贯采用中性亚硫酸钠法制备纸浆。现有旧式造纸机 12 台，每年可生产纸浆 4.5 万吨，纸 4.7 万吨，主要产品为凸版印刷纸、单面胶版纸、书写纸、白板纸和有光纸，常年畅销京津冀广大地区。随着国家对新区可持续发展的环保要求变化，现存问题主要是：

（1）用中性亚硫酸钠法制浆，不能回收蒸煮废液，排入河道造成严重污染，如不整改，面临停产。

（2）主要原料亚硫酸钠由烧碱和硫酸制备，大量消耗了紧缺的烧碱，时常供应不足。

（3）凸版纸只能用于落后的凸版印刷，新的轮转胶印法必须使用胶印书刊纸，它是凸版纸的升级换代产品，在我国市场属于紧缺商品。

为此，该造纸厂拟进行项目改扩建投资，从国外引进一条年产 2.4 万吨胶印书刊纸的长网中速抄纸机生产线，并将中性亚硫酸钠法制浆改为硫酸盐法制浆，同时建立烧碱回收系统。

那么，该改扩建投资项目在经济效益上，如何进行技术经济分析和经济效益论证评价？选择什么评价指标更为合理？

投资的主要目的是获得合理的经济效益。为了达到这一目的，投资决策起着至关重要的作用。不论是从全局还是局部利益考虑，投资决策的主要依据都是项目评价的结论。任何属性的项目，其经济评价的核心内容都是经济效益评价。为了确保项目投资决策的正确性和科学性，经济效益评价指标是进行技术经济分析和论证工作十分重要的工具。

（资料来源：陈立文，陈敬武. 技术经济学概论[M]. 3 版. 北京机械工业出版社，2023）

学习目标

知识点：

1. 了解投资项目经济评价指标的类型；

2. 掌握投资回收期、增量(差额)投资回收期等时间型经济评价指标的概念、计算方法和判别准则;

3. 掌握净现值、净年值、费用现值、费用年值等价值型经济评价指标的概念、计算方法和判别准则;

4. 掌握净现值率、净现值指数、内部收益率、增量(差额)内部收益率、外部收益率、投资收益率、等效率型经济评价指标的概念、计算方法和判别准则;

5. 理解方案的类型和可比原则;

6. 掌握独立方案的评价方法;

7. 掌握互斥方案寿命期不等的评价方法;

8. 掌握资源限制型方案的评价方法。

重点：投资回收期、净现值、净年值、净现值率、净现值指数、内部收益率的计算，互斥方案寿命期不等的评价。

难点：内部收益率计算、互斥方案寿命期不等的评价。

本章知识思维导图

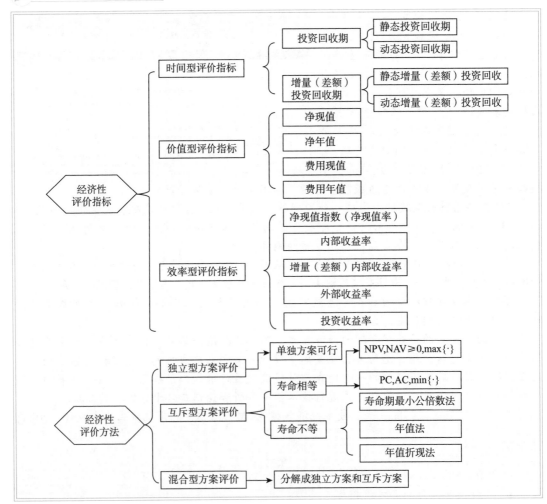

第一节　时间型评价指标

时间型评价指标是反映项目投资回收速度的经济效益指标，从时间维度考虑投资项目的经济性与风险性。以这类指标的分析评价为核心，形成了一组经济评价方法，主要有投资回收期法和增量投资回收期法。

一、投资回收期法

投资回收期，是指项目从投建之日起，用项目每年所获得的净收益将全部投资收回所需的时间。通常以年来表示。投资回收期是反映项目投资回收速度的重要指标。根据是否考虑资金的时间价值，投资回收期分为静态投资回收期和动态投资回收期。

(一)静态投资回收期

1. 概念

静态投资回收期，是指在不考虑资金时间价值的条件下，项目从投建之日起，用项目每年所获得的净收益将全部投资收回所需的时间。通常以年来表示。

$$\sum_{t=0}^{T_p} NB_t = \sum_{t=0}^{T_p} B_t - C_t = K \tag{5-1}$$

式中：K——投资总额；

$\quad\quad B_t$——第 t 年的收入(销售收入)；

$\quad\quad C_t$——第 t 年的支出(经营成本，不包括投资)；

$\quad\quad NB_t$——第 t 年的净收益，$NB_t = B_t - C_t$；

$\quad\quad T_p$——静态投资回收期。

2. 计算

静态投资回收期的计算根据投资和年净收益的不同，其求解方法分为三种：

第一种：期初一次性投入，项目年净收益相等，如图 5-1 所示，静态投资回收期计算公式如下：

$$T_p = \frac{K}{NB} = \frac{K}{B-C} \tag{5-2}$$

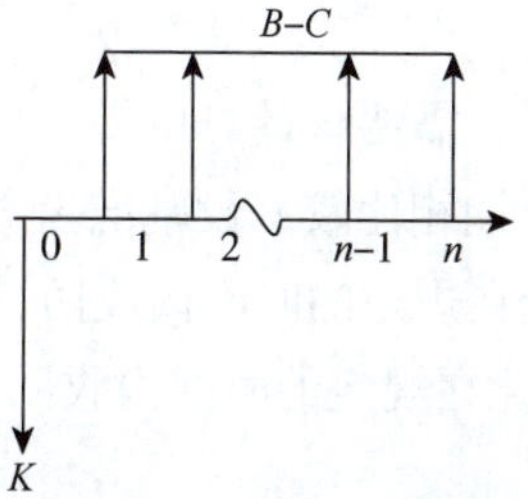

图 5-1　第一种静态投资回收期现金流量图

【例 5-1】某项目期初一次性投入 100 万元，当年投产、当年即可达到设计产能，每年销售收入 80 万元，经营成本 30 万元，试求该项目的静态投资回收期。

解：根据题意，由式(5-2)得

$$T_{p} = \frac{K}{B-C} = \frac{100}{80-30} = 2(年)$$

故该项目的静态投资回收期为 2 年。

第二种：期初一次性投入，项目建设期 m 年，项目年净收益相等，如图 5-2 所示，静态投资回收期计算公式如下：

$$T_{p} = \frac{K}{NB} + m \qquad (5-3)$$

式中：m——项目建设期。

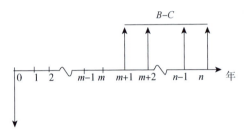

图 5-2　第二种静态投资回收期现金流量图

【**例 5-2**】某项目期初一次性投入 100 万元，建设期 2 年，投产后当年投产、当年即可达到设计产能，每年销售收入 80 万元，经营成本 30 万元，试求该项目的静态投资回收期。

解：根据题意，由式(5-3)得

$$T_{p} = \frac{K}{B-C} = \frac{100}{80-30} + 2 = 2 + 2 = 4(年)$$

故该项目的静态投资回收期为 4 年。

第三种：期初多次投资或项目年净收益不相等，则静态投资回收期需要根据累计净现金流量作表计算。其计算公式为：

$$T_{p} = \frac{累计净现金流量}{第一次出现正值的年份} - 1 + \frac{|上一年累计净现金流量|}{当年净现金流量} \qquad (5-4)$$

3. 判别准则

用投资回收期评价投资项目时，需要将计算所得的投资回收期与同类项目的历史数据和投资者意愿确定的基准投资回收期相比较。设基准投资回收期为 T_{b}，判别准则为：

$T_{p} \leq T_{b}$，表明技术方案投资能在规定的时间内收回，则项目可以考虑接受；

$T_{p} > T_{b}$，表明技术方案投资不能在规定的时间内收回，则项目应予以拒绝。

4. 静态投资回收期指标的优缺点

(1)静态投资回收期指标的缺点在于：

第一，它没有反映资金的时间价值；

第二，由于它舍弃了回收期以后的收入与支出数据，故不能全面反映项目在寿命期内的真实效益，难以对不同方案的比较与选择作出正确判断。

（2）静态投资回收期指标的优点在于：

第一，概念清晰、简单易用；

第二，也是最重要的，该指标不仅在一定程度上反映项目的经济性，而且反映项目的风险大小。项目决策面临着未来的不确定性因素的挑战，这种不确定性所带来的风险随着时间的延长而增加。因为离现时愈远，人们所能确知的东西就愈少。为了减少这种风险，就必然希望投资回收期越短越好。因此，作为能够反映一定经济性和风险性的回收期指标，在项目评价中具有独特的地位和作用，被广泛用作项目评价的辅助性指标。

【例5-3】某小型便携装备生产项目现金流量表如表5-1所示，试求静态投资回收期。若标准投资回收期 $T_b=4$ 年，判断其在经济上的合理性。

表5-1　例5-3现金流量表

投资年限	0	1	2	3	4	5	6
总投资/万元	60	40	—	—	—	—	—
销售收入/万元	—	—	50	110	110	110	110
经营成本/万元	—	—	30	40	40	40	40
净现金流量/万元	−60	−40	20	70	70	70	70

注：表格中"—"代表此处数据不存在。

解： 根据题意制作现金流量计算表，如表5-2所示

表5-2　例5-3现金流量表计算表

投资年限	0	1	2	3	4	5	6
净现金流量/万元	−60	−40	20	70	70	70	70
累计净现金流量/万元	−60	−100	−80	−10	60	130	200

由表5-2可知，静态投资回收期在3年至4年之间，利用式（5-4），可得：

$$T_p = 4-1+\frac{|-10|}{70} \approx 3.14 \text{ 年} < 4 \text{ 年}$$

$T_p < T_b$，则项目在经济上可行，可以考虑接受。

（二）动态投资回收期

1. 概念

动态投资回收期，是指在考虑资金时间价值的条件下，项目从投建之日起，用项目每年所获得的净收益将全部投资收回所需的时间。通常以年来表示。

$$\sum_{t=0}^{T_p^*} (CI-CO)_t (P/F, i, t) = 0 \tag{5-5}$$

式中：CI_t——第 t 年的现金流入；

CO_t——第 t 年的现金流出；

$(CI-CO)_t$——第 t 年的净现金流量，简称净现金；

T_p^*——动态投资回收期。

2. 计算

动态投资回收期计算公式为：

$$T_p^* = \frac{\text{累计净现金折现值}}{\text{第一次出现正值的年份}} - 1 + \frac{|\text{上一年累计净现金折现值}|}{\text{当年净现金折现值}} \quad (5-6)$$

3. 判别准则

用动态投资回收期评价投资项目时，同样需要将计算所得的动态投资回收期与同类项目的历史数据和投资者意愿确定的基准投资回收期相比较。设基准投资回收期为 T_b，判别准则为：

$T_p^* \leqslant T_b$，表明技术方案投资能在规定的时间内收回，则项目可以考虑接受；

$T_p^* > T_b$，表明技术方案投资不能在规定的时间内收回，则项目应予以拒绝。

【例5-4】前提条件同例5-3，若基准折现率 $i_o = 10\%$，标准投资回收期 $T_b = 4$ 年，试求动态投资回收期，并判断其在经济上的合理性。

解： 根据题意制作现金流量计算表，如表5-3所示。

表5-3　例5-4现金流量计算表

投资年限	0	1	2	3	4	5	6
净现金流量/万元	-60	-40	20	70	70	70	70
$(P/F, i, n)$	1	0.909 1	0.826 4	0.751 3	0.683 0	0.620 9	0.564 5
净现金折现值/万元	-60	-36.364	16.528	52.591	47.81	43.463	39.515
累计净现金折现值/万元	-60	-96.364	-79.836	-27.245	20.565	64.028	103.543

由表5-3可知，动态投资回收期在3年至4年之间，利用式(5-6)，可得：

$$T_p^* = 4 - 1 + \frac{|-27.245|}{47.81} \approx 3.57 \text{ 年} < 4 \text{ 年}$$

$T_p^* < T_b$，则项目在经济上可行，可以考虑接受。

4. 动态投资回收期指标的优缺点

针对同一投资项目而言，静态投资回收期短，动态投资回收期长。一般情况下，选用动态投资回收期更加准确。静态投资回收期往往应用于初步可行性研究阶段，初筛如果可行，再计算动态投资回收期。

(1)动态投资回收期指标的优点在于：

第一，概念清晰、简单易用；

第二，反映资金的时间价值；

第三，可反映项目风险大小。

(2)动态投资回收期指标的缺点在于：

第一，与静态投资回收期指标相比，动态投资回收期指标虽然考虑了资金的时间价值，但计算却复杂多了。

第二，由于它舍弃了回收期以后的收入与支出数据，故不能全面反映项目在寿命期内的真实效益，难以对不同方案的比较与选择作出正确判断。所以投资回收期指标需要和其他指标从不同角度一起评价项目的经济性。

二、增量(差额)投资回收期法

(一)增量投资回收期的概念

增量投资回收期(ΔT),又称差额投资回收期,是用增量分析法进行项目经济评价的时间型评价指标之一,适用于两个项目的经济比较与选择。增量投资回收期实际上是投资增量的回收期。当对同一项目投资额不同的两个备选方案进行比较时,必须考虑增量(差额)投资部分的经济效益,才能得出正确的评价结论。

增量投资回收期,是指两个投资方案比较,以投资较大方案每年经营成本节约额来补偿(收回)其投资增额部分,或用年净收益增加额补偿(收回)其投资增额部分所需要的时间。

(二)增量投资回收期法的适用条件

增量投资回收期指标多用于两个相互替代项目,或同一项目两个投资方案之间的经济比较,因此不能反映单个项目或者方案的经济效益。应用增量投资回收期法的条件是$K_2 > K_1$,以及$C_1 > C_2$(或$R_2 > R_1$),并且投资小的项目或者方案(例如方案 I)已被证明是可行的,在此前提下,若投资大的项目或者方案(如方案 II)的增量投资回收期$\Delta T \leq T_b$时,则项目(方案) II 优于项目(方案) I,说明项目(方案) II 比项目(方案) I 增加的投资在标准投资回收期内能回收,否则项目(方案)I 优于项目(方案) II。

(三)静态增量(差额)投资回收期

在用增量(差额)投资回收期比选方案时,有两种方法:静态增量(差额)投资回收期、动态增量(差额)投资回收期。动态增量(差额)投资回收期计算复杂,而且增量(差额)投资回收期比选方案一般都是初步可行性研究或者初筛方案时使用,所以多用静态增量(差额)投资回收期比选。故本书主要讲解静态增量(差额)投资回收期的计算及评价。

1. 应用增量(差额)投资回收期有两种假设

(1)如果两个可行的方案,满足同样需求或者说能生产出同样价值产品或提供相同服务,对其进行比选,投资大的方案年经营成本小,投资小的方案年经营成本大,如表5-4所示。这时需要经过计算进行比选,否则可以直接选出投资最小方案或年经营成本最小方案为最优方案。

表5-4 假设1经济要素表

方案 要素	方案 I	方案 II	对比
投资	K_1	K_2	$K_2 > K_1$
经营成本	C_1	C_2	$C_1 > C_2$

①K_1、K_2,分别代表方案 I 和方案 II 的初始投资,且$K_2 > K_1$。

②C_1、C_2分别代表方案 I 和方案 II 的年等额经营成本(经营费用),且$C_1 > C_2$。

(2)如果两个可行的方案,满足同样需求或者说能生产出同样价值产品或提供相同服务,对其进行比选,投资大的方案年净收益大,投资小的方案年净收益小,如表5-5所示。这时需要经过计算进行比选,否则可以直接选出投资最小方案为最优方案。

①K_1、K_2,分别代表方案 I 和方案 II 的初始投资,且$K_2 > K_1$。

②R_1、R_2分别代表方案 I 和方案 II 的年等额净收益,且$R_2 > R_1$。

表 5-5　假设 2 经济要素表

要素 \ 方案	方案 I	方案 II	对比
投资	K_1	K_2	$K_2 > K_1$
净收益	R_1	R_2	$R_2 > R_1$

2. 计算

根据表 5-4 和表 5-5，可得静态增量(差额)投资回收期计算公式：

$$\Delta T = (K_2 - K_1)/(C_1 - C_2) \tag{5-7}$$

$$\Delta T = (K_2 - K_1)/(R_2 - R_1) \tag{5-8}$$

式中：ΔT——静态增量(差额)投资回收期

3. 判别准则

$\Delta T \leqslant T_b$，表示项目追加的投资，可以在增量投资回收期内收回，项目在经济上可行，选投资大的方案为最优方案。

$\Delta T > T_b$，表示项目追加的投资，可以在增量投资回收期内收回，项目在经济上可行，选投资小的方案为最优方案。

4. 多方案优选

应用静态增量(差额)投资回收期对多项目(方案)进行择优决策步骤：

(1)确定各备选方案的可行性：求解各方案，$T_p \leqslant T_b$，方案可行；$T_p > T_b$，方案不可行。

(2)按各可行备选方案投资额的大小顺序，由小到大依次排列。

(3)采用环比法计算追加投资回收期，逐个比较，进行替代式淘汰，最后留下最优方案。

 增量(差额)投资回收期进行多方案优选举例

第二节　价值型评价指标

一、净现值

(一)概念

净现值(Net Present Value，NPV)是指按一定的折现率，将技术方案寿命期内各个不同时点的净现金流量折现到寿命期期初的现值之和。

(二)计算

净现值的计算公式为：

$$NPV = \sum_{t=0}^{n}(CI - CO)_t(1 + i_0)^n = \sum_{t=0}^{n}(CI - CO)_t(P/F, i, n) \qquad (5-9)$$

式中：NPV——净现值；

$\qquad$ CI_t——第 t 年的现金流入额；

$\qquad$ CO_t——第 t 年的现金流出额；

$\qquad$ $(CI-CO)_t$——第 t 年的净现金；

$\qquad$ n——该项目方案寿命；

$\qquad$ i_0——基准折现率。

（三）判别准则

对单一项目方案而言，NPV>0，说明项目除了满足基准收益率要求的盈利，还能得到超额收益，故该项目可行；NPV=0，说明该项目能达到满足基准收益率要求的盈利水平，项目勉强可行或有待改进；NPV<0，说明该项目不能满足基准收益率要求的盈利水平，该项目不可行。

因此：若 NPV≥0，则项目应予接受，若 NPV<0，则项目应予拒绝。

多方案比选时，对于可行方案而言，净现值越大的方案相对越优（净现值最大准则）。

【例5-5】前提条件同例5-3，若基准折现率 i_o = 10%，试求该方案的净现值，判断其在经济上的合理性。

解：根据题意画现金流量图，如图5-3所示。

由式（5-9）可得：

NPV $=-60-40(P/F, 10\%, 1)+20(P/F, 10\%, 2)+$
$\qquad 70(P/A, 10\%, 4)(P/F, 10\%, 2)$
$\qquad \approx 103.543$（万元）

NPV>0，故项目方案可行。

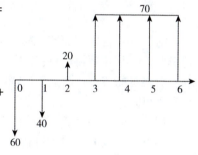

图5-3　现金流量图

（四）NPV 指标的优缺点

1. 优点

(1)考虑了资金的时间价值，并全面考虑了项目在整个计算期内的经济状况；

(2)经济意义明确，能够直接以货币额表示项目的盈利水平；

(3)评价标准容易确定，判断直观。

2. 缺点

(1)必须首先确定一个符合经济现实的基准收益率，而基准收益率的确定往往比较复杂。技术方案的净现值的大小与折现率的高低有直接的关系，如图5-4所示。若已知某投资方案各年的净现金流量，则该方案的净现值就完全取决于其选用的折现率。常规投资项目的净现值函数曲线是单调下降的，且递减率逐渐减小。即随着折现率的逐渐增大，净现值将由大变小，由正变负。

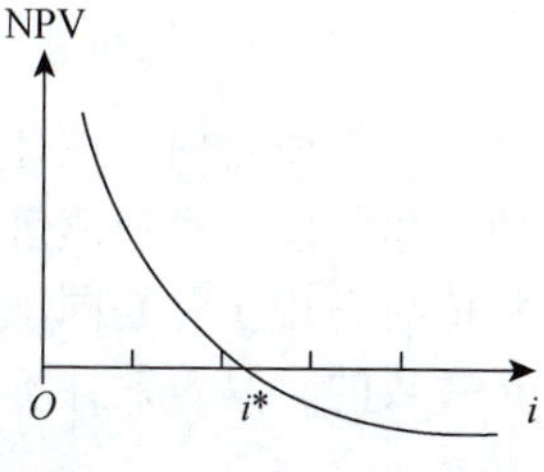

图5-4　净现值函数曲线

(2)在互斥方案评价时，净现值必须慎重考虑互斥方案的寿命，如果互斥方案寿命不等，则必须构造一个相同的研究期，才能进行各个方案之间的比选；

(3)净现值不能反映项目投资中单位投资的使用效率。

二、净年值

(一)概念

净年值(Net Annual Value,NAV)是指按一定的折现率,通过资金等值换算,将技术方案寿命期内各个不同时点的净现金流量折现到寿命期内每年年末等额年值。

(二)计算

净年值的计算公式为:

$$NAV = NPV(A/P, i, n) = \sum_{t=0}^{n} (CI - CO)_t (P/F, i, n)(A/P, i, n) \qquad (5-10)$$

式中:NAV——净年值;

CI$_t$——第 t 年的现金流入额;

CO$_t$——第 t 年的现金流出额;

(CI-CO)$_t$——第 t 年的净现金;

n——该项目方案寿命;

i_0——基准折现率。

(三)判别准则

对单一项目方案而言,NAV>0,说明项目除了满足基准收益率要求的盈利,还能得到超额收益,故该项目可行;NAV=0,说明该项目能达到满足基准收益率要求的盈利水平,项目勉强可行或有待改进;NAV<0,说明该项目不能满足基准收益率要求的盈利水平,该项目不可行。

因此:若 NAV≥0,则项目应予接受,若 NAV<0,则项目应予拒绝。

多方案比选时,对于可行方案而言,净年值越大的方案相对越优(净年值最大准则)。

【例5-6】前提条件同例5-3,若基准折现率 i_o=10%,试求该方案的净年值,判断其在经济上的合理性。

解:根据题意画现金流量图,如图5-3所示。

由式(5-10)可得:

$$NAV = [-60-40(P/F, 10\%, 1) + 20(P/F, 10\%, 2) + 70(P/A, 10\%, 4)(P/F, 10\%, 2)](A/P, 10\%, 6)$$

$$\approx 23.77(万元)$$

NAV>0,故项目方案可行。

(四)NAV指标的特点

净现值是项目在计算期内的收益现值,而净年值则是项目在计算期内每期的等额年值。净年值与净现值仅差一个资本回收系数,而且$(A/P, i, n)>0$,由式(5-10)可知,净年值与净现值总是同正同负或同时为0,故净年值与净现值在评价同一个项目时的结论总是一致的,是等效评价指标。

三、费用现值与费用年值

在对多个方案比选时,如果诸方案能够满足同样需要,但其产出效益难以用价值形态(货币)计量(如环保、教育、保健、国防)时,可以通过对各方案费用现值或费用年值的比较进行选择。如果诸方案能够满足同样需要，产出效益虽然可以用价值形态（货币）计量，但可以省去产出收益的估算，此时也可以直接通过对各方案费用现值或费用年值的比较进行选择。

费用现值（Present Cost，PC），是指将项目方案逐年的投资与寿命周期内各年的经营成本，按基准折现率换算成期初的现值之和。通过对各备选方案的费用现值进行比较，费用现值最小的为最优方案。

费用现值的计算公式为：

$$PC = \sum_{t=0}^{n} CO_t(P/F, i, n) \tag{5-11}$$

费用年值（Annual Cost，AC），是指将项目方案逐年的投资与寿命周期内各年的经营成本，按基准折现率通过资金等值换算，折现到寿命期内每年年末的等额年值。通过对各备选方案的费用年值进行比较，费用年值最小的为最优方案。

费用年值的计算公式为：

$$AC = PC(A/P, i, n) = \sum_{t=0}^{n} CO_t(P/F, i, n)(A/P, i, n) \tag{5-12}$$

由式（5-11）和式（5-12）可以看出，AC 是与 PC 对应的年值，两者仅差一个资本回收系数，而且 $(A/P, i, n) > 0$，故 PC 与 AC 在评价同一个项目时的结论总是一致的，是等效评价指标。

判别准则：PC 和 AC 只能用于多个方案的比选，费用现值或费用年值最小的方案为优。

【例 5-7】某单位生产某电子零件，有两个工艺方案 A、B 均能满足同样的需要。其费用数据如表 5-6 所示。若基准折现率 $i_o = 10\%$，试用费用现值和费用年值确定最优方案。

表 5-6　工艺方案 A、B 费用表　　　　　　　　　　　　单位：万元

方案	总投资（第 0 年末）	年经营成本（第 1~10 年）
A	200	60
B	300	35

解：根据题意画现金流量图，如图 5-5 和图 5-6 所示。

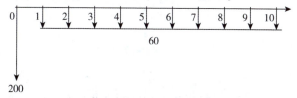

图 5-5　方案 A 现金流量图

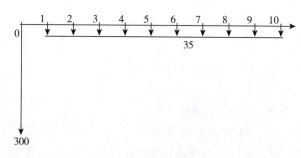

图 5-6　方案 B 现金流量图

由式(5-11)可得：

$PC_A = 200 + 60(P/A, 10\%, 10) = 568.64(万元)$

$PC_B = 300 + 35(P/A, 10\%, 10) = 515.04(万元)$

$PC_B < PC_A$，故用费用现值比选，优选方案 B。

由式(5-12)可得：

$AC_A = 200(A/P, 10\%, 10) + 60 = 92.55(万元)$

$AC_B = 300(A/P, 10\%, 10) + 35 = 83.82(万元)$

$AC_B < AC_A$，故用费用年值比选，优选方案 B。

可以看出，费用现值和费用年值评价结果相同。

【例5-8】某企业生产某种产品有两种机器可以选用，都能满足生产需要。机器 A 买价为 100 万元，在第 6 年年末的残值为 4 万元，前三年的年运行费用为 10 万元，后三年为每年 15 万元。机器 B 买价为 80 万元，第 6 年年末的残值为 3 万元，其运行费用前三年为每年 15 万元，后三年为每年 20 万元。运行费用增加的原因是维护修理工作量及效率上的损失随着机器使用时间的增加而提高。若基准折现率 $i_o = 10\%$，试问应如何选择机器。

解： 根据题意画现金流量图，如图 5-7 所示。

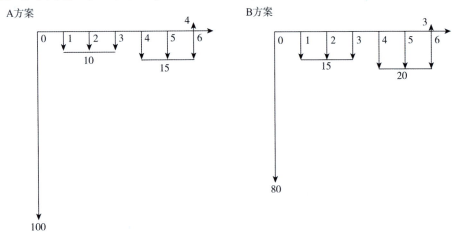

图 5-7 现金流量图

由式(5-11)可得：

$PC_A = 100 + 10(P/A, 10\%, 3) + 15(P/A, 10\%, 3)(P/F, 10\%, 3) - 4(P/F, 10\%, 6)$
$\approx 150.637(万元)$

$PC_B = 80 + 15(P/A, 10\%, 3) + 20(P/A, 10\%, 3)(P/F, 10\%, 3) - 3(P/F, 10\%, 6)$
$\approx 152.978(万元)$

$PC_A < PC_B$，故用费用现值比选，优选方案 A。

由式(5-12)可得：

$AC_A = PC_A(A/P, 10\%, 6) \approx 34.588(万元)$

$AC_B = PC_B(A/P, 10\%, 6) \approx 35.125(万元)$

$AC_A < AC_B$，故用费用年值比选，优选方案 A。

可以看出，费用现值和费用年值评价结果相同。

第三节　效率型评价指标

一、净现值指数

(一)概念

净现值指数(Net Present Value Index，NPVI)，又称净现值率(Net Present Value Rate，NPVR)，是指按基准折现率求得的方案计算期内的净现值与其全部投资现值的比率，用NPVI或NPVR表示。其经济含义是单位投资现值所取得的净现值额。它反映了投资资金的产出效率，常作为净现值指标的辅助指标。

(二)计算

净现值指数的计算公式为：

$$NPVI = \frac{NPV}{K_P} \tag{5-13}$$

净现值率的计算公式为：

$$NPVR = \frac{NPV}{K_P} \times 100\% \tag{5-14}$$

式中：K_P——项目总投资现值。

(三)判别准则

若NPVI或NPVR≥0，则项目可以考虑接受；但不能以最大为最优原则，只有当投资具有可比性或者说投资相当时，才可以NPVI或NPVR最大为最优原则。

若NPVI或NPVR<0，则项目应予以拒绝。

【例5-9】前提条件同例5-3，若基准折现率 $i_0 = 10\%$，试求该方案的净现值指数、净现值率，并判断其在经济上的合理性。

解：根据题意，由式(5-13)和式(5-14)可得

$$NPVI = \frac{NPV}{K_P} = \frac{103.543}{60+40(P/F, 10\%, 1)} = 1.0745 > 0$$

故该项目从经济上判断合理，可以接受。

$$NPVR = \frac{NPV}{K_P} \times 100\% = \frac{103.543}{60+40(P/F, 10\%, 1)} \times 100\% = 107.45\% > 0$$

故该项目从经济上判断合理，可以接受。

从上面计算可以看出，净现值指数和净现值率只是最后表达数值形式不同，判断项目是否合理的结果相同。

二、内部收益率

(一)概念

内部收益率(Internal Rate of Return，IRR)，又称内部报酬率，是指净现值为零时的折

现率，即 NPV(IRR)= 0 时的折现率。

(二)经济含义

内部收益率的经济含义可以这样理解：在项目的整个寿命期内按利率 i=IRR 计算，始终存在未能收回的投资，而在寿命结束时，投资恰好被完全收回。内部收益率的经济含义的另一种表达，即是项目寿命期内没有回收的投资的盈利率。

(三)计算

内部收益率计算公式：

$$\sum_{t=0}^{n} (\mathrm{CI} - \mathrm{CO})_t (P/F, \ \mathrm{IRR}, \ n) = 0 \qquad (5-15)$$

由于式(5-15)是一元高次方程，无法直接求解，因此在求解时，用线性插值法求 IRR 的近似解。其求解步骤如下：

(1)取 i_1（现实中一般取基准折现率 i_0，即取 $i_1=i_0$），计算 $\mathrm{NPV}(i_1)$：

①若 $\mathrm{NPV}(i_1)= 0$，则 $\mathrm{IRR}=i_0$；

②若 $\mathrm{NPV}(i_1)>0$，则取 $i_2>i_1$，计算 $\mathrm{NPV}(i_2)$：

若 $\mathrm{NPV}(i_2)= 0$，则 $\mathrm{IRR}=i_2$；

若 $\mathrm{NPV}(i_2)>0$，则取 $i_3>i_2$，计算 $\mathrm{NPV}(i_3)$（步骤同②）；

若 $\mathrm{NPV}(i_2)<0$，则停止取值，用 i_2、i_1 计算 IRR。

③若 $\mathrm{NPV}(i_1)<0$，则取 $i_2<i_1$，计算 $\mathrm{NPV}(i_2)$：

若 $\mathrm{NPV}(i_2)= 0$，则 $\mathrm{IRR}=i_2$；

若 $\mathrm{NPV}(i_2)>0$，则停止取值，用 i_2、i_1 计算 IRR。

若 $\mathrm{NPV}(i_2)<0$，则取 $i_3<i_2$，计算 $\mathrm{NPV}(i_3)$（步骤同③）。

(2)重复上面取值过程，直至取到 i_m 和 i_n，其净现值一正一负，并且 $|i_m-i_n|\leqslant 5\%$，这样才能用直线近似代替曲线。用线性插值法近似求得内部收益率 IRR，如图 5-8 所示。

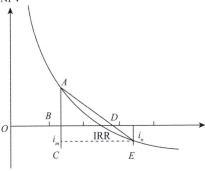

图 5-8　线性插值法求解 IRR 图解

因为 $\triangle ABD \backsim \triangle ACE$，所以 $AB:AC=BD:CE$。

即 $\mathrm{NPV}(i_m):(|\mathrm{NPV}(i_m)|+|\mathrm{NPV}(i_n)|)=(\mathrm{IRR}-i_m):|i_m-i_n|$。

整理得：

$$\mathrm{IRR} = i_m + \frac{\mathrm{NPV}(i_m)}{|\mathrm{NPV}(i_m)| + |\mathrm{NPV}(i_n)|} |i_m - i_n| \qquad (5-16)$$

(四)判别准则

IRR$\geqslant i_0$，项目可接受；

IRR$<i_0$，项目不可接受。

说明：IRR 适用于常规投资项目，否则解不唯一，因此应用范围有限。

IRR 评价结果与用 NPV 评价结果相同。

【例 5-10】前提条件同例 5-3，若基准折现率 i_o=10%，试求该方案的内部收益率，并判断其在经济上的合理性。

解： 根据题意，取 $i_1 = 10\%$，有

$$\text{NPV}(10\%) = -60 - 40(P/F, 10\%, 1) + 20(P/F, 10\%, 2) + 70(P/A, 10\%, 4)(P/F, 10\%, 2)$$

$$\approx 103.543(\text{万元})$$

$\text{NPV}(10\%) > 0$，故取 $i_2 = 15\%$，有：

$$\text{NPV}(15\%) = -60 - 40(P/F, 15\%, 1) + 20(P/F, 15\%, 2) + 70(P/A, 15\%, 4)(P/F, 15\%, 2)$$

$$\approx 71.45(\text{万元})$$

$\text{NPV}(15\%) > 0$，故取 $i_3 = 20\%$，有：

$$\text{NPV}(20\%) = -60 - 40(P/F, 20\%, 1) + 20(P/F, 20\%, 2) + 70(P/A, 20\%, 4)(P/F, 20\%, 2)$$

$$\approx 46.402(\text{万元})$$

$\text{NPV}(20\%) > 0$，故取 $i_4 = 25\%$，有：

$$\text{NPV}(25\%) = -60 - 40(P/F, 25\%, 1) + 20(P/F, 25\%, 2) + 70(P/A, 25\%, 4)(P/F, 25\%, 2)$$

$$\approx 26.62(\text{万元})$$

$\text{NPV}(25\%) > 0$，故取 $i_5 = 30\%$，有：

$$\text{NPV}(30\%) = -60 - 40(P/F, 30\%, 1) + 20(P/F, 30\%, 2) + 70(P/A, 30\%, 4)(P/F, 30\%, 2)$$

$$\approx 10.78(\text{万元})$$

$\text{NPV}(30\%) > 0$，故取 $i_6 = 35\%$，有：

$$\text{NPV}(35\%) = -60 - 40(P/F, 35\%, 1) + 20(P/F, 35\%, 2) + 70(P/A, 35\%, 4)(P/F, 35\%, 2)$$

$$\approx -12.33(\text{万元})$$

此时出现取不同 i 净现值出现一正一负，且 i 变动幅度小于等于 5%，符合线性插值法，故代入式（5-16）：

$$\text{IRR} = i_m + \frac{\text{NPV}(i_m)}{|\text{NPV}(i_m)| + |\text{NPV}(i_n)|} |i_m - i_n|$$

$$= 30\% + \frac{10.78}{|10.78| + |-12.33|} |35\% - 30\%|$$

$$\approx 35\% + \frac{-12.33}{|10.78| + |-12.33|} |35\% - 30\%|$$

$$\approx 32.33\%$$

故该方案内部收益率为 32.22%，大于基准折现率 10%，该方案在经济上可行。

（五）内部收益率指标的优缺点

1. 优点

（1）内部收益率指标考虑了资金的时间价值，对项目进行动态评价，并考察了项目在整个寿命期内的全部情况。

（2）内部收益率能直观反映方案投资的最大可能盈利能力或最大的利息偿还能力。

（3）内部收益率是内生决定的，即是由项目的现金流量系数特征决定的，不是事先外生给定的，而净现值、净年值、净现值率等指标须事先设定基准折现率才能进行计算，比较起来，内部收益率指标操作困难小。因此，在进行经济项目评价时，内部收益率通常作为一项主要指标。

2. 缺点

（1）内部收益率指标计算烦琐。

（2）内部收益率指标只适用于常规项目，用于非常规项目时会有多解出现，分析、检验和判别比较复杂。常规项目，指在项目寿命期内，净现金流序列从负到正只变化一次，且净现金为负（即投资）只发生在期初的投资项目。

（3）只有现金流入或现金流出的方案，此时不存在明确经济意义的内部收益率。

（4）由于内部收益率指标是根据方案本身数据计算得出的，而不是专门给定的，所以内部收益率不能直接反映资金价值的大小。

（5）如果只根据内部收益率指标大小进行方案投资决策，可能会使那些投资大、内部收益率低，但收益额很大，对国民经济有重大影响的方案落选。因而，内部收益率指标往往和净现值指标结合起来使用。

三、增量（差额）内部收益率

（一）概念

增量（差额）内部收益率（ΔIRR），是指两方案增量现金流的内部收益率等于零的折现率，或两方案净现值相等时的折现率。

（二）计算

增量（差额）内部收益率的计算公式为：

$$\Delta NPV = \sum_{t=0}^{n} (\Delta CI - \Delta CO)_t (1 + IRR)^n \qquad (5-17)$$

$$或 \ NPV_A(\Delta IRR) = NPV_B(\Delta IRR) \qquad (5-18)$$

（三）判别准则

（1）$\Delta IRR > i_0$ 时，即表明投资大的方案多投资的那部分资金，所取得收益的内部收益率超过了基准收益率，则在经济上投资大的方案优于投资小的方案。

（2）$\Delta IRR = i_0$ 时，即表明投资大的方案多投资的那部分资金，所取得收益的内部收益率恰好等于基准收益率，则在经济上两个方案等值，一般考虑选择投资大的方案。

（3）$\Delta IRR < i_0$ 时，即表明投资大的方案多投资的那部分资金，所取得收益的内部收益率低于基准收益率，则多投资是不合算的，在经济上投资小的方案优于投资大的方案。

 应用 ΔIRR 优选方案举例

四、外部收益率

(一)概念

外部收益率(External Rate of Return，ERR)，是对内部收益率的一种修正，计算外部收益率时假定项目寿命期内所获得的净收益全部可用于再投资，假定再投资的收益率等于基准折现率。假定项目所有投资，按某个折现率折算的终值，恰好可用该项目每年的净收益按基准收益率折算的终值来抵偿时，这个折现率称为外部收益率。

(二)计算

外部收益率的计算公式为：

$$\sum_{t=0}^{n}(CO)_t(1+ERR)^{n-t}=\sum_{t=0}^{n}(CI)_t(1+i_0)^{n-t} \tag{5-19}$$

(三)评价准则

外部收益率的经济含义可理解为：假设把一笔资金 K_0 投资于某一方案，在经济上无异于将这笔资金存入一个年利率为 ERR 且以复利计算的银行中所获得的价值。因此，同 IRR 一样，ERR 越大，说明项目投资方案的经济性越好。故：

若 $ERR \geq i_0$，则项目可以被接受；

若 $ERR < i_0$，则项目不可接受。

(四)用途

ERR 指标适用于非常规投资项目。非常规投资项目，指项目的现金流序列从负到正，变换不止一次的项目。

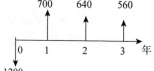

图5-9　现金流量图

【例5-11】某方案的净现金流量图如图5-9所示。若 $i_0 = 10\%$，试求 ERR，并判别其经济可行性。

解：根据题意，由式(5-19)可得

$$1200(1+ERR)^3 = 700(F/P,10\%,2) + 640(F/P,10\%,1) + 560$$

即 $(1+ERR)^3 = 1.759\ 2$，$ERR = 20.72\% > 10\%$

故该方案在经济上可行。

五、投资收益率

(一)概念

投资收益率，又称投资效果系数，是指项目在正常生产年份的净收益与投资总额的比值。它是考察项目单位投资盈利能力的静态评价指标。

(二)计算

投资收益率的计算公式为：

$$R = \frac{NB}{K} \tag{5-20}$$

式中：NB——正常年份(达产年)的年净收益；

K——投资总额；$K = \sum_{t=0}^{n} K_t$。

（三）评价准则

若 R_b 为基准投资收益率，则：

$R \geq R_b$，项目可接受；

$R < R_b$，项目不可接受。

（四）表达形式

根据不同的分析目的，NB 可以是利润，可以是利润税金总额，也可以是年净现金流入等；根据 K 和 NB 的具体含义，R 可以表现为各种不同的具体形式。常见的有：

1. 投资利润率

投资利润率，是指项目达到设计生产能力后，正常生产年份的年利润总额与项目总投资的比率。其计算公式为：

$$投资利润率 = \frac{年利润总额}{项目总投资} \times 100\% \tag{5-21}$$

投资利润率可根据利润表中的有关数据计算求得。在财务评价中，将投资利润率与行业平均投资利润率相比较，以判别项目单位投资盈利能力是否达到本行业的平均水平。

2. 投资利税率

投资利税率，是指项目达到设计生产能力后，正常生产年份的年利税总额与项目总投资的比率。其计算公式为：

$$投资利税率 = \frac{年利税总额}{项目总投资} \times 100\% \tag{5-22}$$

投资利税率可根据利润表中的有关数据计算求得。在财务评价中，将投资利税率与行业平均投资利税率相比较，以判别项目单位投资对国家积累的贡献水平是否达到本行业的平均水平。

3. 资本金利润率

资本金利润率，是指项目达到设计生产能力后，正常生产年份的年利润总额与项目资本金的比率。它反映投入项目的资本金的盈利能力。其计算公式为：

$$资本金利润率 = \frac{年利润总额}{项目资本金} \times 100\% \tag{5-23}$$

式中，项目资本金是指企业自有资本减去资本溢价。使用资本金利润率评价项目也是将该指标与行业平均水平进行比较，以判别项目的财务获利能力。

【例 5-12】前提条件同例 5-3，若 R_b 为基准投资收益率，$R_b = 20\%$，试求该方案的投资收益率，判断其在经济上的合理性。

解： 根据题意画现金流量图，如图 5-3 所示。由式（5-20）可得：

$$R = \frac{NB}{K} = \frac{70}{60+40} = 70\% > 20\%$$

故该项目的投资收益率为 70%，经济上可行，项目可以接受。

第四节　技术方案经济评价方法

一、技术方案类型

根据一组备选方案之间所具有的相互关系划分技术方案类型，一般可分为独立方案、互斥方案、混合方案三种类型，如图5-10所示。

图5-10　技术方案类型

（一）独立方案

独立方案，是指各个方案的现金流量是独立的，不具有相关性，选择或放弃其中某个方案，仅取决于该方案自身的经济性，任一方的采用与否都不影响其他方案是否采用的决策。独立方案的评价，只需评价其经济上是否可行，即看它是否能够通过净现值、净年值或内部收益率等指标的评价标准，选择或放弃该方案并不影响对其他方案的选择。显然，单一方案是独立方案的特例。

（二）互斥方案

互斥方案，是指若干备选方案彼此是相互代替关系，方案之间具有排他性，在各方案当中只能选择一个。比如同一地域的土地利用方案是互斥方案，是建居民住房还是建写字楼等，只能选择其中之一。厂址问题、建设规模问题也是互斥方案的选择问题。

（三）混合方案

混合方案，是指在一组备选方案中，既有互斥方案，又有独立方案，独立方案与互斥方案混合的情况。对于这种类型的项目决策，需要认真研究各方案的相互关系，分解成独立和互斥方案决策，最终选择的不是单个方案，而是最佳的方案组合。

在经济效果评价前，分清项目方案属于何种类型是非常重要的，因为方案类型不同，其评价方法、选择和判断的准则也会不同。

二、独立方案经济评价

多个独立投资方案的评价方法与单个方案的评价方法是相同的，即仅需要评价方案本身的经济性是否可行。此时的经济性评价通常使用净现值、净年值、净现值率、内部收益率或投资回收期等评价指标。

独立方案经济评价如图5-11所示。

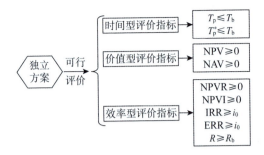

图 5-11　独立方案经济评价

【例 5-13】有 A、B、C、D 四个方案，各方案指标如表 5-7 所示，$i_0 = 10\%$。

表 5-7　例 5-13 现金流量表

方案	投资/万元	年净收益/万元	残值/万元	寿命/年
A	10	3	1.5	6
B	15	4	2	6
C	25	10	2.5	6
D	25	5	2.5	6

试问：若 A、B、C、D 四个方案独立，应如何评价方案？

解： 根据题意画现金流量图，如图 5-12 所示。

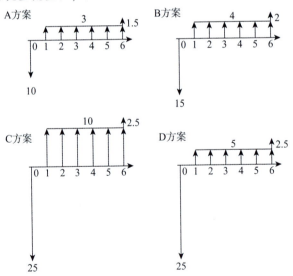

图 5-12　现金流量图

选择净现值指标评价各方案，可得：

$NPV_A = -10 + 3(P/A, 10\%, 6) + 1.5(P/F, 10\%, 6) = 3.91$（万元）$>0$，可行；

$NPV_B = -15 + 4(P/A, 10\%, 6) + 2(P/F, 10\%, 6) = 3.55$（万元）$>0$，可行；

$NPV_C = -25 + 10(P/A, 10\%, 6) + 2.5(P/F, 10\%, 6) = 19.68$（万元）$>0$，可行；

$NPV_D = -25 + 5(P/A, 10\%, 6) + 2.5(P/F, 10\%, 6) = -1.811$（万元）$<0$，不可行；

故若 A、B、C、D 四个方案独立，选 A、B、C 三个方案。

可见独立方案评价，可行即为最优，评价结果可不唯一。

三、互斥方案经济评价

互斥方案的经济性评价通常使用净现值、净年值、净现值率、内部收益率或投资回收期等评价指标。一般包括两个步骤：第一步先判断各方案是否经济上可行；第二步是在可行方案中优选方案。互斥方案经济评价如图5-13所示。

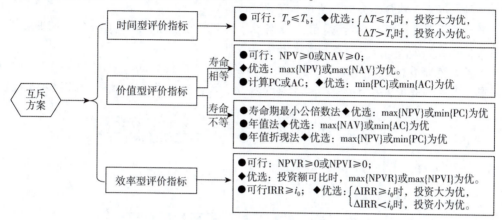

图5-13 互斥方案经济评价

互斥方案评价时，一般多选择价值型评价指标，计算简单方便。根据各互斥方案寿命是否相等，分为两种情况：

（一）互斥方案寿命相等

当互斥方案寿命相等时，根据图5-13，分两个步骤完成方案评价：第一步，可行，即先判断各方案是否经济上可行；第二步，优选，即在可行方案中优选方案。

【例5-14】例5-13的四个方案，当 $i_0 = 10\%$。试问：若 A、B、C、D 四个方案互斥，应如何评价方案？

解： 根据题意，选择净现值指标评价各互斥方案，可先判定互斥方案是否可行，再在可行方案中优选最优方案。

各方案NPV计算如例5-13所示，此处只需在可行方案A、B、C中优选方案，即：

$$\max\{NPV_A，NPV_B，NPV_C\} = \max\{3.91，3.55，19.68\} = 19.68（万元）$$

故若A、B、C、D四个方案互斥，选C方案为最优方案。

可见互斥方案评价，评价结果具有排他性、唯一性。

（二）互斥方案寿命不等

当互斥方案寿命不相等时，这几个方案就不能直接比较。为了可以比较，必进行适当处理，保证时间上的可比性。保证时间可比性的方法有多种，一般常用以下三种方法：

1. 寿命期最小公倍数法

寿命期最小公倍数法，是以各备选方案寿命期的最小公倍数作为方案进行比选的共同期限，并假定各个方案均在这样一个共同的期限内反复实施，对各个方案分析期内各年的净现金流量进行重复计算，直到分析期结束。在此基础上计算出各个方案的现值指标，并以现值作为最优方案选择依据。

【例 5-15】某企业现有互斥 A、B 两个方案，各方案指标如表 5-8 所示，$i_0 = 10\%$。

表 5-8　现金流量表

方案	投资/万元	年净收益/万元	残值/万元	寿命/年
A	10	3	1.5	6
B	15	4	2	9

试问：用寿命期最小公倍数法应如何评价方案？

解：根据题意，互斥方案 A、B 寿命期不等，求现值指标不具备可比性，因此采用寿命期最小公倍数法同期互斥方案，使其具有可比性。

方案 A 寿命 6 年，方案 B 寿命 9 年，寿命期最小公倍数 18 年，选 18 年作为共同分析期，假设方案 A 重复发生 3 次，方案 B 重复发生 2 次，可画现金流量图，如图 5-14 所示。

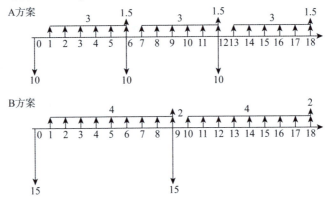

图 5-14　现金流量图

选择净现值指标评价互斥方案，有：

$$\text{NPV}_A = -10[1 + (P/F, 10\%, 6) + (P/F, 10\%, 12)] + 3(P/A, 10\%, 18) + 1.5[(P/F, 10\%, 6) + (P/F, 10\%, 12) + (P/F, 10\%, 18)]$$
$$= 7.37(万元) > 0$$

$$\text{NPV}_B = -15[1 + (P/F, 10\%, 9)] + 4(P/A, 10\%, 18) + 2[(P/F, 10\%, 9) + (P/F, 10\%, 18)]$$
$$= 12.65(万元) > 0$$

$\text{NPV}_A < \text{NPV}_B$，故选方案 B 为最优。

2. 年值法

年值法，是以"年"为时间单位比较各方案的经济效果。一个方案无论重复实施多少次，其年值是不变的，从而使寿命期不相等的互斥方案间具有可比性。故年值法更适用于评价具有不同寿命期的互斥方案，也是最为简便的一种方法。

【例 5-16】例 5-15 中互斥 A、B 两个方案，若 $i_0 = 10\%$。试问：用年值法应如何评价方案？

解：根据题意，选择净年值指标评价互斥方案 A、B，有

$$\text{NAV}_A = -10(A/P, 10\%, 6) + 3 + 1.5(A/F, 10\%, 6) = 0.9(万元) > 0$$
$$\text{NAV}_B = -15(A/P, 10\%, 9) + 4 + 2(A/F, 10\%, 9) = 1.54(万元) > 0$$

$\text{NAV}_A < \text{NAV}_B$，故方案 B 为最优。

3. 年值折现法——最大共同分析期

寿命期最小公倍数法，实质上是延长项目寿命期以达到现值可比要求，这通常被认为是合理的。但在某些情况下并不符合实际，如对于某些不可再生资源开发型项目，在进行计算期不等的互斥方案比选时，方案可重复实施的假定不再成立，这种情况下就不能用最小公倍数法确定计算期；有的时候最小公倍数法求得的计算期过长，甚至远远超过所需的项目寿命期或计算期的上限，这就降低了所计算方案经济效果指标的可靠性和真实性，故也不宜用最小公倍数法；还有技术进步往往使方案完全重复变得不经济，而且在实践中是完全不可能的。方案评价研究时，如果现实不能满足重复发生条件，又需要现值比选方案，此时可以使用年值折现法评价。

年值折现法，又称研究期法，即选择一段时间作为可比的共同分析期。共同分析期的选择没有特殊的规定，但一般以诸方案中寿命期最短的为最大共同分析期，进行现值计算、比选。年值折现法完全可以避免重复性假设，通过比较各个方案在该计算期内的现值对方案进行比选。

【例 5-17】 例 5-15 中互斥 A、B 两个方案，若 $i_0 = 10\%$。试问：用年值折现法应如何评价方案？

解： 根据题意，选择最大共同分析期 $\min\{6, 9\} = 6$ 年，用净现值指标评价互斥方案有

$$NPV_A = -10 + 3(P/A, 10\%, 6) + 1.5(P/F, 10\%, 6) = 3.91(万元) > 0$$

$$NPV_B = NAV_B(P/A, 10\%, 6) = [-15(A/P, 10\%, 9) + 4 + 2(A/F, 10\%, 9)](P/A, 10\%, 6)$$

$$= 6.71(万元) > 0$$

$NPV_A < NPV_B$，故方案 B 为最优。

四、资源限制条件下独立方案的经济评价

如果独立方案之间共享的资源是有限的，不能满足所有方案的需要，则在不超出资源限额的条件下，独立方案的选择有两种方法：一是方案组合法；二是效率指标排序法。

（一）方案组合法

方案组合法的原理是：列出独立可行方案所有可能的组合，并从中取出投资额不大于资金总额、经济效益最优的项目组合。其中每个组合方案代表一个由若干个项目组成的与其他组合相互排斥的方案，这样就可以用前述互斥方案的比选方法，选择最优的项目组合方案。

【例 5-18】 例 5-13 中，若 A、B、C、D 方案独立，$i_0 = 10\%$，可用于投资资金有 45 万元，应如何评价方案？

解： 根据题意，A、B、C、D 四个方案独立，在例 5-15 中可知，A、B、C 三个方案可行，在资源限制条件下（一般体现资金限制），形成互斥方案组合，转换成互斥方案评价。

一般 m 个独立可行的方案，能形成的互斥方案组合数为 $2^m - 1$ 个。

本题 4 个独立方案，3 个可行，形成的互斥方案组合数 $2^3 - 1 = 7$ 个，具体如表 5-9 所示。

表5-9 互斥方案组合表

方案	投资/万元	年净收益/万元	残值/万元	寿命/年	净现值/万元
A	10	3	1.5	6	3.91
B	15	4	2	6	3.55
C	25	10	2.5	6	19.68
A+B	25	7	3.5	6	7.46
A+C	35	13	4	6	23.59
B+C	40	14	4.5	6	23.23
A+B+C	50	17	6	6	27.14

表5-9中，由于方案A、B独立，所以形成的方案组合A+B在各时点现金流亦独立，即各时点现金流可直接代数运算，方案A+B的净现值等于方案A的净现值与方案B的净现值之和。

计算如下：

$NPV_A = -10+3(P/A, 10\%, 6)+1.5(P/F, 10\%, 6) = 3.91(万元) > 0$，可行；

$NPV_B = -15+4(P/A, 10\%, 6)+2(P/F, 10\%, 6) = 3.55(万元) > 0$，可行；

$NPV_{A+B} = -25+7(P/A, 10\%, 6)+3.5(P/F, 10\%, 6) = 7.46(万元) > 0$，可行。

其他方案组合的现金流和净现值求法相同，最后汇总在表5-9最右一列。

在7个互斥方案中，方案A+B+C由于投资需要50万元，大于现有资金45万元，所以排除掉。剩余满足资金限制条件的互斥方案，按照互斥方案评价方法进行评价，即选择净现值最大方案为优，即选择23.59万元所对应的方案A+C为最优方案。

值得注意的是，方案A+B+C虽然投资需要50万元，大于现有资金45万元，但不能最初就被排除，仍需参与初步对比，最终结合实际情况，判断是否需要融资，是否舍弃方案。

（二）净现值率排序法

净现值率排序法，就是在计算各方案净现值率的基础上，将大于或等于零的方案按净现值率大小排序，并按次序选取项目方案，直至所选取方案的投资总额最大限度地接近或等于投资限额为止。其基本思想就是单位投资的净现值越大，则在一定投资限额内所能获得的净现值总额就越大。

净现值率排序法的优点是计算简便。但是，由于投资项目的不可分性，净现值率排序法在许多情况下，不能保证现有资金的充分利用，不能达到净现值最大的目标。只有在各方案投资预算的比例很小时，它才能达到或者接近净现值最大的目标。

【例5-19】某公司年度投资预算为2 000万元，备选方案选优过程表如表5-10所示。试按净现值率作出方案选择。基准收益率为12%。

表5-10 备选方案选优过程表

方案	第0年投资/万元	1~10各年净收入/万元	净现值/万元	净现值率	排序
A	-160	38	54.7	0.34	1
B	-160	34	32.1	0.20	2
C	-240	50	42.5	0.18	3

续表

方案	第0年投资/万元	1~10各年净收入/万元	净现值/万元	净现值率	排序
D	−240	48	31.2	0.13	4
E	−200	40	26.0	0.13	4
F	−220	44	28.6	0.13	4
G	−300	56	16.4	0.05	5
H	−240	44	8.6	0.04	6
I	−200	36	3.4	0.02	7
J	−280	50	2.5	0.01	8

解： 按净现值率从大到小顺序选择方案且满足资金约束条件的方案为 A、B、C、D、E、F、G、H、I，所用资金总额为 1 960 万元。

本章小结

经济评价是通过计算评价对象的一系列经济指标来判断评价对象的优劣，经济评价的核心内容是经济效益的评价。经济评价的指标和方法可以按照不同的标准分类，若按计算时是否考虑资金的时间价值，评价指标可以分为静态评价指标和动态评价指标。在实际应用中，应根据投资项目评价标准的不同，选择不同的经济评价方法。一般来说，对于单个方案而言，主要计算静态或动态投资回收期、净现值、内部收益率、投资收益率等。对于多个方案的比较而言，如果计算期相同，可采用净现值法、净年值法、增量内部收益率法等；如果有明显的资金限制条件，可采用净现值率法；如果净现值或净年值相等，可用净现值率作为补充指标；如果计算期不相等，可以采用寿命期最小公倍数法、年值法、年值折现法；如果是效益相同或基本相同的方案比较，可只比较费用部分，费用最小的方案为最优方案。

关键名词

投资回收期　Payback Period　　　　投资收益率　Return on Investment
净现值　Net Present Value　　　　　净年值　Net Annual Value
净现值率　Net Present Value Rate　　内部收益率　Internal Rate of Return

思考题

1. 什么是静态评价指标？什么是动态评价指标？
2. 简述静态投资回收期的优缺点及其适用范围。
3. 什么是时间型评价指标？常见的时间型评价指标有哪些？各指标的概念、计算方法和判别准则是什么？

4. 什么是价值型评价指标？常见的价值型评价指标有哪些？各指标的概念、计算方法和判别准则是什么？

5. 什么是效率型评价指标？常见的效率型评价指标有哪些？各指标的概念、计算方法和判别准则是什么？

6. 内部收益率的经济含义是什么？它的适用范围和局限性是什么？

7. 项目备选方案有几种类型？分别应该如何评价？

本章练习题

1. 某项目现金流量表如表 5-11 所示 $(i = 10\%)$。

表 5-11 现金流量表

投资年限	0	1	2	3	4	5	6
净现金/万元	-50	-80	40	60	60	60	60

求静态投资回收期、动态投资回收期、净现值、净年值、净现值率、净现值指数。

2. 某企业购置一间临时仓库约需 8 000 元，但一经拆毁即无残值。假定每年仓储净收益为 1 260 元，问：

(1) 若使用 8 年，其 IRR 为多少？

(2) 如果行业基准收益率为 10%，则该仓库至少应使用多少年才值得投资？

3. 某企业做某项目，现有 A、B 两个方案可满足同样需求，现金流量表如表 5-12 所示，$i_0 = 10\%$。

表 5-12 现金流量表

方案	投资/万元	年经营成本/万元	残值/万元	寿命/年
A	10	4	1.5	6
B	15	3	2	9

试用寿命期最小公倍数法、年值法、年值折现法分别评价方案。

本章实训

一、实训目的

1. 掌握各类经济评价指标的计算方法。

2. 掌握各类经济方案的比选方法。

3. 锻炼收集与分析材料、团队合作、个人表达等能力。

二、实训内容

将班级学生分为六组，每组学生负责搜集整理小组项目各年现金流量数据，具体要求如表 5-13 所示。

可以通过书刊、报纸、网络等渠道收集案例信息，并通过视频、文字、图片等方式进行讲解，最终全班讨论各小组案例现金流数据合理性，在合理的基础上，计算项目各种评价指标。描述小组项目的现金流量构成，并填表 5-13。

表 5-13　小组实训作业

现金流量要素数值　　时点/年　　　　现金流量要素	0	1	2	3	4	5	…	n
1. 投资								
2. 销售收入								
3. 经营成本								
4. 残值								
净现金流量								

小组选取的评价指标：

时间型评价指标：_____

价值型评价指标：_____

效率型评价指标：_____

三、实训组织

1. 指导教师布置或学生自选实训项目，提示相关注意事项及要点。

2. 将班级学生划分为六组，小组成员可自由组合。小组人数划分视班级总人数而定，每组选出组长一名。

3. 以小组为单位，通过书刊、报纸、网络等渠道收集案例信息。对于收集的材料，小组内部先充分展开讨论，讨论时间长度可视情况而定，课堂讨论或课外讨论均可。选择最能反映本组项目的经济性评价指标，具体指标选取由本组成员自由决定。

4. 各小组在班级进行讲解，每组讲解时间以不超过 15 分钟为宜。

四、实训步骤

1. 指导教师布置任务，指出实训要点、难点和注意事项。

2. 讲解之前，小组发言代表对本组成员贡献或者角色进行介绍。讲解结束后，小组发言代表陈述本小组项目评价指标的评选情况。其间允许并鼓励其他同学提问，小组发言代表及该组成员有义务作出解答。

3. 由各组组长组成评审团，对各组讲解进行评分。其中，讲解内容自述为 30 分，小组发言代表语言表达及台风展现能力为 10 分，小组回答协作应变能力为 10 分。每个评审团成员分别给各组评分，取平均值作为该组的评审评分。

4. 教师进行最后总结及点评，并为各组实训结果打分。教师评分满分为 50 分。

5. 各组的评审评分加上教师的总结评分作为该组最终得分，对于得分最高的小组，适当进行鼓励或奖励。

第六章 技术方案的不确定性分析

引例

华强的停产

作为一个年产值22亿元、规模已连续11年居本行业全国之首的塑料袋生产企业，河南遂平华强塑胶有限公司(包括漯河华强塑胶有限公司，以下简称华强)在2008年2月突然停产结算，并宣布整体转让，2万多名员工离开了公司。昔日下班的时候，从厂里出来的工人把厂门口的十字路口堵得满满的，骑车的、走路的，像赶集一样，路上一溜推车子卖饭的，生意火得不得了。但如今，随着华强的停产，十字路口附近的诸多小吃摊不见了，大街上空荡荡的。

华强停产跟国家"限塑令"有关。2007年12月31日国务院办公厅下发了《国务院办公厅关于限制生产销售使用塑料购物袋的通知》，要求从2008年6月1日起，在全国范围内禁止生产、销售、使用厚度小于0.025毫米的塑料购物袋，而华强90%的产品都在国家限制之列，随着国家"限塑令"的临近，华强只有选择停产。

华强停产也受《中华人民共和国劳动合同法》实施的影响。华强属于劳动密集型企业，有员工2万多人，按照《中华人民共和国劳动合同法》规定，企业在与员工签订劳动合同后，将支付养老、医疗、失业等社会保障方面的费用，这些费用对于华强来说是一笔不小的数目。

除了上述提到的两个原因，还有一个，那就是生产塑料袋没有太多技术含量，有一套机器即可开工，这就导致很多家庭作坊式的企业产生，而它们给华强带来了销售冲击。

(资料来源：《全国最大塑料袋企业停产，河南两万名员工失业》，2008年2月27日《西安晚报》转载《河南商报》文章)

学习目标

知识点：

1. 了解投资风险的概念、特征及分类；了解不确定性产生的原因、不确定分析的概念及步骤；

2. 掌握一元线性盈亏平衡分析的概念、假设及应用；

3. 掌握敏感性分析的概念及应用；

4. 掌握概率分析的概念及应用；

5. 了解风险决策的条件、基本原则，掌握风险决策的方法。

重点：一元线性盈亏平衡分析、敏感性分析、概率分析。

难点：一元线性盈亏平衡分析、敏感性分析、概率分析的应用。

本章知识思维导图

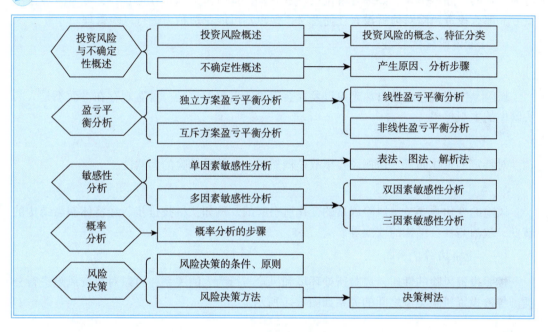

第一节 投资风险与不确定性概述

一、投资风险概述

(一)投资风险的概念

投资风险，是指相对于预期目标而言，投资的经济主体遭受损失的不确定性。

理解投资风险的概念应把握以下三要素：

1. 不确定性是风险存在的必要条件

风险和不确定性是两个不完全相同但又密切相关的概念。如果某种损失必定要发生或必定不会发生，人们可以提前计划或通过成本费用的方式予以明确，那么风险是不存在的。只有当人们对行为产生的未来结果无法事先准确预料时，风险才有可能存在。

2. 潜在损失是风险存在的充分条件

不确定性的存在并不一定意味着风险，因为风险是与潜在损失联系在一起的，即实际结果与目标发生的负偏离，包括没有达到预期目标的损失。例如，如果投资者的目标是基准收益率15%，而实际的内部收益率在20%～30%，虽然具体数值无法确定，但最低的收益率都高于目标收益率，绝无风险而言。如果这项投资的内部收益率在12%～18%，则它是一个有风险的投资，因为实际收益率有小于目标水平15%的可能性。

3. 经济主体是风险成立的基础

风险成立的基础是存在承担行为后果的经济主体(个人或组织)，即风险行为人必须是行为后果的实际承担人。如果有某位投资者对其投资后果不承担任何责任，或者只负盈不负亏，那么投资风险对他就没有任何意义，他也不可能花费精力进行风险管理。

(二)投资风险的特征

1. 客观性

风险是由客观存在的自然现象以及社会现象所引起的，是一种客观存在，而不是人的头脑中的主观想象。

2. 偶然性

对特定的个体而言，遭遇风险事故是偶然的，这就是风险的偶然性。

3. 可变性

风险的变化主要是由风险因素的变化所引起的。例如，科技进步、经济体制与结构的转变、政治与社会结构的改变等。

(三)投资风险的分类

按照投资风险的性质、风险所处环境和风险与行为人的关系，可以对投资风险进行分类。各种投资风险类型之间的关系如图6-1所示。

图6-1　各种投资风险类型的关系

1. 纯粹风险和投机风险

纯粹风险和投机风险，是根据风险性质划分的风险类型。

纯粹风险，是指那些只有损失可能而无获利机会的风险。即纯粹风险没有任何收益的可能，只有损失的可能。例如火灾或洪水对财产的破坏，以及由事故或疾病造成的意外伤亡。

投机风险，是指那些既有损失可能也有获利机会的风险。例如高新技术开发活动和证券投资活动往往包含投机风险。

2. 静态风险和动态风险

静态风险和动态风险，是根据风险所处环境划分的风险类型。

静态风险，是指社会经济处于稳定状态时，由于自然力的不规则作用或者由于人们的错误或失当行为而招致的风险。例如，由飓风、暴雨、地震、雹灾等随机事件造成的风险。又如，人的死亡、残疾、盗窃、欺诈等风险。此类风险大多是在社会经济处于稳定状态、未发生变化的条件下发生的，因此称为静态风险。

动态风险，是指由于社会经济的变化而产生的风险，通常由人们欲望的变化、生产方式和生产技术以及产业组织的变化等所引起的。例如，经济体制的改革、城市规划的改变、科技创新、新技术的运用、产业结构的调整、人们思想观念的转变、军事政变等。

静态风险和动态风险并不是各自独立的，较大的动态风险可能会提高某些类型的静态风险发生的可能性。例如，与天气状况有关的损失导致的不确定性，这种风险通常被认为是静态的。然而，越来越多的证据显示，日益加速的工业化造成的环境污染，可能正在影响全球的天气状况，从而提高了静态风险发生的可能性。

3. 主观风险和客观风险

主观风险和客观风险，是根据风险与行为人的关系划分的风险类型。

主观风险，本质上是心理上的不确定性，这种不确定性来源于行为人的思维状态和对行为后果的看法。客观风险与主观风险的最大区别在于它能更精确地被观察和测量。主观风险提供了一种方法去解释人们面临相同的客观风险，却得出不同的结论这一行为。因此，仅知道客观风险的程度是远远不够的，还必须了解一个人对风险的态度。

二、不确定性概述

（一）不确定性产生的原因

技术经济活动按其操作过程的不同，可以划分为两大类：一类是生产性投资，指导与维持和扩充企业现有生产能力有关的投资行为，如购置生产设备、兴建工厂等；另一类是金融性投资，主要包括股票、债券、票据等求偿权的投资，又称为证券投资。由于这两类投资在实际中所面临的变动因素有所不同，因此其投资风险也有所差别。本章将重点分析企业生产性投资的风险因素，即通常所说的不确定性分析涉及的问题。

一般来说，技术方案产生风险、不确定性的原因，可归纳为以下几个方面：

1. 通货膨胀和物价的变动

投入和产出的价格是影响投资项目经济效益的最基本因素。在任何一个国家，货币的价值都不是固定不变的，它通常是随着时间的增长而降低。而项目寿命期一般长达一二十年，投入产出价格不可能固定不变，投资者必然要承担物价上涨、货币贬值的风险。不但项目的工程造价不易确定，而且当项目的产品在今后市场上有激烈的竞争时，还可能引起销售价格的变动。因为在竞争的市场上，如果不降低销售价格，就可能影响产品销售量，也同样降低项目的经济效益。这样，通货膨胀和物价的变动，就直接影响到项目未来的技术经济效益。对这些因素不加考虑，就必然使评价人员预测到的未来情况与实际情况有出入，这是造成不确定性因素的主要原因。

2. 技术装备及生产工艺变革和项目经济寿命期的变动

在预测项目的收益水平时，许多指标都是以项目经济寿命期作为计算基础的，如净现值、内部收益率等。但随着科学技术的不断进步、生产工艺的不断变革，项目所采用的一些技术、设备很可能提前老化，从而使项目经济寿命期提前结束。同时，市场需求的转变，也可能使项目的产品生命周期提前结束，从而缩短项目经济寿命期。项目经济寿命期的缩短，无疑会减少项目的收益。

3. 生产能力和销售量的变动

在评价项目时，现行《建设项目经济评价方法与参数》(第三版)要求采用设计生产能力进行计算，而在实际生产中，达不到设计生产能力或超过设计生产能力是经常存在的。由于原材料、动力、生产用水的供应，运输设备的配套，对技术的掌握程度和管理水平高低等因素的影响，项目的生产能力有可能达不到设计能力，从而对项目的经济效益产生影响。如果项目投产后没有可靠的市场销路，那么也不能达到设计的生产能力，造成项目的半停工状态。如果建设项目的生产能力达不到预期水平，则产品的成本必然升高，销售收入必然下降，其他各种经济效益也就随之改变或达不到预期效果。这样也造成了项目未来的不确定性。

4. 建设资金和工期的变化

在进行项目可行性研究和评估的过程中，建设资金的估算与筹措对项目经济效益影响较大。目前，存在着过低估算建设资金的现象，以求项目获得国家或地方政府审批、通过并上线。建设资金估算偏低，投资安排不足，就必须延长建设工期，推迟投产时间，增加建设资金和利息；这样，当然就引起总投资增大，造成经营成本和各种收益的变化。同时，建设工期延长，在计算现金流量时，因为资金的折现系数逐年递减对项目的经济效益是十分不利的，因而，建设资金的估算或工期的变化，是项目评价时的不确定因素。

5. 国家经济政策、法规的变化

我国是发展中国家，正处于社会主义初级阶段。不合乎时宜的经济政策、法规要不断改革。随着国家经济形势的发展和需要，每个时期都必须有相应的政策，变化是不可避免的，这些变化，对进行项目可行性研究的评估人员来说是无法预测和不能控制的。因此，这些因素的变化，不仅是不确定因素的源泉，而且还可能给项目的建设带来很大的风险。

(二)不确定分析的概念

不确定性分析，是指为了提高技术方案经济效果评价的可靠性，避免技术方案投产后不能获得预期的收益，分析各种不确定性因素的变化对技术方案经济效果影响程度的方法。通常情况下，在对技术方案进行评价时，不仅要利用静态的预测数据来分析技术方案的经济效果，即开展确定性分析；还要考虑这些预测数据的动态变化对技术方案经济效果的影响，即开展不确定性分析，以评价技术方案抵御风险的能力。通过不确定性分析可识别出哪些不确定性因素对技术方案经济效果影响较大。如果在考虑到不确定性因素对技术方案的影响之后，其实际经济效果仍不低于预期效果，说明技术方案在经济上是可行的。反之，当考虑到不确定性因素对技术方案的影响之后，其实际经济效果低于预期效果，投资者可通过对这些不确定性因素展开有效的监督和控制，把其控制在可控的范围之内，来避免或减少不确定性因素对技术方案的不利影响，保障预期经济效果的实现。

(三)不确定性分析方法的类型与步骤

为评价不确定性因素对技术方案经济效果的影响，通常采用盈亏平衡分析、敏感性分析、概率分析等分析方法，如图6-2所示。

图6-2 不确定性分析常用方法

不确定性分析方法的一般步骤如下：

1. 鉴别主要不确定性因素

影响技术方案的不确定性因素有许多，但不同因素在不同的投资活动中不确定性程度及其对投资方案的影响程度是不同的。因此，在开始分析时，首先要从各个变量及其相关诸因素中，找出不确定程度较大的关键变量或因素，这些变量和因素是不确定性分析的重点。在投资项目的不确定性分析中，主要的不确定性因素有销售收入、生产成本、投资支出和建设工期等。引起它们变化的原因一般为：物品价格上涨，工艺技术改变导致产品数量和质量发生变化，设计能力达不到，投资超出计划，建设期延长等。

2. 估计不确定性因素的边界值或变化范围

进行技术方案初步分析时，需要找出主要的不确定性因素，估计其边界值或变化范围，为此可先进行盈亏平衡分析。

3. 进行敏感性分析

对不确定性因素进行敏感性分析，找出方案的敏感性因素，分析其对投资项目的影响程度。

4. 进行概率分析

分析各种不确定性因素发生的可能性大小，了解项目盈利和亏损的概率。

不确定性分析就是在项目经济评价（财务评价和国民经济评价）的基础上，用估计的不确定因素调整预测的结果，尽量弄清和减少不确定性因素对经济效益评价的影响，提高投资决策的科学性和可靠性。

第二节　盈亏平衡分析

一、盈亏平衡分析概述

(一)盈亏平衡分析的概念

盈亏平衡分析，又称为量本利分析，是指通过分析产品产量、成本和盈利之间的关系，找出技术方案盈利和亏损的产量、单价和成本等方面的临界点，以判断不确定性因素对技术方案经济效果的影响程度，说明技术方案实施的风险大小。盈亏平衡分析的核心问题是确定盈亏平衡点(Benefit Equilibrium Point，BEP)，而确定盈亏平衡点则需要构建盈亏平衡模型。盈亏平衡模型是指技术方案处于盈亏平衡临界状态时其产销量、成本及利润三者之间的函数关系。盈亏平衡分析实质为量、本、利分析。

(二)盈亏平衡分析的基本假设

盈亏平衡分析的开展是建立在以下几个基本假设基础上的：

(1)所采用的数据是投资方案在正常年份内所达到设计生产能力时的数据，这里不考虑资金的时间价值及其他因素。

(2)产品品种结构稳定，否则随着产品品种结构变化，收益和成本会相应变化，从而使盈亏平衡点处于不断变化之中，难以开展盈亏平衡分析。

(3)在盈亏平衡分析中，假定产量等于销售量，即产销平衡。

(三)盈亏平衡分析的分类

1. 线性盈亏平衡分析

总成本、销售收入与产量成线性关系。

假设：产量=销量；

产量变化时，假设单位成本不变，变动成本与产量成线性关系；

产量变化时，假设销售价格不变，销售收入与产量成线性关系。

2. 非线性盈亏平衡分析

总成本、销售收入与产量成非线性关系。

(四)盈亏平衡分析的优缺点

盈亏平衡分析的优点有四个：①对高度敏感的产量、售价、成本和利润等因素进行分析，有助于确定技术方案的各项经济指标，了解技术方案可能承担风险的程度；②有助于确定技术方案的合理生产规模；③可以用于对设备不同(生产能力不同)、工艺流程不同的方案进行选择；④可用于多个互斥方案的优选以及具有多个不确定性因素的多个互斥方案的比较和分析。

盈亏平衡分析的缺点有两个：①它是建立在产量等于销售量的基础上，即产品能全部销售完而无积压；②它所用的一些数据是以类似工厂正常生产年份的历史数据修正得出的，其精确度是不高的。因此，盈亏平衡分析法最适用于现有技术方案的短期分析。因为方案是一个长期的过程，所以用盈亏平衡分析法很难得到一个全面的概念。尽管盈亏平衡分析有上述缺点，但由于它计算简单和可直接对技术方案的关键因素(营利性)进行分析，因此，至今它仍作为技术方案不确定性分析的方法之一而被广泛采用。

二、独立方案盈亏平衡分析

(一)线性盈亏平衡分析

1. 一元线性盈亏平衡分析的假设条件

(1)产量等于销售量。

(2)产品成本已准确分为固定成本和变动成本，固定成本不变；产品设计稳定、生产条件成熟，单位可变成本与产量成正比变化。

(3)产量变化，销售单价不变，从而销售收入是销售量的线性函数。

(4)只生产单一产品，或生产多种产品，但可以换算为单一产品计算，也可简称为产品组合不变。

2. 盈亏平衡点的确定

(1)盈亏平衡点的产量。

盈亏平衡点有多种表达方式，最常采用的方式是从销售收入等于总成本中计算出盈亏平衡时对应的产量。

设企业总成本费用可分为固定成本与变动成本两部分，变动成本与产量成线性关系：

$$总成本=固定成本+单位变动成本×产量$$

$$C=F+C_v \cdot Q \tag{6-1}$$

式中：C——总成本；

F——固定成本；

C_v——单位产量变动成本；

Q——产量。

设企业产品的销售价格为P，销售收入与销量成线性关系：

$$销售收入=单价×销量$$

$$R=P \cdot Q \tag{6-2}$$

式中：R——销售收入；

P——单位产品价格；

Q——产品销量。

则：

$$企业利润=销售收入-总成本$$

$$=单价×销量-（单位变动成本×产量+固定成本）$$

当产量等于销量时：

$$利润=（单价-单位变动成本）×产量-固定成本$$

$$G=(P-C_V)Q-F \tag{6-3}$$

式中：G——利润。

当销售收入等于总成本时，企业该项目利润等于零，即在盈亏平衡点有：

$$Q^* = \frac{F}{P - C_V} \tag{6-4}$$

式中：Q^*——盈亏平衡点产量。

将式(6-1)、式(6-2)和式(6-3)表示在同一坐标图上，就可以得出一元线性盈亏平衡分析，如图6-3所示。

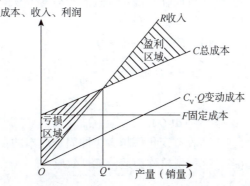

图6-3 一元线性盈亏平衡图

图 6-2 中，总成本 C 与收入 R 的交叉点为盈亏平衡点，此点上二者相等。盈亏平衡点的横坐标 Q^* 为盈亏平衡点产量，纵坐标为盈亏平衡点产量的销售收入和盈亏平衡点产量的总成本，盈亏平衡点左侧阴影区域为亏损区域，右侧为盈利区域。现实中需要明确：盈亏平衡点（BEP）越低、盈亏平衡点向左移动、盈亏平衡点产量 Q^* 缩小，可以使得盈利区域变大、亏损区域变小，项目的风险越小，盈利机会越大。项目选择时，应优先选择 BEP 较低的项目，并不断探求其实现途径。

一般可以让盈亏平衡点低、盈亏平衡点向左移动、盈亏平衡点产量 Q^* 缩小的途径有四种：

第一种，$P\uparrow$，R 线越陡，BEP 离原点越近，盈利的可能性越大；

第二种，$C_V\downarrow$，C 线越缓，BEP 离原点越近，盈利的可能性越大；

第三种，$F\downarrow$，C 线越缓，BEP 离原点越近，盈利的可能性越大；

第四种，$S\downarrow$，C 线越缓，BEP 离原点越近，盈利的可能性越大。

第二种、第三种简单说就是节约成本，无论是固定成本还是单位变动成本，这也是很多项目一直致力于研究的问题。第一种是提高价格，可以试想，什么样的产品或服务，可以选择提高价格？提高价格是否具有竞争力？第四种中 S 代表固定成本占总成本的百分比，S 变化的趋势来自下面推理：

设总成本为 C，固定成本占总成本费用的比例为 S，则固定成本：

$$F = C \cdot S \tag{6-5}$$

单位变动成本：

$$C_V = \frac{C \cdot (1-S)}{Q_0} \tag{6-6}$$

式中，Q_0 代表设计产能或计划产能盈亏平衡点产量。

$$Q^* = \frac{C \cdot S}{P - \dfrac{C \cdot (1-S)}{Q_0}} = \frac{C \cdot Q_0}{\dfrac{1}{S}(P \cdot Q_0 - C) + C} \tag{6-7}$$

盈亏平衡点单位变动成本：

$$C_V^* = P - \frac{C \cdot S}{Q_0} \tag{6-8}$$

由式（6-7）可以看出，S 与 Q^* 同向变化。由式（6-8）可以看出，S 与 C_V^* 反向变化。S 越大，Q^* 越大，C_V^* 越小，则项目面临不确定因素的变动发生亏损的可能性越大。

若年净收益为 NB，则：

$$\begin{aligned} NB &= P \cdot Q - F - C_v \cdot Q \\ &= P \cdot Q - C \cdot S - \frac{C \cdot (1-S)}{Q_0}Q \end{aligned} \tag{6-9}$$

$$\frac{d(NB)}{d(Q)} = P - \frac{C \cdot (1-S)}{Q_0}$$

当 Q 变化时，S 越大，年净收益变化率越大，即固定成本的存在扩大了项目的经营风险，F 越大，扩大风险越强，这种现象称为运营杠杆效应。

（2）盈亏平衡点的单价。

由式（6-3）可知，当 $G=0$ 时，有：

$$P^* = C_V + \frac{F}{Q_0} \qquad (6-10)$$

式(6-10)代表按照目前的固定成本(厂房、设备等)、现能达到的单位变动成本(人工、技术水平等)、项目设计或计划的产能，产品价格不赢不亏的数值。此不赢不亏的价格作为决策临界点，当市场价格高于盈亏平衡点的单价，项目可以进行；当市场价格低于盈亏平衡点的单价，项目不可行，生产即亏损。企业可以寻找解决对策，降低盈亏平衡点的单价。

(3)盈亏平衡点的单位变动成本。

由式(6-3)可知，当 $G=0$ 时，有：

$$C_V^* = P - \frac{F}{Q_0} \qquad (6-11)$$

式(6-11)代表按照目前的固定成本(厂房、设备等)、现在的市场价格、项目设计或计划的产能，单位变动成本不赢不亏的数值。此不赢不亏的单位变动成本作为决策临界点，当现能达到的单位变动成本(人工、技术水平等)低于盈亏平衡点的单位变动成本，项目可以进行；当现能达到的单位变动成本(人工、技术水平等)高于盈亏平衡点的单位变动成本，项目不可行，生产即亏损。企业可以寻找解决对策，降低现在能达到的单位变动成本。

(4)盈亏平衡点的固定成本。

由式(6-3)可知，当 $G=0$ 时，有：

$$F^* = (P - C_V) Q_0 \qquad (6-12)$$

式(6-12)代表按照目前的市场价格、现能达到的单位变动成本(人工、技术水平等)、项目设计或计划的产能，固定成本不赢不亏的数值。此不赢不亏固定成本作为决策临界点，当目前的固定成本(厂房、设备等)低于盈亏平衡点的固定成本，项目可以进行；当目前的固定成本(厂房、设备等)高于盈亏平衡点的固定成本，项目不可行，生产即亏损。企业可以寻找解决对策，降低目前的固定成本。

【例6-1】某化工项目设计生产能力为生产某种产品 3 万件，单位产品售价为 3 000 元，其中固定成本 3 000 万元，变动成本与产品产量成正比例关系，单位变动成本为 1 600 元，求以产量、单价、单位变动成本、固定成本表示的盈亏平衡点，并分析各指标允许变动的范围。

解： 由式(6-4)、式(6-10)、式(6-11)和式(6-12)可得

盈亏平衡点的产量 $Q^* = \dfrac{F}{P - C_V} = \dfrac{3\ 000}{3\ 000 - 1\ 600} \approx 2.14$(万件)

一般用 $\eta = \dfrac{Q^*}{Q_0}$ 代表项目的生产能力利用率，本题代入可得：

生产能力利用率 $\eta = \dfrac{Q^*}{Q_0} = \dfrac{2.14}{3} \times 100\% \approx 71.33\%$

$1 - \eta = 1 - 71.33\% = 28.67\%$

代表产量或销量允许变动幅度：减少不超过 28.67%。

盈亏平衡点的价格 $P^* = C_V + \dfrac{F}{Q_0} = 1\ 600 + \dfrac{3\ 000}{3} = 2\ 600$(元/件)

$$1-\frac{P^*}{P}=1-\frac{2\,600}{3\,000}=1-86.67\%=13.33\%$$

代表单价允许变动的幅度：降价不超过 13.33%。

盈亏平衡点的单位变动成本 $C_V^*=P-\dfrac{F}{Q_0}=3\,000-\dfrac{3\,000}{3}=2\,000$（元/件）

$$\frac{C_V^*}{C_V}-1=\frac{2\,000}{1\,600}-1=125\%-1=25\%$$

代表单位变动成本允许变动的幅度：增加不超过 25%。

盈亏平衡点的固定成本 $F^*=(P-C_V)Q_0=(3\,000-1\,600)\times3=4\,200$（万元）

$$\frac{F^*}{F}-1=\frac{4\,200}{3\,000}-1=140\%-1=40\%$$

代表固定成本允许变动的幅度：增加不超过 40%。

（二）非线性盈亏平衡分析

实际工作中，常常会遇到产品的成本与产量不成线性关系，产品的销售价格会受市场供求变化和批量大小的影响，因而销售收入与产量也不成线性关系，此时就需要采用非线性盈亏平衡分析。例如，当产品数量很多以致供大于求时，必须采用薄利多销策略，给顾客以价格优惠，表现为产品价格的降低，此时销售收入曲线斜率随产销量增大而变小。成本与产量也并非一成不变，产量不同所采用的加工工具和加工方法也有所不同，从而导致原材料和工时消耗不同，单位可变成本发生变化；当产量超过一定生产能力范围时，就要增加设备和管理人员等才能保证生产的正常进行，这样固定成本也要相应增大。

确定非线性平衡点的基本原理与线性平衡点相同，但由于盈亏平衡点有可能不唯一，需判断各区间的盈亏情况。销售收入、产品总成本与产量的非线性函数通常可表示为 $R=R(Q)$，$C=C(Q)$，则利润 $G(Q)=R(Q)-C(Q)$，通过计算 $\dfrac{\mathrm{d}^2(G)}{\mathrm{d}(Q)^2}$，判断是否存在极值，再令 $\dfrac{\mathrm{d}(G)}{\mathrm{d}(Q)}=0$，求出最值。

非线性盈亏平衡如图 6-4 所示。

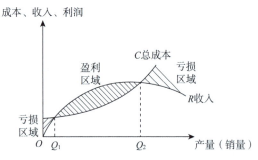

图 6-4　非线性盈亏平衡

【例 6-2】某项目预计建成投产后所生产的产品售价为 55 元/件，年固定成本为 66 000 元，可变成本为 28 元/件，考虑到随产量的扩大原材料利用率提高、采购费用节约、劳动工时下降等因素，其产品可变成本会随产量增加而递减 0.001 元/件，产品价格也会随产

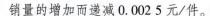

销量的增加而递减 0.002 5 元/件。

试求：

(1)非线性盈亏平衡点；

(2)最大利润的产销量和利润额。

解：

(1)单位产品可变成本：$C_V = 28 - 0.001Q$

总成本：$C(Q) = F + C_V Q = 66\,000 + (28 - 0.001Q)Q = 66\,000 + 28Q - 0.001Q^2$

单位产品售价：$P = 55 - 0.002\,5Q$

销售收入：$R(Q) = PQ = (55 - 0.002\,5Q)Q = 55Q - 0.002\,5Q^2$

产品销售收入等于总成本时的销量，即非线性盈亏平衡点可通过计算式 $R(Q) = C(Q)$ 获得，即：

$$0.0015Q^2 - 27Q + 66\,000 = 0$$

解此一元二次方程可得：

$Q_1^* = 291\,7($件/年$)$

$Q_2^{\,*} = 150\,83($件/年$)$

(2)产品的利润：$G(Q) = R(Q) - C(Q) = 55Q - 0.002\,5Q^2 - 66\,000 - 28Q + 0.001Q^2$

$$= -0.0015Q^2 + 27Q - 66\,000$$

计算 $\dfrac{d^2(G)}{d(Q)^2} = -0.003 < 0$，说明产品利润 $G(Q)$ 存在极大值。

再令 $\dfrac{d(G)}{d(Q)} = -0.003Q + 27 = 0$，可计算出最大利润产销量为：

$Q_G^* = 27/0.003 = 9\,000($件$)$

当最大利润产销量为 9 000 件时，最大利润为：

$G_{max} = -0.0015Q^2 + 27Q - 66\,000$

$= -0.0015 \times 9\,000^2 + 27 \times 9\,000 - 66\,000 = 55\,500($元$)$

三、互斥方案盈亏平衡分析

当不确定性因素同时对两个以上方案，比如对于互斥方案的经济效果产生不同的影响程度时，可以通过盈亏平衡分析方法，实现互斥方案在不确定条件下的比选，有时也称之为优劣平衡法。

设两个互斥方案的经济效果都受到某一不确定性因素 x 的影响，可把这两个方案的经济效果指标表示为 x 的函数：

$$E_1 = f_1(x) \tag{6-13}$$

$$E_2 = f_2(x) \tag{6-14}$$

式中，E_1 和 E_2 分别为方案 1 和方案 2 的经济效果指标。当两个方案的经济效果相同时，则有：

$$f_1(x) = f_2(x) \tag{6-15}$$

解出式(6-15)成立的 x 值，就可得出两个方案的盈亏平衡点，也就决定了这两个方案优劣的临界点。结合对不确定性因素 x 未来取值的预测，便可作出相应的决策。

【例6-3】生产某种产品有三种工艺方案，采用方案1，年固定成本800万元，单位产品变动成本为10元；采用方案2，年固定成本500万元，单位产品变动成本为20元；采用方案3，年固定成本300万元，单位产品变动成本为30元。分析各种方案适用的生产规模。

解： 各方案总成本均可表示为产量Q（单位：万件）的函数，则

$$C_1 = 800 + 10Q$$

$$C_2 = 500 + 20Q$$

$$C_3 = 300 + 30Q$$

各方案的年总成本曲线如图6-5所示。

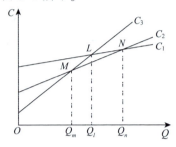

图6-5　各方案总成本曲线

图6-5中，M是C_2、C_3的交点，N是C_1、C_2的交点，L是C_1、C_3的交点，对应的产量分别为Q_m、Q_n、Q_l。

当$Q<Q_m$时，方案3年总成本最低；

当$Q>Q_n$时，方案1年总成本最低；

当$Q_m<Q<Q_n$时，方案2年总成本最低。

当$Q=Q_m$时，即$C_2=C_3$，则有：

$$500 + 20Q = 300 + 30Q$$

$$Q_m = 20（万件）$$

当$Q=Q_n$，即$C_1=C_2$，则有：

$$800 + 10Q = 500 + 20Q$$

$$Q_n = 30（万件）$$

结论：当$Q<20$万件时，应采用方案3；当$Q>30$万件时，应采用方案1；当$20<Q<30$万件时，应采用方案2。

【例6-4】某企业生产两种产品分别是X与Y，可以采用三种设备A、B、C进行生产，三种设备可视为三个互斥方案，其每月生产成本如表6-1所示。

表6-1　每月生产成本

设备	固定成本/万元	单位可变成本/元	
		X	Y
A	20 000	7	11
B	30 000	3	11
C	70 000	3	5

产品X的单价为12元，Y的单价为16元。假如产品X与Y的月销售量是个不确定性因素，试问应如何选择生产设备？

解： 采用盈亏平衡分析方法比选互斥方案。设 x 与 y 分别是产品 X 与 Y 的月销售量，各设备生产产品的平均每月盈利分别为 G_A、G_B、G_C。

根据利润 $= \sum$（单价 – 单位变动成本）$\times$ 产量 – 固定成本，有：

$$G_A = (12-7)x + (16-11)y - 20\,000$$
$$G_B = (12-3)x + (16-11)y - 30\,000$$
$$G_C = (12-3)x + (16-5)y - 70\,000$$

三个方案分别进行两两比较，当方案盈亏平衡时，即两方案设备生产产品的月平均盈利相等，可以求得两方案的盈亏平衡方程：

$$G_A = G_B，\quad G_B = G_C，\quad G_A = G_C$$

将 G_A、G_B、G_C 的函数关系式代入并简化，可得：

$$\begin{cases} x = 2\,500 \\ y = 6\,667 \\ 4x + 6y = 50\,000 \end{cases}$$

根据上述方程绘制如图 6-6 所示的优劣平衡图，图中分为三个区域。

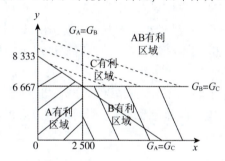

图 6-6 优劣平衡图

A 有利区域指的是：当不确定性因素 x 与 y 落在该区域时，$G_A > G_B$，$G_A > G_C$，采用 A 设备最优。

B 有利区域指的是：当不确定性因素 x 与 y 落在该区域时，$G_B > G_C$，$G_B > G_A$，采用 B 设备最优。

C 有利区域指的是：当不确定性因素 x 与 y 落在该区域时，$G_C > G_A$，$G_C > G_B$，采用 C 设备最优。因此，对不同的销售量 x 与 y，按照图 6-6 所示有利区域选择设备即可。

【例 6-5】 某企业生产某种产品有两种方案：A 方案，初始投资 20 万元，预期加工每件产品成本 8 元；B 方案，初始投资 30 万元，预期加工每件产品成本 6 元。该项目寿命期为 8 年，如果 $i_0 = 10\%$，该产品产量具有不确定性，不考虑期末残值，试根据产量分析方案取舍的临界点。

解： 设产品年产量为 X 万件；

$$PC_A = 20 + 8X(P/A，10\%，8)$$
$$PC_B = 30 + 6X(P/A，10\%，8)$$

当 $PC_A = PC_B$ 时，$X = 0.937$ 万件

故当年产量小于 0.937 万件时，选用 A 方案；

当年产量大于 0.937 万件时，选用 B 方案。

第三节　敏感性分析

一、敏感性分析概述

(一)敏感性分析概念

敏感性分析，是通过测定一个或多个不确定因素的变化所导致的决策评价指标的变化幅度，了解各种因素的变化对实现目标的影响程度，从而对外部条件发生不利变化时投资方案的承受能力作出判断。

(二)敏感性分析的目的

敏感性分析的目的主要有以下几个方面：

(1)把握不确定因素在什么范围内变化技术方案的经济效果最好，在什么范围内变化效果最差，以便对不确定因素实施控制。

(2)区分敏感性大的方案和敏感性小的方案，以便选出敏感性小的，即风险小的方案。

(3)找出敏感性大的因素，向决策者提出是否需要进一步搜集资料进行研究，以提高经济分析的可靠性。

(4)通过对方案实施后可能出现的多种情况的分析，进一步寻找替代方案，或者对原方案采取某些有效的控制措施，以确定最现实、最可靠的方案组合。

(三)敏感性分析的分类

按照每次所考虑的变动因素的数目不同，敏感性分析分为单因素敏感性分析和多因素敏感性分析。单因素敏感性分析是假定只有一个不确定性因素发生变化，其他因素不变，这样每次就可以分析出这个因素的变化对方案经济效果评价指标的影响程度。如果某因素在较大的范围内变化时，引起方案经济效果评价指标的变化幅度并不大，则称其为非敏感性因素；如果某因素在很小范围内变化时就会引起方案经济效果评价指标发生很大的变化，则称其为敏感性因素。多因素敏感性分析是考察多个因素同时变化对投资方案的影响程度，通过分析可以判断投资方案对不确定性因素的承受能力，从而对投资方案风险的大小进行估计，为投资决策提供依据。通过敏感性分析，决策者可以掌握各个因素对方案经济效果评价指标的重要程度，在对因素变化进行预测、判断的基础上，对方案的经济效果进行进一步的判断，或在实际执行中对敏感性因素加以控制，减少投资方案的风险。

(四)感性分析的步骤

1. 确定进行敏感性分析的经济评价指标

衡量技术方案经济效果的指标较多，敏感性分析一般只对几个重要的指标进行分析，如财务净现值、财务内部收益率、投资回收期等。由于敏感性分析是在确定性经济评价的基础上进行的，故选为敏感性分析的指标应与经济评价所采用的指标一致。

2. 选定需要分析的不确定因素

不确定因素主要有产品产量(生产负荷)、产品售价、主要资源价格(原材料、燃料或

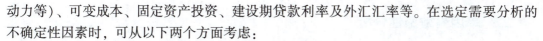

动力等)、可变成本、固定资产投资、建设期贷款利率及外汇汇率等。在选定需要分析的不确定性因素时，可从以下两个方面考虑：

(1)选择的因素要与确定的分析指标相联系。否则，当不确定性因素变化一定幅度时，并不能反映评价指标的相应变化，达不到敏感性分析的目的。例如折现率因素对静态评价指标不起作用。

(2)根据方案的具体情况，选择在确定性分析中采用的预测准确性把握不大的数据或未来变化的可能性较大，且其变化会比较强烈地影响评价指标的数据，作为主要的不确定性因素。例如，高档消费品的销售受市场供求关系变化的影响较大，而这种变化不是方案本身所能控制的，因此销售量是主要的不确定性因素。生活必需品如果处于成熟阶段，则产品售价直接影响其竞争力，能否以较低的价格销售，主要取决于方案的可变成本，因此就需要将可变成本作为主要的不确定性因素加以分析。对高耗能产品而言，燃料和动力等价格因素是能源短缺地区投资方案或能源价格变动较大方案的主要不确定性因素。

3. 计算因不确定因素变动引起的评价指标的变动值

一般就所选定的不确定因素，设若干级变动幅度(通常用变化率表示)，然后计算与每级变动相对应的经济评价指标值，建立一一对应的数量关系，并用敏感性分析图或敏感性分析表的形式表示。

4. 确定敏感性因素

确定敏感性因素的方法有以下三种：

(1)相对测定法。又称变动幅度测定法，是通过比较确定不确定性因素。在给定同样变动幅度下，能使经济效果评价指标发生较大变化的因素为敏感性因素。一般将结果以图或表的形式表示出对应的数量关系，通过对图中曲线斜率或表中因素变动率的分析来确定敏感性因素。

(2)绝对值测定法。又称悲观值测定法，假设各不确定性因素均向对方案不利的方向变动，并取其有可能出现的对方案最不利的数值(悲观值)，据此计算方案的济效果评价指标，看其是否达到使方案变得无法接受的程度。若某因素可能出现的最不利数值会使方案变得不可接受，则表明该因素是该方案的敏感性因素。方案能否接受的判断依据是各经济效果指标能否达到临界值。例如，使用净现值指标要看净现值是否大于或等于0，而使用内部收益率指标则要看其是否达到基准收益率。绝对值测定法可变通为下面的临界值测定法。

(3)临界值测定法。先设定有关经济效果分析指标为其临界值，如令净现值为0或令内部收益率等于基准收益率，然后求待分析的不确定性因素的最大允许变动幅度，并与其可能出现的最大变动幅度相比，若某因素可能出现的变动幅度超过最大允许变动幅度，则说明该不确定性因素是敏感性因素。

(4)综合评价，优选方案。根据敏感性因素对方案经济效果评价指标的影响程度及敏感性因素的多少，判断方案风险的大小，并结合确定性分析的结果作进一步的综合判断，寻找对主要不确定性因素变化不敏感的方案，进一步为投资决策提供可靠的依据。

二、单因素敏感性分析

(一)单因素敏感性分析概念

单因素敏感性分析，是就单个不确定因素的变动对方案经济效果的影响所作的分析。即在计算某个因素的变动对经济效果指标的影响时，假定其他因素均不变。

(二)单因素敏感性分析的步骤

(1)选择需要分析的不确定因素，并设定这些因素的变动范围。

(2)确定分析指标。

(3)计算各不确定因素在可能的范围内发生不同幅度变动所导致的方案经济效果指标的变动结果，建立起一一对应的数量关系，并用图或表的形式表示出来。

(4)确定敏感性因素，对方案的风险情况作出判断。

(三)单因素敏感性分析方法

1. 表法

表法，属于相对测定法之一，主要计算对应的数量关系并填表，通过对表中因素变动率的分析来确定敏感性因素。

2. 图法

图法，属于相对测定法之一，主要计算对应的数量关系并画出变动率曲线，通过对图中因素变动率的斜率分析来确定敏感性因素。

3. 解析法

解析法，属于绝对值测定法和临界值测定法的应用。解析法是先求出各不确定因素变动对应经济效果，如令净现值为 0，然后求待分析的不确定性因素的最大允许变动幅度。通过对各最大幅度的变化绝对范围的分析，确定敏感性因素。

【例 6-6】有一个生产城市用小型电动汽车的投资方案，用于确定性经济分析的现金流量表如表 6-2 所示。所采用的数据是根据对未来最可能出现的情况估算的。由于对未来影响经济环境的某些因素把握不大，可知投资额、经营成本和产品价格均有可能在 ±20% 的范围内变动。设基准折现率为 10%，不考虑所得税。

试分别就上述三个不确定因素用表法、图法、解析法分别作敏感性分析。

表 6-2　现金流量表　　　　　　　　　　　单位：万元

0 年	2~11 年	2~11 年	11 年
投资	销售收入	经营成本	残值
−15 000	19 800	15 200	2 000

解：

$$NPV = -15\ 000 + (19\ 800 - 15\ 200)(P/A,\ 10\%,\ 10)(P/F,\ 10\%,\ 10) + 2\ 000(P/F,$$
$$10\%,\ 11)$$
$$= 11\ 394(万元)$$

设投资变动百分比为 X，经营成本变动百分比为 Y，产品价格变动百分比为 Z，则：

$$\begin{aligned}
\text{NPV}_X &= -15\,000(1+X)+(19\,800-15\,200)(P/A,\,10\%,\,10)(P/F,\,10\%,\,10)+2\,000 \\
&\quad (P/F,\,10\%,\,11) \\
&= 11\,394-15\,000X \tag{6-16}
\end{aligned}$$

$$\begin{aligned}
\text{NPV}_Y &= -15\,000+[19\,800-15\,200(1+Y)](P/A,\,10\%,\,10)(P/F,\,10\%,\,10)+2\,000 \\
&\quad (P/F,\,10\%,\,11) \\
&= 11\,394-84\,900Y \tag{6-17}
\end{aligned}$$

$$\begin{aligned}
\text{NPV}_Z &= -15\,000+[19\,800(1+Z)-15\,200](P/A,\,10\%,\,10)(P/F,\,10\%,\,10)+2\,000 \\
&\quad (P/F,\,10\%,\,11) \\
&= 11\,394-110\,593Z \tag{6-18}
\end{aligned}$$

用三种方法分析：

第一种：表法

把 X、Y、Z 的变动率 ±20%、±15%、±10%、±5% 分别代入式(6-16)、式(6-17)、式(6-18)，汇总得表6-3。

表6-3　不确定因素变动对净现值指标的影响　　　　　　　单位：万元

净现值　变动率 不确定因素	−20%	−15%	−10%	−5%	0	5%	10%	15%	20%
投资	14 394	13 644	12 894	12 144	11 394	10 644	9 894	9 144	8 394
经营成本	28 374	24 129	19 884	15 639	11 394	7 149	2 904	−1 341	−5 586
产品价格	−10 725	−5 195	335	5 864	11 394	16 924	22 453	27 983	33 513

从表6-3中数据可以看出，各不确定因素变动使净现值指标值变动。可以选择一定变动幅度进行对比，例如选择变动范围0~20%，可以对比看出：

投资变化从0~20%，净现值的变化绝对值：$|11\,394-8\,394|=3\,000$；

经营成本变化从0~20%，净现值的变化绝对值：$|11\,394-(-5\,586)|=16\,980$；

产品价格变化从0~20%，净现值的变化绝对值：$|11\,394-33\,513|=22\,119$。

由 22 119>16 980>3 000 可知，各不确定因素的敏感性从大到小的顺序为：产品价格、经营成本、投资额。

第二种：图法

由式(6-16)、式(6-17)、式(6-18)可得如下函数关系：

$\text{NPV}_X=11\,394-15\,000X$，斜率 $K_X=-15\,000$

$\text{NPV}_Y=11\,394-84\,900Y$，斜率 $K_Y=-84\,900$

$\text{NPV}_Z=11\,394+110\,593Z$，斜率 $K_Z=110\,593$

根据函数可以绘出敏感性分析图，如图6-7所示。从图6-7可以看出，斜率绝对值从大到小的顺序为：110 593>$|-84\,900|>|-15\,000|$，可知各不确定因素的敏感性从大到小的顺序为：产品价格、经营成本、投资额。

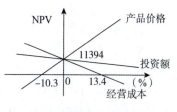

图6-7　敏感性分析图

第三种：解析法

分别计算 NPV=0 时，X、Y、Z 的临界值。

令 $NPV_X = 11\,394 - 15\,000X = 0$，$X \approx 75.96\%$

令 $NPV_Y = 11\,394 - 84\,900Y = 0$，$Y \approx 13.42\%$

令 $NPV_Z = 11\,394 + 110\,593Z = 0$，$Z \approx -10.35\%$

所以，如果经营成本、产品价格不变，投资额增加 75.96% 以上，方案不可接受。

如果投资额、产品价格不变，经营成本高于预期 13.42% 以上，方案不可接受。

如果投资额、经营成本不变，产品价格低于预期 10.35% 以上，方案不可接受。

从变化百分比绝对值从大到小的顺序为：75.96% > 13.42% > |-10.35%|，可知各不确定因素的敏感性从大到小的顺序为：产品价格、经营成本、投资额。

从上述三种方法可以看出，判断各不确定因素敏感性三种方法结果相同，侧重点不同。现实中可以根据需要选择相应的方法评价。

三、多因素敏感性分析

单因素敏感性分析是假定其他因素不变，只考虑一个因素变动对经济评价指标的影响。通常情况下，经常会出现多个变动因素共同作用对方案产生影响，此时则需要开展多因素的敏感性分析。在开展多因素敏感性分析的过程中，选择因素指标必须把握两个原则：①选择在单因素敏感性分析中敏感程度强或由以往经验判定对目标实现影响程度强的指标；②选择投资者难以控制的因素指标，这些指标往往来自外部市场，而不是来自方案内部。下面将以实例方式对双因素敏感性分析和三因素敏感性分析进行说明。

(一)双因素敏感性分析

1. 双因素敏感性分析的概念

双因素敏感性分析，是考察两个不确定因素同时变动对方案经济效果的影响所作的分析。

2. 双因素敏感性分析的步骤

(1)确定分析指标，写出基本方案的指标表达式。

(2)选定不确定因素，设定不确定因素的变动百分比。

例：设 X 为期初投资额的变动百分比，Y 为销售收入的变动百分比。

(3)写出两因素同时变化时的技术经济效果指标表达式。

(4)令 $NPV = 0$，导出 $Y = a + bX$ 的方程。

(5)画图，表示出技术经济效果指标的可行域和不可行域。

【例6-7】在例6-6中，试同时考虑投资额、经营成本的变动，做双因素敏感性分析。

解：设投资额变动百分比为 X，经营成本变动百分比为 Y，同时考虑投资额、经营成本的变动，则有：

$$NPV_{X,Y} = -15\,000(1+X) + [19\,800 - 15\,200(1+Y)](P/A,\ 10\%,\ 10)(P/F,\ 10\%,\ 10) + 2\,000(P/F,\ 10\%,\ 11)$$

$$= 11\,394 - 15\,000X - 84\,900Y$$

令 $NPV_{X,Y} = 0$，则有 $11\,394 - 15\,000X - 84\,900Y = 0$

$Y = -0.1767X + 0.1342$

在直角坐标系绘制 $Y = -0.1767X + 0.1342$，并描出 X、Y 的变动范围区域，如图6-8所示。

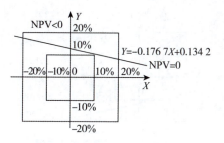

图 6-8　双因素敏感性分析图

按投资额、经营成本同时变动百分比的区间分别分析 NPV 的可行域。

当投资额和经营成本在 $-10\%\sim10\%$ 变动时，NPV>0，可行。当投资额和经营成本在 $-20\%\sim-10\%$ 及 $10\%\sim20\%$ 变动时，若在直线 $Y=-0.176\ 7X+0.134\ 2$ 左下方，NPV>0，可行；若在直线 $Y=-0.176\ 7X+0.134\ 2$ 右上方，NPV<0，不可行。

（二）三因素敏感性分析

1. 三因素敏感性分析的概念

三因素敏感性分析，是考察三个不确定因素同时变动对方案经济效果的影响所作的分析。

2. 三因素敏感性分析的步骤

(1)确定分析指标，写出基本方案的指标表达式。

(2)选定不确定因素，设定不确定因素的变动百分比。

例：设 X 为期初投资额的变动百分比，Y 为销售收入的变动百分比，Z 为经营成本的变动百分比。

(3)写出三因素同时变化时的技术经济效果指标表达式。

(4)令 Z 分别等于变动的百分比，求出 NPV$=0$ 时 $Y=a+bX$ 的方程。

(5)画图，表示出技术经济效果指标的可行域和不可行域。

【例6-8】在例6-6中，试同时考虑投资额、经营成本和产品价格的变动，做三因素敏感性分析。

解：设投资变动百分比为 X，经营成本变动百分比为 Y，产品价格变动百分比为 Z，则有

$$\begin{aligned}\mathrm{NPV}_{X,Y,Z}&=-15\ 000(1+X)+[19\ 800(1+Z)-15\ 200(1+Y)](P/A,\ 10\%,\ 10)(P/F,\\ &\quad10\%,\ 10)+2\ 000(P/F,\ 10\%,\ 11)\\ &=11\ 394-15\ 000X-84\ 900Y+110\ 593Z\end{aligned}$$

取不同的产品价格变动百分比代入上式，可以求出一组 $\mathrm{NPV}_{X,Y}=0$ 的临界线方程：

当 $Z=20\%$ 时，$Y=-0.176\ 7X+0.394\ 7$

当 $Z=10\%$ 时，$Y=-0.176\ 7X+0.264\ 5$

当 $Z=-10\%$ 时，$Y=-0.176\ 7X+0.003\ 9$

当 $Z=-20\%$ 时，$Y=-0.176\ 7X-0.126\ 3$

在直角坐标系绘制 Z 取不同值时的方程曲线，并描出 X、Y 的变动范围区域，如图6-9所示。

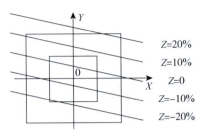

图 6-9　三因素敏感性分析图

按投资额、经营成本、产品价格同时变动百分比的区间分别分析 NPV 的可行域。

当 $Z=20\%$ 时，$Y=-0.176\ 7X+0.394\ 7$，当投资额和经营成本在 $-20\%\sim20\%$ 变动时，都可行。

当 $Z=10\%$ 时，$Y=-0.1767X+0.264\ 5$，当投资额和经营成本在 $-10\%\sim10\%$ 变动时，NPV>0，可行；当投资额和经营成本在 $-20\%\sim-10\%$ 和 $10\%\sim20\%$ 变动时，在直线 $Y=-0.176\ 7X+0.264\ 5$ 左下方可行，右上方不可行。

当 $Z=0$ 时，$Y=-0.176\ 7X+0.134\ 2$，当投资额和经营成本在 $-20\%\sim20\%$ 变动时，在直线 $Y=-0.176\ 7X+0.134\ 2$ 左下方可行，右上方不可行。

当 $Z=-10\%$ 时，$Y=-0.176\ 7X+0.003\ 9$，当投资额和经营成本在 $-20\%\sim20\%$ 变动时，在直线 $-0.176\ 7X+0.003\ 9$ 左下方可行，右上方不可行。

当 $Z=-20\%$ 时，$Y=-0.176\ 7X-0.126\ 3$，当投资额和经营成本在 $-20\%\sim20\%$ 变动时，在直线 $Y=-0.176\ 7X-0.126\ 3$ 左下方可行，右上方不可行。

第四节　概率分析

尽管多因素敏感性分析能够反映多个不确定性因素同时变动对技术方案经济评价指标的影响，但并未指出各不确定性因素变动的可能性大小，可以采用概率分析对多因素敏感性分析的不足加以弥补。

一、概率分析概述

概率分析，是通过研究各种不确定因素发生不同幅度变动的概率分布及其对方案经济效果的影响，对方案的净现金流量及经济效果指标作出某种概率描述，从而对方案的风险情况作出比较准确的判断。

概率分析的关键是确定不确定性因素发生变动的可能性，即概率值。概率分析中主要应用主观先验概率，它带有一定的主观判断性。概率分析结果的可靠性，在一定程度上取决于对每个变量概率值判断的正确性。因此必须邀请有丰富经验、掌握专门理论知识及从事专门研究的专家及机构作出判断和估计。一般对大型重要骨干项目，在经济评价时可根据项目的特点和实际需要，在有条件时进行概率分析。

二、随机现金流的概率描述

严格来讲，影响方案经济效果的大多数因素（如投资额、成本、销售量、产品价格、项目寿命期等)都是随机变量,而投资方案的现金流量序列是由这些因素的取值决定的,因此方案的现金流量序列也是随机变量,称为随机现金流。

随机现金流的期望值可表示为:

$$E(y_t) = \sum_{j=1}^{m} y_t^{(j)} \cdot P_j \tag{6-19}$$

随机现金流的方差可表示为:

$$D(y_t) = \sum_{j=1}^{m} \left[y_t^{(j)} - E(y_t) \right]^2 \cdot P \tag{6-20}$$

待评价方案净现值可表示为:

$$NPV = \sum_{t=0}^{n} y_t (1 + i_0)^{-t} \tag{6-21}$$

方案净现值的期望值可表示为:

$$E(NPV) = \sum_{t=0}^{n} E(y_t) \cdot (1 + i_0)^{-t} \tag{6-22}$$

方案净现值的方差可表示为:

$$D(NPV) = \sum_{t=0}^{n} D(y_t) \cdot (1 + i_0)^{-2t} \tag{6-23}$$

如果考虑随机现金流之间的相关关系,方案净现值的方差可表示为:

$$D(NPV) = \sum_{t=0}^{n} D(y_t) \cdot (1 + i_0)^{-2t} + 2 \sum_{\tau=0}^{n-1} \sum_{\theta=1}^{n} \frac{Cov(y_\tau y_\theta)}{(1 + i_0)^{\tau+\theta}} \tag{6-24}$$

式中:y_τ,y_θ 分别是第 τ 期和第 θ 期的相关现金流量;$Cov(y_\tau y_\theta)$ 是 y_τ,y_θ 的协方差。

三、概率分析的步骤

(1)列出要考虑的各种风险因素,如投资额、经营成本、销售价格等;需要注意的是,所选取的几个不确定因素应是互相独立的。

(2)设想各种风险因素可能发生的状态,即确定其数值发生变化的个数。

(3)分别确定各种状态可能出现的概率,并使可能发生状态的概率之和等于1。

(4)分别求出各种风险因素发生变化时,方案净现金流量各状态发生的概率和相应状态下的净现值 NPV_j。

(5)求方案净现值的期望值 $E(NPV)$ 和方差 $D(NPV)$。

(6)投资方案风险估计及评价。

求出方案净现值大于等于零的概率或者净现值在某一区域的概率或者净现值大于某一数值的概率等,并对概率分析结果作说明。比如净现值大于等于零的概率值,该概率值越接近1,说明技术方案的风险越小;反之,方案的风险越大。

【例6-9】影响某新产品生产项目未来现金流量的主要不确定因素是产品市场前景和原材料价格水平。据分析,项目面临三种可能的产品市场状态(畅销、销路一般、滞销,分别记作 θ_{m1},θ_{m2},θ_{m3})和三种可能的原材料价格水平状态(高价位、中价位、低价位,分别记作 θ_{r1},θ_{r2},θ_{r3})。产品市场状态与原材料价格水平状态之间是相互独立的。各种产品市场状态和原材料价格水平状态的发生量概率如表6-4所示。可能的状态组合共有9种,各种状态组合及其对应的项目方案净现金流量如表6-5所示。基准折现率 $i_0 = 12\%$。

表 6-4　不确定因素状态及其发生概率

产品市场状态	θ_{m1}	θ_{m2}	θ_{m3}
发生概率	$P_{m1}=0.2$	$P_{m2}=0.6$	$P_{m3}=0.2$
原材料价格水平	θ_{r1}	θ_{r2}	θ_{r3}
发生概率	$P_{r1}=0.4$	$P_{r2}=0.4$	$P_{r3}=0.2$

表 6-5　各种状态组合的净现金流量及发生概率

序号	状态组合	发生概率	净现金流量/万元 0 年	1~5 年	$NPV^{(j)}(i_0=12\%)$
1	$\theta_{m1}\cap\theta_{r1}$	0.08	-1 000	390	405.86
2	$\theta_{m1}\cap\theta_{r2}$	0.08	-1 000	450	622.15
3	$\theta_{m1}\cap\theta_{r3}$	0.04	-1 000	510	838.44
4	$\theta_{m2}\cap\theta_{r1}$	0.24	-1 000	310	117.48
5	$\theta_{m2}\cap\theta_{r2}$	0.24	-1 000	350	261.67
6	$\theta_{m2}\cap\theta_{r3}$	0.12	-1 000	390	405.86
7	$\theta_{m3}\cap\theta_{r1}$	0.08	-1 000	230	-170.90
8	$\theta_{m3}\cap\theta_{r2}$	0.08	-1 000	250	-98.81
9	$\theta_{m3}\cap\theta_{r3}$	0.04	-1 000	270	-26.71

试计算：

（1）方案净现值的期望值与方差；

（2）净现值大于等于 0 的概率；

（3）净现值小于-100 万元的概率；

（4）净现值大于等于 500 万元的概率。

解：

（1）由式(6-21)、式(6-22)可得方案净现值的期望值为：

$$E(NPV)=\sum_{j=1}^{9}NPV^{(j)}\times P_j=232.83（万元）$$

由式(6-23)可得方案净现值的方差为：

$$D(NPV)=\sum_{j=1}^{9}\left[NPV^{(j)}-232.83\right]^2\times P_j=60\ 710.07（万元）$$

方案净现值的标准差为：

$$\sigma(NPV)=\sqrt{D(NPV)}=\sqrt{60\ 710.07}=246.39（万元）。$$

（2）由正态分布函数性质可得：

$$P(NPV\geq0)=1-P(NPV<0)=1-P\left(Z<\frac{0-232.83}{246.39}\right)=P\left(Z<\frac{232.83}{246.39}\right)=0.8276$$

故净现值大于等于 0 的概率为 0.8276。

（3）$P(NPV<-100)=P\left(Z<\frac{-100-232.83}{246.39}\right)=P\left(Z<\frac{-332.83}{246.39}\right)=1-P(Z<1.351)$

$$=0.088\ 5$$

故净现值小于-100万元的概率为0.088 5。

（4）$P(\text{NPV} \geq 500) = 1 - P(\text{NPV} < 500) = 1 - P(Z < \dfrac{500 - 232.83}{246.39}) = 1 - P(Z < 1.084)$

$$= 0.139\ 2$$

故净现值大于等于500万元的概率为0.1392。

第五节　风险决策

一、风险决策的条件

（1）存在着决策人希望达到的目标（如收益最大或损失最小）。

（2）存在着两个或两个以上的方案可供选择。

（3）存在着两个或两个以上不以决策者的主观意志为转移的自然状态（如不同的市场条件或其他经营条件）。

（4）可以计算出不同方案在不同自然状态下的损益值（损益值指对损失或收益的度量结果，在经济决策中即为经济效果指标）。

（5）在可能出现的不同自然状态中，决策者不能肯定未来将出现哪种状态，但能确定每种状态出现的概率。

二、风险决策的原则

要解决风险决策问题，首先要确定风险决策的原则，通常采用的风险决策原则有五种：

（一）优势原则

在A与B两个备选方案中，如果不论在什么状态下A总是优于B，则可以认定A相对于B是优势方案，或者说B相对于A是劣势方案。劣势方案一旦认定，就应从备选方案中剔除，这就是风险决策的优势原则。在有两个以上备选方案的情况下，应用优势原则一般不能决定最佳方案，但能减少备选方案的数目，缩小决策范围。在采用其他决策原则进行方案比选之前，应首先运用优势原则剔除劣势方案。

（二）期望值原则

期望值原则是指根据各备选方案损益值的期望值大小进行决策，如果损益值用费用表示，应选择期望值最小的方案，如果损益值用收益表示，则应选择期望值最大的方案。

（三）最小方差原则

由于方差越大，实际发生的方案损益值偏离其期望值的可能性越大，从而方案的风险也越大，所以有时人们倾向于选择损益值方差较小的方案，这就是最小方差原则。在备选方案期望值相同或收益期望值大（费用期望值小）的方案损益值方差小的情况下，期望值原则与最小方差原则没有矛盾，最小方差原则无疑是一种有效的决策原则。但是，在许多情况下，期望值原则与最小方差原则并不具有一致性。

对于在按照期望值原则与最小方差原则选择结论不一致的情况下如何权衡的问题，目前还没有找到广泛接受的解决办法，这是因为不同的投资者对于风险大小的判断是不一样的。投资者对风险的判断及态度一方面取决于决策者本人的胆略与冒险精神，另一方面取决于投资主体对风险的承受能力。一般来说，风险承受能力较强的投资者倾向于按期望值原则进行决策，而风险承受能力较弱的投资者则宁可按最小方差原则选择期望收益不太高但更安全的方案。

（四）最大可能原则

在风险决策中，如果一种状态发生的概率显著大于其他状态，那么就把这种状态视作肯定状态，根据这种状态下各方案损益值的大小进行决策，而置其余状态于不顾，这就是最大可能原则。按照最大可能原则进行风险决策，实际上是把风险决策问题化为确定性决策问题求解。

值得指出的是，只有当某一状态发生的概率大大高于其他状态发生的概率，并且各方案在不同状态下的损益值差别不是很悬殊时，最大可能原则才是适用的。

（五）满意原则

对于比较复杂的风险决策问题，人们往往难以发现最佳方案，因而采用一种比较现实的决策原则——满意原则，即定出一个足够满意的目标值，将各备选方案在不同状态下的损益值与此目标值相比较，损益值优于或等于此满意目标值的概率最大的方案即为当选方案。

三、风险决策方法

常用的风险决策方法有矩阵法和决策树法，这两种方法采用的决策原则都是期望值原则。本书着重介绍决策树法。

（一）决策树概述

风险决策问题可以利用一种树形决策网络描述与求解，称决策树法。决策树由不同的节点与分枝组成。符号"□"表示的节点称决策点，从决策点引出的每一分枝表示一个可供选择的方案；符号"O"表示的节点称状态点，从状态点引出的每一分枝表示一种可能发生的状态。每一状态分枝末端标记数值为相应的损益值。根据各种状态发生的概率与相应的损益值分别计算每一方案的损益期望值，并将其标在相应的状态点上，就可以直观地判断出应该选择哪个方案。

（二）决策树法一般步骤

（1）列出要考虑的各种风险因素，如投资额、经营成本、销售价格等。

（2）设想各种风险因素可能发生的状态，即确定其数值发生变化的个数。

（3）分别确定各种状态可能出现的概率，并使可能发生状态的概率之和等于1。

（4）绘制决策树，并分别求出各种风险因素发生变化时，方案净现金流量各状态发生的概率和相应状态下的净现值。

（5）求方案净现值的期望值（均值）；

（6）对概率分析结果作出说明。

（三）决策树法的应用

决策树法在应用过程中，初步评价项目时，可以用静态分析法，后期评价可用动态分析法。下面用例6-10讲解具体应用过程。

【例6-10】某计算机公司拟生产一种新研制的微型计算机，根据技术预测与市场预测，该产品可行销10年，有三种可能的市场前景：

θ_1——10年内销路一直很好，发生的概率为 $P(\theta_1)=0.6$；

θ_2——10年内销路一直不好，发生的概率为 $P(\theta_2)=0.3$；

θ_3——前2年销路好，后8年销路不好，发生的概率为 $P(\theta_3)=0.1$。

公司目前需要作出的决策是建一个大厂还是建一个小厂：如果建大厂，需投资400万元，建成后无论产品销路如何，10年内将维持原规模；如果建小厂，需投资150万元，2年后还可根据市场情况再作是扩建还是不扩建的新决策，如果扩建小厂需再投资300万元。不同情况下每年的净收益如表6-6所示，设基准折现率 $i=10\%$，试求决策结果。

表6-6　不同情况下每年的净收益　　　　　　　　　　　单位：万元

方案	年份 市场前景 年净收益	θ_1		θ_2		θ_3	
		1~2年	3~10年	1~2年	3~10年	1~2年	3~10年
建大厂		100	100	50	50	100	60
建小厂	两年后扩建	30	80	—	—	30	50
	两年后不扩建	30	30	18	18	30	18

解： 根据题意可以绘制决策树，如图6-10所示。

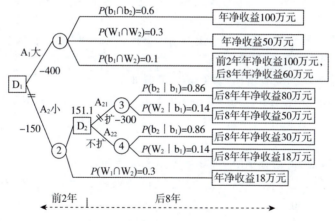

图6-10　决策树

在图6-10所示的决策树上有两个决策点：D_1 为一级决策点，表示目前所要作的决策，备选方案有两个，A_1 表示建大厂，A_2 表示建小厂；D_2 为二级决策点，表示在目前建小厂的前提下两年后所要作的决策，备选方案也有两个，A_{21} 表示扩建，A_{22} 表示不扩建。

三种市场前景可以看作是四个独立事件的组合，这四个独立事件是：前2年销路好（记作 b_1）；后8年销路好（记作 b_2）；前2年销路不好（记作 W_1）；后8年销路不好（记作 W_2）。决策树上各种状态的发生概率可以计算。

已知：10年内销路一直很好的概率：

$P(b_1 \cap b_2) = P(\theta_1) = 0.6$

10年内销路一直不好的概率：

$P(W_1 \cap W_2) = P(\theta_2) = 0.3$

前2年销路好，后8年销路不好的概率：

$P(b_1 \cap W_2) = P(\theta_3) = 0.1$

则前2年销路好的概率：

$P(b_1) = P(b_1 \cap b_2) + P(b_1 \cap W_2) = 0.7$

在前2年销路好的条件下，后8年销路好的概率：

$$P(b_2 \mid b_1) = \frac{P(b_1 \cdot b_2)}{P(b_1)} = \frac{0.6}{0.7} = 0.86$$

在前2年销路好的条件下，后8年销路不好的概率：

$$P(W_2 \mid b_1) = \frac{P(b_1 \cdot W_2)}{P(b_1)} = \frac{0.1}{0.7} = 0.14$$

利用决策树进行多阶段风险决策要从最末一级决策点开始，在本例中要先计算第二级决策点各备选方案净现值的期望值。

扩建方案净现值的期望值(以第二年末为基准年)：

$E(NPV)_{21} = 80(P/A, 10\%, 8) \times 0.86 + 50(P/A, 10\%, 8) \times 0.14 - 300 = 104.4(万元)$

不扩建方案净现值的期望值(以第二年末为基准年)：

$E(NPV)_{22} = 30(P/A, 10\%, 8) \times 0.86 + 18(P/A, 10\%, 8) \times 0.14 = 151.1(万元)$

$E(NPV)_{21} < E(NPV)_{22}$，根据期望值原则，在第二级决策点应选择不扩建方案(如果两方案净现值的期望值相等，可按方差原则进行选择)。此时进行剪枝，把扩建方案用双斜线划掉。

用不扩建方案净现值的期望值 $E(NPV)_{22}$ 代替第二级决策点 D_2，继续计算第一级决策点 D_1 各备选方案净现值的期望值。

建大厂方案净现值的期望值(以第0年末为基准年)：

$E(NPV)_1 = 100(P/A, 10\%, 10) \times 0.6 + 50(P/A, 10\%, 10) \times 0.3 + [100(P/A, 10\%, 2) + 60(P/A, 10\%, 8)(P/F, 10\%, 2)] \times 0.1 - 400$

$\qquad = 104.6(万元)$

建小厂方案净现值的期望值(以第0年末为基准年)：

$E(NPV)_2 = [151.1(P/F, 10\%, 2) + 30(P/A, 10\%, 2)] \times 0.7 + 18(P/A, 10\%, 10) \times 0.3 - 150$

$\qquad = 7(万元)$

$E(NPV)_1$ 与 $E(NPV)_2$ 均大于零，由于 $E(NPV)_1 > E(NPV)_2$，故在第一级决策点 D_1 应选择建大厂方案。此时进行剪枝，把建小厂方案用双斜线划掉。

本章小结

不确定性分析是对项目投资、企业生产、经营过程中各种事前无法控制的外部因素变化与影响所进行的估计和研究。通过不确定性分析可以了解不确定性因素对技术方案经济效益的影响，为投资方提供投资决策依据，以避免项目投资失败。

本章从不确定性分析概述、盈亏平衡分析、敏感性分析、概率分析和风险决策五个方面进行介绍。其中，不确定性分析概述涉及不确定性分析的概念、不确定性产生的原因及其分析方法等内容。盈亏平衡分析涉及盈亏平衡分析概述、独立方案盈亏平衡分析和互斥方案盈亏平衡分析等内容。敏感性分析主要包括单因素敏感性分析和多因素敏感性分析，能够分析各种不确定性因素在一定幅度内变化时，对技术方案经济效果的影响程度。概率分析涉及概率分析的概念、方法、步骤及其应用等内容。风险决策，包括风险决策条件、原则和方法等内容。

关键名词

盈亏平衡分析　Break-Even Analysis　　敏感性分析　Sensitivity Analysis

概率分析　Probability Analysis　　　　风险决策　Risk Decision

思考题

1. 简述投资风险的分类。
2. 试述一元线性盈亏平衡分析的假设条件。
3. 盈亏平衡状态常用哪几个参数表达？
4. 哪些因素变化会影响盈亏平衡点的位置？
5. 什么是敏感性分析？为什么要进行敏感性分析？
6. 简述概率分析的步骤。
7. 风险决策的条件包括哪些？
8. 简述风险决策的原则。

本章练习题

1. 某企业只生产一种产品，单价 2 元，单位变动成本 1.20 元，预计明年固定成本为 4 万元，产销量计划达到 10 万件。试求盈亏平衡点各参数。

2. 加工某种产品有两种备选设备，若选用设备 A，则需要初始投资 20 万元，加工每件产品的费用为 8 元。若选用设备 B，则需要初始投资 30 万元，加工每件产品的费用为 6 元。假定任何一年的设备残值均为零，试回答下列问题：

(1)若设备使用年限为 8 年，基准收益率为 12%，年产量为多少时选用设备 A 比较有利？

(2)若设备使用年限为 8 年，年产量为 13 000 件，基准收益率在什么范围内选用设备 A 比较有利？

(3)若年产量为 15 000 件，基准收益率为 12%，设备使用年限多长时选用设备 A 比较有利？

3. 某工厂拟安装一种自动装置，据估计每台装置的初始投资为 1 000 元，该装置安装后可使用 10 年，每年可节省生产费用 300 元，设基准折现率为 10%，试作如下分析：

（1）分别就初始投资和生产费用节省额变动 ±5%、±10%、±15%、±20%，及使用年限变动 ±10%、±20%，对该方案的净现值作单因素敏感性分析，画出敏感性分析图，指出敏感性因素。

（2）就初始投资与生产费用节省额两个变量对方案净现值作双因素敏感性分析，指出方案的可行区域。

（3）就初始投资、生产费用节省额与使用年限等三个变量对方案净现值作三因素敏感性分析。

4. 已知某工业投资方案各年净现金的期望值与标准差（如表 6-7 所示），假定各年的随机现金流量之间互不相关，基准折现率为 12%，求下列概率，并对方案的风险大小作出判断。

（1）净现值大于或等于零的概率；

（2）净现值小于 -50 万元的概率；

（3）净现值大于 500 万元的概率。

表 6-7　净现金的期望值与标准差

投资年限	0	1	2	3	4	5
净现金期望值/万元	-900	500	500	500	500	500
净现金标准差/万元	300	300	350	400	450	500

  计算题拓展练习

本章实训

一、实训目的

1. 掌握投资风险的类型。

2. 掌握项目不确定性分析方法。

3. 锻炼收集与分析材料、团队合作、个人表达等能力。

二、实训内容

将班级学生分为六组，每组学生在上一章小组项目确定性分析的基础上，分别运用盈亏平衡分析、敏感性分析、概率分析作进一步的不确定性分析。小组分工搜集整理小组项目要素数据，可以通过书刊、报纸、网络等渠道收集相关信息，并通过视频、文字、图片等方式进行讲解，最终全班讨论各小组项目不确定分析的合理性。

三、实训组织

1. 指导教师布置或学生自选实训项目，提示相关注意事项及要点。

2. 将班级学生划分为六组，小组成员可自由组合。小组人数划分视班级总人数而定，每组选出组长一名。

3. 以小组为单位，通过书刊、报纸、网络等渠道收集案例信息。对于收集的材料，小组内部先充分展开讨论。讨论时间长度可视情况而定，课堂讨论或课外讨论均可。选择前期不确定性因素，做不确定性分析，具体指标及数值由本组成员自由决定。

4. 各小组在班级进行讲解，每组讲解时间以不超过 15 分钟为宜。

四、实训步骤

1. 指导教师布置任务，指出实训要点、难点和注意事项。

2. 讲解之前，小组发言代表对本组成员贡献或者角色进行介绍。讲解结束后，小组发言代表陈述本小组项目不确定因素的选取和分析。其间允许并鼓励其他同学提问，小组发言代表及该组成员有义务作出解答。

3. 由各组组长组成评审团，对各组讲解进行评分。其中，讲解内容自述为 30 分，小组发言代表语言表达及台风展现能力为 10 分，小组回答协作应变能力为 10 分。每个评审团成员分别给各组评分，取平均值作为该组的评审评分。

4. 教师进行最后总结及点评，并为各组实训结果打分。教师评分满分为 50 分。

5. 各组的评审评分加上教师的总结评分作为该组最终得分，对于得分最高的小组，适当进行鼓励或奖励。

第七章　设备更新的技术经济分析

 引例

国家发展改革委等 9 部门联合印发《关于统筹节能降碳和回收利用加快重点领域产品设备更新改造的指导意见》。

 中华人民共和国中央人民政府
www.gov.cn

首页 ｜ 繁体 ｜ 英文EN ｜ 登录 ｜

国家发展改革委等9部门联合印发《关于统筹节能降碳和回收利用 加快重点领域产品设备更新改造的指导意见》

2023-02-25 14:09　来源：发展改革委网站　　　　　　　　　　字号：默认 大 超大　｜　打印 🖨　｜

近日，国家发展改革委联合工业和信息化部、财政部、住房城乡建设部、商务部、人民银行、国务院国资委、市场监管总局、国家能源局等部门印发《关于统筹节能降碳和回收利用 加快重点领域产品设备更新改造的指导意见》（发改环资〔2023〕178号，以下简称《指导意见》）。

《指导意见》指出，产品设备广泛应用于生产生活各个领域，统筹节能降碳和回收利用，加快重点领域产品设备更新改造，对加快构建新发展格局、畅通国内大循环、扩大有效投资和消费、积极稳妥推进碳达峰碳中和具有重要意义。

《指导意见》强调，要以习近平新时代中国特色社会主义思想为指导，全面贯彻落实党的二十大精神，完整、准确、全面贯彻新发展理念，加快构建新发展格局，着力推动高质量发展，加快发展方式绿色转型，逐步分类推进重点领域产品设备更新改造，加快构建废弃物循环利用体系，实现生产、使用、更新、淘汰、回收利用产业链循环。

《指导意见》明确了到2025年、2030年的工作目标，提出要以节能降碳为重要导向，坚持"聚焦重点、稳步推进，合理定标、分类推进，节约集约、畅通循环，市场导向、综合施策"的工作原则，协同推进产品设备更新改造和回收利用，加大资金和政策支持力度，完善能效和淘汰标准，加强先进适用技术研发应用，加强监督管理，推动形成绿色低碳的生产方式和生活方式，为实现碳达峰碳中和目标提供有力支撑。

《指导意见》首批聚焦锅炉、电机、电力变压器、制冷、照明、家用电器等6类产品设备，配套印发了更新改造和回收利用实施指南（2023年版），进一步细化任务举措，加强对地方和有关行业企业的工作指导，推动相关政策落实落地。

154

学习目标

知识点：

1. 掌握设备有形磨损的概念、度量方法；

2. 掌握设备无形磨损的概念和度量方法；

3. 掌握设备综合磨损的概念和度量方法；

4. 掌握设备磨损的补偿方式；

5. 掌握设备寿命的不同含义；

6. 理解设备更新的概念，掌握经济寿命的计算方法；

7. 掌握设备大修理的概念和经济界限；

8. 掌握设备租赁与购买方案的比选方法。

重点：设备磨损及其补偿、设备更新的决策、设备租赁的比选。

难点：设备经济寿命的计算、设备补偿方式的决策。

本章知识思维导图

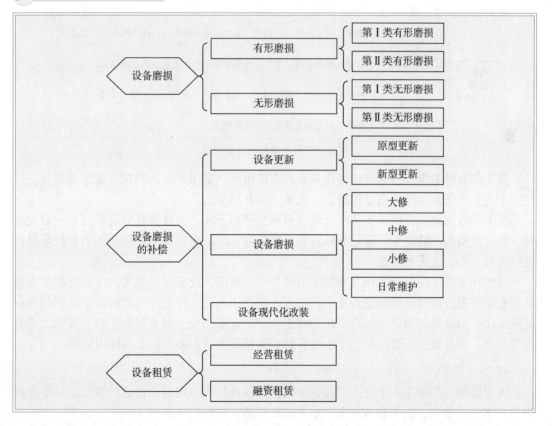

第一节　设备的磨损及寿命

一、设备磨损

(一)设备磨损的形式

设备更新源于设备磨损。一般情况下，设备在使用一定时期之后，就会出现磨损、陈旧、破损甚至报废，即使设备处于闲置状态，也会发生磨损。企业为了保持生产的正常进行，就必须对磨损设备进行补偿，以恢复设备的生产能力。

设备在使用或闲置过程中，由于物理作用、化学作用，或者技术进步的影响，继续使用设备不能维持良好性能和取得预期效果，或根本不能再使用，或虽可以使用但经济上已经不合理，说明设备遭受耗损或损坏，称为设备磨损。依据磨损对设备作用形式的不同，设备磨损可以分为有形磨损和无形磨损两种。

1. 有形磨损

有形磨损，指机器设备在使用(或闲置)过程中所发生的实体的磨损，亦称物质磨损。有形磨损的表现形式如图 7-1 所示。

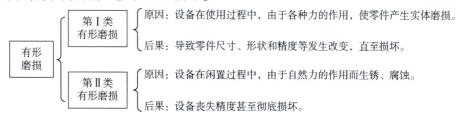

图 7-1　有形磨损的表现形式

第Ⅰ类有形磨损，指运转中的设备在外力作用下，实体产生的磨损、变形和损坏。产生第Ⅰ类有形磨损的原因有摩擦磨损、机械磨损和热损伤。

第Ⅰ类有形磨损可使设备精度降低，劳动生产率下降。当这种有形磨损达到一定程度时，整个设备的功能就会下降，导致设备故障频发、废品率升高、使用费剧增，甚至难以继续正常工作，丧失使用价值。

自然环境的作用是造成设备有形磨损的另一个原因，设备因自然力产生的磨损称为第Ⅱ类有形磨损。这种磨损与设备在生产过程中的使用无关，甚至在一定程度上还同使用程度成反比。因此设备闲置或封存不用同样也会产生有形磨损，如金属件生锈、腐蚀、橡胶件老化等。可见设备闲置时间长了，会自然丧失精度和工作能力，失去使用价值。

2. 无形磨损

无形磨损，指不是由于在生产过程中的使用或自然力的作用而造成的磨损，它不表现为设备实体的变化，而表现为设备原始价值的贬值，亦称经济磨损。

无形磨损的表现形式如图 7-2 所示。

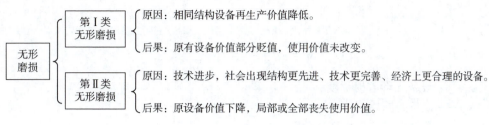

图 7-2　无形磨损的表现形式

　　第 I 类无形磨损，指由于设备制造工艺不断改进，成本不断降低，劳动生产率不断提高，生产相同设备所需的社会必要劳动减少，导致设备的市场价格降低，这样就使原来购买的设备相应地贬值了。这种无形磨损的后果只是现有设备原始价值部分贬值，设备本身的技术特性和功能即使用价值并未发生变化，故不会影响现有设备的使用。

　　第 II 类无形磨损，指由于技术进步，社会上出现了结构更先进、技术更完善、生产效率更高、耗费原材料和能源更少、更环保的新型设备，而使原有机器设备在技术上显得陈旧落后。它的后果是不仅使原有设备价值降低，而且会使原有设备局部或全部丧失其使用功能。这是因为，虽然原有设备的使用期还未达到其物理寿命，能够正常工作，但由于技术上更先进的新设备的发明和应用，使原有设备的生产效率大大低于社会平均生产效率，如果继续使用，有可能使产品成本明显高于社会平均成本，所以原有设备价值应视为已降低，甚至应被淘汰。

　　第 II 种无形磨损导致原有设备使用价值降低的程度与技术进步的具体形式有关，具体如表 7-1 所示。

表 7-1　技术进步的具体形式和原有设备的使用价值的关系

技术进步的具体形式	原有设备的使用价值
不断出现性能更完善、效率更高的新设备	原有设备的使用价值大幅度降低
采用新的加工对象（如新材料）	原有设备使用功能完全丧失，旧设备淘汰
改变原有生产工艺，采用新的加工方法	为旧工艺服务的原有设备将失去使用价值
产品换代	不能适用于新产品生产的旧设备被淘汰

(二)设备磨损的度量

1. 有形磨损的度量

$$\alpha_{P} = \frac{\sum_{i=1}^{n} \alpha_i k_i}{\sum_{i=1}^{n} k_i} = \frac{R}{K_1} \tag{7-1}$$

式中：α_{P}——设备有形磨损程度；

　　　α_i——零部件 i 的实体磨损程度；

　　　k_i——零部件 i 的价值；

　　　n——设备零件总数；

　　　R——修复全部磨损零件所用的修理费用；

　　　K_1——确定磨损时该种设备的再生产价值。

有形磨损的价值 $W_P = R$。

2. 无形磨损的度量

$$\alpha_{\mathrm{I}} = \frac{K_0 - K_1}{K_0} = 1 - \frac{K_1}{K_0} \qquad (7-2)$$

式中：α_{I}——设备无形磨损程度；

K_0——设备的原始价值；

K_1——等效设备的再生产价值。

$$K_1 = K_{\mathrm{n}} \cdot \left(\frac{q_0}{q_{\mathrm{n}}}\right)^{\alpha} \cdot \left(\frac{C_{\mathrm{n}}}{C_0}\right)^{\beta} \qquad (7-3)$$

式中：K_{n}——新设备的价值；

q_0，q_{n}——使用旧设备与对应新设备的年生产率；

C_0，C_{n}——使用旧设备与对应新设备的单位产品耗费；

α，β——设备生产率提高指数和成本降低指数。

无形磨损的价值 $W_1 = K_0 - K_1$。

3. 综合磨损的度量

设备的综合磨损，指机器设备在使用期内，既要遭受有形磨损，又要遭受无形磨损，所以机器设备所受的磨损是双重的、综合的。

$$\alpha = 1 - (1 - \alpha_{\mathrm{P}})(1 - \alpha_{\mathrm{I}}) \qquad (7-4)$$

设备在任一时刻遭受综合磨损后的净值 K：

$$K = (1 - \alpha) K_0 = K_1 - R \qquad (7-5)$$

二、设备磨损的补偿

要更好地保护环境、节约资源和能源，使企业保持强劲的竞争能力并维持企业再生产的正常进行，必须对设备磨损进行补偿，如图 7-3 所示。由于设备磨损的形式不同，补偿磨损的方式也不一样。设备磨损有两种补偿方式，即局部补偿和完全补偿。设备有形磨损的局部补偿是修理，设备无形磨损的局部补偿是现代化技术改造。有形磨损和无形磨损的完全补偿是更换，即淘汰旧设备更换新设备。

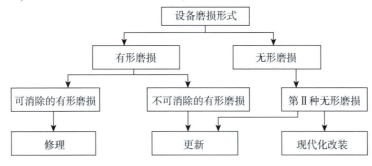

图 7-3 设备磨损的补偿

三、设备寿命

(一)技术寿命

设备的技术寿命，是从技术角度看设备最合理的使用期限，由无形磨损决定，指从设备开始使用能够满足使用者的需要，到因技术落后而被淘汰所延续的时间。技术寿命的长短，主要取决于无形磨损的速度，技术进步速度越快，设备的技术寿命越短。例如一部手机，即使完全没有使用过，它的功能也可能被性能更优越的手机所取代，这时它的技术寿命可认为等于零。

（二）经济寿命

设备的经济寿命，是从经济角度看设备最合理的使用期限，由有形磨损和无形磨损共同决定，具体是指能使一台设备的年平均使用成本最低的年数，即能使投入使用的设备等额年总成本（包括购置成本和运营成本）最低或等额年净收益最高的期限。例如一辆汽车，随着使用时间的延长，平均每年分摊的汽车购置费（设备原值）越来越小，仅就此点而论，似乎使用的时间越长越好；但是，随着使用年限的延长，旧汽车的维护费和燃料费等将不断递增。因此，前者购置费用越来越低的那部分成本，将被后者维护费和燃料费等越来越高的那部分成本所抵销。在两者相互消长的变化过程中，必定有某一时点会使年度总成本最低，这一点就是该汽车的经济寿命。在设备更新分析中，经济寿命是确定设备最优更新期的主要依据。

（三）自然寿命

设备的自然寿命，又称物理寿命，指设备从全新状态下开始使用，直到不能继续使用，予以报废的全部时间。通过修理，可以延长设备的自然寿命，但不能从根本上避免设备磨损。自然寿命主要取决于设备有形磨损的速度。

（四）折旧寿命

设备的折旧寿命，指根据财会制度，按规定的设备耐用年数，将设备的原值通过折旧的形式转入产品成本，直到使设备净值接近于零的全部时间。设备的折旧寿命不同于设备的经济寿命和自然寿命，设备的折旧寿命表达的是设备的剩余价值。从设备投运开始，设备的剩余价值就一直在变小，当设备的剩余价值为零时，这段时期称为折旧寿命。需要注意的是，折旧寿命不等于自然寿命，它主要与设备折旧提取的方法有关。在实践中，常常出现设备自然寿命没到，但折旧寿命已过的情况。例如：一些企业将折旧寿命等同于自然寿命，造成设备折旧率低、折旧年限长的情况，这样当新技术出现，企业可能没有足够的折旧费用购买新设备。

2017年国家税务总局推出《"大众创业　万众创新"税收优惠政策指引》，发布企业成熟期税收优惠政策之集成电路企业税收优惠：集成电路生产企业生产设备缩短折旧年限，最短可为3年（含），如图7-4所示。

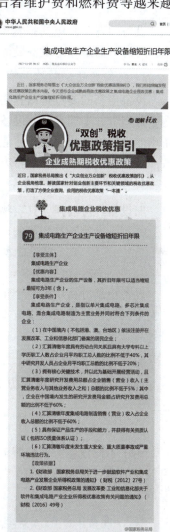

图7-4　设备折旧年限政策指引

第二节 设备更新的经济分析

一、设备更新的主要特点和主要形式

设备更新，是指对在技术上或经济上不宜继续使用的设备，用新的设备更换或用先进的技术对原有设备进行局部改造；或者说是以结构先进、技术完善、效率高、耗能少的新设备，来代替物质上无法继续使用或经济上不宜继续使用的陈旧设备。

(一)设备更新的主要特点

1. 设备更新的中心内容是确定设备的经济寿命

设备的寿命，包括技术寿命、自然寿命、折旧寿命、经济寿命等，在设备更新分析中，经济寿命是确定设备最优更新期的主要依据。

2. 设备更新分析应站在咨询者的立场进行

设备更新的要点是站在咨询者的立场上，而不是站在旧设备所有者的立场上考虑问题。咨询者并不拥有任何设备，不管是保留旧设备还是购置新设备，他都要付出相当于设备当前市场价值的现金，才能取得设备的使用权，这就形成了更新、不更新两个方案的比较。站在咨询者立场上进行方案比较是设备更新分析的重要方法。

3. 设备更新分析只考虑未来发生的现金流量

旧设备经过磨损，其实物资产的价值会有所降低。但旧设备经过折旧后所剩的账面价值，并不一定等于其当前的市场价值，即更新旧设备往往会产生一笔沉没成本。

$$沉没成本=旧设备账面价值-当前市场价值(残值)$$
$$或：沉没成本=(旧设备原值-历年折旧费)-当前市场价值(残值)$$

设备更新分析中另一个重要的特点，是在分析中只考虑今后发生的现金流量。因为以前发生的现金流量及沉没成本都属于不可恢复的费用，与更新决策无关，故不需再参与经济计算。

4. 只比较设备的费用

通常在比较设备更新方案时，假定设备产生的收益是相同的，因此只对费用进行比较。

5. 设备更新分析以费用年值法为主

由于不同设备方案的服务寿命不同，因此通常都采用年值法进行比较。新设备往往具有较高的购置费和较低的运营成本，而要更新的旧设备往往具有较低的重置费和较高的运营成本。

(二)设备更新的主要形式

设备更新有两种形式：一种是用相同的设备去更换有形磨损严重、不能继续使用或使用已不经济的旧设备；另一种是用较为先进、生产效率更高的设备替换现有的设备。很明显，后一种更新既能解决设备的损坏问题，又能解决设备技术落后、成本较高、效率低下等问题，在技术进步较快的条件下，设备更新主要采用后一种。

这里需要指出的是，设备更新的原因往往并非因为设备的损坏。事实上，由于经济或运营环境的改变，常常促使企业淘汰一些实质并不算旧的设备。一般而言，淘汰旧设备的原因有：①现有设备已无法应付目前或与其日益增加的产品需求；②出现较原有设备效率更高或者有较低的作业成本或维护成本的新设备；③使用原设备的原因消失，例如消费者已不需要该设备所生产的产品；④现有设备由于一次意外或使用而损坏。

二、设备更新的原则

对设备更新进行决策时，应遵循两个原则。

（一）不考虑沉没成本

过去所发生的投资并不会因为现在的决策而改变，所以，沉没成本不影响决策。在方案比选时，原设备现在的价值与其原值以及目前的净值无关。例如，某设备3年前的购入价格为3万元，目前账面净值为1.5万元，现在的市场价格为1万元。在设备更新分析中，应该用1万元作为旧设备现在的投资价格。

（二）保持客观介入角度

设备更新决策时，不要从方案直接陈述的现金流量进行比较分析，而是在方案之外，按照没有旧设备变现的前提，分析是买新设备好，还是继续用旧设备好。

【例7-1】机器A在4年前以原始费用22万元购置，估计可以使用10年，第10年估计净残值为2万元，年使用费为7.5万元，目前的售价是6万元。现在市场上同类机器B的原始费用为24万元，估计可以使用10年，第10年末的净残值为3万元，年使用费为5万元。现有两个方案：方案一是继续使用机器A；方案二是把机器A出售，后购买机器B。已知基准折现率为15%，是继续使用旧设备还是购买新设备？

解：

继续使用旧设备：

$AC_A = 6(A/P, 15\%, 6) + 7.5 - 2(A/F, 15\%, 6) \approx 8.8568（万元）$

使用新设备：

$AC_B = 24(A/P, 15\%, 10) + 5 - 3(A/F, 15\%, 10) \approx 9.6353（万元）$

$AC_A < AC_B$，故应继续使用旧设备。

三、设备更新的种类及经济决策方法

（一）原型更新——低劣化数值法

运行成本，指机器设备在使用工程中发生的费用，包括能源费、保养费、修理费（包括大修理费）、停工损失、废次品损失等。

设备的劣化，指随着设备使用期的增加，运行成本每年以某种速度在递增，这种运行成本的逐年递增称为设备的劣化。

年均总费用=年均分摊设备购置费用+运行成本的年均值

　　　　　=年均设备初始费用-残值年均值+运行成本初始值+劣化值平均值

设备经济寿命如图7-5所示。

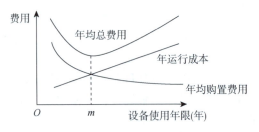

图 7-5 设备经济寿命

第 T 年运行成本为：

$$C_T = C_1 + (T-1)\lambda \tag{7-6}$$

式中：C_1——运行成本初始值，即第一年的运行成本；

T——设备使用年数。

T 年内运行成本的年均值为：

$$\overline{C}_T = C_1 + \frac{T-1}{2}\lambda \tag{7-7}$$

式中：λ——运行成本劣化值。

年均分摊设备购置费用为：

$$\frac{K_0 - V_L}{T} \tag{7-8}$$

式中：K_0——运行成本初始值，即第一年的运行成本；

V_L——设备处理时的残值；

T——设备使用年数。

$$AC = \frac{K_0 - V_L}{T} + C_1 + \frac{T-1}{2}\lambda \tag{7-9}$$

设 V_L 为常数，AC 二阶导数 $\dfrac{d^2(AC)}{dT} = \dfrac{K_0 - V_L}{T^3} > 0$，故存在极小值；

令 AC 一阶导数 $\dfrac{d(AC)}{dT} = \dfrac{\lambda}{2} - \dfrac{K_0 - V_L}{T^2} = 0$，则经济寿命：

$$T_E = \sqrt{\frac{2(K_0 - V_L)}{\lambda}} \tag{7-10}$$

【例 7-2】若设备原始价值 $K_0 = 8\,000$ 元，预计残值 $V_L = 650$ 元，运行成本初始值 $C_1 = 800$ 元/年，年运行成本劣化值 $\lambda = 300$ 元/年。试求设备经济寿命(不考虑资金时间价值)。

解：根据式(7-10)可得

$$T_E = \sqrt{\frac{2(K_0 - V_L)}{\lambda}} = \sqrt{\frac{2(8\,000 - 650)}{300}} = 7(年)$$

如果设备残值不能视为常数，运行成本不呈线性增长，各年不同，且无规律可循，这时可根据工厂的记录或者对实际情况的预测，用列表法来判断设备的经济寿命。

【例 7-3】某设备的原始价值为 10 000 元，物理寿命为 5 年，运行成本初始值为 500 元，各年运行成本初始值与劣化值之和如表 7-2 所示。求该设备的经济寿命。

表7-2　某设备各年费用及残值　　　　　　　　　　　　单位：万元

设备使用年限	1	2	3	4	5
运行成本初始值与劣化值之和	500	500+200=700	500+300=800	500+500=1 000	500+1 300=1 800
年末残值	5 000	4 000	3 000	2 000	100

解： 先求不考虑资金的时间价值时，设备的经济寿命。

将表7-2数据代入式(7-8)、式(7-9)、式(7-10)可得表7-3。

表7-3　设备静态经济寿命计算表　　　　　　　　　　单位：元

使用年限 ①	运行成本初始值与劣化值之和 ②	年末残值 ③	运行成本初始值与劣化值的年平均值 $④=\dfrac{\sum②}{①}$	年平均设备购置费用 $⑤=\dfrac{10\ 000-③}{①}$	年平均总费用 ⑥=④+⑤
1	500+0=500	5 000	500	5 000	5 500
2	500+200=700	4 000	600	3 000	3 600
3	500+300=800	3 000	666.67	2 333.33	3 000
4	500+500=1 000	2 000	750	2 000	2 750
5	500+1 300=1 800	100	960	1 980	2 940

通过计算，设备的年平均总费用在使用年限为4年时最低，故该设备的经济寿命为4年。

上述经济寿命的计算忽略了资金的时间价值，如果考虑资金时间价值，假定基准折现率 $i=10\%$ ，上例的数据变化如表7-4所示。从表中第⑫栏可看出，年平均总费用最低的设备使用年限是4年，即经济寿命为4年。

表7-4　设备动态经济寿命计算表　　　　　　　　　　单位：元

使用年限 ①	年使用费用 ②	$(P/F,10\%,n)$ ③	年使用费用现值 ④=②×③	累计年使用费用现值 ⑤=∑④	$(A/P,10\%,n)$ ⑥	年使用费用年均值 ⑦=⑤×⑥	年均购置费用 ⑧=10 000×⑥	年末残值 ⑨	$(A/F,10\%,n)$ ⑩	年均残值 ⑪=⑨×⑩	年均总费用 ⑫=⑦+⑧-⑪
1	500	0.909 1	454.55	454.55	1.100 0	500.005	11 000	5 000	1.000	5 000	6 500.005
2	700	0.826 4	578.48	1 033.03	0.576 19	595.222	5 761.9	4 000	0.476 19	1 904.76	4 452.362
3	800	0.751 3	601.04	1 634.07	0.402 11	657.076	4 021.1	3 000	0.302 11	906.33	3 771.846
4	1 000	0.683 0	683	2 317.07	0.315 47	730.966	3 154.7	2 000	0.215 47	430.94	3 454.726
5	1 800	0.620 9	1 117.62	3 434.69	0.263 80	906.071	2 638.0	100	0.163 80	16.38	3 527.691

当给出使用年限较多时，适合画表计算；当给出使用年限较少时，也可以列式计算。设备使用不同年限现金流量如图7-6所示。

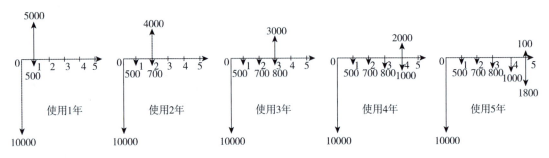

图 7-6　设备使用不同年限现金流量图

使用 1 年，$AC_1 = 10\,000(A/P, 10\%, 1) + 5\,000 - 500 = 6\,500(元)$

使用 2 年，$AC_2 = [10\,000 + 500(P/F, 10\%, 1) + 700(P/F, 10\%, 2) - 4000(P/F, 10\%, 2)](A/P, 10\%, 2) \approx 4\,452.36(元)$

使用 3 年，$AC_3 = [10\,000 + 500(P/F, 10\%, 1) + 700(P/F, 10\%, 2) + 800(P/F, 10\%, 3) - 3\,000(P/F, 10\%, 3)](A/P, 10\%, 3) \approx 3\,771.85(元)$

使用 4 年，$AC_4 = [10\,000 + 500(P/F, 10\%, 1) + 700(P/F, 10\%, 2) + 800(P/F, 10\%, 3) + 1\,000(P/F, 10\%, 4) - 2000(P/F, 10\%, 3)](A/P, 10\%, 4) \approx 3454.73(元)$

使用 5 年，$AC_5 = [10\,000 + 500(P/F, 10\%, 1) + 700(P/F, 10\%, 2) + 800(P/F, 10\%, 3) + 1\,000(P/F, 10\%, 4) + 1\,800(P/F, 10\%, 4) - 100(P/F, 10\%, 3)](A/P, 10\%, 3) \approx 3527.69(元)$

(二)新型更新——年费用比较法

在有新型设备出现的情况下，常用的设备更新决策方法有年费用比较法和更新收益率法。在此主要讲解年费用比较法。

年费用比较法是从原有旧设备的现状出发，分别计算旧设备再使用一年的总费用和备选新设备在其预计的经济寿命期内的年均总费用，并进行比较，根据年费用最小原则决定是否应该更新设备。

1. 旧设备再使用一年的总费用

$$AC_0 = V_{00} - V_{01} + \frac{V_{00} + V_{01}}{2}i + \Delta C \qquad (7\text{-}11)$$

式中：AC_0——旧设备下一年运行的总费用；

　　　V_{00}——旧设备在决策时可出售的价值；

　　　V_{01}——旧设备一年后可出售的价值；

　　　ΔC——旧设备继续使用一年在运行费用方面的损失(即使用新设备相对使用旧设备的运行成本的节约额和销售收入的增加额)；

　　　i——最低期望收益率；

　　　$\dfrac{V_{00} + V_{01}}{2}$——因继续使用旧设备而占用资金的时间价值损失，取旧设备现在可售价值和一年后可售价值的平均值。

上述计算，可用企业统计数据列表进行，如表7-5所示。

表 7-5　旧设备的年费用计算表　　　　　　　　　　　　单位：元

项目	利弊比较	
	新设备	旧设备
产量增加收入	1 100	
质量提高收入	550	
直接工资的节约	1 210	
间接工资的节约		
因简化工序等导致的其他作业上的节约	4 400	
材料损耗的减少		
维修费节约	3 300	
动力费节约		1 100
设备占地面积节约	550	
合计	11 110①	1 100②
旧设备运行损失		10 010③（③=①-②）
旧设备现在出售价值	7 700④	
旧设备一年后出售价值	6 600⑤	
下年旧设备出售价值减少额		1 100⑥（⑥=④-⑤）
资金时间价值损失（$i=10\%$）		715⑦［⑦=（④+⑤）×10%/2］
旧设备的设备费		1 815⑧（⑧=⑥+⑦）
旧设备年总费用		11 825⑨（⑨=③+⑧）

从表 7-5 可知，旧设备年总费用为 11825 元。

2. 新设备年均总费用的计算

用于同旧设备年总费用比较的新设备年均总费用，主要包括以下几个方面：

（1）运行劣化损失。

新设备随着使用时间的延长，同样也存在设备劣化的问题，劣化程度也将随着使用年数的增多而增加。具体的劣化值取决于设备的性质和使用条件。为了简化计算，假定劣化值逐年按同等数额增加，如果设备使用年限为 T，T 年间劣化值的平均值为：

$$\frac{T-1}{2}\lambda \tag{7-12}$$

式中：λ——设备年劣化值增量。

新设备的 λ 值往往是难以预先确定的。一般可根据旧设备的耐用年数和相应的劣化程度来估算新设备的年劣化值增量。

（2）设备价值损耗。

新设备在使用过程中，价值会逐渐损耗，表现为设备残值逐年减少。假定设备残值每年以同等的数额递减，则 T 年内每年的设备价值损耗为：

$$\frac{K_n - V_L}{T} \tag{7-13}$$

式中：K_n——新设备原始价值；

V_L——新设备使用 T 年后的残值。

（3）资金时间价值损失。

新设备在使用期内平均资金占用额为：

$$\frac{K_n + V_L}{2} \tag{7-14}$$

故因使用新设备而占用资金的时间价值损失为：

$$\frac{(K_n + V_L)i}{2} \tag{7-15}$$

总计以上三项费用，则新设备年均总费用：

$$AC_n = \frac{\lambda(T-1)}{2} + \frac{(K_n - V_L)}{T} + \frac{(K_n + V_L)i}{2} \tag{7-16}$$

对式（7-16）微分，并令 $\dfrac{d(AC)}{dT} = 0$，则：

$$T_E = \sqrt{\frac{2(K_n - V_L)}{\lambda}} \tag{7-17}$$

式中：T_E——新设备的经济寿命。

将式（7-17）代入式（7-16）得到按经济寿命计算的新设备年均总费用：

$$AC_n = \frac{2(K_n - V_L)}{T} + \frac{(K_n + V_L)i}{2} - \frac{(K_n - V_L)}{T^2} \tag{7-18}$$

例如，新设备的价格 $K_n = 41\,800$ 元，估计合理的使用年数 $T = 15$ 年，处理时的残值 $V_L = 3\,700$ 元，最低期望收益率 $i = 10\%$。将已知数据代入式（7-18）后，可得新设备的年均总费用 $AC_n = 7\,186$ 元。与表 7-5 的计算结果相比，用新设备更换旧设备，每年可节约开支：$11\,825 - 7\,186 = 4\,639$（元）。

第三节　设备修理的经济分析

一、设备修理概述

（一）设备修理的概念

设备修理，在实践中通常指为保持设备在平均寿命期限内的完好使用状态，而进行的局部更换或修复工作。

设备修理的目的，消除设备经常性的有形磨损和排除机器运行中遇到的各种故障，以保证设备在其寿命期内保持必要的性能，发挥正常的效用。

（二）设备修理的形式

日常维护，是指与拆除和更换设备中被磨损的零部件无关的一些维修内容，诸如设备的润滑与保洁、定期检验与调整、消除部分零部件的磨损等。

小修理，是工作量最小的计划修理，指设备使用过程中为保证设备工作能力而进行调整、修复或更换个别零部件的修理工作。

中修理，是进行设备部分解体的计划修理，其内容有：更换或修复部分不能用到下次计划修理的磨损零件，通过修理、调整，使规定修理部分基本恢复到出厂时的功能水平以满足工艺要求，修理后应保证设备在一个中修间隔期内能正常使用。

大修理，是最大的一种计划修理，它是在原有实物形态上的一种局部更新。它是通过对设备全部解体，修理耐久的部分，更换全部损坏的零部件，修复所有不符合要求的零部件，全面消除缺陷，使设备在大修理之后，无论在生产率、精确度、速度等方面达到或基本达到原设备的出厂标准。

设备使用过程中存在两个客观现象：①大修理过的设备不如新设备，其综合质量会有某种程度的降低；②大修理的周期越来越短。

（三）设备大修理的经济实质

设备在使用过程中不断地经受着有形磨损。由于设备的零部件是由各种不同性质的材料制成的，它们的使用条件和功能也各不相同。因此设备各部分的有形磨损是不均匀的，即设备的零部件有着不同的自然寿命。例如，某建筑施工机械设备不同组成部分的自然寿命如表7-6所示。如果这台设备的平均寿命定为4年，那么在寿命期内，设备的第二部分需要更换1次，第三部分需要更换3次，第四部分需要更换7次。

表7-6　设备不同部分的自然寿命　　　　　　　　　　　单位：年

部位	第一部分	第二部分	第三部分	第四部分
使用寿命	4	2	1	0.5

设备的大修理是通过调整、修复或更换磨损的零部件，恢复设备的精度和生产效率，使整机全部或接近全部恢复功能，基本上达到设备原有的使用功能，从而延长设备的自然寿命。

大修理能够利用被保留下来的零部件，从而能在一定程度上节约资源，因此在设备更新分析时大修理是设备更新的替代方案。节约资源也是大修理这种对设备磨损进行补偿的方式能够存在的经济前提。对设备进行更新分析时应与大修理方案进行比较；反过来，进行设备大修理决策时，也应同设备更新及设备其他再生产方式相比较。

二、设备修理的经济界限

大修理虽然可以延长设备的自然寿命，但是这种延长，不管是在技术上还是在经济上，并不是没有限度的。

如图7-7所示，A_0点表示设备初始性能，A_1点表示设备基本性能。

事实上，设备在使用过程中其性能是沿着A_0B线下降的，如不及时大修，设备的寿命很可能会很短。如在B点（即到第一个大修期限时）进行大修，其性能又可恢复到B_1点。自B_1

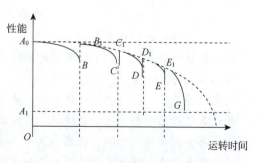

图7-7　每次大修理设备性能劣化曲线

点继续使用，其性能又继续劣化，当降到 C 点时，又进行第二次修理，其性能可恢复到 C_1 点。但经过使用后又会下降，终至 G 点，设备就不能再修理了。由此可见，设备的修理并不是无止境的，而是有限度的。

从经济角度出发，为了提高设备的经济效益，降低设备的使用费用，必须确定设备大修理的经济界限。

如果该次大修理费用超过同种设备的重置价值，十分明显，这样的大修理在经济上是不合理的。我们将这一标准视为大修理在经济上具有合理性的最低经济界限，即：

$$I \leqslant P - L \tag{7-19}$$

式中：I——该次大修理费用；

　　　P——同种设备的重置价值（即同一种新设备在大修理时的市场价格）；

　　　L——旧设备被替换时的残值。

应当指出，即使满足式（7-19）的条件，也并非所有的大修理都是合理的。如果大修理后的设备综合质量下降较多，有可能致使生产单位产品的成本比用同种用途的新设备生产成本高，这时原有设备的大修理就未必是合理的，因此还应补充另一个条件，即：

$$C_j \leqslant C_0 \tag{7-20}$$

式中：C_j——用第 j 次大修理后的旧设备生产单位产品的计算费用；

　　　C_0——用具有相同功能的新设备生产单位产品的计算费用。

$$C_j = (I_j + \Delta V_j)(A/P, \ i_0, \ T_j) / Q_j + C_{gj} \tag{7-21}$$

式中：I_j——旧设备第 j 次大修理的费用；

　　　ΔV_j——旧设备在第 $j+1$ 个大修理周期内的价值损耗现值，其值为第 $j-1$、j 个大修理间隔期末的设备余值现值之差；

　　　Q_j——旧设备第 $j+1$ 个大修理周期的年均产量；

　　　C_{gj}——旧设备第 j 次大修理后生产单位产品的经营成本；

　　　T_j——原设备第 j 次大修理到第 $j+1$ 次大修理的间隔年数。

$$C_0 = \Delta V_{01}(A/P, \ i_0, \ T_{01}) / Q_{01} + C_{g01} \tag{7-22}$$

式中：ΔV_{01}——新设备第 1 个大修理周期的价值损耗现值；

　　　Q_{01}——新设备第 1 个大修理周期的年均产量；

　　　C_{g01}——用新设备生产单位产品的经营成本；

　　　T_{01}——新设备投入使用到第一次大修理的间隔年限。

📖 案　例

设备大修档案管理

企业设备大修档案是企业进行设备大修理过程中所产生的重要资料。大修档案可以真实记载每台设备在不同运行时期所出现的故障，同时也包括了故障产生原因、检修部位及检修方法等。一般来说，企业设备大修档案是由三个部分组成的：一是设备的完整检修记录，包括大修计划书、设备检修记录、大修预算、大修总结等；二是新购设备的开箱资料，包括合格证、安装说明书以及备品配件清单等；三是改造项目的申请书、设计施工合同、批准书及竣工图等。一套完整的企业设备大修档案不仅有利于对设备的平时保养及维护，还能为设备的下次大修提供依据。

（资料来源：刘洪光. 浅析企业设备大修档案的管理[J]. 中国科技信息，2012(21)：123）

第四节 设备租赁的经济分析

一、设备租赁概述

设备租赁是指在一定期限内，出租方按照租赁契约的规定，将设备的使用权出让给承租方，并以租金的形式收取一定的报酬，设备所有权不发生改变，仍归出租方所有。简单来说，设备租赁就是设备使用方，向设备拥有方租借设备，在规定的租期内付出一定的租金，以换取设备使用权的经济活动。

对于承租人来说，设备租赁的优点在于：①可以减少设备对资金的占用，用较少的资金获得生产急需的设备；②保持企业资金良好的流动性，不易使企业的资金负债状况发生恶化；③有利于企业减少技术落后的风险；④设备利用较为灵活，能够满足暂时性和季节性的需要等。

设备租赁的缺点在于：①承租方对租用设备只有使用权，不能处置设备，也不能用于担保、抵押贷款；②设备租赁的总费用比购置设备费用高；③长年支付租金，形成长期负债；④租赁合同规定严格，毁约要赔偿损失，有一定的风险。

设备租赁实质是一种融资行为，承租者获得了出租方所提供的一笔购买设备的信贷投资，租金则可看成是这笔信贷的还款和付息。

二、租赁的方式

(一)经营租赁

经营租赁，是指由出租方除向承租方提供租赁物外，还承担设备的保养、维修、老化、贬值等费用以及不再续租的风险，换言之，租赁双方均可以随时通知对方在规定时间内取消或终止租约。这种租赁方式带有临时性，因而租金较高。承租者往往采用这种方式租赁技术更新较快、租期较短的设备。

经营租赁的特点是：

(1)可撤销性。经营租赁是临时性的租赁，在合理条件下，承租方可以通知出租方解除合同，出租方也可以终止提供租赁服务。

(2)期限较短。经营租赁的租期一般低于租赁物的经济寿命。

(3)非全额清偿。经营租赁的租金总额一般不足以弥补出租方的租赁成本并使其获得正常收益，出租方在租赁期满时将其再出租或在市场上出售才能收回成本。

(二)融资租赁

融资租赁，是一种融资和融物相结合的租赁方式。它是由双方明确租让的期限和付费义务，出租方按照契约提供规定的设备，然后以租金形式回收设备的全部资金。这种租赁方式要求租赁双方承担确认的租期和付费义务，不得任意终止和取消租约，其实质已经转移了与资产所有权有关的全部风险和报酬。

融资租赁以融资和对设备的长期使用为前提，租赁期相当于或超过设备的寿命期，租赁对象往往是一些贵重和大型的设备。出租方对设备的整机性能、维修保养、老化风险等不承担责任。

对于承租方来说，融资租入的设备属于固定资产，可以计提折旧计入企业成本，而租赁费一般不直接列入企业成本，由企业税后支付。但租赁费中的利息和手续费可计入企业成本，作为纳税所得额中准予扣除的项目。

融资租赁的特点是：

（1）不可撤销性。这是一种不可解除的租约，在基本租期内双方均无权撤销合同。

（2）租期较长。融资租赁的基本租期一般相当于设备的经济寿命。

（3）全额清偿。在基本租期内，设备只租给一个用户使用，承租方支付租金的累计总额为设备款、利息及租赁合同的手续费之和。

三、租赁的决策方法

购买及租赁是企业获得设备的两种基本形式。是租赁还是购买？最简单的方法是将租赁成本与购买成本进行比较。

这里需要说明的是，按照财务制度规定，正常成本是可以减免所得税的。在其他费用保持不变的情况下，计入成本越多，则利润总额越少，企业相应缴纳的所得税也越少。以银行借款为例，企业向银行借 10 万元的现金，假设年利率为 10%，则每年的利息为 1 万元，对于企业来说它就少了 1 万元的税前利润，若企业所得税税率为 25%，则企业可少缴 0.25 万元的所得税，所以企业实际支出为 0.75 万元，即企业获得了 0.25 万元的免税收益，其借款实际成本为 $1 \times (1-25\%) = 0.75$（万元）。

租赁成本包括支付的租金和在租赁设备期间为维持设备的正常状态所必须开支的生产运转费用，因为不同的租赁方式决定着这些支出是否能够全部计入成本而减免税金，所以不同的租赁方式，其计算净现金流量的方式有些不同。

经营租赁的净现金流量计算公式如下：

净现金流量（经营租赁）= 销售收入−经营成本−税金及附加−租金−（销售收入−

经营成本−租金−税金及附加）×所得税税率 （7-23）

融资租赁的净现金流量计算公式如下：

净现金流量（融资租赁）= 销售收入−经营成本−税金及附加−租金−（销售收入−

经营成本−税金及附加−折旧费−租赁费中的手续费和利息）×

所得税税率 （7-24）

购买设备，其成本不仅包括设备的价格，还包括使用设备所发生的运转费和维修费。由于购买设备可以使用自有资金，也可以使用贷款，而贷款利息可以计入成本而减免税金，所以，不同的购买方式，计算净现金流量的方式也不同。

自有资金购买设备的净现金流量的计算公式如下：

净现金流量（自有资金）= 销售收入−经营成本−税金及附加−（销售收入−

税金及附加−经营成本−折旧费）×所得税税率 （7-25）

贷款购买设备的净现金流量的计算公式如下：

净现金流量（贷款）= 销售收入−经营成本−税金及附加−利息−（销售收入−

税金及附加−经营成本−折旧费−利息）×所得税税率 （7-26）

【例 7-4】使用 A 设备每年可实现销售额 5 万元，使用成本和税金及附加共 2 万元，设备价格为 5 万元，寿命期 5 年，残值为 0，有四种投资方式：

（1）经营租赁，年租金1.5万元。

（2）融资租赁，首付50%设备价款，余额5年内每年付款0.8万元，其中包含利息和手续费0.3万元。

（3）用自有资金购买。

（4）全部用贷款购买，年利率8%，等额还款。

若基准收益率为10%，所得税税率为25%，设备采用直线折旧法。

试问：应选择哪种方式？

解： 分别计算四种方式的净年值。

（1）经营租赁

净现金流量（经营租赁）=销售收入-经营成本-税金及附加-租金-（销售收入-
经营成本-租金-税金及附加）×所得税税率
=5-2-1.5-（5-2-1.5）×25%
=1.125（万元）

NAV（经营租赁）=A=1.125（万元）。

（2）融资租赁

折旧=5÷5=1（万元/年）

净现金流量（融资租赁）=销售收入-经营成本-税金及附加-租金-（销售收入-经营成本-
税金及附加-折旧费-租赁费中的手续费和利息）×所得税税率
=5-2-0.8-（5-2-1-0.3）×25%
=1.775（万元）。

每年净现金流量如表7-7所示。

表7-7　融资租赁现金流量表　　　　　　　　单位：万元

年份	1	2	3	4	5
一、现金流入	5	5	5	5	5
销售收入	5	5	5	5	5
二、现金流出	3.225	3.225	3.225	3.225	3.225
1. 经营成本和税金及附加	2	2	2	2	2
2. 租金（余款分摊）	0.8	0.8	0.8	0.8	0.8
3. 所得税	0.425	0.425	0.425	0.425	0.425
三、净现金流入	1.775	1.775	1.775	1.775	1.775

NAV（融资租赁）=-P×(A/P，10%，5)+A=-2.5×0.2638+1.775=1.1155（万元）

（3）自有资金购买

折旧=5÷5=1（万元/年）

净现金流量（自有资金）=销售收入-经营成本-税金及附加-设备购置费-（销售收入-
税金及附加-经营成本-折旧费）×所得税税率
=5-2-0-（5-2-1）×25%
=2.5（万元）。

投产后每年的净现金流量表如表7-8所示。

表7-8　自有资金购买现金流量表　　　　　　　　　　单位：万元

年份	1	2	3	4	5
一、现金流入	5	5	5	5	5
销售收入	5	5	5	5	5
二、现金流出	2.5	2.5	2.5	2.5	2.5
1. 经营成本和税金及附加	2	2	2	2	2
2. 所得税	0.5	0.5	0.5	0.5	0.5
三、净现金流入	2.5	2.5	2.5	2.5	2.5

$NAV($自有资金$)=P\times(A/P,10\%,5)+A=-5\times0.263\ 8+2.5=1.181($万元$)$。

(4)贷款购买

折旧$=5\div5=1$(万元/年)

因为是等额还款，则每年所要支付的利息都不一样，每年支付利息如表7-9所示。

每年还款额$=P\times(A/P,8\%,5)=5\times0.250\ 5=1.252\ 5($万元$)$。

表7-9　还款计划表　　　　　　　　　　单位：万元

年份	剩余本金	每年还款额	其中：支付利息	偿还本金额
1	5	1.252 5	0.400 0	0.852 5
2	4.147 5	1.252 5	0.331 8	0.920 7
3	3.226 8	1.252 5	0.258 1	0.994 4
4	2.232 4	1.252 5	0.178 6	1.073 9
5	1.158 5	1.252 5	0.094 0	1.158 5

投产后每年的净现金流量表如表7-10所示。

表7-10　贷款购买净现金流量表　　　　　　　　　　单位：万元

年份	1	2	3	4	5
一、现金流入	5	5	5	5	5
销售收入	5	5	5	5	5
二、现金流出	2.800 0	2.748 9	2.693 6	2.634 0	2.570 5
1. 经营成本和税金及附加	2	2	2	2	2
2. 利息	0.400 0	0.331 8	0.258 1	0.178 6	0.094 0
3. 所得税(利润×25%)	0.400 0	0.417 1	0.435 5	0.455 4	0.476 5
三、折旧	1	1	1	1	1
四、利润(销售收入−经营成本和税金及附加−利息−折旧)	1.600 0	1.668 2	1.741 9	1.821 4	1.906 0
五、净现金流入	2.200 0	2.251 1	2.306 4	2.366 0	2.429 5

$$\text{NPV}(贷款购买) = -5 + 2.2(P/F, 10\%, 1) + 2.2511(P/F, 10\%, 2) + 2.3064(P/F, \\ 10\%, 3) + 2.366(P/F, 10\%, 4) + 2.4295(P/F, 10\%, 5)$$
$$= -5 + 2.2 \times 0.9091 + 2.2511 \times 0.8264 + 2.3064 \times 0.7513 + 2.366 \times 0.6830 + \\ 2.4295 \times 0.6209$$
$$= 3.717(万元)$$
$$\text{NAV}(贷款购买) = \text{NPV}(贷款购买) \times (A/P, 10\%, 5)$$
$$= 3.717 \times 0.2638$$
$$= 0.9805(万元)$$

综合前述四种方式的净年值,自有资金购买方案的净年值最大,所以选择自有资金购买方案。

本章小结

设备是企业技术水平的集中体现,决定着企业的综合实力和核心竞争力。设备更新是由于设备的有形磨损或无形磨损。有形磨损是使用或自然环境造成的设备实体的内在磨损;无形磨损是由于社会经济环境变化造成的设备价值的贬值。设备更新的中心内容是确定设备的经济寿命。设备经济寿命的确定方法有两种,静态计算法和动态计算法。设备更新包括原型设备更新和新型设备更新,而更新分析方法主要应用于技术创新引起的设备更新以及市场需求变化引起的设备更新。设备大修理是设备更新的替代方案,但延长自然寿命却同样存在经济界限。更新方案是通过对继续使用旧设备、用原型设备更新旧设备、用新型高效设备更新旧设备、对旧设备进行现代化技术改造、对旧设备进行大修理这五种方案综合比较,选择总费用最小方案为最优方案。

关键名词

设备更新	Equipment Replacement	有形磨损	Physical Wear
无形磨损	Invisible Wear	经济寿命	Economic Life
技术寿命	Technical Life	自然寿命	Physical Life
折旧寿命	Depreciable Life	设备租赁	Equipment Leasing
经营租赁	Operating Leasing	融资租赁	Financial Leasing

思考题

1. 举例说明,什么是设备的有形磨损、无形磨损,各有何特点?
2. 设备磨损的补偿形式有哪些?
3. 怎样选择设备更新的时机?
4. 设备的技术寿命、自然寿命和经济寿命有何区别和联系?

本章练习题

1. 某企业现有寿命期为 10 年、到期残值为 2 000 元、已使用 4 年的旧设备，如果现在转让，价格为 8 000 元；如果继续使用，则设备年运行费为 5 000 元。由于科技进步，现市场出现价格为 30 000 元、技术性能更优、寿命期为 10 年、运行成本为 1 600 元、到期残值为 5 000 元的新设备。若基准收益率为 10%，试分析现有设备是否应该更新。

2. 某设备原始价值为 100 万元，可用 5 年，其他数据如表 7-11 所示。

表 7-11　某设备使用情况　　　　　　　　　　　单位：万元

设备使用年限	1	2	3	4	5
年使用费用	50	60	65	65	80
年末残值	80	70	60	20	10

试分析：

(1) 当不考虑资金的时间价值时，求设备的经济寿命。

(2) 当考虑资金的时间价值时，$i_o=10\%$，求设备的经济寿命。

计算题拓展练习

本章实训

一、实训目的

1. 掌握设备经济寿命的确定方法。

2. 掌握设备更新方案的比较方法。

3. 锻炼收集与分析材料、团队合作、个人表达等能力。

二、实训内容

将班级学生分为六组，每组学生可以选择预留项目评价分析，也可以自行寻找相关设备评价模型方案(例如：购买家用轿车，油车、电车、油电混合车等应该怎样建立评价模型)。自行寻找可以通过书刊、报纸、网络等渠道收集案例信息，并通过视频、文字、图片等方式进行讲解，最终全班讨论各小组案例的合理性。预留项目简介如下：

日本设备工程师协会曾花了一年的时间，对丰田、日产和三菱等公司制造的叉车进行了调查。叉车车型分为电瓶车、汽油车和柴油车三类，其购置费(K)和经营成本(OC)与最大载重量($X_1=1.5$，2.0，2.5 吨)、使用年限($X_2=1$，2，…，14 年)和每月开动时间($X_3=50$，150，300 小时)等参数的关系如下：

1. 购置费

(1) 电瓶车(下标为 B)：$K_B=823.396+1213.780X_1$；

(2) 汽油车(下标为 G)：$K_G=619.740+874.181X_1$；

(3)柴油车(下标为 D)：$K_D = 69.387 + 1176.093 X_1$。

2. 经营成本

(1)电瓶车：$OC_B = -208.969 + 60.939 X_1 + 36.833 X_2 + 1.334 X_3$；

(2)汽油车：$OC_G = 201.566 - 40.449 X_1 + 4.715 X_2 + 2.914 X_3$；

(3)柴油车：$OC_D = 63.212 + 60.261 X_1 + 26.168 X_2 + 0.872 X_3$。

3. 拟解决问题

(1)如何建立叉车的评价模型？根据对案例的理解，可适当增加条件。

(2)各种叉车的经济寿命是多少？

(3)用户应该怎样选择叉车？

三、实训组织

1. 指导教师布置实训内容，提示相关注意事项及要点。

2. 将班级学生划分为六组，每组成员可自由组合。小组人数划分视班级总人数而定，每组选出组长一名。

3. 以小组为单位，通过书刊、报纸、网络等渠道收集案例相关信息。对于收集的材料，小组内部先充分展开讨论，讨论时间长度可视情况而定，课堂讨论或课外讨论均可，形成自己初步解决实训案例问题的思路。

4. 各小组在班级进行讲解，每组讲解时间以不超过15分钟为宜。

四、实训步骤

1. 指导教师布置任务，指出实训要点、难点和注意事项。小组讲解PPT或文字材料。

2. 讲解之前，小组发言代表对本组成员贡献或者角色进行介绍。讲解结束后，小组发言代表陈述本小组研究方案或结论。其间允许并鼓励其他同学提问，小组发言代表及该组成员有义务作出解答。

3. 由各组组长组成评审团，对各组讲解进行评分。其中，讲解内容自述为30分，小组发言代表语言表达及台风展现能力为10分，小组回答协作应变能力为10分。每个评审团成员分别给各组评分，取平均值作为该组的评审评分。

4. 教师进行最后总结及点评，并为各组实训结果打分。教师评分满分为50分。

5. 各组的评审评分加上教师的总结评分作为该组最终得分，对于得分最高的小组，适当进行鼓励或奖励。

第八章　价值工程

引例

在第二次世界大战期间，受战乱影响，美国市场上原材料的供应十分紧张，通用电气（GE）公司汽车装配厂急需一种耐火材料——石棉板，但该产品的货源不稳定，并且价格昂贵。时任通用电气公司工程师的劳伦斯·戴尔斯·麦尔斯，开始针对这一问题展开研究，并聚焦于材料代用问题上。

通过调查和分析，麦尔斯发现，公司使用石棉板的主要用途是铺设在给产品喷漆的车间地板上，以此来避免涂料沾污地板进而引起火灾。因为按照美国消防法的规定，这类企业的地板上必须铺一层石棉板，以防火灾。在明确了这种材料的作用后，麦尔斯想：只要材料具有相同的功能，是否可以用价格更低的材料来代替？因为购买某种材料的目的不是材料本身，而是材料的功能。而在一定的条件下，虽然买不到某种特定的材料，但是可以找一种功能相同的材料来代替，仍然可以满足它的使用效果。

于是，麦尔斯在市场上找到了一种防火纸，这种纸可以发挥与石棉板相同的防火作用，并且成本很低，又容易购买。经过试用和检验，美国消防部门通过了这种材料。后来，这种既便宜又能满足防火要求的防火纸代替石棉板，并在实践中取得了很好的经济效益。

通过这一事件，麦尔斯意识到这种方法的巨大价值，便将其推广至企业其他地方。他首先提出了消费者购买的不是产品本身而是产品功能的概念，指出价值分析这种方法要求生产者对产品的功能、费用与价值进行深入、系统的研究。针对功能，麦尔斯还提出了功能分析、功能评价、功能定义等概念以及如何区分产品的必要和不必要功能，并最终消除不必要功能的方法。价值工程法的精髓就在于以最低的成本来提供必要功能，实现同样功能的不同材料之间的代用，最终获得较大价值，麦尔斯将自己的这一研究成果汇总著成《价值分析》一书，并于1947年发表，这也标志着价值工程这门学科的正式诞生。

（资料来源：http://www.mbalib.com/MBA 智库）

 **学习目标**

知识点：
1. 理解价值工程的概念和特点，了解价值工程的实施步骤；
2. 掌握对象选择的原则和基本方法；
3. 了解信息资料收集的原则和主要内容；
4. 掌握功能分析及功能评价的基本方法；
5. 了解方案创造、评价的基本方法以及实施的基本内容。
重点：价值工程的概念和特点，对象选择的基本方法，功能定义。
难点：功能整理、功能评价的方法。

本章知识思维导图

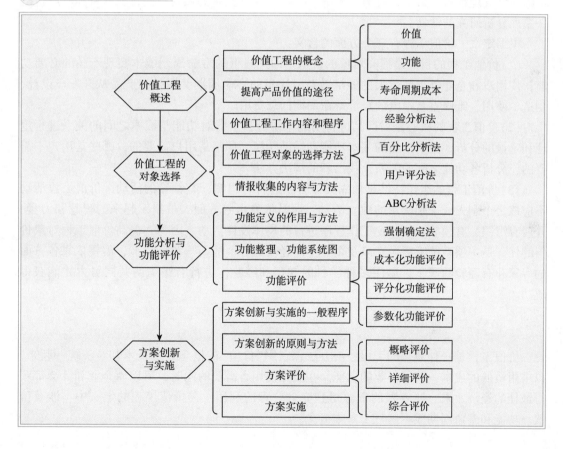

第一节　价值工程概述

一、价值工程的含义

价值工程是 20 世纪 40 年代以后发展起来的一种现代化管理方法，它起源于美国，其创始人是美国通用电气公司的设计工程师麦尔斯。价值工程在不同的国家名称各不相同，但其思想、内容、方法及应用范围基本相同，只是使用的场合有所侧重，在我国则统称为价值工程。

价值工程是以提高产品(或作业)价值和有效利用资源为目的，通过有组织的创造性工作，寻求用最低的寿命周期成本，可靠地实现所研究对象的必要功能，以获得最佳综合效益的一种管理技术。其中，价值工程中"工程"的含义是指为实现提高价值的目标所进行的一系列分析研究的活动。

根据定义，价值工程有三个方面的含义：

(1)价值工程的目的是提高对象的价值。即用最低的寿命周期成本实现产品的必要功能，使用户和企业都得到最大的经济效益。这里的寿命周期费用是指产品从开发、设计、制造、使用、维修直至报废的经济寿命周期的总费用。

(2)价值工程的核心是对产品进行功能系统分析。即对功能与成本之间的关系进行定性和定量的分析。搞清产品的基本功能和辅助功能，哪些是用户需要的，哪些是用户不需要的，分析各功能之间的关系，找出新的解决办法。

(3)价值工程的组织特性是依靠集体智慧进行有组织、有领导的活动。价值工程活动不应该是个别人或个别科室的独立活动，而是依靠由各方面人员组织起来的智慧和力量，开展有组织、有领导，按一定工作程序进行的集体设计活动。因为，提高价值工程对象价值的任务是一项系统工程，它涉及企业生产经营的各个部门、各个环节，需要依靠各方面的专家和有经验的职工，运用多种学科的知识和经验，进行有组织的共同努力才能获得成功。

二、价值工程的相关概念

价值工程是一种新兴的工程经济方法，它用"价值"的概念，把技术和经济统一起来，以求用最低的成本，获得必要的功能。在满足使用者需要的同时，可以使企业和社会都获得最佳的经济效果，使有限的资源得到充分合理的利用。在价值工程的定义中，涉及价值、功能和寿命周期成本这三个基本概念。

(一)价值

价值工程中所述的"价值"是一个相对概念，是指价值工程分析对象所具有的功能与形成该功能的全部费用之比。可以用数学公式表示为：

$$V = \frac{F}{C} \tag{8-1}$$

式中：V——研究对象的价值；

F——研究对象的功能；

C——获得相应功能的寿命周期成本，即从研发、设计、试验、试制、生产、销售、使用、维修直到报废所花费费用的总和。

价值工程中"价值"的含义比较接近人们通常口语中"价值"的概念。例如，我们在日常生活中购买商品，特别是消费品，首先要了解该商品有什么作用、质量如何，再看看要花多少钱，然后两者比较一下，判断值不值得买。如果质量很好、价钱还可以，或者质量一般、但价钱便宜，就认为值得买，否则就不买。这就是说，顾客（用户）在购买商品时，一般要同时考虑商品的质量和价格，来评定商品的价值。

如果从企业的角度对产品价值评定，往往把公式中的成本（C）看作为制造该产品所投入的人力、物力资源，即"输入"；把功能（F）看作产品能满足用户的效用，即"输出"。那么，"价值"就相当于从产品中所获得的经济效益，用数学公式表示为：

$$价值 = \frac{F}{C} = \frac{输出}{输入} = 经济效益 \tag{8-2}$$

由此可见，价值工程是根据功能与成本比值来判断产品的经济效益，其目的是提高对象（产品）的价值。产品价值的高低表明产品合理有效利用资源的程度和产品物美价廉的程度。价值高的产品是好产品，价值低的产品是需要改进或淘汰的产品。由于价值的提高取决于功能和成本两个因素，那么提高价值可以通过以下五种途径：功能不变，降低成本；成本不变，提高功能；功能提高，成本降低；成本略有提高，功能有更大提高；功能略有下降，成本有更大下降，如表8-1所示。

表8-1 提高产品价值的五种途径

名称	途径1	途径2	途径3	途径4	途径5
功能	→	↑	↑	↑↑	↓
成本	↓	→	↓	↑	↓↓
价值	↑	↑	↑↑	↑	↑

（二）功能

功能是指产品的具体用途，也可以把功能解释为作用、效用、效能。

产品中的必要功能，仅仅是指用户所要求的功能，以及与实现用户所要求功能有关的功能。也就是说，判定产品中的某些功能是否属于必要功能，只能从用户需要出发，而不能根据设计者的个人想象与主观认定。产品中的必要功能多数是以定性与定量相结合的形式加以认定或标定的，如发动机功率60千瓦、汽车载重量5吨、传递扭矩20牛·米等。因此，必要功能在通常情况下要以一定的质与量来对所需要的功能进行明确限定。

"可靠地实现必要功能"是价值工程的目的之一。它要求首先通过设计使产品具有满足用户所要求的功能的有关性能；其次还必须使必要功能在实现的整个过程中达到完全可靠，即产品在使用中不发生故障，或一旦发生故障也易于修理和排除，使用中具有安全性和可操作性。

（三）寿命周期成本

从产品开发设计、制造到用户使用后不再使用为止的整个时期，称为产品的寿命周期。从时间角度讲，具体包括设计、制造、使用三个阶段。

产品在整个寿命周期中所发生的全部费用称为产品寿命周期成本，它包括生产成本和使用成本两部分，如图 8-1 所示。生产成本（C_1）是发生在产品生产企业内部的成本，包括产品的研究开发、设计试制、生产制造、销售过程中的费用。使用成本（C_2）是用户在使用产品过程中支付的各种费用的总和，它包括产品的运输、安装、调试、管理、维修、耗能等方面的费用。生产成本由于在短期内集中支出并且体现在售价中，容易被人们重视，而使用中的人工、能源、维修等耗费常常是制造费用的好多倍，但由于分散支出，容易被人们忽视。价值工程要求综合考虑生产成本和使用成本，兼顾生产者和用户的利益，以获得社会的节约。

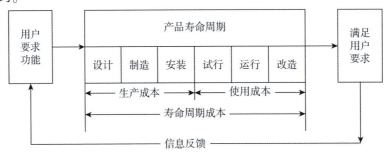

图 8-1　系统设备费用构成

如图 8-2 所示，C_1 和 C_2 随产品功能水平的提高而变化，C_1 随功能 F 的提高而提高，C_2 随功能 F 的提高而下降。对同一产品而言，技术性能好，生产成本可能高，而使用成本可以节省。只有寿命周期总成本降低，才能体现产品系统的社会效益。

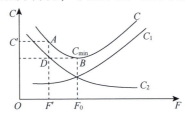

图 8-2　成本随功能变化曲线

三、价值工程的中心工作内容和应用范围

（一）价值工程的中心工作内容

价值工程的中心工作内容包括以下三个方面：

1. 功能分析是核心

功能是价值工程活动中思考和处理问题的出发点，功能分析则构成其工作的核心内容。用户购买任何商品，不是购买其形态，而是购买其功能。如用户买煤，是买其"发热"的功能，买灯具是买"照明"的功能等。只要具有用户所需的相应功能，就能满足其要求。煤气和液化石油气都可以发热，因而可以取代煤供给居民。但是具有相同功能而结构或成分不同的产品或零部件的成本一般是不相同的。价值工程就是要通过对实现某种功能的不同手段的比较，寻求经济合理的方案。它透过人们司空见惯的产品生产、使用、买卖现象，抓住功能这一实质，取得观念上的突破，为提高经济效益开拓新的途径。

2. 创造是关键

功能要有具体的实现手段，手段不同效果也不尽相同。要想取得最理想的效果，必须寻找到更多更好的实现手段。而创造则是好的手段产生的前提。价值工程就是要勇于突破，敢于创新，价值工程活动的全过程都体现了为创造开辟道路的宗旨。

3. 信息是基础

价值工程具有技术与经济相结合的特点，同时也需要以这两方面的信息为基础。技术上的革新绝大多数是在继承他人成果的基础上实现的，因而价值工程活动应充分了解和掌握国内外同类企业的产品、工艺、设备等方面的现有技术和技术发展趋势，了解市场情况和用户要求，掌握消费趋向，只有这样才能进行有效的改进和创新。

总之，价值工程的中心工作就是要从透彻了解所要实现的功能出发，在充分掌握信息的基础上，进行创新和改进，可靠地实现必要功能。

(二)价值工程的应用范围

价值工程起源于材料代用问题的研究，由于简单易行、行之有效，应用范围越来越广泛，已经在机械、纺织、化工、建筑、电子、交通、农业等许多部门和行业得到广泛应用。价值工程的应用范围主要有以下几个方面：

(1)设计过程：包括新产品的设计分析、老产品的改进分析。

(2)制造过程：包括工艺流程、工艺方法分析，技术改造措施分析，原材料、能源的利用分析等。

(3)供销过程：包括原材料、外协件的供应管理分析，产品包装分析，推销分析等。

(4)管理过程：包括机构设置、人事安排、管理方法等分析。

(5)工程设计与施工过程：包括工程设计分析、施工分析、原材料选用分析、技术措施分析等。

四、价值工程的工作程序

价值工程的工作程序，实质是一个分析问题、发现问题和解决问题的过程。如果将其总的程序粗略地描绘出来，可以如图8-3所示。

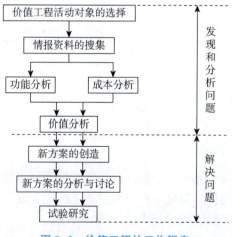

图8-3　价值工程的工作程序

由图 8-3 可以看出，价值工程可以分为两个大的阶段：第一个阶段是发现和分析问题；第二个阶段是解决问题。对于一个产品或零部件，对其进行价值分析是通过提问展开的。通常可提出下列八个问题：

（1）研究对象是什么？

（2）这是干什么用的？

（3）成本是多少？

（4）价值是多少？

（5）有无其他的办法实现同样的功能？

（6）有无新方案实现这一功能，其成本是多少？

（7）新方案能满足要求吗？

（8）偏离目标了吗？

针对上述提出的八个问题，相应采取不同的价值分析方法，其具体详细的工作步骤如表 8-2 所示。

表 8-2　价值工程的工作步骤

阶段	工作步骤	对应问题
准备阶段	1. 工作对象选择	1. 价值工程的研究对象是什么
	2. 信息资料搜集	
分析阶段	3. 功能定义	2. 这是干什么用的
	4. 功能整理	
	5. 功能成本分析	3. 成本是多少
	6. 功能评价	4. 价值是多少
创新阶段	7. 方案创造	5. 有无其他方法实现同样的功能
	8. 详细研究	6. 新方案的成本是多少
	9. 提出方案	7. 新方案能满足要求吗
	10. 方案审批	8. 偏离目标了吗
实施阶段	11. 方案实施与检查	
	12. 成果评价	

第二节　价值工程的对象选择

一、价值工程对象的选择

价值工程活动是围绕某个具体对象开展的有针对性的分析评价和改进。价值工程对象的选择就是逐步收缩研究范围、明确分析研究目标、确定主攻方向的过程。正确选择分析对象是价值工程成功的第一步，能起到事半功倍的效果。

（一）对象选择的原则

分析对象选择要从提高企业经济效益和社会效益的角度出发，同时结合企业的生产经营、市场需要和现实可能性加以综合考虑。为此，分析对象选择应遵循以下原则：

1. 满足企业经营管理需要原则

选定的价值工程改善对象应有利于企业生产经营和未来发展，与企业长远规划和近期计划相一致，与企业经营方针、经营目标相一致。为此，应主要考虑以下几个方面：①对实现企业生产经营目标影响大的、市场需求量大的产品；②企业的主导产品和市场竞争激烈的产品；③用户意见大、返修率高的产品；④已进入市场衰退期、销售困难的产品；⑤消耗高、成本大、利润低的产品；⑥有污染环境的产品；⑦新产品、新工艺、重大技术革新项目。

2. 提高价值的可能性原则

并非与经营目标一致的各种产品的改进都会有较大成效，大幅度提高价值成功的可能性，取决于产品本身的价值改善潜力的大小和改善的难易程度，取决于分析研究时的人力、物力和财力。只有价值分析小组在一定时间内能够改进见效的，具有较大改善潜力的产品，才值得选为价值工程对象；而且它的改进才有利于企业经营目标的实现。为此，可从以下几个方面进行考虑，如图 8-4 所示。

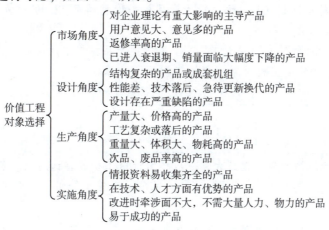

图 8-4　价值工程对象选择考虑的主要因素

（二）对象选择的方法

价值工程对象选择的方法有很多种，应根据不同价值工程对象的特点及企业自身条件选用适宜的方法。常用的方法有经验分析法、百分比分析法、用户评分法、ABC 分析法、强制确定法等。

1. 经验分析法

经验分析法是一种定性分析方法。这种方法是指根据价值工程对象，选择应考虑的各种因素，凭借分析人员的经验，集体研究确定选择对象的一种方法。它的优点是简便易行，考虑问题综合全面；缺点是缺乏定量的数据，准确性较差，对象选择的正确与否主要取决于参加者的水平与态度。为了消除和克服缺点，可以挑选经验丰富、熟悉业务的人员参加，通过集体研究，共同确定分析对象。在实践中，也可将经验分析法与其他方法结合使用，以取得更好的经济效果。

2. 百分比分析法

该方法是通过分析各产品的不同技术经济指标所占的百分比，来发现问题，以选择价值工程的对象。可以从不同角度来进行比较，如材料消耗、能源消耗、水源消耗等，也可从成本费用、利润角度进行比较。

【例 8-1】某厂生产 6 种产品，它们的成本和利润百分比如表 8-3 所示。试用百分比分析法选择价值工程对象。

表 8-3　6 种产品的成本和利润百分比

项目	A	B	C	D	E	F	合计
成本/万元	85	10	5	25	8	7	140
占比/%	60.7	7.1	3.6	17.9	5.7	5.0	100
利润/万元	28	4	2	3	5	4	46
占比/%	60.9	8.7	4.3	6.5	10.9	8.7	100
利润率/%	32.9	40.0	40.0	12.0	62.5	57.1	32.9

解：由表 8-3 可知，产品 D 的成本占全部产品成本的 17.9%，但利润仅占总利润的 6.5%，其成本利润率为 12.0%，远远低于产品总平均利润率 32.9%。故应选择产品 D 作为价值工程的重点对象。

【例 8-2】某企业现有 A、B、C、…、G 等 7 种产品，其中油耗百分比如表 8-4 所示。若以节油为目的选择价值工程对象，应如何选择？

表 8-4　七种产品油耗百分比

产品	A	B	C	D	E	F	G	合计
油耗/%	50	24	10	8	5	2	1	100

解：由于 A 产品的油耗比重最大，故应作为价值工程的首选对象。若企业有能力，也可对 A、B 两种产品进行分析，只要 A、B 产品的油耗能够降低，该企业就能在 74% 的油耗中挖掘潜力。

百分比分析法是单因素分析法，它只考虑了对某项技术经济指标的影响程度，缺乏对各产品的综合分析，因此，必须同经验分析法等综合分析方法结合使用。

3. 用户评分法

用户评分法也是价值工程对象选择的方法之一。不论是开发的新产品或改进的老产品，其目的是被用户接受，即实现产品的销售。因此，了解用户对产品功能指标的要求是至关重要的。这种方法是通过用户对产品功能重要性进行评分来发现问题，明确哪些功能需要改进。可分发调查表，将某一产品各功能项目列出，请几个用户打分。要求对重要的功能多打分，次要的功能少打分，所有功能得分之和为 100 分，然后加以平均，得出各功能的重要性次序。

表 8-5 是一张用户调查表，由三个用户给电视机的功能打分。由评分结果知道，功能 A（图像）、功能 C（伴音）、功能 E（可靠性）是重要功能，应针对这些功能进行研究和改进，以满足用户的要求。

表8-5 用户功能评分表

项目	A	B	C	D	E	总分
	图像	灵敏度	伴音	美观	可靠性	
甲	28	20	28	9	15	100
乙	30	15	25	10	20	100
丙	32	16	24	10	18	100
评分和	90	51	77	29	53	300
平均得分	30	17	25.7	9.6	17.7	100
重要性次序	1	4	2	5	3	—

4. ABC 分析法

ABC 分析法方法又称帕累托(Parato)分析法，是价值工程对象选择中应用最多的方法。帕累托是意大利经济学家，他在 20 世纪初(1906 年)，研究资本主义国民财富分布状况时发现一个规律，即占人口比例不大的少数人，占有社会的大部分财富，而占人口比例很大的多数人却只拥有社会财富中的一小部分。由此得出了"关键的少数和次要的多数"的原理，有人亦称为"二八原理"。这一原理应用很广，可广泛应用于库存管理、质量控制、成本分析与控制，同时也被广泛应用于价值工程中的对象选择。运用 ABC 分析法时，通常把分析对象分为 ABC 三类：

A 类零件：零件数量占全部零件的 10%～20%，成本占总成本的 70%～80%；

B 类零件：零件数量占全部零件的 10%～20%，成本占总成本的 10%～20%；

C 类零件：零件数量占全部零件的 60%～80%，成本占总成本的 10%～20%。

其中，A 类零件是关键的少数，为价值工程的重点对象(首选对象)。

ABC 分类的具体步骤如下：

(1)将零部件按其产品成本从大到小顺序排列，一种零部件若在产品中只有一件，则这种零部件的产品成本就是这个零部件的单件成本；反之，若同一零部件在产品中有多个，则其成本等于单件成本乘以件数。

例如：某产品由 31 件零部件组成，其中两种零部件有重复。一种在产品中有 4 件，其单件成本为 1.41 元，因而这种零部件的产品成本为 4×1.41＝5.64(元)；另一种在产品中有 2 件，其单价为 0.74 元，其产品成本为 1.48 元。其他零部件均为单件。将各零部件按其产品成本从大到小的顺序编号排列，排列情况如表8-6 所示。

表8-6 ABC 分类表

序号	零部件的产品成本/元	累计种数/种	累计种数百分比/%	累计成本/元	累计成本百分比/%	分类
1	11.7	1	3.7	11.7	32.9	A 类 种数百分比 11.1% 成本百分比 70.1%
2	7.61	2	7.4	19.31	54.2	
3	5.64 (4×1.41)	3	11.1	24.95	70.1	

续表

序号	零部件的产品成本/元	累计种数/种	累计种数百分比/%	累计成本/元	累计成本百分比/%	分类
4	2.44	1	3.7	2.44	6.9	B类 种数百分比18.5% 成本百分比20%
5	1.65	2	7.4	4.09	11.5	
6	1.48(2×0.74)	3	11.1	5.57	15.6	
7	0.83	4	14.8	6.4	17.8	
8	0.71	5	18.5	7.11	20.0	
9	0.61	1	3.7	0.61	1.7	C类 种数百分比70.4% 成本百分比9.9%
10	0.43	2	7.4	1.04	2.9	
⋮	⋮	⋮	⋮	⋮	⋮	
27	0.05	19	70.4	3.54	9.9	
合计	35.6					

(2)计算零部件总种数和总成本。注意零部件总种数不是组成产品的零部件总件数，某种零部件有多件时只能是按1种计入种数，例中的总种数是27而不是31。总成本为各种零部件产品成本之和，例中总成本为35.6元。

(3)进行ABC分类。将产品的各种零部件分为A、B、C三类，参考数值界限如表8-7所示。

表8-7　参考数值界限

类别	种数百分比	成本百分比
A类	10%左右	70%左右
B类	20%左右	20%左右
C类	70%左右	10%左右

按照这些参考值，可将例中的27种零部件分为A、B、C三类(参见表8-6)，分类结果如下：该产品的A类包括了第1~3共3种零部件；B类包括了第4~8共5种零部件；C类包括了其余的19种零部件。显然A类的3种零部件的成本占整个产品总成本(35.6元)的70%，是关键的少数，应列为重点改善对象，其次是B类。

根据例中A、B、C三类零件的种数百分比和成本百分比，作出的ABC分析曲线如图8-5所示，该图直观反映了A类的关键地位和C类的次要地位。

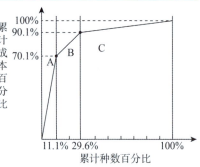

图8-5　ABC分析曲线

ABC分析法通过综合考虑被选择对象数量与成本的关系，划分出被选择对象的主次类别，有利于集中力量，重点突破。ABC分析法比百分比法更全面、细致，因而应用更广泛。

5. 强制确定法

强制确定法是以功能重要程度作为选择价值工程对象的一种分析方法。此方法是从功能与成本两方面来考虑问题的，所以比较全面而且方法简便易行，能够将功能由定性表达提升到定量分析。但这种方法是依据主体的主观打分，不能准确地反映出功能差距的大小。如果零部件间功能差别不大且比较均匀，而且一次分析的零部件数目不太多时，可采用强制确定法。在零部件很多时，可先用经验分析法、ABC 分析法选出重点零部件，再用强制确定法细选。

具体步骤是：首先进行功能评分，求出功能系数和成本系数，然后求出两个系数之比，即价值系数。依据价值系数的计算结果分析对象的功能与成本是否相称，若不相称，则应选为价值工程的研究对象。

下面以一个产品为例，说明这种方法确定对象的过程。

【例 8-3】已知组成某一产品的零部件为 A、B、C、D、E，其成本费用分别为 1.8 万元、0.8 万元、0.8 万元、1.1 万元、2.5 万元，总成本为 7 万元，试确定价值工程活动中的对象及分析顺序。

第一步：计算功能重要性系数。

首先把构成产品成本或总成本的部件排列起来，然后按照零部件功能的重要程度作两两比较。在比较中规定重要的得一分，次要的得零分，然后把各零部件得分累计起来，再除以全部零部件的得分总数，得到的比值叫作该零部件的功能重要性系数，简称功能系数，如表 8-8 所示。

表 8-8　功能重要性系数表

零部件名称	两两比较结果					功能重要性总得分	功能重要性系数
	A	B	C	D	E		
A	×	1	0	1	1	3	0.3
B	0	×	0	1	1	2	0.2
C	1	1	×	1	1	4	0.4
D	0	0	0	×	0	0	0
E	0	0	0	1	×	1	0.1
合计						10	1.0

从表 8-8 可以看出，C 的功能重要性系数为 0.4，说明它在各零部件中最重要；D 的功能重要性系数为 0，说明它最不重要，可以考虑把它取消或者与其他零部件合并。

第二步：计算成本系数。

成本系数是指每个零部件的现实成本在产品总成本中所占的比例，如表 8-9 所示。

第三步：计算价值系数及确定分析对象的顺序。

价值系数是指某零件的功能重要性系数与其成本系数之比，如表 8-9 所示。

表8-9　价值系数计算表

零部件名称	功能性重要系数	现实成本/万元	成本系数	价值系数	对象选择顺序
	①	②	③=②/7	④=①/③	
A	0.3	1.8	0.26	1.154	4
B	0.2	0.8	0.11	1.818	2
C	0.4	0.8	0.11	3.636	1
D	0	1.1	0.16	0	
E	0.1	2.5	0.36	0.278	3
合计	1.0	7	1.00		

第四步：价值系数计算结果可能出现的情况如下：

(1)价值系数小于1，说明其重要程度小而成本高。若选为价值工程的工作对象，可以用降低成本或提高重要程度的方法来提高产品价值。

(2)价值系数大于1，说明产品或部件重要程度大，成本低。是否选作工作对象，视具体情况而定。如果选为价值工程的工作对象，可以进一步提高该产品或部件的质量，增大价值。

(3)价值系数等于1，说明该产品或部件的重要程度和成本相当，因此不再选为价值工程工作对象。

(4)价值系数等于0，表明零件不重要，可以取消或合并。

根据表8-9中所列的价值系数偏离1的程度，可以确定价值工程活动对象的顺序为C、B、E、A。

强制确定法简单易行，比较实用。当零部件数目不多，零部件功能重要程度差异比较均衡时，此法比较有效。

二、情报收集

价值工程情报是对实现一定的价值工程目标有益的知识、信息、资料。价值工程活动的全过程是各种情报资料的运用过程。因而，价值工程一开始就要有计划、有目的地广泛收集各种情报资料，为价值工程活动提供比较完整、准确的信息。

(一)价值工程情报的概念及重要性

情报资料是正确决策和实施所需要的信息。所谓价值工程情报是指对实现价值工程目标有益的知识、情况资料和信息。选定价值工程对象之后，就要围绕着价值工程对象收集有关的技术情报、经济情报和社会情报，作为开展功能分析、方案创造和方案评价等工作步骤的重要依据和标准。收集的情报越多、越全面，价值工程创造活动越容易顺利进行，提高价值的可能性也就越大。从某种意义上说，没有情报收集也就没有价值工程创造活动。因此，要尽可能迅速、准确、全面地收集和使用价值工程情报。

一项重要的情报往往能启发人打开思路、抓住机遇，找到提高产品价值的方向和办法。20世纪50年代初期，由于电子管收音机结构笨重、性能差、价格高，已进入衰退期。1945年创办时只有500美元资金的日本索尼电子公司，获得了贝尔实验室发明的晶体管可以制造高价值收音机的情报，便利用贷款抢先购得该项技术专利，应用价值工程原理，于

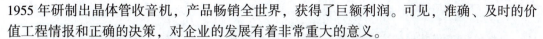

1955年研制出晶体管收音机，产品畅销全世界，获得了巨额利润。可见，准确、及时的价值工程情报和正确的决策，对企业的发展有着非常重大的意义。

价值工程成果的大小取决于情报收集的质量、数量和及时性。应从各种情报载体如文字、声像和实物中收集有关技术、经济、科技和社会情报。技术情报是指有关价值工程对象功能方面的情报；经济情报是指有关价值工程对象成本方面的情报；社会情报则是指有关政策、法律、法规等方面的情报。从情报收集的范围来看，有企业内情报和企业外情报，国内情报和国外情报。情报收集工作中应避免"重外轻内"的倾向，外部情报要全力收集，企业内部的情报资料收集也是价值工程分析的基础。

（二）价值工程情报的内容与要求

1. 价值工程情报的内容

就产品对象而言，价值工程情报的具体内容一般包括以下方面：

（1）用户对功能、价格、交货期、销售服务、可靠性、维修性及使用寿命等项要求方面的情报，这是功能设计和产品设计的基础。

（2）市场需求方面的情报。国内外市场需求量及发展趋势，竞争厂家的产品销售情况，本企业产品的市场占有率和发展前景等，这是功能成本分析的前提。

（3）技术方面的情报。产品设计、研制和科学技术发展的动向，有关新设计原理、新技术、新工艺、新材料等，这是功能设计和方案创造的手段，是提高产品价值的宝贵信息资源。

（4）成本费用方面的情报。国内外同类功能产品和零部件的成本构成、有关劳动定额、材料消耗定额和费用定额等成本资料，这是功能成本分析的参考标准。

（5）经济方面的情报。如有关原材料、协作件和能源的供应及运输情况，有关竞争厂家的技术、生产和经营管理状况，用户对产品的使用目的、使用环境、操作保养及常见故障等情况，这是进行功能成本分析的根据和重点。

（6）社会方面的情报。政府及有关部门的方针政策、法律、条例和规定等，这是开展价值工程活动的依据。

2. 情报收集的总体要求

（1）目的性。情报收集的目的是满足价值工程活动提高产品或作业价值的需要。对情报内容要求的详细程度以解决问题为度，过细过粗都不好。

（2）可靠性。应从最佳情报源收集准确可靠的情报，否则会给价值工程活动造成困难甚至失败。对情报必须进行评价和判断，剔除并销毁不可靠或错误的情报。

（3）及时性。情报的价值取决于它的时间性。应争分夺秒地收集情报，早收集、早应用、早获益。

（4）系统性。零散的情报没有多大实用价值，应尽量从多种情报源，采取各种有效的方法，系统、全面地收集情报，为价值工程活动服务。

（5）计划性。情报收集是贯穿于价值工程全过程的基础性工作，为了能准确、迅速、全面地收集情报资料，应制订比较周密可行的情报收集计划，其内容主要包括情报收集的目标、收集的内容和范围、情报来源、收集方法、时间要求、情报的评价和整理、情报收集人、计划完成情况等。

（三）价值工程情报的收集方法

收集价值工程情报的方法很多，要根据具体情况有目的、有计划地选用，也可以多种方法并用。经常使用的方法有：

（1）面谈法。通过直接交谈，从对方口中获取情报。一般而言，这种方法具有直接观察、获取表面上看不到的情报、推测对方态度和观点的优点，但也存在情报不准确的缺点。

（2）查阅法。通过查阅各种书籍、刊物、专利、样本、目录、广告、报纸、录音、录像、论文等，来寻找有关情报资料。

（3）观察法。通过情报收集人员现场直接观察来收集情报资料。这种方法对情报人员的素质有较高的要求，除需熟悉各种情况外，还需要具备较敏锐的洞察力和观察问题、分析问题的能力。

（4）书面调查法。将所需的情报以问答形式预先归纳成若干问题，然后通过书面调查形式来取得情报。这种方法不受时间地点的限制，可以广泛应用，但其突出缺点是难以获取详细情报。

第三节　功能的定义与整理

功能分析是价值工程的核心和基本内容，它是对价值工程研究对象系统地分析其功能，科学地评价其重要性，通过功能和成本匹配关系定量计算对象的价值大小，确定改进对象的过程。功能分析一般分为功能定义、功能整理、功能评价三个步骤。

一、功能定义

功能定义就是用简明的语言对价值工程对象的每一项功能作一个确切的描述，通过这种描述，把功能的本质、内容及水平准确地表达出来。功能定义必须回答"它是干什么用的"这个问题。

（一）功能定义的作用

1. 明确用户要求

产品设计的依据是用户要求的功能。功能定义的根本任务就是透过产品的形式实体，准确抓住用户的本质要求。功能定义不准，就会使产品设计因偏离用户要求而失败，可以说，功能定义对价值工程的创新活动具有导向性作用。

2. 开阔创新思路

围绕用户要求的功能，进行思考创新，思路比较开阔，想象比较丰富，易于提出富有成效的改进方案。

3. 便于功能整理和评价

通过功能定义，可以明确改善对象的功能及功能之间的关系，弄清功能系统，为进一步功能整理和功能评价打下基础。

（二）功能定义的方法

功能定义要求简明扼要，因此，功能定义一般采用"两词法"——用两个词组成的词组来定义改善对象所承担的功能。通常，"两词法"的具体表现形式是：一个动词和一个名词所构成的动宾词组型功能定义。

例如，车床的功能表现为对被作用对象"工件"进行"切削"，因此其动宾词组型功能定义为：切削工件。诸如，传递扭矩、控制噪声、保持位置等，都属于动宾词组型功能定义。功能承担者的名称与动宾词组型功能定义中动词和名词的关系是主谓宾的关系。例如：

主语	谓语	宾语
车床	车削	工件
传动轴	传递	力矩
钟表	显示	时间
电线	传导	电流

明确这种主谓宾关系，有助于妥当、贴切地进行功能定义。有时为了明确功能水平的高低，可采用主谓词组法。如电视机的功能定义采用动宾词组时为"显示图像""发出伴音"等，对应的主谓词组型功能定义则为"图像清晰""伴音洪亮""造型大方""性能稳定"等。

（三）功能定义的要求

能否用"两词法"正确定义出改善对象的功能，取决于价值分析人员的知识水平和实践经验。如果确实难以用两词结构定义功能，也可以采取其他的词语形式。无论是"两词法"还是其他形式的词语表述，都应注意下列两点要求：

1. 准确简练

要求用简明扼要的词语将改善对象承担的功能正确、完整地定义出来。要克服抽象地、泛泛地下定义的不妥当做法，保证功能定义贴切具体、准确无误，同时，内容明确、言简意赅。

2. 尽可能定量化

为了合理、有效地进行功能的评价分析和方案改造，在功能定义中，还应尽可能地明确具有一定意义的定量数据，如"传递扭矩200牛·米""抽排气体27平方米/分钟"等。要注意的是，这些数值应是用户要求的，能反映功能水平高低的数值指标。

二、功能整理

功能整理就是对定义出的功能进行系统的分析、整理，明确功能之间的关系，分清功能类别，编制系统功能图。功能整理回答和解决"它的功能是什么"这样一个问题。

（一）功能整理的作用

1. 明确功能之间的关系和功能类别

在功能系统中，任何功能都是在与其他功能相互联系、相互作用中发挥作用的。通过分析、整理，可以明确功能之间是目的手段关系，还是并列同位关系；明确哪些是基本功能，哪些是辅助功能，哪些是使用功能，哪些是美观功能等。

2. 掌握功能系统

功能的分析整理过程也可以说是一个认识功能系统、掌握功能系统的过程。产品的功能系统反映了产品的机能、本质。掌握了功能系统，不仅深刻理解了产品的存在，而且也把握了产品的未来。

3. 辅助功能评价

功能分析是一个定性分析和定量分析相结合的过程，定性分析是定量分析的基础。功能整理作为系统深入的定性分析，为进一步的功能分析和评价创造了条件。

4. 引导方案创造

研究、分析功能，掌握功能系统的最终目的，是要引导方案创造，以新结构、新形式、新技术，经济合理地实现用户要求的功能。

(二)功能系统图

功能整理主要是围绕着功能系统图的建立进行的，可以说，功能整理就是建立功能系统图。功能系统图就是按照一定的原则方式，将定义的功能连接起来，从单个到局部、从局部到整体形成的一个完整的功能体系。功能系统图如图8-6所示。

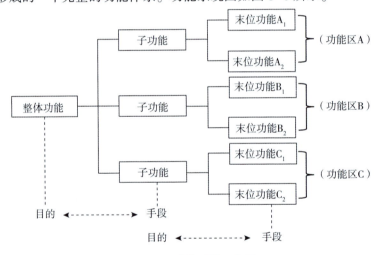

图 8-6　功能系统示意图

1. 整体功能

在图8-6中，最左边的功能是产品的整体功能，它是用户的直接要求，是整个功能系统的最终实现目标。

2. 功能级别

功能级别的划分是依据功能与整体功能相隔的功能级数来定的，它反映了各级功能与整体功能关系的紧密程度。

3. 目的功能与手段功能

如对平口虎钳主要零部件进行功能定义后，得到三项功能：夹紧工件、压紧钳口、施加旋力。施加旋力的目的是压紧钳口，压紧钳口的目的是夹紧工件。夹紧工件是压紧钳口的目的功能，压紧钳口是夹紧工件的手段功能；施加旋力是压紧钳口的手段功能，压紧钳口是施加旋力的目的功能。从这里可看出目的功能与手段功能是相对的。

4. 上位功能与下位功能

上位功能与下位功能是目的功能与手段功能的代名词，两者强调目的功能与手段功能在功能系统图上的位置关系。在功能系统图上，上位功能居左，下位功能居右，两者相差一级。具有同一（或多个）上位功能的多个下位功能称为同位功能。

在图 8-6 中，从整体功能开始，从左向右逐级展开，在位于不同级的相邻两个功能之间，左边的功能（上级）成为右边功能（下级）的目标功能，而右边的功能（下级）成为左边功能（上级）的手段功能。

（三）功能系统图的建立

目的功能与手段功能的关系称为目的—手段关系。对任意一项必要功能来说，只有目的功能或者只有手段功能，或者既有目的功能又有手段功能，三者必具其一。因此，通过追问功能的目的与手段，总可以找到其横向相邻的功能，逐个追问下去，同时注意到具有同一目的功能是并列关系的同位功能这一特点，最终就可形成功能系统图。这种建图原则称为目的—手段原则。目的—手段原则是建立功能系统图的基本原则。建立功能系统图的具体方法有：

1. 由手段追寻目的

对于不太复杂的现有产品，可通过由手段追寻目的的功能整理办法建立功能系统图，例如建立保温瓶的功能系统图。

2. 由目的寻找手段

对于有成千上万个零件的复杂产品，或设计尚未定型、处于设计中的产品，可采用由目的寻找手段的方法建立其功能系统图。

以载重汽车为例：从整体功能开始，逐级向下追问手段功能，直到不能继续细分为止。载重汽车的整体功能是"运载货物"，从原理上看，运载货物具有的手段为："提供货厢""驱动货厢"及"形成外观"的功能。"驱动货厢"的手段有提供行走机构、驱动行走机构、连成整体。接下来继续追问，可整理得到载重汽车的功能系统图（主要部分），如图 8-7 所示。

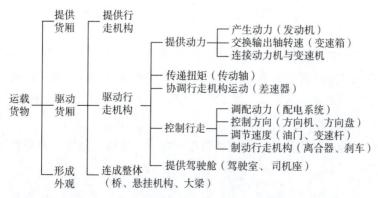

图 8-7　载重汽车的功能系统图

3. 结构式功能系统图

结构式功能系统图，是按产品整体、部件、组件直至零件，从左至右逐级地进行功能定义，然后依据相互间的目的与手段关系加以连接。采用这种方法所得到的功能系统图，在表现形式上是一个与产品结构相对应的功能结构，如图8-8所示。

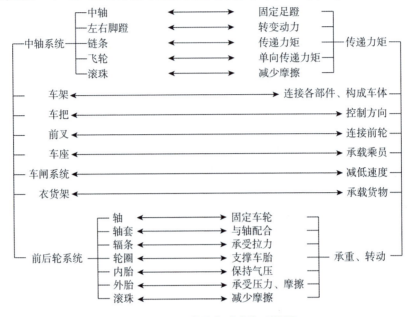

图 8-8　自行车结构式功能系统图

（四）功能的分类

根据用户直接的目的要求和设计者实现手段的设计，可将功能分为整体功能和设计功能；根据功能的重要性，又可分为基本功能和辅助功能；根据满足用户要求的性质，还可分为使用功能和美观功能；根据用户的功能要求，又可分为必要功能和不必要功能。

1. 整体功能和设计功能

整体功能是产品整体直接表现出的功能，它是用户的直接要求，产品存在的根本，是必须保证、不可改变的。设计功能是为实现整体功能，由设计者规划、设计的功能，是可改变的。

2. 基本功能和辅助功能

基本功能与辅助功能是在同位功能中，按实现上位功能的重要性来区分的。基本功能是实现上位功能的主要功能，没有这一功能，上位功能就不可能实现。辅助功能则是辅助基本功能实现上位功能的次要功能。同位功能中，除了基本功能，剩下的都是辅助功能。

3. 使用功能和美观功能

使用功能体现的是使用属性，是一种动态性功能；美观功能反映的是艺术性，是一种静态的外观功能。

4. 必要功能与不必要功能

必要功能是用户要求的功能，不符合用户要求的功能称为不必要功能。由于产品设计

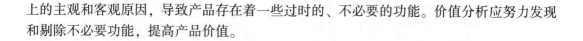

上的主观和客观原因，导致产品存在着一些过时的、不必要的功能。价值分析应努力发现和剔除不必要功能，提高产品价值。

第四节　功能评价

借助于功能定义和功能整理，可以了解功能系统及其范围，但还不能确定价值改善应从何入手，功能评价主要就是解决这一问题。所谓功能评价就是对已明确的具体功能和功能领域进行数量化、定量的评价功能价值，进一步确定功能改善的具体目标。

功能评价包括相互交织、相互联系的价值评价和成本评价两个方面。价值评价就是计算和分析评价对象的实际价值，分析成本与功能的合理匹配程度。成本评价就是核算和确定评价对象的实际成本、功能评价值，计算和分析成本改善期望值。成本改善期望值又叫成本改善幅度，它等于实际成本减去功能评价值。

换言之，功能评价就是在功能分析的基础上，找出实现某种功能的最低成本作为功能的目标成本 F（功能评价值），并以此作为功能评价的标准。通过与实现该功能的现实成本 C 的比较，求出两者的比值（功能价值 $V=F/C$）和两者的差异值（成本改善期望值 $\Delta C = C-F$），然后选择功能价值低、改善期望值大的功能作为价值工程活动的重点改进对象。

一、功能评价的目的

（一）确定重点改善对象和具体改进途径

通过价值、成本的分析评价，可揭示评价对象功能和成本不合理匹配的矛盾，发现存在的问题和差距，继而确定重点改善对象，确定具体改进途径，如追加成本、提高功能，还是剔除剩余功能、降低成本等。

（二）确定目标成本

功能评价的另一个重要目的就是确定各评价对象的功能评价值，即目标成本。功能评价值是在一定的生产技术条件下，根据实际功能的要求合理制定的，同实现用户要求的功能一样，它是改善评价对象应实现的成本目标。

二、功能评价的形式和方法分类

功能评价最难、最关键的是评价对象的功能数量化。功能数量化主要有功能成本化、功能评分化和功能参数化三种形式。相应地，功能评价的方法可分为成本化功能评价、评分化功能评价和参数化功能评价三类。

功能评价的评价对象有两种，一种是功能的承担体，另一种是定义出的功能。以功能的承担体为评价对象的功能评价称为非功能定义性功能评价，以定义出的功能为评价对象的功能评价称为功能定义性功能评价。前者具体、易行，但分析粗糙；后者评价深入，创新思路开阔，但运用困难。在实际评价中，可视具体情况，灵活选用。两种评价形式的评价对象虽然不同，但评价的内容都是相同的——功能的价值评价和成本评价，都可运用三类评价方法。

三、成本化功能评价

所谓成本化功能评价，就是以成本大小定量表示评价对象的功能价值。

成本化功能评价的计算、分析式为：

$$V_i = \frac{F_i}{C_i} \tag{8-3}$$

$$\Delta C_i = C_i - F_i = (1, 2, \cdots, n) \tag{8-4}$$

式中：i——评价对象的序号；

$\quad\quad n$——评价对象的个数；

$\quad\quad F_i$——评价对象 i 的功能评价值；

$\quad\quad C_i$——评价对象 i 的实际成本；

$\quad\quad \Delta C_i$——评价对象 i 的成本改善期望值；

$\quad\quad V_i$——评价对象 i 的价值指数。

成本化功能评价，可按以下三个步骤进行：

（一）计算评价对象实际成本

对于非功能定义性功能评价，要计算产品或零件的实际成本。如何计算产品或零件的实际成本，可参考有关成本财务管理书籍。对于功能定义性功能评价，还要将产品或零件的实际成本分摊到所承担的功能中去，以计算出各项功能的实际成本。

【例 8-4】某产品有 4 个零部件、6 种功能，其功能现实成本计算如表 8-10 所示。

表 8-10　功能现实成本计算

零部件			功能或功能区域分配的成本/元					
序号	名称	成本/元	F_1	F_2	F_3	F_4	F_5	F_6
1	A	300	100		100			100
2	B	500		50	150	200		100
3	C	60				40		20
4	D	140	50	40			50	
合计		C_0	C_{01}	C_{02}	C_{03}	C_{04}	C_{05}	C_{06}
		1 000	150	90	250	240	50	220

表 8-10 中的 A 零部件是用来实现 F_1、F_3 和 F_6 功能的，将 A 零部件的成本分配给其所实现的三项功能，分别为 100 元、100 元和 100 元。依此类推，将 B、C、D 的成本分别分摊到各自实现的功能中，然后将各功能分配的成本合计起来，得到各功能的现实成本。如 F_1 的现实成本为 150 元，F_2 的现实成本为 90 元。

（二）确定评价对象功能评价值

确定功能评价值即确定与功能合理匹配的目标成本。确定目标成本有许多方法，如价格成本法、低价格比例法、实际调查法等。

1. 价格成本法

根据一定的价格和单位产品税利额，制定目标成本的方法称为价格成本法。

其具体公式是：

$$产品目标成本=单价-单位产品税利 \qquad (8-5)$$

2. 低价格比例法

将产品的市场最低价格与本厂价格进行比较，在现有产品成本的基础上，按最低价格与本厂价格之比，同比例确定产品改革后的成本指标：

$$目标成本=\frac{最低价格}{本厂价格}\times产品实际成本 \qquad (8-6)$$

3. 实际调查法

实际调查法是通过广泛地调查，收集具有同样功能产品的成本，从中选择功能水平相同而成本最低的产品，并以这个产品的成本作为功能评价值。具体步骤如下：

（1）广泛收集企业内外完成同样功能的产品资料，包括反映功能水平的各项性能指标和可靠性、安全性、操作性、维修性、外观等。

（2）对收集到的产品资料进行分析整理，并按照各自功能要求的程度排出顺序。

（3）绘制坐标图，作出实际最低成本线。以横坐标表示功能水平，纵坐标表示成本，按功能水平等级分类，把各产品的功能水平等级和成本标在坐标图上，这样在每个等级的功能水平上总有一个产品的成本是最低的。将各功能水平等级的最低成本点连接起来，所形成的线即为最低成本线。可以把这条线上的各点作为对应功能的评价值，如图8-9所示。

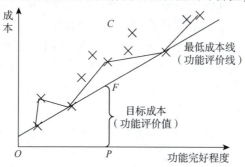

图8-9 功能评价图解

实际调查法确定的功能评价值（目标成本）是已经实现了的成本目标值，它比较可靠，效果明显直观。但应注意到最低成本线是不断变化的，现实产品中难免存在不必要的功能，因此需要根据变化情况不断修正，去掉不必要的功能。

（三）计算和分析评价对象的价值指数、成本改善期望值

价值指数是功能评价值与实际成本的比值。价值指数的大小主要有三种情形：大于1、等于1、小于1。针对每种情形，一般可相应地作出下列判断分析：

$V_i>1$——实际成本小于功能评价值，表明评价对象实际成本偏低，功能不足，应追加成本，提高功能。

$V_i=1$——实际成本等于功能评价值，这种情形通常被认为评价对象的功能符合要求，成本与功能合理匹配，价值最佳。

$V_i<1$——实际成本大于功能评价值，表明评价对象实际成本偏高，很有可能存在功能过剩，应剔除过剩功能，降低评价对象成本。

在具体分析某个产品或某个零部件时，还应和技术经济指标、结构、工艺的分析结合起来。

评价对象的成本改善期望值等于实际成本减去功能评价值。成本改善期望值反映了评价对象成本可能的改善幅度，比较各评价对象成本改善期望值的绝对值，能看到各评价对象的改善对整体改善的影响大小，即成本改善期望值的绝对值大的评价对象，其改善对整体改善的影响就大，反之则小。

四、评分化功能评价

评分化功能评价，就是通过评价对象之间的相对评分，将评价对象的功能数量化，在此基础上进行的功能评价。

（一）评价对象的功能评分

评价对象的功能评分是站在用户的立场上，依据评价对象的功能重要程度来进行的，功能越重要，评分就越高，反之则越低。

评价对象的功能评分方法有很多，如0-1对比评分法、多比例评分法、环比倍乘评分法、环比比例评分法、分功能评分法等。

1. 0-1对比评分法

0-1对比评分法，是把要分析的对象按矩阵排列，按功能重要程度相互对比打分，重要的打1分，次要的打0分，然后将评价对象的得分加总求和。

【例8-5】某产品有4个零件A、B、C、D。就功能的重要程度来比较，B零件比A零件重要，A零件比C零件重要，C零件比D零件重要。所以，B零件同其他3个零件比较均得1分，共3分；A零件与B零件相比，A零件得0分，A零件与C、D零件相比，各得1分，共2分；同样的道理，可得到C零件、D零件的功能评分分别为1分、0分。为避免最不重要的功能得0分，可将各功能评分加1分进行修正，如表8-11所示。

表8-11　0-1评分表

评价对象	A	B	C	D	功能评分	修正得分
A	×	0	1	1	2	3
B	1	×	1	1	3	4
C	0	0	×	1	1	2
D	0	0	0	×	0	1

2. 多比例评分法

由于强制确定法只有"0"和"1"两种评分，过于绝对化，不能反映功能之间的真实差别，可以采用多比例评分法。常用的有0~4评分法和0~9评分法，0~4评分法如表8-12所示。

表8-12　利用0~4评分法计算功能重要性系数表

评价对象	A	B	C	D	得分	功能重要性系数
A	×	3	4	2	9	0.375

续表

评价对象	A	B	C	D	得分	功能重要性系数
B	1	×	3	1	5	0.208
C	0	1	×	0	1	0.042
D	2	3	4	×	9	0.375
合计					24	1

0~4 评分法和强制确定法基本相同，不同的是打分标准有所改进。当评价对象进行一对一的比较时，分为四种情况：

情况一：非常重要的(或实现难度非常大的)功能得 4 分，很不重要的(或实现难度很小的)功能得 0 分。

情况二：比较重要的(或实现难度比较大的)功能得 3 分，不太重要的(或实现难度不太大的)功能得 1 分。

情况三：两个功能重要程度(或实现程度)相同时各得 2 分。

情况四：自身对比不得分。

3. 环比倍乘评分法

环比倍乘评分法是先将各个考评因素进行排列，然后按照顺序对各项因素进行比较，得出各因素重要度之间的倍数关系，又称环比比率，再将环比比率统一转换为基准值，最后进行归一化处理，确定其最终权重。这种方法需要对考评因素有客观的判断依据，需要有客观准确的历史数据作为支撑。

这种方法的计算步骤如下：

第一步：列评分表，将参加评分的对象按功能相近、重要性或实现的困难度等顺序排列到环比评分表中，见表 8-13 中的"功能区"栏。

第二步：确定暂定重要性系数。即由上而下将相邻功能进行对比评分，这个评分值作为暂定值填入表中，见表 8-13 中的"暂定重要性系数"栏。

第三步：求修正重要性系数。把最后一项功能的修正系数定为 1，那么，其他功能评分就可根据倍数值的累计倍乘(由下往上计算)，相应地得出各功能的修正重要性系数，见表 8-13 中的"修正重要性系数"栏。

表 8-13　环比评分法

功能区	功能重要性评价		
	暂定重要性系数	修正重要性系数	功能重要性系数
A	1.5	9.0	0.47
B	2.0	6.0	0.32
C	3.0	3.0	0.16
D		1.0	0.05
合计		19.0	1.00

(二)评价对象的价值评价

1. 比重比较法

$$评价对象 i 的价值指数(V_i) = \frac{功能指数(FI_i)}{成本指数(CI_i)}, \quad (i=1, 2, \cdots, n) \tag{8-7}$$

$$FI_i = \frac{FS_i}{\sum_{i=1}^{n} FS_i}, \tag{8-8}$$

$$CI_i = \frac{C_i}{\sum_{i=1}^{n} C_i} \tag{8-9}$$

式中：FS_i——评价对象 i 的功能评分。

依据价值指数计算式，计算出各评价对象的价值指数，针对价值指数大于1、等于1、小于1三种情形，分别有下列的判断分析：

（1）$V_i=1$，表示功能与成本达到了合理匹配，一般无须改进。

（2）$V_i<1$，表示此时成本对于所实现的功能来说偏高。一种可能是存在着过剩功能，另一种可能是功能虽无过剩，但实现功能的条件或方法不佳，致使实现功能的成本过高。这种情形一般应列为改进范围。

（3）$V_i>1$，说明该功能比较重要，但分配的成本较少。这种情况应具体分析，若是成本偏低，使功能不足，则应作为改进对象；若确属以较低成本实现了必要功能，则一般不列为价值工程的改进范围。

从以上分析可以看出，确定价值工程对象的改进范围，应综合考虑 V_i 偏离1的程度以及成本降低的幅度，优先选择 V_i 远小于1，而且成本改进幅度大的功能。

如表8-12和表8-13的功能重要性系数，就是用各自的修正重要性系数除以全部修正重要性系数的总和，就得到每一评价功能的功能重要性系数。

2. 基点比值法

基点比值法是一种比较准确的价值评价方法。价值指数计算式：

$$V_i = \alpha \times \frac{FS_i}{C_i}, \quad (i=1, 2, \cdots, n) \tag{8-10}$$

式中，α 称为基点系数，它是根据某个成本与功能合理匹配的评价对象（也就是基点）的实际成本、功能评分计算出来的，即：

$$\alpha = \frac{C_{i0}}{FS_{i0}} \tag{8-11}$$

式中：i_0 是成本与功能合理匹配的、被选为基点的评价对象的编号；C_{i0} 和 FS_{i0} 分别为评价对象 i_0 的实际成本和功能评分。

基点比值法关于价值的判断分析，与成本化功能评价中关于价值的判断分析相同。

(三)评价对象目标成本的推算

在评定出各评价对象的功能评分并找到基点计算出基点系数后，可按下式推算各评价对象的目标成本：

$$F_i = \alpha \times \text{FS}_i, \quad (i = 1, 2, \cdots, n) \tag{8-12}$$

显然地，目标成本合理与否直接取决于功能评分和基点系数的准确程度。为使目标成本真正体现"可靠地实现用户所要求的最低成本"的要求，一方面，基点系数要选准确；另一方面，应结合具体情况，对推算出的目标成本进行一定的修正。

【例8-6】某产品由6个零件组成，对其功能进行评价。确定功能评价系数如表8-14所示。

表8-14 功能评价系数

零件	A	B	C	D	E	F	f_i	F_i
A	×	1	1	1	1	1	6	0.268
B	0	×	1	1	1	1	5	0.238
C	0	0	×	1	1	1	4	0.190
D	0	0	0	×	1	1	3	0.143
E	0	0	0	0	×	1	2	0.095
F	0	0	0	0	0	×	1	0.048
合计							21	1.000

注：为了避免最不重要对象功能(F零件)得0分，可将各对象评分都加1进行修正。

确定成本指数和价值指数如表8-15所示，功能评价值与成本改善幅度如表8-16所示。

表8-15 成本系数和价值系数

零件	功能指数(F_i)	实际成本(C_i)	成本指数(CI_i)	价值指数(V_i)	功能优劣排序
A	0.286	30	0.150	1.907	3
B	0.238	45	0.225	1.058	1
C	0.190	25	0.125	1.520	2
D	0.143	50	0.250	0.572	5
E	0.095	35	0.175	0.543	6
F	0.048	15	0.075	0.640	4
合计	1.000	200	1.000		

表8-16 功能评价值与成本改善幅度

评价对象	功能重要性系数①	功能评价值②=目标成本×①	实际成本③	价值指数④=②/③	改善幅度⑤=③−②
A	0.286	57.2	30	1.907	−27.2
B	0.238	47.6	45	1.058	−2.6
C	0.190	38.0	25	1.520	−13.0
D	0.143	28.6	50	0.572	21.4
E	0.095	19.0	35	0.543	16.0

续表

评价对象	功能重要性系数①	功能评价值②=目标成本×①	实际成本③	价值指数④=②/③	改善幅度⑤=③-②
F	0.048	9.6	15	0.640	5.4
合计	1.000		200		

五、参数化功能评价

参数化功能评价，就是将评价对象的功能用功能参数值定量表示，在此基础上进行的功能评价。

(一) 实际价值指数与合理价值指数

在功能参数化价值评价中，产品价值指数等于产品的某个主要功能参数值除以产品成本。根据产品成本是实际成本还是合理成本的不同，价值指数有实际价值指数与合理价值指数两种。实际价值指数的计算式：

$$V = \frac{J}{C} \tag{8-13}$$

式中：J 是产品的某个主要功能参数值，如水泵的流量、汽车的吨位、转轴的扭矩等。C 为产品的实际生产成本。产品实际价值指数 V 反映了产品单位成本提供的功能物理量大小，这种价值指数具有期望性，价值指数越大越好。合理价值指数的计算式为：

$$V' = \frac{J}{F} \tag{8-14}$$

用以计算价值指数的产品成本是一个合理成本 F。合理成本是指，在一定产技术条件下能可靠地实现一定产品功能水平(或一定功能参数)的最低成本。产品成本过低，会导致产品性能低、质量差、功能不足；产品成本过高，则会给用户增加不合理的价格负担，影响企业营利。由合理成本计算出的合理价值指数则成为实现一定功能参数的产品价值目标，成为衡量、评价产品的一种尺度。

(二) 成本特性与价值指数规律

在系列产品中(精密仪器产品除外)，一般材料成本随产品规格或功能参数的变化近似同比例变化，而工费成本则比较稳定。因此，随产品规格或功能参数的增加，产品成本也相应地增加，但以小于规格或功能参数的增加比例而增加。这就是系列产品的成本特性。

假定系列产品中，有两种规格参数 J_1、J_2，且 $J_2 > J_1$，根据成本特性有：

$$\frac{F_2 - F_1}{F_1} < \frac{J_2 - J_1}{J_1} \tag{8-15}$$

整理后得到：

$$\frac{J_1}{F_1} < \frac{J_2}{F_2} \tag{8-16}$$

式中：F_1、F_2 分别为两种规格产品的合理成本。

上式表明，规格参数高，合理价值指数就高。合理价值指数与规格参数的这种关系，是系列产品中各规格实际价值指数应遵循的规律：系列产品中，规格参数高，实际价值指数就应该高，实际价值指数应随规格参数的递增而递增(或随规格参数的递减而递减)。

合理成本与规格参数的内在联系，决定了合理价值指数是规格参数的函数。理论分析和实际资料表明，合理价值指数近似为规格参数的幂函数：

$$V' = K \cdot J^{\alpha} \quad (J>1,\ K>0,\ 0<\alpha<1) \tag{8-17}$$

式中：K、α 为常数。不同产品系列的 K、α 值不同。这一关系说明了，在产品系列中，随着规格参数的变化，合理价值指数按其幂函数变化。

(三)相对价值指数的计算和分析

相对价值指数用来分析产品功能与成本匹配的合理性，它等于实际价值指数与合理价值指数之比，即：

$$V'' = \frac{V}{V'} = (\frac{J}{C})(K \times J^{\alpha}) = J^{1-\alpha}(K \times J^{\alpha}) \tag{8-18}$$

相对价值指数大于1，表明实现一定功能参数的实际成本较低，产品其他性能指标可能偏低，功能不足；相对价值指数小于1，表明实现一定功能参数的实际成本偏高，产品其他性能指标可能偏高，功能过剩；相对价值指数等于1或近似等于1，表明产品功能与成本匹配比较合理。

产品相对价值指数与1偏离越大，说明存在的问题越严重，越应优先改进。进一步结合设计标准、用户要求以及结构、工艺，详细分析，找出功能不足或功能过剩的直接原因和具体表现，以便在产品的改进设计中，通过追加成本、提高功能或剔除剩余功能、降低成本，实现功能与成本的合理匹配。

已知产品系列中各规格的功能参数和实际成本，计算相对价值指数的关键是确定常数 K 和 α。经估计分析，如果有 $n(n>2)$ 种规格的实际价值指数比较合理，也就是不存在明显的过高、过低现象，则可依据这 n 种规格的实际价值指数和功能参数，用最小二乘法近似推算常数 K 和 α：

$$\alpha = \frac{n\sum_{i=1}^{n}(\lg V_i)(\lg J_i) - \sum_{i=1}^{n}(\lg V_i)(\lg J_i)}{n\sum_{i=1}^{n}(\lg J_i)^2 - (\sum_{i=1}^{n}\lg J_i)^2} \tag{8-19}$$

【例8-7】某厂生产柴油机的传动轴若干，其中主要传动轴有五种。在提高产品质量、降低生产成本的活动中，为明确产品存在的问题，有针对性地着手改进，企业设计人员对五种轴系统地进行了功能与成本的匹配合理性分析。根据轴实际传递的最大扭矩和实际生产成本，计算各轴的实际价值指数(如表8-17所示)。在五种轴中，轴 Ⅳ 的实际价值指数明显偏低，其他四种轴的实际价值指数随功能参数的递增而递增，符合价值指数规律。取这四种轴的实际价值指数和实际扭矩，按最小二乘法计算式列表(表略)，计算常数 K 和 α 得到：$\alpha = 0.23$，$K = 1.12$。

表8-17　各传动轴相应数据

项目	轴 Ⅰ	轴 Ⅱ	轴 Ⅲ	轴 Ⅳ	轴 Ⅴ
实际扭矩 J/(千米·米)	3.5	4	5	10	40
实际成本 C/元	2.4	2.5	3	6.6	15.6

项目	轴Ⅰ	轴Ⅱ	轴Ⅲ	轴Ⅳ	轴Ⅴ
实际价值指数 V/（千克·米/元）	1.46	1.6	1.67	1.52	2.56
相对价值指数 V^*	0.91	1.04	1.04	0.80	0.98

然后，按相对价值指数计算式计算各轴的相对价值指数。轴Ⅱ、轴Ⅲ和轴Ⅴ问题不大，但轴Ⅰ和轴Ⅳ的相对价值指数远小于1，表明两种轴实际成本偏高，可能存在功能过剩。进一步分析发现，轴Ⅰ表面精度过高、工艺复杂；轴Ⅳ直径过大，致使材料费用偏高。

针对存在的问题，设计人员重新设计了轴Ⅰ和轴Ⅳ，结果既保证了两轴的功能要求，又降低了它们的生产成本。

（四）目标成本计算

参数化功能评价着重于具有系列特征的对象分析，与此相对应，制定评价对象目标成本的方法主要有幂函数法。幂函数法是根据系列产品中，实现一定功能参数的合理成本与功能参数的近似幂函数关系来制定目标成本的方法。对应一定的参数目标，合理成本即为目标成本。根据 $V' = \dfrac{J}{F} = K \times J^{\alpha}$，得目标成本计算式：

$$F = \frac{1}{K} \times J^{1-\alpha} \tag{8-20}$$

例8-7中，传动轴目标成本的计算式为：

$$F = \frac{1}{1.12} \times J^{1-0.23} = 0.89 J^{0.77} \tag{8-21}$$

假定各轴的实际扭矩均符合设计要求，对应这些扭矩参数，由式（8-21）计算出各轴的目标成本，如表8-18所示。

表8-18　各传动轴目标成本

项目	轴Ⅰ	轴Ⅱ	轴Ⅲ	轴Ⅳ	轴Ⅴ
扭矩 J/（千克·米）	3.5	4	5	10	40
目标成本 F/元	2.34	2.60	3.08	5.26	15.29

（五）方法特点和适用范围

参数化功能评价只能用于功能参数明确的系列产品的评价分析。用以计算的功能参数是产品的一项主要的、具有代表性的功能参数。如果产品主要功能参数有多项，则应运用比例推算的方法，将这多项功能参数化为一个综合指标参数评分权数和，代替单一参数参与相对价值指数的计算和分析。

另外，同系列产品中也可能存在着结构原理、生产特点等各不相同的情形，这类产品不可能服从同一价值指数的幂函数规律。只有结构原理、生产特点可比的系列产品，方可运用功能参数化功能评价方法。

第五节　方案创新与实施

一、方案创新与实施的一般程序

当完成了功能分析与评价过程后，价值工程的对象和改造目标已基本确定，下一步工作就是围绕着用户所要求的功能，制定实现方案，组织实施。这一过程比较复杂，它是一个由抽象到具体、由粗到精的过程，通过设想、评价、构想，反复研究，使方案不断趋于完善，最后确定出一个最优方案，提案审批，组织实施。整个过程的工作程序如图 8-10 所示。

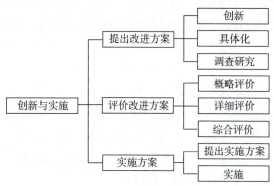

图 8-10　方案创新与实施的步骤

二、方案的创造

方案创造是价值工程中的关键环节，没有好的改进或全新的方案，价值工程的整个过程就无法完成。方案创造分为两种形式：一种是新产品的设计，通常以最终功能出发，一步一步地构想手段功能，创造一个全新的设计方案；另一种形式是老产品的改造，通常是以功能系统图为依据，从某一功能范围入手，创造出一个老产品的改造方案。为节约经费，对老产品的各种合理的部分应尽量保留。为此，价值工程的方案创造工作必须从必要的要求出发，提出设计构思指导方案实施。

（一）方案创新的基本原则

价值工程的创始人麦尔斯，在 1961 年所著的《价值分析与价值工程技术》一书中，提出了加快出成果的十三条原则：

（1）克服一般化、概念化。

（2）收集一切有用的成本资料。

（3）从最佳情报来源收集情报。

（4）突破、创新、求精。

（5）发挥彻底的独创精神。

（6）发现并消除障碍。

（7）请教专行家以扩大专业化知识。

(8)将重要公差换算成金额来考虑。

(9)尽量采用专业化工厂的产品。

(10)尽量利用和购买专业化工厂的成熟技术。

(11)利用专门的生产工艺。

(12)尽量使用标准件。

(13)以"我自己是否这样花钱"作为判断标准。

这十三条原则对方案的创新、措施的拟订具有重要的指导作用，其实质就是要求人们要具有创新精神和科学态度。有了这种精神和态度，加上行动上的积极性和合理性，方案创新也就有了成功的保证。

(二)创新方法

方案创造的理论依据是功能载体具有替代性。这种功能载体替代的重点应放在以功能创新的新产品替代原有产品和以功能创新的结构替代原有的结构方案。常见的创新方法有：

1. 头脑风暴法

头脑风暴法简称 BS(Brain Storming)法，又称集体思考法，是 1939 年由美国 BBDO 广告公司奥斯本博士首先提出的一种创造方法。这种方法以 5~10 人的小型会议的方式进行为宜，由一名熟悉研究对象、善于启发思考的人主持会议。会议按以下四条原则进行：①欢迎畅所欲言，自由地发表意见；②希望提出的方案越多越好；③不允许互相指责批判；④要求结合别人的意见提出设想，借题发挥。

2. 哥顿法

这是美国人威廉·哥顿(William. Gordon)在 1964 年提出的一种方法。其指导思想是把所解决的问题适当抽象化，以利于拓展思路。该方法用会议形式邀请有关人员提方案，但是要解决的具体问题，只有会议主持人知道，而不让其他与会者知道，以免他们的思想受到约束。会议主持人只提出一个抽象的功能概念。因为抽象，思考的范围大，解决问题的办法就多，方案就可以提得更多。会议主持者要善于引导，用各种类比的方法提出问题，等到合适的时候，才把要解决的问题揭开。例如，要研制一种新型收割机，则提出如何把物体割断和分开的问题，再由与会者围绕这个功能问题，提出各种设想，当与会者提出可采用刀切、剪开、割断、扯断、锯断等不同方法后，再宣布会议要研究的问题。这样有可能使大家提出用理发推子形式的刀片，或镰刀形式的旋转刀片，或圆盘形式的刀片等各种设想。

这种方法与头脑风暴法不同之处在于，允许相互评论，会议的气氛较严肃，开会的时间较长，最后形成的方案也不多，因为主持者往往只希望形成一个能解决问题的方案。

3. 专家意见法(德尔菲法)

专家意见法是由组织者将研究对象的问题和要求，函寄给有关专家，专家返回设想意见，经整理出若干方案和建议，再匿名函寄给有关专家征求意见，再回收整理，经过几次反复后确定出新的功能方案。此调查方式，其优点是避免了崇拜、迷信权威。现实生活中，权威在场往往会统治整个会议的局面。匿名函询，专家们彼此不见面，可以无顾虑地大胆提出方案，因此避免了上述问题产生。还有一个优点是，专家可以随时根据情况和认

识的深化来改变自己原来的意见而不用顾忌损害自己的威望。

4. 缺点列举法

缺点列举法就是对所要解决的问题，从发现存在的问题即缺点方面去找出不足，以便去掉缺点，而使其达到更加完美的方法。它的实质是达到改善的目的。这种方法运用起来比较简便易行，不需要特殊的训练，人人都会运用。一般是找出缺点比较容易，但提出创新方案就比较困难，所以这种方法还需要与其他创造方法结合运用。

5. 希望列举法

希望列举法实际上是"缺点列举法"的一种变形，将所希望达到的目的或要求甚至幻想一一列举出来，而不管其是否可以实现，这样就开阔了思路，增多了创意，达到目的的可能性也就增大了。这种方法是积极的，它有利于创意的启发，很多创意是由积极的设想诱发的。从古至今，很多重大发明就是如此产生的。

三、方案评价

方案评价就是从方案创新过程所提出的众多方案中选择一种可行的、最满意的方案。在评价、择优过程中，通过综合方案的利弊，还能创造出新的方案来。

备选方案的评价分概略评价和详细评价两个阶段进行。概略评价的目的是对大量的备选方案进行粗略的筛选，保留少数方案，以节约评价的时间和精力。详细评价的目的是对经过概略评价后保留下来的少数方案进行详细的技术评价和经济评价，在必要时还要进行社会评价，最后作出综合评价，如图8-11所示。

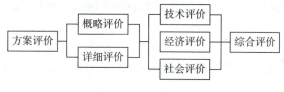

图8-11 方案评价

(一)概略评价

概略评价时，要求能在较短的时间对为数众多的方案作出初步筛选。筛选时主要考虑以下方面：

(1)技术方面：技术上是否可行，功能是否能满足用户的要求以及实现的程度，外协条件是否能满足，原材料是否有充分的保证等。

(2)经济方面：企业内部财力是否允许，是否能降低成本，成本降低的幅度有多大。

(3)社会方面：是否符合国家的方针、政策和法令，是否能有效地利用资源，有无环境污染等。

概略评价的具体做法是，将各方案及评价要点方面的内容列成如表8-19所示的形式，再用不同记号表示好、一般、差等，然后综合各方面的优势，进行综合评价，再决定筛选的结果：一般分采纳、不采纳和保留三种。若经一次筛选后采纳的方案仍较多，可对初步采纳的方案进行第二轮的评价。

表 8-19 概略评价的基本做法示意

方案	概略评价的内容			综合评价	评价意见
	技术	经济	社会		
A	0	0	0	0	采纳
B	0	#	0	0	采纳
C	#	#	0	#	保留
D	0	0	*	#	保留
E	#	*	#	*	不采纳
F	0	*	*	*	不采纳
…					

注："0"代表好；"#"代表一般；"*"代表差。

(二)详细评价

方案的详细评价就是对通过概略评价筛选出来的若干方案，从技术、经济、社会三个方面作详尽的研究，通过综合评价，最后决定一个最满意的方案。

1. 技术评价

技术评价的内容因产品的不同而差异很大，但是共同的一点是必须从用户对功能的要求出发，来评价不同方案的必要功能是否实现，以及功能实现的程度是否能达到用户的需要。当达到的必要功能能用某些质量特征值表示出来时，就可以用质量指标进行更具体的评价。

技术评价内容具体包括：①功能的实现程度(性能、质量、寿命等)；②产品的可靠性、维修性、操作性、安全性等方面；③对整个系统的协调性；④与环境的协调性；⑤社会的吻合性。

技术评价的方法主要有：

(1)现场试验。通过现场实际试验的方法，测算出一切可以通过试验所能测算出的数据，进行必要的计算、总结、对比。这种试验的方法根据来自实践，比较真实可靠，但费时、费工，试验成本较高。

(2)模型试验。这种试验是把产品做成模型进行试验验证。这种方法比现场试验费用低，但会有失真，可靠性较低。

(3)理论试验。把各种技术参数变换成数学模型，通过运算求解进行验证。这种方法一般不需要多少费用，但数学模型建立难度大。

2. 经济评价

经济评价就是评定各方案的经济可行性，从中选出经济可行的最优方案。经济评价一般以成本的评价为主，同时也要考虑与经济效果有关的因素，如销售量、适用期限、利润等。

经济评价的程序为：①估算每个备选方案的成本总额；②对每个备选方案的成本总额相互比较进行计算；③选定最有利的方案；④把选定方案的成本同现有方案或原定成本相比较，求出其经济效益。

经济评价的方法主要有：

（1）总额法。即各个备选方案同时计算其利润的方法。

例如：

　　　　销售收入　企业成本　利润

甲方案：100 000 元-70 000 元＝30 000 元

乙方案：80 000 元-60 000 元＝20 000 元

比较结果：甲方案收入高，成本低，利润大，从经济上看是有利方案。

（2）差额法。找出各个比较方案的不同部分，只分别计算其差额的方法。这方法比总额计算法简便，能迅速算出结果。

【例8-8】某厂对一种零件进行加工，有甲、乙两种方案，甲方案可使用现有模具加工，只需摊入模具损失费 400 元，另外每件加工费 100 元。而用乙方案，要重新制作模具，费用为 1 600 元，仍需待摊模具损失费 400 元，但乙方案加工费每件只要 80 元。年产量预计为 50 000 件，每件售价亦相同，试评价两方案的经济效益。

按差额计算，则为：

把两方案中成本相同的模具损失待摊费 400 元不计算，其总收入也相同，不计算。只计算其差额成本部分作比较。

甲方案：100×50 000＝500（万元）

乙方案：80×50 000+1 600＝400. 16（万元）

比较结果：乙方案比甲方案成本费用低。

差额是：

500-400. 16＝99. 84（万元）

所以实际收益仍是乙方案为最佳。

此外，还有盈亏平衡分析法、现金流量法，这些已在前面的章节详细阐述，这里就不再赘述。

3. 社会评价

方案的社会评价，主要是评价方案所取得的经济效益与社会效益和用户的利益是否相一致的范围。评价时可以从以下几个方面考虑：

（1）方案的功能条件、技术指标是否与国家的技术标准和技术政策相一致。

（2）方案实施与国民经济发展的要求和长远规则是否相一致。

（3）方案实施的企业效益是否与社会范围内的总体利益相一致。

（4）方案实施是否与国家的人力、物力、财力资源的综合利用相一致。

（5）方案实施是否与当前的物资、能源供应和运输条件相一致。

（6）方案实施是否与环境保护、生态平衡、公害污染控制和国家有关法律、法令、条例、规定相一致。

（7）方案实施是否能给消费者带来利益和便利等。

4. 综合评价

在详细评价时，某一方案在所有因素上都优于或劣于其他方案的情况是比较少的；绝大多数情况下，往往在某些方面 A 优于 B，而在另一方面又是 B 优于 A。所以，改进方案的选定一般仍需由总体综合评价来决定。

综合评价是在技术评价、经济评价和社会评价的基础上，对方案进行整体评价。综合评价中涉及很多不可计量的因素，而且又是多目标决策的问题，给定量的综合评价带来了困难。所以，综合评价一般采用评分法，具体有：

（1）加法评分法。这种方法是按照评价的项目，规定若干等级并按项目的重要程度规定不同的评分标准。重要程度高的评分值标准定得高些，反之定得低些。然后，根据各方案对各评价项目的实现程度按规定标准打分。最后汇总各方案的得分总数，按总分多少评定方案的优劣，如表8-20所示。

表8-20　新产品开发的综合评价

评价项目	评价等级	评分标准	评价方案			
			A	B	C	D
功能	很好地满足用户所需功能	30	30	20	10	20
	基本满足用户所需功能	20				
	尚能满足用户所需功能	10				
销路	销路大，范围大	15	15	10	10	5
	销路中等，范围一般	10				
	销路小，范围小	5				
生命期	导入期	15	15	7	10	10
	成长期	10				
	成熟期	7				
盈利能力	30%以上	20	20	15	15	10
	25%以上	15				
	20%以上	10				
生产可能性	利用现有条件可成批生产	10	4	8	8	10
	增加若干设备	8				
	需大量投资	4				
合计		36~90	84	60	53	55

（2）连乘评分法。这种方法把各评价项目所得分数相乘，按乘积的大小来评价方案的优劣。由于总分是由连乘而得，故不同方案的总分差距很大，比较醒目，便于选择。

（3）加权评分法。其步骤是：

第一，确定评价项目，并利用FD法确定各评价项目的加权系数 W_j，如表8-21所示，其中 j=1，2，3，4，5，6。

表8-21　利用FD法确定加权系数

j	评价因素	灵敏度	可靠性	耐冲击	尺寸	外观	成本	评分值	加权系数 W_j
1	灵敏度	*	0	0	1	1	1	3	0.200
2	可靠性	1	*	1	1	1	1	5	0.333

j	评价因素	灵敏度	可靠性	耐冲击	尺寸	外观	成本	评分值	加权系数 W_j
3	耐冲击	1	0	*	1	1	1	4	0.266
4	尺寸	0	0	0	*	1	0	1	0.066
5	外观	0	0	0	0	*	0	0	0.000
6	成本	0	0	0	1	1	*	2	0.133
	合计							15	1.000

第二，分别就每个评价项目，利用 FD 法确定出每个方案 i 对项目 j 的满足系数 S_{ij}，如表 8-22 所示。

第三，按照公式 $T_i = \sum\limits_{j=1}^{n} W_j S_{ij}$ 计算方案 i 的加权评分总值 T_i，如表 8-22 所示。

第四，选取加权平均评分值 T_i 为最大的方案。表 8-22 中宜选 B 方案为最佳方案。

表 8-22　方案综合评价表

评价因素		方案 A		方案 B		方案 C		方案 D		方案 E	
项目	W_j	S_{1j}	$W_j S_{1j}$	S_{2j}	$W_j S_{2j}$	S_{3j}	$W_j S_{3j}$	S_{4j}	$W_j S_{4j}$	S_{5j}	$W_j S_{5j}$
灵敏度	0.200	0.0	0.000	0.3	0.06	0.1	0.020	0.4	0.080	0.2	0.040
可靠性	0.333	0.0	0.000	0.4	0.133	0.3	0.100	0.1	0.033	0.2	0.066
耐冲击	0.266	0.2	0.053	0.4	0.1067	0.3	0.080	0.1	0.026	0.0	0.000
尺寸	0.067	0.1	0.0067	0.2	0.0132	0.3	0.020	0.4	0.026	0.0	0.000
外观	0.000	0.1	0.000	0.4	0.000	0.3	0.000	0.2	0.000	0.0	0.000
成本	0.133	0.2	0.026	0.1	0.013	0.4	0.053	0.3	0.039	0.0	0.000
$T_i = \sum W_j S_{ij}$			0.086		0.326		0.273		0.204		0.106

四、方案实施

经评价确定的方案来自创造设想，但设想并不等于客观事实，必须进行试验验证。试验前要确定试验方法，制订试验计划，并对试验结果进行汇总、整理、总结，最后形成正式提案。主管部门应对提案组织审查，并由负责人根据审查结果签署是否实施的意见。提案经批准后，方可付诸实施。方案实施主要包括编写提案、提案审批、组织实施和效果总评等项工作。

(一) 编写提案

详细评价所确定出的最优方案，就是有待实施的方案。编写提案，旨在以提案书的形式提交有关部门审批，以便实施。为了让决策部门理解和接受，编写提案书，应从项目或产品改进的必要性、效果的有效性和成功的可能性三方面详细阐述，具体包括以下内容：

(1) 项目或产品的现状。

(2) 改进方案的技术性、经济性和社会效果。

(3) 现有方案与改进方案的比较分析。

（二）提案审批

提出的改进方案只是价值工程小组的业务成果，要付诸实施，需要企业生产技术行政指挥系统的承认，必要时还需报请上级主管部门审查批准。

（三）组织实施

组织实施主要做好两项工作：建立与方案要求相适应的生产管理系统，控制产品的功能水平和成本水平。

建立生产管理系统，具体地说就是：①制订实施计划；②添补设备，改装生产线，做好辅助生产准备；③制定工艺规程和规章制度；④组织原料、燃料和动力的供应。建立生产管理系统，重要的是要保证实施进度。各部门要各司其职，协调配合。当方案涉及面大，内容庞杂时，可采用计划评审技术来安排实施工作，以期顺利实施，按时建立起生产管理系统。

生产管理系统应力求将生产产品的功能水平和成本水平控制在方案所要求的范围内。为及时有效地控制产品的功能水平和成本水平，还须具体规定有关技术标准；制定成本定额、劳动定额；建立原始记录、统计核算制度；建立经济责任制系统；检查、监督；反馈、调整等。通过经常性的检查、分析，发现问题，查找原因，采取措施，解决问题，促使生产管理系统不断趋于完善，最终形成符合要求的正常生产管理系统，使新方案完全顺利地付诸实施。

（四）效果总评

价值工程实践是一项很重要的创造性活动，既有成功的经验，也有失败的教训，每次活动完结要认真总结经验、分析教训，以有效地指导今后的实施，在企业的整个生产经营过程中，推动价值工程持续、稳步地开展。价值工程活动的成功直接表现在产品技术经济指标的改善程度上。评价产品技术经济指标的改善程序，可采用产品功能水平提高率和产品成本节约率两项指标。除了评价企业效果，还要分析改进方案实施后，原材料尤其是稀有金属的节约、能耗的降低、用户利益的提高以及对国家经济建设的贡献等社会效果。通过价值的改善分析，若产品的技术经济指标得到较大程度的改善，企业效果和社会效果显著，无疑会对未来价值工程的应用产生巨大的鼓舞和激励作用，有力地带动下一次的价值工程活动循环。

 价值工程应用案例

本章小结

价值工程是以提高产品（或作业）价值和有效利用资源为目的，通过有组织的创造性工作，寻求用最低的寿命周期成本，可靠地实现所研究对象的必要功能，以获得最佳综合效益的一种管理技术。在价值工程的定义中，涉及价值、功能和寿命周期成本这三个基本概念。

开展价值工程，首先要正确选择价值分析对象(即生产中存在的问题)。选择价值工程分析对象常用的方法有经验分析法、百分比分析法、用户评分法、ABC法和强制确定法。通常，在选择价值工程分析对象的同时，应进行情报收集，情报收集是价值工程实施过程中不可缺少的重要环节。

价值工程的核心是功能分析，其区别于其他经济管理方法的一个突出特点就是进行功能分析。功能分析包括功能定义、功能整理和功能评价。功能评价包括成本化功能评价、评分化功能评价、参数化功能评价。

当完成了功能评价后，价值工程的下一步工作就是围绕着用户所要求的功能，制定实现方案，组织实施。方案创造的方法有头脑风暴法、哥顿法、德尔菲法、缺点列举法、希望列举法等。方案评价分为概略评价、详细评价和综合评价。经评价确定的方案来自创造设想，但设想并不等于客观事实，必须进行试验验证，形成正式提案，并经主管部门经批准后，方可付诸实施。方案实施主要包括编写提案、提案审批、组织实施和效果总评等项工作。

关键名词

价值工程	Value Engineering	功能	Function
寿命周期成本	Life Cycle Cost	功能分析	Functional Analysis
功能定义	Functional Definition	功能整理	Functional Finishes
功能评价	Functional Evaluation	ABC 分析法	Pareto Analysis

思考题

1. 什么是价值工程？提高产品价值的有效途径有哪些？
2. 什么是寿命周期费用？寿命周期费用包括哪几种费用？
3. 简述价值工程对象选择的原则。
4. 简述价值工程情报收集的主要内容。
5. 简述方案创新与实施的一般程序。

本章练习题

1. 某产品由 12 种零件组成，每种零件的个数和每个零件的成本如表 8-23 所示，用ABC分析法选择价值工程研究对象，并画出 ABC 分析图。

表8-23　某产品零配件构成表

零件名称	A	B	C	D	E	F	G	H	I	J	K	L
零件个数	1	1	2	2	18	1	1	3	5	3	4	8
每个零件成本/元	5.63	4.73	2.05	1.86	0.15	0.83	0.76	0.33	0.35	0.19	0.15	0.10

2. 利用 0-1 评分法对习题 1 的产品进行功能评价，评价后零件的平均得分如表 8-24

所示。利用价值系数判别法，如果取价值系数最小的零件作为价值工程研究对象，应该选哪一种零件？

表8-24　某产品零配件构成表

零件名称	A	B	C	D	E	F	G	H	I	J	K	L
平均得分	8	7	3	4	4	11	10	8	7	11	1	3

3. 已知某产品由4个主要零部件，7种功能组成，经过专家用0~4评分法得到的各功能评分值及功能现实成本如表8-25所示。若产品目标成本为49元，试根据已知资料进行该产品功能改善幅度目标计算。

表8-25　功能评分值和功能现实成本

序号	功能	功能评分值	功能现实成本/元
1	F_1	105	14.75
2	F_2	104	11.80
3	F_3	103.5	8.85
4	F_4	109.5	5.90
5	F_5	108	5.31
6	F_6	102	5.02
7	F_7	70	4.72
合计		702	56.35

本章实训

一、实训目的

1. 掌握价值工程对象选择的方法。
2. 学会收集价值工程所需的信息资料。
3. 掌握功能整理及功能评价的程序。
4. 理解方案创新的方法。

二、实训案例

将班级学生分为六组，运用价值工程的相关知识，每组学生自行选择某个知名企业，并对其进行价值工程分析，找出该企业需要进行价值工程分析的对象，再收集所需资料进行功能分析与评价，最终创造方案并优选。搜集整理小组研究相关信息，可以通过书刊、报纸、网络等渠道收集，并通过视频、文字、图片等方式进行讲解，最终全班讨论各小组研究的合理性。

三、实训组织

1. 指导教师布置任务，学生自选实训项目，提示相关注意事项及要点。
2. 将班级学生划分为六组，小组成员可自由组合。小组人数划分视班级总人数而定，每组选出组长一名。

3. 以小组为单位，通过书刊、报纸、网络等渠道收集案例信息。对于收集的材料，小组内部先充分展开讨论，讨论时间长度可视情况而定，课堂讨论或课外讨论均可。选择最能反映本组研究对象的相关信息，具体详细程度由本组成员自由决定。

4. 各小组在班级进行讲解，每组讲解时间以不超过 15 分钟为宜。

四、实训步骤

1. 指导教师布置任务，指出实训要点、难点和注意事项。

2. 讲解之前，小组发言代表对本组成员贡献或者角色进行介绍。讲解结束后，小组发言代表陈述本小组的研究方案或结论。其间允许并鼓励其他同学提问，小组发言代表及该组成员有义务作出解答。

3. 由各组组长组成评审团，对各组讲解进行评分。其中，讲解内容自述为 30 分，小组发言代表语言表达及台风展现能力为 10 分，小组回答协作应变能力为 10 分。每个评审团成员分别给各组评分，取平均值作为该组的评审评分。

4. 教师进行最后总结及点评，并为各组实训结果打分。教师评分满分为 50 分。

5. 各组的评审评分加上教师的总结评分作为该组最终得分，对于得分最高的小组，适当进行鼓励或奖励。

第九章　项目可行性研究

引例

　　随着《京都议定书》的签订和正式生效，发达国家可以通过在发展中国家实施林业碳汇项目抵消其部分温室气体排放量，标志着林业在生态建设中的首要地位得到了全世界的正式承认。在六大林业重点工程的带动下，我国人工林面积持续增长，发展林业碳汇项目在我国具有巨大的潜力。因此，对森林碳汇价值进行科学的评价和估算，在客观反映林业重点工程改善环境特别是吸贮温室气体的重要作用，科学地确定我国现存人工林资产的价值，建立和完善林业生态效益补偿机制，提高林业项目评估的科学性，客观评价三北工程建设效果，壮大与完善国内"非京都"碳汇贸易市场，引进外资、促进我国林业发展等方面具有重要意义。

　　三北防护林体系建设工程，是 1978 年开始建设实施的一项大型防护林体系工程。工程规划建设区位于东经 $73°26'\sim27°50'$，北纬 $33°30'\sim50°12'$，东起黑龙江省的宾县，西至新疆的乌孜别里山口，北抵国界线，南沿天津、汾河、渭河、洮河下游、布尔汗达山、喀喇昆仑山。东西长 4 480 km，南北宽 560～1 460 km，覆盖西北、华北、东北 13 个省(自治区、直辖市)的 551 个县(旗、市、区)，总面积 406.9 万 km^2，占全国国土面积的 42.4%。工程规划建设期限为 73 年(1978—2050 年)，分为 3 个阶段、8 期工程。其中，第一阶段(1978—2000 年)和第二阶段(2001—2020 年)已经结束，第三阶段(2021—　　)建设正在进行。

　　第一阶段累计完成人工造林任务 2 706.81 万 hm^2，造林保存面积 1629.29 万 hm^2，造林保存率为 60.19%。其中防护占 55.43%，用材林占 23.91%，经济林占 14.11%，新碳林占 6.09%，特用林占 0.46%。第一阶段累计完成封山封沙育林 688.964 万 hm^2，保存面积 89.569 万 hm^2，完成飞播造林 162.256 万 hm^2，保存面积 10.569 万 hm^2。第一阶段实际完成投资 73.6113 亿元，其中国家投资 36.4476 亿元，占总投资的 49.51%。

　　经测算：12 个省(自治区、直辖市)三北工程第一阶段碳汇价值量合计为 11 246 705.9 万元(天津除外)，碳汇价值量大小按省(自治区、直辖市)排列依次为：内蒙古、新疆、河北、陕西、吉林、宁夏、青海、辽宁、山西、北京、黑龙江、甘肃省。就大区域而言，东北区(辽宁、吉林、黑龙江)碳汇价值为 1 945 093 万元，占 17.29%；华北区(河北、北京、山西、内蒙古)碳汇价值为 4 942 938 万元，占 43.95%；西北区(宁夏、陕西、甘肃、青海、新疆)碳汇价值为 4 358 675 万元，占 38.76%；碳汇价值量大小按区排列依次为：华北、西北、东北。从树种看，12 个省(自治区、直辖市)的碳汇价值量中位居前 4 的是杨树、油松、落叶松和槐类，其比例分别为 45.52%、17.32%、14.89%、9.72%。4 个树种的碳汇价值占了总价值的 87.45%。

综上分析，在碳汇价格一定的情况下，得出结论：①各省(自治区、直辖市)工程任务量不同，其价值量不同；②造林树种不同，生物量不同，其价值量不同；③同一树种，分布区域不同，生物量不同，其价值量不同；④工程任务量相同，造林树种相同，但造林保存率不同，其价值量不同。

存在的问题：①由于投资少，三北工程人工林造林质量缺乏保障，因而造林保存率低，森林面积增长缓慢。②由于管护资金缺乏，农民没有管护林子的积极性，因而三北工程营林工作滞后，人工林单位面积蓄积量不高。③由于科技含量低，三北工程人工林树种单一，因而病虫害严重，林分质量较差，森林生产率低。

建议：在碳汇价格一定的情况下，影响人工林碳汇价值的主要因素是碳汇量。而碳汇量又由两大因素决定：人工林面积的大小与林木碳汇能力的高低。显然，在其他条件不变的情况下，人工林面积越大，碳汇量越大，扩大人工林面积能够在外延上增加碳汇量，从而增大人工林的碳汇价值。而林木的碳汇能力则代表碳汇质的方面，在其他条件不变的情况下，林木的碳汇能力越强，碳汇量就越大，提高林木的单位面积蓄积量，能够在内涵上增加碳汇量，从而增大人工林的碳汇价值。因此，应采取以下措施提高碳汇价值。①强化政府行为，加大林业重点工程造林的投资力度，不断扩大人工林面积，从规模上增加人工林的碳汇能力。②完善森林法规建设，加强普法宣传教育，减少人工林的人为减损。③落实科技兴林战略，加大科学研究与科技推广力度，因地制宜因害设防合理配置树种结构，夯实提高人工林碳汇能力的基础。④建立健全生态效益补偿机制，稳步推进林权改革，明晰产权关系，调动农民从事森林经营活动的积极性，强化林木管护工作，提高林分质量，从内涵上提高人工林的碳汇能力。

(资料来源：支玲，等.森林碳汇价值评价——三北防护林体系工程人工林案例[J].林业经济，2008(3)：41-44)

学习目标

知识点：
1. 掌握可行性研究的概念及作用；
2. 理解可行性研究的阶段及各阶段的主要工作内容；
3. 掌握可行性研究报告的基本内容；
4. 了解项目建设必要性、技术可行性、经济可行性及可持续发展评价。

重点：项目可行性研究的阶段及各阶段的主要工作，项目可行性研究报告的内容。

难点：项目可行性研究的建设必要性、技术可行性、经济可行性评价。

📖 **本章知识思维导图**

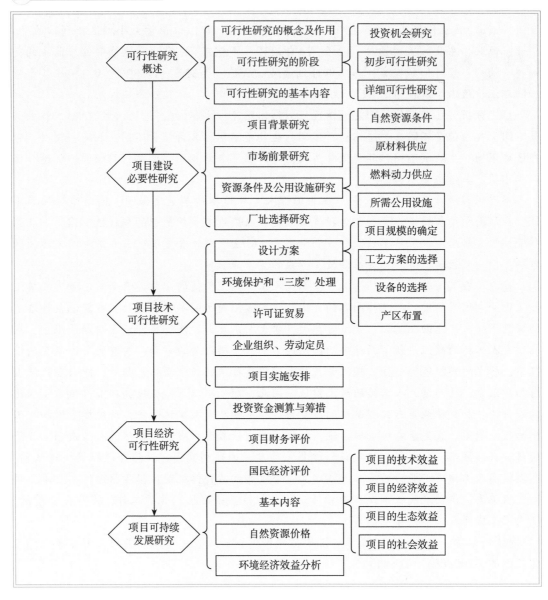

第一节　可行性研究概述

一、可行性研究的概念

可行性研究是一门通过对拟建工程项目或技术方案进行全面的、综合的技术经济分析，判断其在技术上、经济上是否可行，并通过对多方案的比较论证，提出选择最佳方案的参考意见，供决策参考的综合性科学。比如，对工业项目进行可行性研究，就是对新建、改建和扩建工业项目的一些主要问题，如工业产品市场需求量，工业资源、燃料、原材料，动力构成、来源和需要量，生产方法，生产规模和设备选型等，从技术和经济两个方面进行全面的调查研究、分析、计算和比较，并对其项目建成投产后可能取得的技术经济效益进行预测，从而提出该项目是否值得投资和如何建设的意见，为投资决策提供依据。

可行性研究有广义和狭义之分。广义的可行性研究是指决策过程中所进行的全部分析论证工作，包括方案构想、机会分析、初步可行性研究和详细可行性研究，这基本上构成了决策工作的主要内容。狭义的可行性研究是指在决策构想基本明确的情况下，针对一个具体方案所进行的详细分析论证，以便直接作为决断的基础和依据，不包括在此之前的机会分析等。

可行性研究的任务是以市场为前提，以技术为手段，以经济效益为最终目标，对拟建的投资项目在投资决策前，综合系统地论证该项目建设的必要性、可行性、有效性和合理性，作出对项目可行或不可行的评价。

可行性研究的对象，一般包括新建、改建、扩建的工业项目、民用项目、科研项目，地区开发，技术改造，技术措施的应用与技术政策的制定等。可行性研究现已成为应用广泛的一种综合性的经济效果评价方法。

可行性研究的核心问题和最后结果是项目"可行"或"不可行"。"可行"既包含了技术上可以做到，又包含了经济上满足产出大于投入（具有正的经济效果）的条件。其中产出大于投入的含义从国家和全社会的角度来说，不仅包含可以计量的物质资料、资金、劳动、土地、产品、就业和利润等内容，同时也包含了难以计量或无法计量的时间、空间、环境、生态、社会安定、文化素质、健康、快乐、国家安全等内容。因此，可行性研究除了需要进行技术性研究，还必须对各种影响因素尽可能地以货币为尺度，进行全面定量的经济分析，评价建设项目在整个寿命周期的经济效果。

二、可行性研究的作用

（一）作为项目投资决策的依据

可行性研究作为一种投资决策方法，从市场、技术、工程、经济及社会等多方面对建设项目进行全面综合的分析和论证，依其结论进行投资决策可大大提高投资决策的科学性和可靠性，避免主观决策；同时，通过可行性研究可以构造和分析多种合理的投资方案，投资决策者据此可以了解投资活动所涉及的各方面问题，做到心中有数，降低投资风险，提高投资效益。

（二）作为编制设计任务书的依据

在可行性研究工作中，对项目选址、建设规模、主要生产流程、设备选型和施工进度等方面都作了较详细的论证、研究，为设计任务书的编制提供了依据。按照项目管理的有关规定，所有大中型建设项目，只有可行性研究报告认可的，方能批准设计任务书，进行工程设计。项目设计任务书中的有关技术经济数据，都应该在可行性研究工作中进行认真研究。

（三）作为筹集资金向银行申请贷款的依据

在可行性研究工作中，详细预测了项目的财务效益和经济效益、贷款偿还能力。世界银行等国际金融组织，均把可行性研究作为申请工程项目贷款的先决条件。我国的银行金融机构在审批建设项目投资贷款时，也都以可行性研究报告为依据，对贷款项目进行全面、细致的分析评估后，确认项目具有偿还贷款能力，不担过大风险时，才能同意贷款。

（四）作为签订有关投资合同或协议的依据

可行性研究报告通过之后，项目就会进入落实实施阶段，要进行多方面的谈判、签约工作，而在与规划设计、实施单位和各种投资要素单位（如原材料、燃料、动力、运输、通信、工程建筑、设备购置等方面）签订协议时，可行性研究报告的许多内容和信息都可以作为直接或间接的依据。

（五）作为当地政府和规划部门申请建设执照的依据

工程项目建设需政府批拨土地，且项目在建设中和投产后对市政建设、环境及生态都有影响，因此项目的开工建设需当地市政、规划及环保部门的审批和认可。在可行性研究工作中，对选址、总图布置、环境及生态保护方案等诸方面都作了论证，为申请和批准建设执照提供了依据。

（六）作为企业或其他单位生产经营组织和项目后评价的依据

在项目可行性研究中，要对项目生产经营时期的许多问题进行分析、预测和方案规划研究工作，如生产技术工艺、生产组织与人力资源、市场和销售研究、投入要素分析等，这些当然可以作为企业或其他单位生产经营组织的重要依据。

三、可行性研究的阶段

可行性研究是一项涉及面非常广的研究工作，它是在建设项目发展周期之开始时期的主要研究工作。

一般来说，一个工程项目从设想到建设投产的过程，可分为三个时期：投资前的准备时期、投资时期、生产时期。一个项目只有经过可行性研究，确定在技术上、经济上可行，并存在相适应的实施方案后，投资行为才能发生。因此，可行性研究实际上就是投资前准备时期所要完成的工作内容，它在项目建设的全过程中所处的位置，如表9-1所示。

表 9-1　可行性研究在项目从设想到建设投产过程中所处的位置

投资前准备时期				投资时期				生产时期
机会研究阶段	初步可行性研究	详细可行性研究阶段	评价和决策阶段	谈判和订立合同阶段	项目设计阶段	施工阶段	试运转阶段	正式投产

但是，并不是一切项目的前期准备工作都可以看成是可行性研究。比如，加工工艺过程中一些使用设备的选择，就仅仅是简单的技术问题，不能算作可行性研究。

建设项目的发展周期一般可分为三个阶段或三个时期，即规划阶段、实施阶段、生产阶段，或者是投资前准备时期、投资时期和生产时期，其关系如图9-1所示。

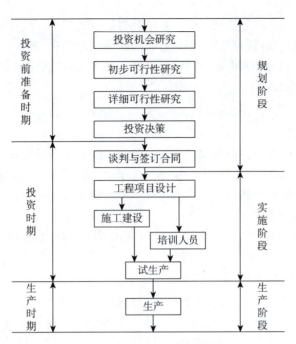

图 9-1　建设项目发展周期

(一)投资机会研究

投资机会研究也称投资机会的鉴别，是识别投资机会阶段。这一阶段的主要任务是为投资方向提出建议，即在一个确定的地区和部门，根据自然资源、市场需求、国家产业政策和国际贸易情况，通过调查、预测和分析研究，选择建设项目，寻求最有利的投资机会。通过投资机会研究，投资决策者可以提出拟建项目的设想并判断该项目是否具有进一步做初步可行性研究的价值。

投资机会研究，可分为一般机会研究和具体项目机会研究两种。

1. 一般机会研究

一般机会研究是对某一地区、行业或者部门鉴别投资机会。这项研究一般由国家政府机关或社会公共机构进行，其目的是指明项目的投资建议。通常有以下三种情况：一是地区机会研究，主要是查明某一特定地区(如一个行政区域、一个落后地区或一个港口辐射区)的投资机会；二是产业机会研究，主要是谋求指明在某个特定产业部门(如建筑材料或食品加工业)内的投资机会；三是以资源为基础的机会研究，是以开发和综合利用某一自然资源或某一特定资源为出发点，谋求识别投资机会(如以森林为基础的工业、石油化工的后续工业以及金属加工工业)。

2. 具体项目机会研究

具体项目机会研究是以一般机会研究的最初投资机会鉴别为前提，将项目设想转变为概略的投资建议。这项研究一般是由未来的投资者或企业集团进行，其目的是刺激投资者作出响应。因此，具体项目机会研究的内容相对一般机会研究而言更为具体，需要提供相关项目(产品)的技术经济参数、建设生产程序及有关政策法规，并从几个有投资机会的项目中迅速而经济地作出抉择，为初步选择投资项目提供依据。

总之，投资机会研究一般比较粗略，要求耗时短、费用少，投资和成本估算所需数据一般是从可比较的现有项目得出的，因而数据的精度误差可在-30%～30%。项目一旦经过投资机会研究，被认定为是有生命力的，即可转入初步可行性研究阶段。

(二)初步可行性研究

初步可行性研究，也称预可行性研究，是正式的详细可行性研究前的预备性研究阶段。项目详细的可行性研究，需要花费大量的人力、费用和时间。经过投资机会研究认为可行的建设项目，表明该项目值得继续研究，但又不能肯定是否值得进行详细可行性研究时，就要先做初步可行性研究，以进一步判断这个项目是否具有较高的经济效益。经过初步可行性研究，认为该项目具有一定的可行性，便可转入详细可行性研究阶段，否则，就终止该项目的前期研究工作。

初步可行性研究作为项目投资机会研究与详细可行性研究的中间性或过渡性研究阶段，其目的主要有：

1. 确定是否进行详细可行性研究

分析投资机会研究的结论，并在有较详细资料的基础上作出初步投资评价，进一步弄清项目的投资规模、原材料来源、工艺技术、厂址、组织机构和建设进度等情况，进行经济效益评价，判断项目的可行性。如果经过初步可行性研究，表明该项目具有较好的可行性，但某些资料还不充足，某些数据还不很精确，则可以确定该项目需要进行详细可行性研究；否则，经过初步可行性研究发现项目不可行，就可以作出不再进行详细可行性研究的决定。

2. 确定出需要进行辅助性专题研究的关键性问题

经过初步可行性研究，分析出哪些资料和数据还不够充分，哪些关键性问题还需要进行辅助性专题研究。例如：市场需求预测和竞争能力研究，原料辅助材料和燃料动力等供应和价格预测研究，中间工厂试验、厂址选择、合理经济规模以及主要设备选型等研究。在广泛的方案分析比较论证后，对各类技术方案进行筛选，选择最佳效益方案，排除一些不利方案，缩小下一阶段的工作范围和工作量，避免不必要的时间、精力和费用耗费。

初步可行性研究是介于机会研究和详细可行性研究之间的中间阶段，其研究内容和结构与详细可行性研究基本相同，主要区别是所获资料的详尽程度不同、研究的深度不同。对建设项目投资和生产成本的估算精度一般要求控制在-20%～20%，研究所需时间为4～6个月，所需费用占投资总额的0.25%～1.25%。

3. 辅助研究

辅助研究也称功能研究，是对项目的某一方面或几个方面的详细研究，它是初步可行性研究和详细可行性研究的有益补充。辅助研究的内容随不同的项目而不同，由于它关系到项目的大局，因此，结论必须明确。当存在某一因素决定该项目的存在价值时，辅助研究可在初步可行性研究或详细可行性研究之前进行；当某一因素需要进行深入的详细研究但又不能作为详细可行性研究的一部分时，辅助研究可与详细可行性研究同时进行；当在详细可行性研究过程中发现某个方面需要更加详细地鉴定时，即使详细可行性研究完成之后也可进行一次辅助研究。可见，辅助研究并不是所有项目的可行性研究所必需的，一般是极少数的大型建设项目需要的。

(三)详细可行性研究

详细可行性研究，通常简称可行性研究，它是建设项目前期研究的关键环节，是建设项目投资决策的基础。它为项目决策提供技术、经济、社会、商业方面的评价依据，为项目的具体实施(建设和生产)提供科学依据。因此，该阶段是进行详细深入的技术经济分析论证阶段。一般来说，在这个阶段里所作出的结论应具有最后一次的性质，如果在以后的阶段里改变这个阶段的结论必然会打乱整个项目的发展进程。因此，应该注意工作方法，必须采用一种反馈和连环的循环方法。

详细可行性研究应该得出结论，并编写可行性研究报告。可行性研究的结论可以是推荐一个最优方案，也可以是提出几个可供决策者选定的方案。当然，可行性研究本身不是目的，它只是达到正确进行投资决策、建设可行项目这一目标的一个手段。详细可行性研究的结论应该满足以下四个方面要求：一是可以作为投资决策的依据；二是可以作为向国家申请拨款和向银行申请贷款的依据；三是可以作为同有关部门签订协议和合同的依据；四是可以作为以后工程设计的依据。

在详细可行性研究阶段正式提出的研究报告中，应作出该项目是否可行的结论和建议。可行性研究报告，实际上概括了可行性研究的全部过程和结论，归纳起来主要有四个方面内容：一是项目建设的必要性和可能性；二是项目的实施计划；三是项目的经济分析和评价；四是对整个可行性研究进行总结，并列出项目的主要优缺点，作为项目是否应启动的主要依据。

可行性研究的内容比较详尽，所花费的时间和精力都比较大。这一阶段中投资额和成本都要根据该项目的实际情况进行认真调查、预测和详细计算，其计算精度应控制在 $-10\% \sim 10\%$；大型项目可行性研究工作所花费的时间为 $8 \sim 12$ 个月，所需费用占总投资额的 $0.2\% \sim 1\%$；中小型项目可行性研究工作所花费的时间为 $4 \sim 6$ 个月，所需费用占总投资额的 $1\% \sim 3\%$。

总之，在建设项目的前期工作中，从机会研究到详细可行性研究的整个过程中，主要就是从市场、技术和经济可行性三大方面对建设项目进行优化研究，并为项目投资决策提供科学依据。由于基础资料的占有程度和研究深度与可靠程度要求不同，建设前期各个阶段的研究性质、工作目标、工作要求及作用、工作时间和所付的代价各不相同。一般来说，各阶段研究的内容由浅到深，项目投资和成本估算的精度要求逐渐提高，研究工作量由小到大，研究的目的和作用逐渐提高，因而研究工作时间和费用也逐渐增加。这种循序渐进的工作程度，既符合对项目调查研究的客观规律，又能达到节省人力、时间和费用，从而取得良好的经济效果的目的。可行性研究各阶段的内容及要求如表 9-2 所示。

表 9-2 可行性研究各阶段的内容及要求

内容及要求	投资机会研究	初步可行性研究	详细可行性研究
研究性质	项目设想	项目初选	项目拟定
研究工作目的	鉴别投资方向和目标，选择项目，寻求投资机会(地区、行业、资源和项目的机会研究)，提出项目投资建议	对项目初步评价作专题辅助研究，广泛分析、简选方案。鉴定项目的选择依据和标准，研究项目的初步可行性	对项目进行深入细致的技术经济论证，重点对项目进行财务效益和经济效益分析评价，多方案比选，提出结论性意见，确定项目投资的可行性和选择依据标准

续表

内容及要求	投资机会研究	初步可行性研究	详细可行性研究
研究工作要求及作用	编制项目建议书，为初步选择投资项目提供依据，批准后列入建设前期工作计划，作为国家对投资项目的初步决策	编制初步可行性报告，判定是否有必要进行下一步详细可行性研究，进一步判明建设项目的生命力	编制可行性研究报告，作为项目投资决策的基础和重要依据
估算精度	−30%~30%	−20%~20%	−10%~10%
研究费用占总投资的百分比/%	0.1~1	0.25~1.25	大项目 0.8~1.0；中小项目 1.0~3.0
需要时间	大中项目 1~2 个月；小项目 2 个星期	4~6 个月	大项目 8~12 个月或更长；中小项目 4~6 个月

四、可行性研究的基本内容

由于可行性研究必须对建设项目的主要方面进行深入细致的研究，因此，它涉及的内容非常广泛。同时由于建设项目的任务、性质不同（如新建项目与改造项目、生产盈利性项目和社会公共工程），可行性研究的内容侧重点会有一定差别，但是，就可行性研究的基本内容来说是相同的。可行性研究的基本内容如图 9-2 所示。

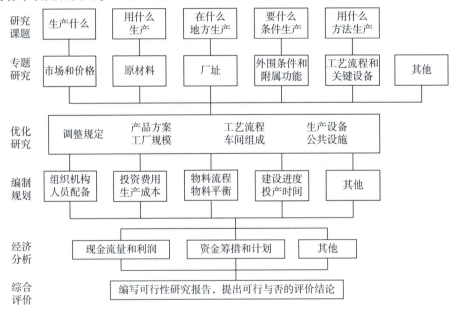

图 9-2　可行性研究的基本内容

可行性研究的内容根据不同的项目类别而各有所侧重，没有固定的统一格式，做法也有所不同。工业项目的可行性研究一般要求具备以下内容：

（1）总论：①项目提出的背景与概况，投资的必要性和经济意义；②研究工作的依据和范围。

（2）需求预测和拟建规模：①国内、外需求情况预测；②国内现有工厂生产能力估计；③销售预测，价格分析，产品竞争能力，进入国际市场前景；④拟建项目的规模，产品方案和发展方向的技术经济比较和分析。

（3）资源、原材料、燃料及公用设施情况：①经过储量委员会正式批准的资源储量、品位、成分及开采、利用条件评述；②原料、辅助材料、燃料的种类、数量、来源和供应可能；③所需公用设施的数量、供应方式和供应条件。

（4）建厂条件和厂址方案：①建厂的地理位置、气象、水文、地质、地形条件和社会经济现状；②交通、运输及水、电、气的现状和发展趋势；③厂址比较与选择意见。

（5）设计方案：①项目的构成范围（指包括的主要单项工程）、技术来源和生产方法、主要技术工艺和设备造型方案的比较，引进技术、设备来源的国别，设备的国内外分包或与外商合作制造的设想；②全厂布置方案的初步选择和土建工程量估算；③公用辅助设施和厂内外交通运输方式的选择和初步比较。

（6）环境保护：①调查环境现状；②预测项目对环境的影响；③提出环境保护和三废治理的初步方案。

（7）企业组织、劳动定员和人员培训（估算数）：①组织机构设置及其适应性分析；②人力资源配置；③员工培训。

（8）实施进度的建议：①建设工期；②实施进度安排；③技术改造项目的建设与生产的衔接。

（9）投资估算和资金筹措：①主体工程和协作配套工程所需的投资；②生产流动资金的估算；③资金来源、筹措方式及贷款的偿付方式。

（10）社会及经济效果评价：①对项目的财务评价，包括销售收入与成本费用估算，盈利能力、偿债能力、不确定性分析等；②对项目进行国民经济评价；③项目对社会的影响及社会风险分析。

（11）评价结论：①建设方案的综合分析评价与方案选择；②运用各项数据，从技术、经济、社会以及项目财务等方面论述建设项目的可行性，推荐一个以上的可行性方案，供决策参考，指出项目存在的问题、改进建议及结论性意见。

综上所述，项目可行性研究的基本内容可概括为三部分：第一部分是市场调查和预测，说明项目建设的"必要性"；第二部分是建设条件和技术方案，说明项目在技术上的"可行性"；第三部分是经济效益的分析与评价，这是可行性研究的核心，说明项目在经济上的"合理性"。可行性研究就是主要从这三个方面对项目进行优化研究，并为投资决策提供依据的。

上述可行性研究的内容主要是针对新建工业项目而言的，鉴于建设项目的性质、任务、规模及工程复杂程度不同，可行性研究的内容有所侧重，深度和广度不尽一致。改扩建工业项目的可行性研究，应增加对企业现有情况及原有固定资产利用的说明和分析。非工业项目的可行性研究内容，应结合该行业特点，参照工业项目的要求，进行适当调整。对于技术引进或进口设备的中小型工业项目及农业、商业、文教卫生等项目，如果经济技术条件不太复杂，协作关系比较简单，可行性研究的内容可以简化，可以将初步可行性研究和可行性研究合并为一个阶段。对于合资项目，应按照国家发改委、住房和城乡建设部发布的《中外合资经营项目经济评价方法》的要求编制可行性研究报告。

第二节　项目建设必要性研究

从可行性研究报告的内容看，总论、市场前景、资源、原材料、燃料、能源的供应及建厂条件和厂址方案等都可看作是对投资项目的投资环境的研究，其中有些是属于投资大环境的研究，有些是属于投资小环境的研究。

一、项目背景的研究

总论部分论证投资的必要性，主要从投资的大环境研究该项目的必要性。因为每个项目的提出，都有其现实的背景和客观的需要，因此总论要把建设项目的目的、投资对国民经济的意义搞清楚。另外，对小环境也要适当提及，如自然资源情况、国内和本地区同行业的历史和现状、国家产业政策对本项目的影响。本项目的特点、优势和劣势都要研究并论述清楚。

二、市场前景的研究

市场研究是指以顾客需求为中心，运用科学的方法和手段，有目的、有系统地收集、分析和研究市场信息，提供研究结论和建议作为企业制定经营决策的依据。市场调查和市场预测都是企业进行市场研究过程中的具体活动，是企业获取市场信息、科学地认识市场的重要手段，是企业捕捉市场机会、制定各项决策的基础和依据。企业通过市场调查和预测来判断市场的规模和潜力，从而选择细分标准，确定目标市场和进入策略，以扩大市场占有率。可见，企业为了在激烈的市场竞争中获胜，首先必须做好市场调查和市场预测工作。

（一）市场调查

1. 市场调查的概念和分类

市场调查，就是运用科学方法系统地收集、记录、整理和分析有关市场的信息资料，从而了解市场发展变化的现状和趋势，为市场预测和经营决策提供科学依据的过程。市场调查的对象是有关过去和现在存在的事实或现象的信息。

2. 市场调查的分类

市场调查可以按调查问题的不同性质和目的，分为以下四类：

（1）探索性调查。这是当企业对所要调查的问题还不清楚时，为了搞清问题的范围，发现问题的症结并确定进一步深入调查的重点内容，而采用的一种非正式的初步调查。例如，某企业发现近几个月产品销售量与历史同期相比有较大幅度下降，但原因不明，这时候可采用探索性调查，通过较粗略的、弹性的方法来收集、分析资料，以便分析问题和明确问题。

（2）描述性调查。这是当企业对需要研究的问题、概念已较清楚时所进行的收集和分析市场信息的正式调查。描述性调查注重收集大量的第一手资料，要求有详细的调查计划，以保证资料的准确性，它比探索性调查细致具体，市场调查大多属于这一类型。

（3）因果性调查。这是在描述性调查的基础上进一步分析问题发生的因果关系，尤其是因果间数量关系的专题调查。企业的经营目标如销售量、市场占有率、利润等是因变量，而企业内外部环境及营销组合策略等是自变量，掌握了市场上各种现象或问题间的相互关系，企业才能对经营策略进行评价和选择。

（4）预测性调查。这是专门为了预测未来市场商情变动趋势而进行的调查。它对企业制定有效的经营策略、避免较大的风险和损失具有特别重要的意义。

3. 市场调查的步骤

市场调查的全过程通常可分为三个阶段，共九个步骤，如图9-3所示。

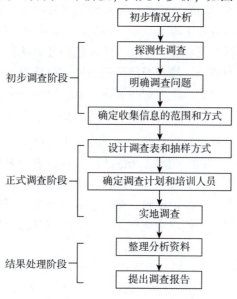

图9-3 市场调查的步骤

（1）初步调查阶段。这是发现问题和弄清问题概念的过程。其中探索性调查是在小范围内访问专家、中间商，征求用户和销售人员的意见。如果经过该阶段找到问题的症结所在，所需信息也基本收集齐全，则不必进行正式调查了。

（2）正式调查阶段。①确定收集信息的范围，如信息的来源、内容，产生的时间、地点等；确定收集信息的方式，如实地调查的询问法、观察法或实验法等，收集第二手资料时往往采用查阅、购买交换或通过计算机网络查询等，还有一次性或多次性调查、普查或抽查等方式。②调查表或问卷设计要科学简明，突出主题和便于统计分析。抽样方式中需恰当选择抽样方法和样本量大小。③调查计划要做到详细、具体、可操作性强。调查人员要明确调查计划、掌握调查技术、认真负责。这是保证调查质量和效果的一个重要步骤。④在实地调查中，要依据调查计划，保质保量按时地收集有关信息。

（3）结果处理阶段。该阶段是市场调查能否发挥作用的关键一环。要对调查所得的原始资料进行审核、分类、编码、统计、分析、评价和归档，通过由此及彼、由表及里的分析，去伪存真，最后作出合乎事物发展规律的结论。调查报告的主要内容包括本次调查的目的、使用的主要方法、调查所得资料及分析、调查结论和建议等。最后，调查人员还应注意追踪调查结论和建议的采纳程度以及实施效果，利用反馈信息来不断提高调查质量。

市场调查的方法

（二）市场预测

1. 市场预测的概念

市场预测，是指运用科学手段和方法，在市场调查的基础上，探索市场供需规律，并对影响因素作出分析、预见和判断。市场预测是市场研究的最后阶段，它是现代企业制订计划目标和进行经营决策的重要手段。

市场调查和市场预测都是以市场为出发点的，它们之间既有区别又有联系。市场调查是市场预测的基础，市场预测是市场调查的必然结果。市场调查的目的在于收集有关信息资料，而市场预测重点在于分析、研究这些资料，为企业经营决策服务。

2. 市场预测的分类

市场预测可以按不同的标志和特征分为以下几种类型：

（1）按预测范围分为宏观预测和微观预测。宏观预测是一种总体预测，其目的是通过掌握市场供求变化规律，企业更有效地调节和影响市场供求，发挥宏观调控作用，有利于把微观经济搞活，并为微观预测提供资料。微观预测是指某一部门或某一企业所进行的局部预测，其目的是通过掌握市场供求变化规律，企业能正确选择生产经营方向，合理安排生产经营活动。

（2）按预测时间分为长期、中期、短期和近期预测。长期预测的时间一般在 5 年以上，是企业制定总体发展规划的科学依据。中期预测的时间一般在 3~5 年，是制定长期规划实施方案时的科学依据。短期预测的时间在 1 年以内，它有助于企业选择最佳时间、地点投入产品，调整产销，开拓市场。近期预测的时间一般在 1 个月以内，甚至几天，它主要为近期的生产经营活动服务，多用于商业企业和生产短、平、快的工业企业。对于企业来说，进行短期、中期、长期预测，除了对当年的生产及其他活动作出决策，还要从长远观点出发，为企业的发展制定战略性决策。中期和长期预测关系到企业的生存和发展，因此企业要重视中期、长期预测工作。

（3）按预测方法分为定性预测和定量预测。定性预测主要是在数据掌握不足的情况下，用直观和判断方法进行预测，粗略预测事物发展趋势，对经济形式和市场特点有一个粗略的认识，如收集有关经济动态信息、资料、行业产品市场特点等。定量预测是根据已有的数据和资料，运用数学工具，研究和推测市场发展情况，分析企业营销战略在未来市场中的趋势，探索市场未来的占有率，以及预测生产、销售和市场需求的关系和规律。

（4）按预测内容分为以下六种：①市场供给状况的变化预测。②市场需求的变化和市场需求潜量预测。这是市场预测的主要内容。如预测社会集团购买力和城乡居民购买力的变化及转移趋势；预测销售领域中消费者构成的变化、市场区域的变化、产品推广普及程度的变化；预测社会消费结构和用户消费倾向的变化。③产品生命周期发展阶段的变化与更新预测。预测时要考虑由于新技术、新工艺、新材料、新产品的出现对产品需求的影响。④竞争发展趋势预测。预测中必须考虑本企业和竞争企业双方竞争态势的变化情况。

首先要了解市场占有率分布情况，预测时着重考虑产品本身的特征和销售政策等对销售量的影响。市场占有率的预测，实际上是对工程项目竞争能力的预测。⑤资源预测。资源的供应直接关系到产品的生产。资源预测是对原材料及能源供应的保证程度、发展趋势、价格的变动情况等加以估计。⑥突发偶然事件对企业内外环境的影响程度的预测。

3. 市场预测的一般程序

为了取得良好的市场预测结果，预测应按一定的先后次序和步骤来进行。市场预测的一般程序可分为七个环节，如图 9-4 所示。

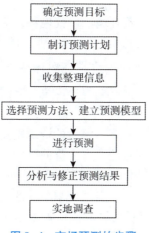

图 9-4 市场预测的步骤

（1）确定预测目标。只有明确预测目标，才能选择行之有效的预测方法和手段，才能制定科学的规划，才能拟订实施计划。预测目标的确定，要有具体的内容和目的，要反映企业的实际问题，提出地域、时间的要求，明确各项指标，为具体的市场预测提供方向和要求。

（2）制订预测计划。预测计划是预测目标的具体化。在人力、财力、物力和时间允许的范围内，正确选择预测项目及其数量、预测时间、收集信息的范围和方式，具体规定预测的精度要求、工作日程、参加人员及分工等。

（3）收集整理信息。收集整理信息是市场预测的基础。把市场调查的有关资料加以分析、综合，进行归纳分类、去粗取精，分类编号保存，使有关资料系统、完整、准确，并作出评价和假设，为市场预测提供有关依据。

（4）选择预测方法、建立预测模型。市场预测是一项综合性很强的工作，为达到预测目的，需要寻求各种经济变量之间的关系，运用数学方法和手段，通过参数估价和分析，确定预测模型。预测方法的选择常把定量和定性的方法结合起来运用，以提高预测的准确度。

（5）进行预测。利用已有资料，用已选定的方法进行预测，以获得结果。

（6）分析与修正预测结果。分析获得的预测结果是否已达到预测目标的要求、预测的误差是否在允许的范围以内、误差产生的原因及修正方法，并对预测结果的合理程度作出评价等。其中误差产生的原因主要有：①信息误差，如历史统计资料不完整或有虚假因素。预测时要特别注意对统计资料的分析处理，剔除虚假因素。②预测方法选择不当，所建预测模型与产品的实际需求规律不符。③预测人员的经验、分析和判断能力的局限性。

④突发偶然事件致使市场需求发生了重大变化。

（7）编写预测报告。预测报告是反映市场调查和市场预测的综合报告。报告要求对预测依据、预测过程、预测指标、预测方法及预测结果作出简明的解释和论证，并提出在当前和今后必须采取的行动和措施，供经营决策者在决策中使用。

最后预测人员还应注意追踪预测结果与客观事物实际发展情况的吻合程度，利用反馈信息来不断修正误差，改进预测模型，提高预测水平。

三、资源条件及公用设施的研究

资源条件及公用设施均属于投资环境的研究内容，这里所指的资源是一个广义的资源概念，它既包括未经开采加工的自然资源，也包括已开采加工，可作为生产投入的燃料、动力等资源。这些都是生产项目所需的各种物质保证条件，这方面的研究要搞清楚以下问题。

（一）自然资源的条件

自然资源开发型项目，往往需要有一定量的资源供其开发。比如，要建立一个大型铝厂，就要有丰富的铝土矿资源，并且还要有大量的电力供应，而电力供应又要依赖于煤炭资源或者水力、核力等资源。因此，要根据勘探部门的报告提出资源的储量、品位、成分、开发条件以及综合利用的设想等。自然资源条件的研究要抓住以下几点：

（1）技术上开发的可行性。拟开采的某种资源虽然在储量上有保证，现在生产技术上不成熟，没有生产经验就不能匆忙开发。

（2）获得的可能性。指项目所需的资源能否获得可能的供应，如需要农产品资源，就要研究建厂地区能否就地取材，是否有稳定的供应基地，种植面积有无降低的风险。另外，目前水资源普遍紧张，即使在江南水乡和沿海地区，也会遇到水源短缺困难，这一点也不能忽视。对于一些需要用水较多的项目，一定要考察其水资源情况，并分析其取水方案与当地人生活用水及农业用水是否有冲突。

（二）原材料供应的研究

不同类别的生产项目，所需的原材料在品种、规格等方面要求是不同的，应结合产品的工艺过程，毫无遗漏地把所需的物料估算出来，为下一步生产成本的预算打下基础。同时这些原材料来自何地、数量上有无长期稳定供应的可能性，以及质量、价格、运输条件等都要加以研究。

原材料可供量及长期稳定性的研究，是要落实项目建成投产后，原材料可否获得稳定供给。因为工厂投产后，不是三年两载的"短、平、快"事情，而是十年、二十年甚至更长时间，因此，就要了解所需原材料今后供应情况及发展趋势，做到心中有数，使原材料有长期而稳定的来源。对于从市场采购的原材料，则要通过市场研究，对其供需作出预测；对于依靠进口的原材料，就要了解其国际市场的变化动向，并调查有无国内产品可以替代；如果无稳定来源，就要考虑有无必要自己投资建立稳定原料基地或与原材料供应商签约长期合作，以便有稳定的原料来源。

原材料质量的研究主要是研究原材料的质量是否理想。要对所需的主要原材料的品种、规格、化学、物理性质以及其他一些质量上的指标加以了解和分析，保证其符合生产工艺要求。

原材料价格研究主要是研究原材料供应价格变化趋势。因为材料价格对生产成本有直接影响，所以要注意它的供需变化，把握其价格涨落。对于进口的原材料还要考虑国家汇率、关税等变化的影响及国外市场动态，研究供应的可能性、可靠性、管理性，否则投产后就要吃亏。

另外，还要研究原材料的供应方式，分析原材料的供应批量、运输方式、运输费用等，对在运输中可能会出现的问题（如铁路运输车皮紧张，调拨不过来等）都要有相应对策。

（三）燃料、动力供应的研究

燃料、动力是项目建设和生产过程中的基本要素，对较大型项目能源供应问题显得尤为重要，往往考虑不周就会影响一个地区的能源供需平衡。例如，我国铝锭市场价格稳中有升，市场需求不断上涨。在此种市场行情下，某地有一铝厂的开工率只有 30%，其余 70% 的生产能力都闲置了。分析后发现此情况不是由市场导致的，而是由电源不足导致的。因为当时为得一吨电解铝，耗电 16 000 度，炼铝厂是工业部门的电老虎，耗电特别大，而一度电在炼铝业的利税很低，所以在电力紧张的地区，首先保证让上缴利税多的行业用电，对于电老虎，只能让它吃不饱，为其他行业让路。当初在确立该项目时，肯定考虑过供电问题，但对供电的长期稳定性可能欠估计，进而造成这种被动局面。从这个例子告诉我们，项目的可行性研究对能源的选择、利用及平衡的落实是十分重要的。

（四）所需公用设施的研究

所需公用设施的研究是指公用设施的种类、数量、供应方式和供应条件的研究。这方面的研究是指项目需要多少种公用设施为其服务，如交通方面、通信方面、输电系统、供水系统、排污系统、管道煤气等。要根据项目对公用设施的需求量并结合公用设施现有条件加以综合研究，较准确地估算出项目对公用设施的需求种类和数量，如果必要的公用设施在拟建项目区域内不完备或无法提供或不能完全满足拟建项目要求的，则必须提出扩建、增容的解决办法，向有关部门预先申请。属于由专门部门解决的，应提前告知相关部门，使其在制定本部门规划时对该项目的需求加以考虑，最好能取得其书面承诺。解决不了的，则考虑有无必要自己投资建设，如专用码头、通信网络、连接干线、铁路支线、排污水渠等。对由此产生的投资费用增加，应在总投资中加以考虑。

另外，还要考虑生活设施，因为社会主义建设的根本目的在于最大限度地满足整个社会日益增长的物质和文化需要，因此，在考虑生产方面设施的问题时，也要考虑职工生活福利设施等问题。

四、厂址选择的研究

当拟建项目的产品品种、生产规模、原料和技术路线确定以后，就进入可行性研究中的厂址选择工作。首先，必须确定适于建设该工程项目的坐落地点和厂址，并研究该项目的建设和经营与厂址周围环境的相互影响。其次，地点的选择一般是在相当广阔的地理区域内进行的，如在全国范围内，一个地区、省的范围或沿某一流域选定一个适宜的区域，在该区域内又有几个可供选择的厂址。厂址选择既要考虑技术又要考虑经济。一个好的厂址不仅要满足生产的要求，而且在项目投产后要有较好的经济效益。

(一)确定项目地点应考虑的因素

1. 国家方针政策

目前许多工业发达国家,要求分散工业,减少污染。我国应吸取其他国家的经验教训,力求合理配置工业,减少在大工业城市新建大型工业企业,避免过度集中。应根据不同经济地带和经济区域的生产水平,针对各自的资源条件,围绕国家经济发展的总体目标,逐步确定发挥地区优势的产业结构,因此选择厂址时必须考虑国家生产力布局政策。

2. 产、供、销的最佳配合

在既定的生产规模、产品方案和工艺流程的前提下,选择产、供、销条件最佳组合的建设地点。根据各种产品及其原料的自然经济特点以及生产方法不同,厂址选择标准不同。对于原料消耗大、不宜长途运输的企业,如钢厂、水泥厂,应建在原料产地附近;对于成品不便于运输的企业,如硫酸厂、玻璃厂等,应建在靠近消费地点;对于能耗大的冶炼厂、电石厂等,应建在靠近动力基地。

3. 综合成本最低

在满足生产技术要求的前提下,应选择成本低的方案地点作为厂址。该成本不仅包括土地费用、场地整理费用等,还包括生产期各种原材料的运输费用、劳动力成本等。应综合比较由于建厂地点不同而造成的固定资产投资、生产成本等的差异,选择综合成本最低的方案作建厂地点。

(二)选择建厂地点的步骤

1. 拟定建厂条件指标并进行现场勘察

建厂条件指标包括占地面积,全厂燃料和原材料的种类及数量、运输量及运输和储存的特殊要求,用水量,用电量,全厂定员及生活区占地面积,土建工程内容和工作量,对其他厂协作要求等。针对拟定的建厂条件指标收集选厂基础资料。不同项目有不同要求,一般应收集以下几方面资料:①当地自然条件、地势条件;②运输设施、可供利用的运输条件和运输费用;③能源供应、水质、通信、废物处理、生活设施、距商业区与教育区的距离;④生活服务设施设置的费用,费用包括土地费用、场地整理和开拓费用、环保费用等。

2. 方案比较和分析论证

根据现场勘察结果,对各个方案进行比较,经过综合论证,提出推荐方案。

3. 提出选址报告

选址报告是厂址选择工作输出的最终成果,其内容包括:①选厂依据;②建厂地区的概况;③厂址建设条件概述;④厂址方案比较;⑤各厂址方案的综合分析论证,推荐方案及推荐理由;⑥当地主管部门、环保部门、交通部门、地震地质部门对厂址的意见;⑦存在问题及解决方法。选址报告应附厂址规划示意图及全厂平面示意图。

(三)选择厂址的方法

1. 最小费用法

通过对项目不同选址方案的投资费用与经营费用的对比作出选址决定。如果某方案的

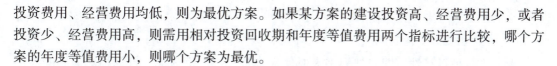

投资费用、经营费用均低，则为最优方案。如果某方案的建设投资高、经营费用少，或者投资少、经营费用高，则需用相对投资回收期和年度等值费用两个指标进行比较，哪个方案的年度等值费用小，则哪个方案为最优。

2. 评分法

采用评分优选法选择厂址方案的步骤：①列出厂址方案比较的主要指标；②将各指标按照其重要程度给予一定的权重，同时将各方案的评比指标根据实际条件分别定出评价值；③将各方案所有的评价值乘以对应的比重因子，得出指标评价分。方案评价分的总和最高者为最优的厂址方案。

综合地说，工厂选址既要考虑地理位置、气象、水文、地质、地形，又要考虑交通运输、水、电、气、原料的供应及"三废"处理问题，同时也要考虑社区政治、经济、文化的现状及发展趋势，这样才能为以后的经营打好基础。

第三节　项目技术可行性研究

投资项目技术的研究，包括项目的硬件技术研究与项目的软件技术研究。例如，方案的设计、工艺流程选择、土建工程、设备的选择、环境保护、"三废"处理等属于硬件技术研究，而企业组织管理机构的研究、劳动定员、人员培训上岗、许可证贸易等研究属于投资项目方案的软件技术研究。

一、设计方案

项目的方案设计主要是就项目规模及为达到经济目标而对技术手段、工艺流程、设备选型、土建工程、厂区布局等方面进行研究，并设计出可行的方案供决策。

(一)项目规模的确定

在可行性研究中，评价项目规模的指标主要是生产能力。而确定项目规模要考虑的因素有：

1. 市场需求

市场需求是决定项目规模的主要因素，拟建项目只有按市场需求确定生产规模，才能保证获得较好的经济效益。由于各行业生产技术特点不同，其规模与技术经济指标的依存关系也不同，故技术经济特征也不同。因此应考虑其各自不同的规模结构。

2. 资源供应

资源包括资金条件、土地条件、设备条件和设备制造能力、原材料、能源、水资源、交通运输条件、协作配套条件等。要充分考虑这些资源供应的可能性，否则，任何一种资源的限制都会限制规模。

3. 风险承受能力

对于投资额巨大、项目复杂、规模宏大的项目，如果项目主体缺乏雄厚的实力和丰富的管理经验，投资主体要充分考虑到将要承担的巨大风险。

4. 规模经济

要考虑规模经济性，即当规模多大时使成本最小、利润最大、投资相对最小的经济要求。

在确定项目规模时，对上述四方面因素要进行综合分析和比较，既要从满足需要出发，又要考虑实现的可能性，更要注意整体的经济效益。

确定项目的经济规模时，应考虑两大类因素：一类是企业内部因素，如生产技术、生产组织的管理水平等，这些因素都影响企业的效率、产品成本等；另一类是企业外部因素，如原材料供应、运输条件、消费区域、竞争状况等，这些因素影响产品的销售费用。通常，应综合考虑两类因素的影响，运用定性和定量分析的方法，进行反复比较，从中选出最优方案。

【例 9-1】某产品需要量为 3 000 台/年，企业的起始规模为 500 台/年，为满足需要，提出了五个方案：A 方案建 6 个年产 500 台的企业，B 方案建 4 个年产 750 台的企业，C 方案建 3 个年产 1 000 台的企业，D 方案建 2 个年产 1 500 台的企业，E 方案建 1 个年产 3 000 台的企业。各方案投资、单位产品成本及运输费用指标如表 9-3 所示。

表 9-3　不同企业规模的基建及单位产品成本比较

项目	方案				
	A	B	C	D	E
生产规模/(产量/年)	500	750	1 000	1 500	3 000
单位产品成本合计/元	4 577	4 550	4 510	4 380	4 440
1. 工厂成本/元	4 397	4 310	4 210	3 980	3 900
(1)工资/元	1 300	1 250	1 210	1 080	1 030
(2)不变费用/元	875	840	790	700	680
(3)折旧/元	122	120	110	100	90
(4)可变费用/元	2 100	2 100	2 100	2 100	2 100
2. 运输费用/元	180	240	300	400	540
固定资产投资/万元	500	700	850	1 300	2 500

由表 9-3 可知，D 方案的单位产品成本合计最低，但 2 个企业的总投资大于 E 方案，故应计算追加投资回收期(已知 $T_0 = 8$ 年)。

$$T_{追} = \frac{2 \times 1\,300 - 2\,500}{(4\,440 - 4\,380) \times 3\,000} = \frac{100}{18} = 5.5(年)$$

由于 $T_{追}$(5.5 年)$<T_0$(8 年)，故 D 方案最佳，即年产 1 500 台为最经济的规模。

另外，采用经济规模分析图法也能较好确定企业经济规模。经济规模分析图法，就是把总成本、固定成本、变动成本、销售收入等指标与产品产量的关系用图来表示并加以研究，如图 9-5 所示。

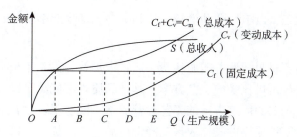

图 9-5 中 C 点即为经济规模。在这一点上，企业所获得利润最高，因此，拟建项目的生产规模应据此而定。但是，在实际上，由于一些具体条件的限制或影响，企业生产规模不能达到 C 点所示规模，而是在 $B \sim D$ 点之间波动。因此，$B \sim D$ 点区域也就构成了项目（企业）经济规模优选区域。

（二）工艺方案的选择

为了实现某一目标，可能有几种不同的工艺方案供选择。由于当今世界科学技术发展迅速，生产中采用的工艺也越来越先进，并越趋复杂化、多样化，选择好合适的工艺方案对投资项目的经济效益是至关重要的。一般地说，工艺流程与设备类型的选择常紧密地联系在一起，工艺技术一经确定，那么设备、厂房布局、原料、人员需求也就基本上定下来了。选择工艺技术时要考虑的因素有：

1. 工艺先进、适用、可靠

这是选择工艺的最基本的标准。从理论上说，项目采用的工艺越先进越好，但最先进的工艺，往往由于对原材料的要求过高、国内设备不配套或技术不容易掌握等而不适合我国的实际需要。因此，一般来说，项目拟采用引进的工艺，要进行技术经济分析论证加以确定。要确定一项工艺是否适用，不能只根据两种工艺的技术规范进行简单的对比，还要作进一步的调查研究；不但要考察这项工艺在国内外运用的成功性，而且还要考察这项工艺与企业的生产和销售条件的适应性，特别要考察原有的设备能否利用，技术和管理能否跟得上。工艺可靠是选择工艺的前提，项目工艺不可靠，将会给建设和生产留下隐患，甚至造成重大的浪费和损失。在新技术、新工艺进入工业生产领域之前，必须要经过试验阶段。只有试验阶段基本解决了各种应用技术问题，经过有权威机构综合评价和鉴定之后，才能进入生产阶段。项目如要选择新工艺，一定要有鉴定文件，否则不能采用。

2. 工艺流程

经济合理的工艺流程应符合下列要求：

（1）加工产品具有连续性。原材料加工和形成产品的过程要顺畅、敏捷和不间断。

（2）适应生产类型的要求。工艺流程的选择要考虑加工对象和生产类型的影响，如果是单件、小批量的生产，工艺布置和设置应该灵活，大批量生产则要求工艺布置紧凑，自动化程度高。

（3）前后工艺应均衡协调。每一道工序要顾及前后工序的影响。

（4）节省资源和能源。工艺技术选择，还要注意提高回收率，以节约资源、能源消耗。

（5）提高劳动生产率。合理的工艺流程，应当节约劳动力。要尽量使工艺紧凑集中，缩短流程，减少在制造过程中的运动距离。在同一台设备或同一生产线上，实行多层次、多品种、多方位的加工，以节约劳动消耗，达到提高劳动生产率的目的。

3. 工艺运营成本

工艺运营成本由原材料耗费、能源耗费、运转维护费、人工工资、工艺装备及厂房折旧费等内容组成。各种可供比较的工艺方案，其产品质量可能满足设计要求，但所获得的经济效益并不一样，主要原因是方案的工艺运营成本不同。工艺运营成本是企业总成本的主要部分，是工艺经济性原则的具体表现。降低产品成本，提高经济效益，是企业和国家投资的主要目的，因此，工艺选择必须注意对工艺运营成本的选择。

4. 原材料的工艺适应性

对于相同的产品，由于工艺有别，对原材料的要求可能不尽一样。若原材料的质量性质不适合工艺要求，就会影响工艺的经济效果，在一定的情况下，甚至成为限制工艺实施的主要因素。

5. 工艺实施条件

一定的工艺是在相应条件下实施的。有些行业的工艺在实施过程中没有什么特殊要求，但有些行业的工艺实施条件的要求十分严格。例如，电子产品及一些精密度要求高的行业的产品，除尘、净化是工艺实施过程中必不可少的，纺织行业则普遍要求维持恒温。

(三)设备的选择

设备是实现生产目标的工具和手段。设备和厂房建筑等构成固定资产总和，但在生产中起积极作用的是设备。在有些行业中，固定资产比重大的也是设备。对设备选择的决策，在某种意义上讲，就是项目投资决策，因而设备选择与工艺选择有着同等重要的地位。在很多情况下很难将设备与工艺截然分开，某些影响工艺选择的因素，同样也影响设备的选择。

1. 设备的构成

设备是机器、机械、运输工具以及其他各种生产和非生产装备的统称。设备按其性质可分为生产设备、辅助设备、科研设备、管理设备、服务设备以及各种备品备件和工具。不同类型的工业项目，设备的内容也不相同。如机械制造业，有切削、铸造、起重运输等设备；石油化工企业有炉、塔、罐、泵、仪器、仪表、输送设备；钢铁企业有高炉、转炉、电炉、铸钢、传送设备等。就设备功能分，又有动力设备、传动设备、加工设备、控制设备等。

2. 设备选择

一定的技术方法在实际生产过程中总要通过一定的物质形式表现出来，也就是说，工艺要通过设备来体现。没有先进的工艺，先进的设备难以发挥应有的功能；没有先进的设备，先进的工艺也不能实现。设备和工艺相辅相成，缺一不可。

在选择设备时，首先应该以确定的工艺要求为基本标准，然后再考虑以下几方面的问题：

(1)设备的生产能力分析。各工序、工段设备的生产能力配置要合理。生产能力配置合理，是指各工序、工段设备额定生产能力恰好等于拟建项目的设计生产能力。也就是说，各工序设备在相同时间全负荷运转，前道工序的产出量刚好等于后道工序的投入量。

（2）设备的实际生产能力与项目的设计生产能力要吻合。项目的生产能力虽然是以设备定额生产能力为依据而确定的，但两者又有不同，有些情况下技术人员和管理人员可以采取有效的措施，对设备的生产能力作出符合实际情况的调整。例如，陶瓷厂只要能提高炉窑的温度，加工时间就可以减少，从而达到提高生产能力的目的。相反，有些设备由于项目所在地的环境限制，很难达到额定的生产能力。

此外，还可能存在某些设备制造厂夸大设备生产能力或设备组织、夸大项目生产能力的情况，使设备的实际生产能力与项目的设计生产能力存在相互矛盾的现象。

（3）设备的配套性分析。设备的配套性是指相关设备、器具之间，数量、各种技术指标和参数的吻合程度。按规模可分为单机配套、机组配套和项目配套。单机配套是指一台机器中各种工具、辅件、部件和配件齐全；机组配套是指一套机器的主机、辅机等设备要配备成套，例如数控机床除了有承担加工作业的主机，还要由微机控制系统，二者要配备恰当；项目配套是指一个建设项目所需各种设备要配备成套，如生产工艺设备、辅助设备、公用设备等要配备成套。

（4）产品质量的设备保证分析。拟建项目所选择的各种设备要有较高的可靠程度，能够满足工艺要求，高质量地完成本工序的加工任务。所说的可靠程度，就是要在规定的时间内，在规定的使用条件下，无故障地发挥规定功能的概率。它是用来表示设备、装置可靠性程度的重要参数，是比较与选择设备的重要依据。

（四）厂区布置的研究

在工艺技术、设备都选定后，应按生产流程合理布置厂区平面，并估算出建造厂房和其他土木工程的工程量。

在搞全厂布置方案时，要服从生产流程的需要，并尽量减少原材料、辅料、半成品的厂内运输距离，避免不必要的往返运输。同时，应注意缩短能源输送线路和供水管路，还要对项目今后的发展留出余地。

土建工程量的估算，涉及总投资的大小。由于建造新厂需要资金较多、工期长，在今后一个相当长的时期内，应注意对原有企业进行必要的改建、扩建。

厂区布置、土建工程有了规划还不够，还必须对与项目有关的公用辅助设施和厂内外交通认真分析。属于项目专用的，则应列入项目的工程量之中；与左邻右舍合用的，则分担投资共建。总之要注意发挥现有设施的潜力，压缩新建部分的基建投资。

二、环境保护和"三废"处理的研究

进行项目投资，要满足社会要求，就不能在开发某一种资源时却让其排出的"三废"去破坏另外的资源；也不能为满足人们某种需求的同时，又去污染人们赖以生存的自然环境。因此，在对项目进行可行性研究时，必须对项目可能产生的各种污染作分析预测，并提出相应的治理措施。研究环境影响一般考虑以下几个方面内容：

（1）环境对生产过程的影响：如温度、湿度、风沙、地震、水质等对生产过程的影响。

（2）生产过程对环境的影响：如"三废"物质、放射性物质、噪声、震动等对环境的影响。

（3）产品制成后，在使用和运行过程中对环境的影响：如农药、汽车、药物及某些轻化工产品对环境的影响。

随着工业的发展，环境污染问题日益严重。为了人民的健康，我国也公布了环境保护法，特别强调指出：一切企业、事业单位的厂址选择、设计、建设和生产都必须充分注意防止环境的污染和破坏。因此，项目可行性研究要对这方面给予重视，并在投资预算中将治理"三废"保护环境费用专项列出。

三、许可证贸易的研究

在引进项目的建设中，常常会遇到许可证贸易的问题，所谓的许可证贸易就是买卖双方签订正式合同或许可证书，允许技术引进方使用技术转让方提供的技术，技术引进方为此支付一定的费用。所以，许可证贸易实际上是一种作价的技术转让，故也是一种技术引进方式，通过这种技术转让可以使某一投资项目很快得到并掌握先进的生产手段，促进经济发展。

在许可证贸易中，技术转让内容有三点：专利、技术诀窍、商标。

(一)专利

专利技术是指取得专利权的某种发明、某项创造所具有的技术。买专利和买技术是两回事，我们一般讲购买专利权，并不是买专利的所有权，只是买法律上讲的一种发明创造的专属权，而不是具体的技术，买方不承担保证该专利实施的责任。所谓专利权，包括制造权、使用权和销售权三个内容。支付了专利费，就取得了这项专利的制造权、使用权和销售权。

如何买专利是很重要的，在可行性研究中，要注意以下问题：

(1)要注意专利的技术水平，注意有些专利名不副实的情况，要了解市场的需要，并注意是否过了专利保护期，因为过期专利不必为它付费，人人可以免费使用。

(2)该专利技术是否在本国申请专利？若外商尚未在本国申请专利，就不存在专利许可问题，也不必签订有专利许可内容的合同并为此支付费用。

(3)根据具体情况，决定购买全套专利或部分专利。

(4)能否保障引进方免受第三方对于侵犯专利的索赔。

(5)专利的价格取决于专利技术水平的高低、投资建设规模的大小、市场的大小和盈利的多少、合同期限的长短等因素。

(6)注意减少使用专利的其他苛刻条件，避免上当吃亏。

总之，购买专利、签订合同要对上述问题经过认真的调查研究，有满意结果才能进行专利许可证贸易。

(二)技术诀窍

技术诀窍，没有专门的定义，按照英文"Know-How"的字面直译，就是"知道如何做"，为了叙述方便，把它译作技术诀窍。

技术诀窍是许可证贸易中重要的内容，是一种未取得专利保护的发明创造，它包括设计、工艺、设备操作，以及生产实践等方面的知识和经验。进行技术诀窍许可证贸易，就是把技术诀窍买进来，学会并掌握这项技术。

由于技术诀窍具有实用性、秘密性、先进性、新颖性和有价值性，为保密需要，一般不申请专利，未取得专利保护。首先，它的内容是不公开的，对于它的具体内容和实际价值，事先往往难以判断，但作为贸易项目的技术诀窍，必须具备一定条件，主要是该项技术诀窍能用有形形式转让，如数据、图纸、图表、配方及用文字资料表达诀窍、方法等；其次，这些诀窍是可以鉴定辨别的；再次，能在协议中明确确定向买方传授技术知识的途径和方式，以确保买方获得利用该项技术的能力；最后，这些诀窍应当不是剽窃的或公共性的资料。

目前，技术诀窍在许可证贸易中所占的比重已经超过专利贸易。

(三) 商标

商标涉及产品销售的信用和声誉。经过注册登记后，商标受到法律的保护。为了在国际市场上推销产品，可以通过许可证贸易将国外的名牌商标买来用在自己的产品上，以便进入国际市场，但这不利于建立自己的信誉。因此，有的国家就采取逐渐替换的办法，开始利用别人的商标，以后同时使用双方厂名的商标，等有了信誉之后，就完全采用自己的商标。

四、企业组织、劳动定员和人员培训的研究

在生产要素中，人是一个重要的要素，任何投资项目，都要由人组成一定形式的机构进行经营管理，才能发挥其经济效益。因此在可行性研究中，对方案设计、工艺技术、设备等进行研究之后，就要对企业组织机构、劳动定员、人员培训等方面进行研究。

企业组织机构的设置要合理，一方面要有利于企业经营和提高生产率，另一方面要减少企业管理费的开支以降低经营成本。生产组织与管理机构的设计，应与项目设计配合，分生产与管理两大系统确定组织机构和规模，并根据机构及岗位定人员编制，制定工人工资费用及行政管理费用。

对于新开发项目或引进的先进技术项目，应对人员素质提出一定要求，如达不到标准就要有计划地对人员进行培训，对培训人员的数量、种类、时间、地点、费用等，均要在可行性研究中陈述清楚。

五、项目实施时间安排

项目实施时间安排表是为了加强对项目实施的管理。工程项目确定后，从谈判、签订合同，到设计、施工、试产、投产的整个工期，都要制订一个周密的进度计划，使项目实施的各个阶段互相衔接，合理有效地利用资源和时间，并使工程周期缩短。

制订工程进度计划应注意以下几点：

(1) 资金的筹措及施工材料与设备的供应要能够适应和保证工程建设进度的需要。

(2) 施工安装的工作量应尽量均衡地进行，避免突击施工。

(3) 注意综合生产能力的形成，制订工程实施计划时，应大力推广使用网络计划评审技术 (Program Evaluation and Review Technique，PERT)。

第四节　项目经济可行性研究

可行性研究是以市场为前提，技术为手段，经济效益为目标的研究。在市场调查预测、技术手段方案研究之后，还应进行经济可行性研究，这个研究主要是进行投资经济效益分析及估算，为获取经济效益应付出的资金测算及筹集措施。

一、投资资金测算及筹措

（一）项目投资的估算

在可行性研究中，对项目主体工程、配套工程，流动资金等全部资金要一笔一笔地估算。

对项目投资资金估算应包括以下内容：

1. 固定资产投资资金

这部分资金包括生产项目、辅助生产项目、公用工程、服务性工程、生活福利设施和厂外工程等费用以及建设期贷款利息。固定资产投资估算方法很多，大体可分两大类：一类是工艺技术路线相同，而生产规模不同，但变化范围不太大时，直接由生产规模推算出建设投资；另一类是以设备或装置的价格及土木工程造价为基础，再根据调查资料的统计分析，求出与它有关的费用，推算出总固定资产投资费用。

2. 投产前开办费

这部分资金是项目基本建设投资中不能转入固定资产的部分，但它是为取得固定资产的资本支出，包括咨询费、可行性研究费用、工程设计费、筹建单位管理费、设计勘察费、出访及外事活动费、人员培训费、谈判活动费等。

3. 无形资产投资资金

为了获得项目所需专有技术、商标、专利等权益的使用权或所有权，项目还必须向这些权益的所有者支付购买费用，这项费用是一种无形的固定资产，在此也要进行估算。

4. 流动资金

流动资金指项目建成后进行投产，需要准备一笔可流动的资金，在销售收入获得之前，用于备料加工、预发工资、销售环节及管理费用的资金。换句话说，流动资金是为建立原材料、备件库存，预发职工薪金，为加工、销售各环节占有半成品和成品而准备的一部分资金。这部分资金最终不进入产品的成本，只是在生产销售的环节中周而复始地从物质形态转向货币形态，又从货币转向物质形态。流动资金在项目经营中占重要地位，项目建成后，如果没有足够的流动资金，企业的经营就比较困难，甚至停产。

根据联合国工业发展组织《工业可行性研究手册》规定，流动资金应是流动资产减短期负债。流动资产包括应收账款、原料、备件、在制品及成品的库存和库存现金。短期负债指赊购的原料、辅助材料、用品，公用设施日常支付的资金。

根据国内情况，库存资金、应收账款与短期负债这三项占整个流动资金的比例不大，可假定库存现金和应收款大体与短期负债相当。因此，在一般情况下，进行可行性研究时，可只估算储备资金(原料库存和备品备件)、生产资金和成品资金三个部分。

5. 未可预见费

项目在进行过程中，会出现某些预料不到的情况，需补充经费，因此在上述资金估算出之后加上10%作为未可预见费。

以上几项内容资金的估算，要求精确度达到10%。

特别要指出的是，由于我国不同级别的政府审批部门拥有不同投资额的项目批准权

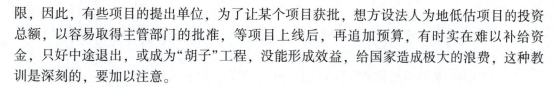

限，因此，有些项目的提出单位，为了让某个项目获批，想方设法人为地低估项目的投资总额，以容易取得主管部门的批准，等项目上线后，再追加预算，有时实在难以补给资金，只好中途退出，或成为"胡子"工程，没能形成效益，给国家造成极大的浪费，这种教训是深刻的，要加以注意。

(二) 资金的筹措

资金筹措就是考虑投资资金的来源问题，资金来源有下列途径：

1. 国家拨款

许多项目是直接由国家预算内安排拨款投资的，如一些非营利性的文化、教育、科研、卫生等事业和行政单位及非营利性公益项目的建设投资，由国家预算支出，无偿使用，不需归还。这种拨款又分中央财政预算拨款和地方财政预算拨款。

2. 银行贷款

银行贷款是指银行以借贷的方式供应的建设资金。我国许多预算内安排的项目，经立项后，其资金分别由中央财政和地方财政作预算，建设单位向当地建设银行申请贷款，投资贷款实行有借有还、有偿使用的原则，借款单位应按合同规定的期限还本付息。另外，也有许多预算外小型项目，通过各种融资渠道，向银行申请贷款进行投资。

3. 自筹资金

自筹资金指各地方通过各种渠道，自己筹集资金。这种方式又分自掏腰包和外部筹集：自掏腰包资金称自有资金，如企业从税后留利的企业基金中筹集的资金；外部筹集通过发企业债券、股票等方式筹集资金。

4. 利用外资

在项目投资建设中，从国外引进资金的项目均作为利用外资。利用外资主要是为了得到外汇资金，按其含义来说，得到的外汇资金要与具体的建设项目结合在一起才是真正利用外资。利用外资的方式有外国贷款和外商投资。前者贷款后，形成债务，要还本付息；而后者则带有合作性质。我国现在利用外资有以下形式：国际金融机构及政府间贷款；出口信贷及经济合作；金融市场和自由外汇；外商合资、独资。

二、项目财务评价

可行性研究后期阶段是对项目经济效益作分析，分析投资效益要从两方面分析：一是企业本身，二是从国家角度；前者为企业财务分析，后者是国民经济分析，也称国民经济综合评价。

(一) 项目财务评价的概念及特点

财务评价是从企业角度对项目进行经济分析，评价项目的盈利能力和借款偿还能力。建设项目的财务评价具有以下几个特点：

(1) 动态性。除计算一些静态指标外，更强调运用资金时间价值的观点，将不同时点的资金流入和流出折算到同一时点，进行动态比较。这不仅能反映项目未来时期的发展变化情况，而且为不同项目之间以及同一项目不同方案的对比分析提供了可比的基础。

(2) 预测性。除进行科学的预测外，还应通过不确定性分析对某些不确定因素和风险因素的影响作出估计。

(3)全过程性。决定项目取舍的判断依据，应是经过综合计算项目寿命周期全过程所得到的净现值、净现值率以及内部收益率等。

(4)可比性。强调价值量分析与实物量分析相结合，以价值量分析为主。尽量将时间因素、物质因素、劳动因素量化为资金价值因素，保证不同项目、不同方案的评价具有可比性。

项目财务评价大致分为三个阶段，即基础资料准备阶段、项目财务预测及基本表格编制阶段、项目财务分析阶段，如图9-6所示。

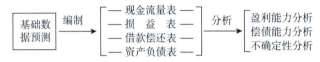

图9-6　项目财务评价程序

(二)财务评价的基础资料

进行财务评价前需要收集和测算以下基础数据：

(1)销售收入。财务评价需要根据销售状况计算确定每年的销售收入额，其中包括各个不同方案的销售收入数据。

(2)投资总额。投资总额包括项目建设和正常运行过程中所需要的各种投入。同时，还需要根据建设进度计划和寿命周期，确定各年度的投资额。

(3)职工总数及人员费用(略)。

(4)生产成本。要根据生产计划测算出每年度的各种成本费用。

(5)筹资设想。筹资设想包括资金构成、贷款总额、利率及偿还方式和有关税利分配等。

(三)财务评价基本报表的编制

财务评价报表是财务评价的基本工具，它主要是将一个项目在建设期间所发生的全部投资和建成投产后生产经营过程中所发生的一切收入和费用进行逐年计算平衡，以报表的形式反映项目建成投产后的经济效益。

财务评价的基本报表有现金流量表、损益表、借款偿还表和资产负债表。

1. 现金流量表

为了正确判断项目的盈利能力和偿还能力，需要预计项目的经营状况，将项目寿命期内每年的现金流入量和现金流出量及两者之间的差额列成表格，这种表格称为现金流量表。它是分析、预测项目效益的重要动态报表。

识别现金流入项(收益)、现金流出项(费用)是编制现金流量表的前提。对于投资项目财务分析来说，主要目标是分析其盈利能力，凡是削弱盈利的就是现金流出，凡是增加盈利的就是现金流入。对于那些虽由项目实施所引起但不为企业所支付或获取的费用及收益，则不予计算。

在进行盈利能力分析时，一般分两步进行。第一步通过全投资现金流量表，分析在假定项目全部资金都为自有资金的情况下项目本身的盈利能力。它排除了财务条件(如筹资成本)对项目盈利能力的影响，客观地反映项目本身的盈利能力。如果由此得出的项目盈利能力大于或等于资金成本率，则有继续进行财务分析的必要；反之，即可考虑否定此项目。第二步通过自有资金现金流量表，考察企业自有资金的获利性，反映企业自身可得到的利益。

全投资现金流量表的构成如表9-4所示。

表9-4　全投资现金流量表　　　　　　　　　单位：万元

序号	内容	建设期				生产期				合计
		1	2	3	4	5	…	$n-1$	n	
1	现金流入									
1.1	销售收入									
1.2	回收固定资产残值									
1.3	回收流动资金									
2	现金流出									
2.1	固定资产投资									
2.2	流动资金投资									
2.3	经营成本									
2.4	销售税金及附加									
2.5	所得税									
3	净现金流量									

全投资现金流量表不考虑资金借贷与偿还，投入项目的资金一律视为自有资金。其净现金流量构成公式为：年净现金流量=销售收入+资产回收-固定资产投资-流动资金投资-经营成本-销售税金及附加-所得税。

下面对主要现金流量作具体说明：

（1）销售收入。这是企业获得收入的主要形式。销售收入由销售量和价格两个要素决定。在项目寿命期内价格一般都会变化，考虑到产品价格与原材料价格等有互动关系，因此一般采用现行价格或可预见的价格，并假定在寿命期内不变。

（2）资产回收。寿命期末可回收的资产包括固定资产残值和回收的流动资金。

（3）固定资产投资。固定资产投资包括工程费用、不可预见费、固定资产投资方向调节税、无形资产投资、建设期利息、开办费(形成递延资产)等。

（4）经营成本。这是为进行经济分析从总成本费用中分离出来的一种费用，其与总成本的关系为：经营成本=总成本费用-折旧和摊销费用-利息支出。

按照有关规定，利息支出列入成本费用，但为了便于进行全投资分析，则将其单列。折旧是对固定资产投资的回收，我们已将固定资产投资当作支出，如果再将折旧作为支出，就重复计算了费用；另外企业通过折旧，将固定资产价值转移到产品中的部分随产品一次次销售将其补偿基金储存起来，到折旧期满，收回原投资，可见折旧并没有从系统项目中流出，而是保留在系统内。同理，摊销费也不能作为现金流出。

（5）销售税金及附加。其计算口径应与销售收入口径相对应。凡需从销售收入中支付的税金均须列入，凡不需从销售收入中支付的税金均不列入。

自有资金现金流量表的构成如表9-5所示。

表9-5　自有资金现金流量表　　　　　　　　　　单位：万元

序号	内容	建设期				生产期				合计
		1	2	3	4	5	…	$n-1$	n	
1	现金流入									
1.1	销售收入									
1.2	回收固定资产残值									
1.3	回收流动资金									
2	现金流出									
2.1	固定资产投资中自有资金									
2.2	流动资金投资中自有资金									
2.3	经营成本									
2.4	偿还贷款本金									
2.5	偿还贷款利息									
2.6	销售税金及附加									
2.7	所得税									
3	净现金流量									

它与全投资现金流量表最大的区别在于对借款资金的处理。全投资现金流量表是假定全部资金为自有资金，因此，没有利息支出；自有资金现金流量表是站在企业财务的角度考察各项资金的收入和支出。对于企业来说，从银行取得贷款是现金流入，用于项目建设是现金流出，偿还贷款本利也是现金流出。因此企业对贷款的真正支出只是偿还贷款本息。

当全投资内部收益率大于贷款利率时，自有资金的内部收益率必定大于全投资内部收益率，且贷款比例越高，自有资金的内部收益率越高。当全投资内部收益率大于基准收益率，且基准收益率大于借款利率时，自有资金净现值大于全投资净现值。

2. 损益表

损益表是用来计算项目在寿命期内各年的利润总额，据以进一步计算投资利润率、投资利税率等静态评价指标。损益表的构成如表9-6所示。

表9-6　损益表　　　　　　　　　　单位：万元

序号	年份 项目	投产期	达产期							
		2	3	4	5	6	7	8	9	10
1	产品销售收入									
2	销售税金及附加									
3	总成本费用									
4	利润总额（1-2-3）									

续表

序号	年份 项目	投产期	达产期							
		2	3	4	5	6	7	8	9	10
5	所得税(4×20%)									
6	税后利润(4−5)									
6.1	盈余公积金和公益金									
6.2	未分配利润									
6.3	累计未分配利润									

3. 借款偿还表

借款偿还表是分析项目偿债能力的重要报表。贷款的使用者关心项目偿还债务的能力，而贷款的发放者更关心借出的资金能否如期收回，因此偿债分析是财务分析的一项重要内容。借款偿还表的构成如表9-7所示。

表9-7　借款偿还表　　　　　　　　　　　　　　　　　单位：万元

序号	年份 项目	建设期		投产期	达产期							
		1	2	3	4	5	6	7	8	9	10	11
1	借款及还本付息											
1.1	年初累计借款											
1.2	本年借款											
1.3	本年付利息											
1.4	本年还本											
2	偿还贷款本金的资金来源											
2.1	利润											
2.2	折旧											
2.3	自有资金											
2.4	资产回收											

由于财务费用计入总成本，进而影响利润，而各年财务费用的大小又取决于还款方式，取决于项目还款能力，因此，损益表一般应与借款偿还表一起编制。

常见的还款方式有：

(1)等额利息法：每期付息额相等，期中不还本金，最后一期归还本金和当期利息。

(2)等额本金法：每期还相等的本金和相应的利息。

(3)等额摊还法：每期偿还的本利额相等。

(4)一次性偿付法：最后一期偿还本利。

(5)任意法：期中任意偿还本利，到期末全部还清。

4. 资产负债表

资产负债表综合反映各年末的资产、负债和资本的增减变化情况以及它们相互之间的关系，可用来检查项目的资产、负债和资本结构是否合理以及项目是否具有较强的偿还债务能力。资产负债表的构成如表9-8所示，表中所反映的基本关系是：资产=负债+所有者权益。

表9-8　资产负债表　　　　　　　　　　　　　　　　　单位：万元

序号	项目　　　　　　　年份	建设期		投产期	达产期							
		1	2	3	4	5	6	7	8	9	10	11
1	资产											
1.1	流动资产总额											
1.1.1	现金											
1.1.2	累计盈余资金											
1.1.3	应收账款											
1.1.4	存货											
1.2	在建工程											
1.3	固定资产净值											
2	负债											
2.1	流动负债总额											
2.1.1	应收账款											
2.1.2	流动资金借款											
2.2	长期借款											
3	所有者权益											
3.1	资本金											
3.2	资本公积金											
3.3	累计盈余公积金											
3.4	累计未分配利润											
计算指标	资产负债率/%											
	流动比率/%											
	速动比率/%											

（四）财务分析

1. 财务盈利性分析

财务盈利性分析是通过计算项目投资的内部收益率、投资回收期、净现值、净现值率、投资利润率、投资利税率等经济效益指标，依据相应的判别准则，对项目投资的财务盈利能力作出明确的界定，并据此比较不同投资方案的经济合理性。

2. 清偿能力分析

（1）借款偿还期。固定资产投资借款偿还期是指在国家财政政策规定及项目具体财务条件下，项目投产后可用于还款的利润、折旧及其他收益额偿还固定资产投资借款本金和利息所需要的时间。其计算公式为：

$$I_\text{d} = \sum_{t=1}^{P_\text{d}} (R_\text{d} + D' + R_0 - R_\text{r})_t \tag{9-1}$$

式中：I_d——固定资产借款本利和；

$\quad\quad P_\text{d}$——借款偿还期(从建设开始年计算；当从投资年算起时，应予以注明)；

$\quad\quad R_\text{d}$——年利润总额；

$\quad\quad D'$——可用作还款的年折旧；

$\quad\quad R_0$——可用作还款的其他年收益；

$\quad\quad R_\text{r}$——还款期的年企业留利；

$\quad\quad (R_\text{d}+D'+R_0-R_\text{r})_t$——第 t 年可用于还款的收益额。

若 P 不为整数年，则当年应偿还借款数：

$$P_\text{d} = (借款偿还开始出现盈余的年份数 - 1) + \frac{当年应偿还借款数}{当年可用于还款的受益项} \tag{9-2}$$

(2)资产负债比率。资产负债比率反映企业总体偿债能力。这一比率越低，则偿债能力越强。其计算公式为：

$$资产负债比率 = 负债总额/资产总额 \tag{9-3}$$

(3)流动比率。流动比率反映企业在短期内偿还债务的能力。该比率越高，则偿还短期负债的能力越强。其计算公式为：

$$流动比率 = 流动资产总额/流动负债总额 \tag{9-4}$$

(4)速动比率。速动比率反映企业在很短的时间内偿还短期负债的能力。其计算公式为：

$$速动比率 = \frac{速动资产总额}{流动负债总额} = \frac{流动资产-存货}{流动负债总额} \tag{9-5}$$

3. 不确定性分析

不确定性分析是评价项目投资所承担的风险程度。常用的不确定性分析方法中，盈亏平衡分析一般只用于财务评价，而敏感性分析和概率分析既可用于财务评价，又可用于国民经济评价。

三、国民经济评价

(一)国民经济评价的概念及意义

国民经济评价是按照资源合理配置的原则，从国家整体角度上考核项目的效益和费用，用货物影子价格、影子工资、影子汇率和社会折现率等经济参数，分析计算投资项目为国民经济带来的贡献，从而评价投资项目的经济合理性，为投资决策提供宏观上的决策依据。

(二)国民经济评价的效益和费用

国民经济评价时项目的效益是指项目对国民经济所作的贡献，分为直接效益和间接效益。直接效益是指由项目产生并在项目范围内计算的经济效益，一般表现为：增加该产出物的数量以满足国内需求的效益；替代其他相同或类似企业产出物，使被替代企业减产以减少国家有用资源耗费(或损失)的效益；增加出口所增收的国家外汇。间接效益是指由项目引起而在直接效益中未得到反映的那部分效益。

项目的费用是指国民经济为项目所付出的代价，分为直接费用和间接费用。直接费用是指项目使用投入物所产生并在计算范围内的经济费用。一般表现为：其他企业单位为供应本项目投入物而扩大生产规模所耗用的资源费用；减少对其他项目或最终消费投入物的供应而放弃的效益；增加进口（或减少出口）所耗用（或减收）的外汇。间接费用是指由项目引起而项目的直接费用中未得到反映的那部分费用。

项目的间接效益和间接费用称为外部效果，对显著的外部效果如能定量的，要定量计算，并计入项目的效益和费用；不能定量的，应作定性分析。

（三）影子价格、影子工资和影子汇率

影子价格是指在一定经济结构中，以线性规划方法计算的，反映资源最优利用的价格。影子价格不是实际价格，而是一种虚拟价格，某种资源的影子价格不是一个固定数值，而是随着经济结构的变化而变化的。影子价格的确定原则，不仅取决于某一社会折现率下的国内生产价格体系，还取决于国际市场价格、影子汇率、货物稀缺程度及供求状况等诸多因素。

为了正确计算项目对国民经济所作的净贡献，在进行国民经济评价时，一般要采用影子价格。为了简化计算，在不影响评价结论的前提下，可只对其价值在效益或费用中占比重较大的或者国内价格明显不合理的产出物与投入物时使用影子价格。

使用影子价格时，项目投入物和产出物分为外贸货物、非外贸货物和特殊投入物三种类型。

1. 外贸货物的影子价格

外贸货物的影子价格是指其生产或使用将直接或间接影响国家进出口的货物，包括项目产出物中直接出口、间接出口（替代其他企业产品使其增加出口）或替代进口者，项目投入物中直接进口、间接进口（挤占其他企业的投入物使其增加进口）或挤占原可用于出口的国内产品（减少出口）者。外贸货物的影子价格计算方法如下：

（1）产出物。包括以下几种：

①直接出口产品的影子价格＝离岸价格×影子汇率－国内运输费用和贸易费用。

②间接出口产品的影子价格＝离岸价格×影子汇率－原供应厂到口岸运输费用及贸易费用＋原供应厂到用户的运输费用和贸易费用－拟建项目到用户运输费用及贸易费用。

③替代进口产品的影子价格＝原进口货物的到岸价格×影子汇率＋口岸到用户运输费用及贸易费用－拟建项目到用户的运输费用及贸易费用。

（2）投入物。包括以下几种：

①直接进口产品的影子价格＝到岸价格×影子汇率＋国内运输费用和贸易费用。

②间接进口产品（国内产品，如木材、钢材、铁矿等）的影子价格＝到岸价格×影子汇率＋口岸到原用户的运输费用及贸易费用－供应厂到用户的运输费用和贸易费用＋原供应厂到拟建项目的运输费用及贸易费用。

③减少出口产品的影子价格＝离岸价格×影子汇率－供应厂到口岸的运输和贸易费用＋供应厂到报建项目的运输费用和贸易费用。

2. 非外贸货物的影子价格

非外贸货物是指其生产或使用不影响国家进出口的货物。非外贸货物的影子价格按下述原则和方法确定：

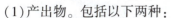

（1）产出物。包括以下两种：

①增加供应数量满足国内消费的产出物。供求均衡要按财务价格定价；可参照国内市场价并考虑价格变化趋势定价，但不高于相同质量产品的进口价格；无法判断供求时，取上述价格中较低者。

②不增加国内供应数量，只是替代其他企业的产出物，致被替代企业停产或减产的。质量相同者，应按被替代产品可变成本分解定价；提高产品质量的，原则上按被替代产品的可变成本加提高质量而带来的国民经济效益定价，其中提高质量带来的效益，可近似按国际市场价格与被替代品价格之差来确定。

（2）投入物。包括以下三种：

①能通过挖掘原有企业潜力增加供应的，按可变成本分解定价。

①在拟建项目计算期内需通过增加投资扩大生产规模来满足拟建项目需要的，按全部成本分解定价。当难以获得成本的资料时，可参照国内市场价格定价。

③项目计算期内无法通过扩大生产规模增加供应的，参照国内市场价格定价。

3. 特殊投入物的影子价格

特殊投入物是指劳动力和土地。劳动力的影子工资及土地的影子费用按下述原则确定：

（1）劳动力的影子工资。影子工资应能反映该劳动力用于拟建项目而使社会为此放弃的效益以及社会为此而增加的资源消耗。影子工资可通过财务评价中所用的工资与福利费之和乘以影子工资系数求得。影子工资系数由国家统一测定发布。

（2）土地的影子费用。应能反映该土地用于拟建项目使社会为此放弃的效益，以及社会为此而增加的资源消耗（如居民搬迁费等）。

4. 影子汇率

影子汇率反映外汇的真实价值，用于国民经济评价中外汇与人民币之间的换算。同时也是评价经济换汇或节汇成本的依据。影子汇率可通过国家外汇牌价乘以影子汇率换算系数求得，这一系数由国家统一测定发布。

5. 社会折现率

社会折现率反映国家对资金时间价值的估量，是计算经济净现值等指标时所采用的折现率，也是评价经济内部收益率的数据。社会折现率是一个重要参数，由国家统一测定发布。

（四）国民经济评价的指标体系与基本报表

1. 国民经济评价指标

为分析国民经济盈利能力，要计算两项指标：经济内部收益率和经济净现值。

为分析一个项目的经济外汇效果应计算三项指标：经济外汇净现值、经济换汇成本和经济节汇成本。

2. 国民经济评价的基本报表

一般包括国民经济效益费用流量表（全部投资，如表9-9所示）和国民经济效益费用流量表（国内投资，如表9-10所示），涉及出口和替代进口的项目，还应编制经济外汇流量表（如表 9-11 所示）。

表 9-9　国民经济效益费用流量表（全部投资）　　　　　　　　　单位：万元

序号	项目 / 年份	1	2	3	4	…	n
	生产负荷/%						
1	效益流量						
1.1	产品销售（营业）收入						
1.2	回收固定资产余值						
1.3	回收流动资金						
1.4	项目间接受益						
2	费用流量						
2.1	固定资产投资						
2.2	流动资金						
2.3	经营费用						
2.4	项目间接费用						
3	净效益流量（1-2）						
计算指标	经济内部收益率：						
	经济净现值（$i=$%）：						

注：生产期发生的更新改造投资作为费用流量单独列项或列入固定资产投资项中。

表 9-10　国民经济效益费用流量表（国内投资）　　　　　　　　　单位：万元

序号	项目 / 年份	1	2	3	4	…	n
	生产负荷/%						
1	效益流量						
1.1	产品销售（营业）收入						
1.2	回收固定资产余值						
1.3	回收流动资金						
1.4	项目间接受益						
2	费用流量						
2.1	固定资产投资中的国内投资						
2.2	流动资金中的国内投资						
2.3	经营费用						
2.4	流至国外的资金						
2.4.1	国外借款本金偿还						
2.4.2	国外借款利息支付						

续表

序号	项目　年份	1	2	3	4	…	n
2.4.3	其他						
2.5	项目间接费用						
3	净效益流量(1-2)						
计算指标	经济内部收益率：						
	经济净现值($i=$%)：						

注：生产期发生的更新改造投资作为费用流量单独列项或列入固定资产投资项中。

表 9-11　经济外汇流量表　　　　　　　　　单位：万元

序号	项目　年份	1	2	3	4	…	n
	生产负荷/%						
1	外汇流入						
1.1	产品销售外汇流入						
1.2	外汇借款						
1.3	其他外汇收入						
2	外汇流出						
2.1	固定资产投资中外的汇支出						
2.2	进口原材料						
2.3	进口零部件						
2.4	技术转让费						
2.5	偿还外汇借款付息						
2.6	其他外汇支出						
3	净效益流量(1-2)						
4	产品替代进口收入						
5	净外汇效果(3+4)						
计算指标	经济外汇净现值($i=$%)：						
	经济换汇成本或经济节汇成本：						

注：技术转让费是指生产期支付的技术转让费。

(五)财务评价与国民经济评价的关系

经济评价中，要按两个层次评价项目经济上的合理性，即要进行财务评价和国民经济评价，两者的任务和作用是不同的，财务评价与国民经济评价的主要区别如表 9-12 所示。

表 9-12 财务评价与国民经济评价的区别

区别内容	财务评价	国民经济评价
出发点	从企业自身角度出发	从国民经济整体角度出发
费用和效益识别	税收、利息、工资均不计为企业效益；财政补贴、折旧纳入企业效益	税收、利息、工资均作为项目效益，补贴从效益中扣除
价格体系	市场预测价格	影子价格
评价参数	根据实际选定参数	通用参数
核心评价指标	企业净收益所决定的净现值、内部收益率等	国民收入及其由此决定的各项评价指标

1. 评价的出发点不同

企业财务评价是站在企业自身的角度上，衡量和计算一个投资项目为企业带来的利益，评价项目财务上是否有利可图；而国民经济评价是站在国家整体的角度上，计算和分析投资项目客观上为国民经济所创造的效益和作出的贡献，评价项目经济上的合理性。在某种程度上，前者主要为企业的投资决策提供依据，而后者则是为政府在宏观上对投资的决策提供依据。

2. 计算费用和效益的范围不同

企业财务评价中，投资项目所获效益中上交给国家或其他部门而企业得不到的部分，均不作为收益看待；而国家给予的补贴，尽管客观上不是项目创造的效益，均作为收益计算。在国民经济评价中，只要是项目客观上创造的效益，不管最终由谁来支配，均作为投资项目效益；投资费用的计算也与上述处理方法相同。因此，同一个投资项目，尽管其创造的效益客观上是一样的，但是采用财务评价方法和国民经济评价方法，计算结果有差异，在某些情况下结论也会有差异，在评价中具体反映出来的是现金流量不同。

3. 评价中使用的价格不同

在企业财务评价中，由于要求评价结果反映投资项目实际发生的情况，其计算使用的价格需要对市场进行调查和预测，确定出未来市场上可能发生的价格或市场上已经发生的价格。而国民经济评价，不仅要客观地评价项目，而且要求不同地区、相同行业的投资项目具有可比性，如果采用市场价格，往往因不同地区价格水平不同而影响项目的横向可比性，所以在国民经济评价中，必须采用一个统一的价格标准。目前，我国引进了联合国工业发展组织对发展中国家投资项目进行评价的方法中推荐的影子价格，以此作为国民经济评价的价格体系。

4. 评价中使用的参数不同

所谓评价参数，主要指汇率、贸易费用率、工资数及现值计算的贴现率。进行财务评价时，上述各参数需要根据不同行业的不同企业，以及企业条件和企业环境自行选定。而进行国民经济评价时，同样为了达到横向投资项目可比性等目的，上述各项均采用统一的通用参数。

5. 评价中核心指标不同

企业财务评价，最主要的收益内容是利润与折旧，这两项收益也是回收投资的主要内

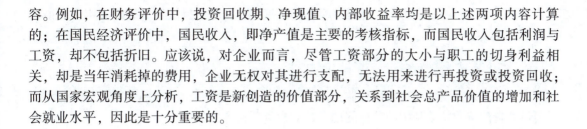

容。例如，在财务评价中，投资回收期、净现值、内部收益率均是以上述两项内容计算的；在国民经济评价中，国民收入，即净产值是主要的考核指标，而国民收入包括利润与工资，却不包括折旧。应该说，对企业而言，尽管工资部分的大小与职工的切身利益相关，却是当年消耗掉的费用，企业无权对其进行支配，无法用来进行再投资或投资回收；而从国家宏观角度上分析，工资是新创造的价值部分，关系到社会总产品价值的增加和社会就业水平，因此是十分重要的。

第五节　项目可持续发展研究

一、项目可持续发展研究的基本内容和意义

(一)基本内容

衡量投资项目能否可持续发展，需要从四个方面来评价：

(1)投资项目的技术效益。一般情况下，投资项目的技术效益越高，说明该项目所采用的技术本身是进步的、发展的。

(2)项目的生态效益。如果某项技术应用会带来严重的生态环境问题，即使经济效益、技术效益再好，也是不可取的。

(3)项目的经济效益。在市场经济条件下，投资项目具有良好的经济效益，是项目可持续发展的最直接动力和最基本要求。

(4)项目的社会效益。项目的社会效益主要体现在投资项目对人类社会发展的作用和意义，包括人的自由与公平、人类文化的进步、卫生条件的改善等方面。

可持续发展的投资项目，要求实现上述四种效益的协调与统一。

(二)意义

我国的经济发展正处在工业化的高速发展时期。但是，同世界各国相比，我国的发展和环境所面临的问题更多，也更复杂。

(1)庞大的人口。中国的人口已超过 14 亿，新增国民收入的 1/4 被新增人口所消费。人口膨胀对资源环境造成的影响，已成为我国实现环境与经济协调发展的首要问题。

(2)资源相对短缺。关系到人类基本生存的淡水、耕地、森林和草地四类资源，我国的人均占有量只有世界平均水平的 28.1%、32.3%、14.3% 和 32.3%，矿产资源人均占有量也不到世界平均水平的一半。资源的不合理开采和消费，低下的资源利用效率，更加剧了资源的短缺。

(3)生态变化态势令人担忧。人口膨胀、自然资源的不合理利用，造成生态环境恶化和自然生态的失衡。

(4)环境污染不断加剧。在全国 600 多座城市中，大气质量符合国家一级标准的不足 1%。全国每年排放污水 360 亿吨，除 70% 的工业废水和不到 10% 的生活污水外，其余污水未经处理直接排入江河湖海中，致使水质严重恶化。

针对我国的发展和环境所面临的问题，在项目可行性研究中，必须坚持以科学的发展观为指导，摒弃单纯以追求经济效益为中心的观点。因此，加强对投资项目的可持续发展

评价不仅具有重要的现实意义，更是落实科学发展观，实施可持续发展战略和构建和谐社会的必然要求。

二、可持续发展评价的自然资源价格

为了逐步解决发展和环境所面临的问题，对自然资源的持续利用是必然趋势。为此，需要讨论自然资源持续利用的价格问题及其对投资项目评价的影响。

（一）自然资源持续利用的准则

在自然资源的利用过程中要保证自然资源的总存量基本保持不变，以便下一代能够获得跟我们同样的利用自然资源的机会，这是自然资源的生态福利公平性准则。为此，如果一种自然资源减少，就必须进行经济补偿，使自然资源的产品价格体现资源补偿费；如果一种资源自然枯竭，就必须出现一种替代资源。这样，才能保证下一代的自然资源的经济福利水平不致降低。

此外，要保证自然资源的利用过程中生态环境的质量不降低。如果对生态环境造成破坏，在经济上要对环境进行补偿，使自然资源的产品价格体现环境成本，借助环境成本来弥补、维持和改善生态环境质量，以保证下一代的生态福利水平不致降低。这是自然资源的生态福利不变性准则。

（二）自然资源的价格构成

依据以上准则，在理论上应纠正"自然资源无价"的错误观点。实际上，自然资源的价格不仅取决于其中包含的人类劳动，而更多地依赖于自身特点所决定的效用性和自然界赋予的稀缺程度。自然资源的价格构成应包括生产成本、平均利润、资源补偿费和环境成本。

（1）生产成本。即自然资源产品生产或开采过程中所消耗的人力、物力和财力，并且应把勘探费也包括在内。

（2）平均利润。项目成本包括平均利润，是现代经济分析和决策的特点。如能源行业的"长期边际成本定价"方法，其中的边际成本就包括平均利润。成本以外的利润属超额利润或"经济利润"。

（3）资源补偿费。即对自然资源的耗用所收取的补偿费，可以理解为现在使用稀缺的自然资源而失去的未来使用的"机会成本"。

（4）环境成本。即由于利用自然资源造成了对生态环境的破坏，为了弥补、维持和改善生态环境质量所付出的代价，环境成本又称为生态成本、生态效益价格、边际外部成本等。

（三）投资项目评价方法的修正

在考虑生态环境的经济价值的条件下，投资项目评价经常采用的效益—费用分析法应进行相应修正。修正以后的评价准则为：

$$效益 - 项目成本 \pm 环境效果的经济价值 > 0 \tag{9-6}$$

式中，正的环境效果经济价值为环境收益，负的环境效果经济价值为环境损失。

如果考虑资金的时间价值，还需将上述三个变量都进行相应的贴现计算。

三、环境经济效益分析

投资项目的环境效益是投资造成的生态环境变化对人类利益的影响。其中有些影响可以通过一定时间增加的经济效益或费用来计算，如大气污染会使一定时期内的生产成本上升或效益下降所造成的环境损失，生态环境改善使农民收入增加、工厂生产成本下降所带来的环境收益；而有些影响则必须通过对生态资源的价值化来确定。

（一）生态经济的成本与效益

从项目的角度分析，投资项目的生态经济的成本与效益，就是以货币计量的包括环保投入和环保效益的现金流入与流出。这种考虑生态经济的项目经济评价与传统的纯经济评价的区别，主要在于后者是以短期为主，前者则是以一个较长时期为考察对象。因为投资项目的生态经济外部影响要在一个较长时期才会明显地影响到项目内部的成本与效益；同时，生态资源的价值只有当它遭到破坏并影响人们的生活和生产时，才会反映出来。所以从一个较长时期看，项目所造成的外部不经济有相当部分会逐渐内部化。

为了简化分析过程，这里假设各种物质投入品与产出品的价格不变，项目投产后的产量不变，并且产销量相等，折现率为 i。由此可得到一定时期内（n）的项目现金收入：

$$NM = \sum_{t=0}^{n} (Q \times P + X + Y)_t (1 + i)^{-t} \tag{9-7}$$

式中：Q——产量；

$\quad\quad P$——产品价格；

$\quad\quad X$——项目在治理污染中从政府方面得到的收入，如政府补贴或赋税减免等；

$\quad\quad Y$——项目在治理污染中得到的副产品收入。

可见，$Q \times P$ 是传统意义上的项目效益部分，而 $X+Y$ 则是环境收益部分在项目内部经济化的结果，如 Y 是污染物的资源化结果。显然，X 的大小是由项目生产的性质，即其生产过程是外部经济还是外部不经济，项目用于环境治理费用的高低及国家生态环境政策等因素共同决定的。

在成本方面，项目的货币流出主要表现为固定资产和流动资产投资，购买原材料、燃料、动力等物质投入品所需的费用，劳动工资，各种税款，由于耗用资源和排污而被政府征收的生态环境补偿费、生态环境治理费等。因此，项目的现金支出：

$$NM = \sum_{t=0}^{n} (I - I' + D + V + W + C)_t (1 + i)^{-t} \tag{9-8}$$

式中：I——项目的固定资产和流动资产投资；

$\quad\quad I'$——回收的固定资产折旧、残值和流动资产价值；

$\quad\quad D$——除工资外的企业经营费用；

$\quad\quad V$——与劳动者直接有关的工资及其费用；

$\quad\quad W$——由政府征收的外部不经济补偿费；

$\quad\quad C$——项目支出的生态环境治理费。

显然，式（9-8）中 I、I' 与 D 是传统意义上的项目经济成本，而 $W+C$ 则是项目生产中环境损失部分在项目内部经济化的结果。其中，W 与 C 成反比，因为项目支出的生态环境治理费越大，项目对生态环境的损害就越小，由此政府征收的费用就越小。在其他条件不变时，V 的高低以及人的劳动能力与工作和生活场所的生态环境质量的好坏密切相关，恶劣的生态环境会降低人的体质，使劳动生产率和出勤率等下降，医疗保健费等上升，从而使劳动力成本上升。

(二) 环境经济效益评价

在市场经济条件下，项目投资是以净效益或净现值最大为目标的，由此可以得到：

$$\text{NPV} = \text{NM} - \text{NN}$$

$$= \sum_{t=0}^{n} \left[Q \times P - D - (I - I') + (X - W) + (Y - C) + V \right]_t (1 + i)^{-t} \qquad (9\text{--}9)$$

一般而言，$\left[Q \times P - D - (I - I') \right]$ 为一常数，这样影响项目净现值的主要由 $\left[(X - W) + (Y - C) + V \right]$ 的相互关系决定，而这些因素之间又存在着密切的依存关系。

因此，要使项目得到最大的生态经济效益，必须同时解出上面的方程组，或者说根据各因素之间的关系来合理配置资源。

在实践中，当社会的环境政策一定时，可以根据各变量之间的关系，通过资源的合理配置使投资项目取得最大利益，并不断随着国家生态环境政策的改变调整项目的运行方式。比如，生态环境治理费的支出是项目取得最大利益的重要手段，也是项目业主可以自由加以控制的因素。由此，在整个项目建设中，如何合理地安排正常投资与环保投资的比例就显得极为重要。

(三) 环境污染与环境公平

环境公平指每个人都享有健康和福利等要素，不受环境侵害的权利，任何个人或集团不得被迫承担和其行为结果不成比例的环境污染的后果。因此，环境污染问题从根本上说不是效率问题，也不是代际问题，而是公平问题。污染未必在经济上缺乏效率，也未必损害代际公平，污染问题的实质在于它导致的当代人的环境不公平，即一部分人从污染中受害，受害者没有得到应有的赔偿，总体上可能有效率的经济成果只被污染者占有。

当代人只要实现了环境公平，即在决策中计入环境成本，并且能够理性地决策（使社会净收益最大），那么这一决策不仅对当代人是有效率的，而且同样增进后代人的福利，对后代人也是公平的。如果这一决策不能增进后代人的福利，比如资金的环保收益率高于生产收益率时而不进行污染治理，那么这一决策同样损害了当代人的利益。

本章小结

可行性研究是在投资之前，综合运用多方面的知识和手段，对项目的技术先进性、经济合理性和实施可能性进行全面综合调查和技术经济论证，决定项目投资与否，为投资决策提供可靠依据的一种科学方法。

整个可行性研究可以分为投资机会研究、初步可行性研究、详细可行性研究三个阶段，具体内容包括项目建设必要性研究、项目技术可行性研究、项目经济可行性研究、项目可持续发展研究。可行性研究的最后成果是编制出一份全面规范的可行性研究报告。

项目财务评价是可行性研究的核心工作之一，它从财务的角度，通过编制现金流量表、损益表、借款偿还表、资产负债表的方法，对项目进行盈利能力分析、偿债能力分析、不确定性分析和抗风险能力分析。

项目的国民经济评价是站在国家和社会的立场上考察项目对国民经济贡献的大小，以此作为判断项目经济合理性的依据。

对项目进行可持续发展评价，既是我国建设节约型社会的要求，也体现了和谐社会的要求。衡量投资项目是否为可持续发展项目，可采用四种指标来考核：一是投资项目的技术效益评价；二是生态效益评价；三是经济效益评价；四是社会效果评价。投资项目的环境效益是投资造成的生态环境变化对人类利益的影响，要从生态经济的成本和效益两个方面进行综合分析，力争使其净收益最大，实现全社会的共同发展与进步。

关键名词

项目	Project	可行性研究	Feasibility Study
机会研究	Opportunity Study	市场调查	Market Research
市场预测	Market Forecasting	厂址选择	Site Selection
投资估算	Investment Estimation	财务评价	Financial Evaluation
经济效益	Economic Benefits	国民经济评价	National Economic Evaluation
技术效益	Technical Benefits	社会效果	Social Effects
生态效益	Ecological Benefit	可持续发展	Sustainable Development

思考题

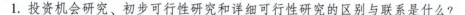

1. 投资机会研究、初步可行性研究和详细可行性研究的区别与联系是什么？
2. 可行性研究的基本内容包括哪些方面？
3. 简述选择工艺技术时需要考虑的影响因素。
4. 简述项目投资资金估算的内容。
5. 简述国民经济评价与企业财务评价的主要区别。

本章实训

一、实训目的

1. 进一步熟悉项目可行性研究的财务评价。
2. 培养学生整理数据信息，独立建立并计算财务报表的能力。
3. 学会用 Excel 计算财务分析指标。

二、实训案例

（一）项目概况

某预混剂项目生产工艺为 A 公司自行研究开发，技术先进，产品质量可靠。该项目产品在国内尚属空白，市场潜在需求量较大，同时与国外产品相比，售价不到国外产品的一半，因此，产品竞争力较强，有较好的市场前景。该项目主要原料由 A 公司提供，其他原料也能在 B 市方便地购到，原料供应有保障。该项目选址在 C 股份有限公司内，可充分利用公司的场地、公用工程能力、辅助生产设施等，能节省投资，加快进度，早见成效。

（二）基础数据

1. 总投资和资金筹措。该项目总投资为 3 826.30 万元，其中固定资产投资 3 364.75 万元（建设投资 3 301.57 万元，建设期利息 63.18 万元），其中 2 310 万元申请银行贷款，借款年利率 5.47%，其余企业自有。

该项目经济评价在计算期内产品价格及成本，均不考虑通货膨胀因素。

2. 投资估算。该项目投资估算范围包括某预混剂生产装置费用、辅助生产装置费用、配套的新建公用工程费用、无形资产及递延资产的其他费用、建设期利息、流动资金等。投资估算内容为：

（1）建设投资数额。构成该项目建设投资为 3 301.57 万元，其中：设备购置费 1 710.50 万元，建筑工程费 277.00 万元，安装工程费 614.24 万元，其他工程费 699.83 万元。

（2）建设期利息计算。该项目向银行贷款 2 310 万元，贷款年利率 5.47%，建设期一年，经计算，建设期贷款利息为 63.18 万元。项目基准收益率 12%。

3. 流动资金。流动资金按定额估算法，估算出该项目全额流动资金为 1 538.49 万元，其中铺底流动资金 461.55 万元。

4. 销售收入及生产情况：

（1）产品售价：某预混剂 8 万元/吨。

（2）生产规模：1 000 吨/年某预混剂。

（3）投产后生产负荷安排：该项目建设期 1 年，生产期 10 年。生产期第 1 年达到设计能力的 80%，第 2 年达到设计能力的 100%。

5. 人员及工资福利。装置总定员 90 人，工资及福利按每人每年 41 600.00 元计。

6. 产品成本及其构成。固定资产原值为 2 965.06 万元，采用直线折旧法，折旧年限 10 年，残值率为 4%，则年折旧 284.65 万元，残值为 118.60 万元。无形资产为 120 万元，按 10 年摊销，年摊销 12 万元。递延资产为 279.69 万元，按 5 年摊销，年摊销为 55.94 万元。原材料增值税税率：一次水 6%，循环水不计增值税，压缩空气 13%，其余 17%。

7. 税金及利润。企业应缴纳增值税、城市维护建设税、交通建设费附加、教育费附加，增值税税率为 17%，其余税种分别按增值税税额的 7%、5% 和 3% 缴纳。所得税按 25% 征收。盈余公积金按税后利润的 10% 提取，公益金按税后利润的 5% 提取。

三、实训要求

1. 计算项目投资财务内部收益率（税前）、项目投资财务内部收益率（税后）、项目投资财务净现值（税前）、项目投资财务净现值（税后）、项目投资回收期（税前）、项目投资回收期（税后）、总投资收益率、项目资本金净利润率、资本金财务内部收益率、利息备付率、偿债备付率和资产负债率。

2. 在实验室（计算机房）或者小组成员用自己电脑学习 Excel 在技术方案财务分析中的应用，并最终评价该项目在财务上是否可行。

四、实训步骤

1. 指导教师提前安排学生学习案例，并先手动进行财务报表的计算。

2. 指导教师搜集资料并整理 Excel 在财务分析中应用的相关知识。

3. 指导教师组织学生在实验室有序入座，保证每人一台计算机以供学习；不具备实验室条件的，可以在教室多媒体展示，学生以小组为单位，每组至少携带一台笔记本电脑。

4. 指导教师讲解 Excel 在财务分析中的应用，如何计算财务指标等内容。讲解完成后，教师安排实训案例，提示操作的重点和难点。

5. 学生进行上机操作，自行在 Excel 中建立财务报表，完成后计算财务指标并与手算结果进行比较。

第十章 项目可行性研究案例

　　自国务院印发"十三五"脱贫攻坚规划以来，城区政府制定了《网络扶贫行动计划实施方案》，拟投资建设投资额为 25 000 多万元的城乡网络扶贫工程项目，以建设"互联网+精准扶贫"的社会环境和服务平台为投资目标，通过基础设施建设和科技普及的大革命，推动农村信息化发展和城乡一体化建设，帮助贫困地区农村青年在创业中脱贫。

　　项目建设内容：为加快"教育云"等农村现代远程教育工程项目建设，推动教育信息服务向贫困地区覆盖，新建实训大楼一栋以及增加电商培训职业学校设备购置、教育云平台建设等，培养电子商务、机械模具普加工、机械模具数控加工、汽修、陶瓷等五大类 15 个工种的从业人员，逐步实现教育宽带"校校通"、优质资源"班班通"、网络学习"人人通"，建立起面向贫困城镇乡村的互联网教育资源平台。

　　工程概况：项目总占地面积约 6 700 平方米，建筑主体面积 6 000 平方米，坐北朝南，占地长 47 米，进深 20 米，每层设 2.4 米宽通道走廊；采用裙楼布置，地上 5 层，总高 22.8 米，底层室内外高差为 1.20 米；立面及造型设计风格为简洁大方、清新明快的现代建筑，主立面采用简洁一致的轮廓线和强烈的虚实对比，突出建筑丰富的造型效果。场地地形较为平坦，场地内无其他不良地质作用，持力层为粉质黏土，根据场地土质情况选用浅埋基础。地下水较丰富，主要为杂填土、淤泥质粉质黏土、粉砂中赋存的潜水，场地地下水对硅无腐蚀性。根据《建筑抗震设计规范》（GB 50011—2001），结合地基岩土性质，判定场地类别为Ⅲ类，抗震设防烈度为 6 度，项目可不考虑地基土液化问题。采用钢筋混凝土条型基础，结构形式分别采用框架结构和砖混结构，屋顶为钢筋砼结构屋面，设计建筑结构安全等级为二级。

　　施工管理：项目建设期为 24 个月。在建设过程中做好粉尘、废水、噪声及生活垃圾与废弃物的控制，加强堆场与搅拌场所的管理，实行防风处理，减少粉尘的产生，对施工未完工路面物料堆场、进程堆场道路进行定期洒水，限制运输车辆车速，对运输粉状物料车辆及堆场加盖篷布。施工废水经二级生化处理后排入市政污水管网。加强对施工现场的噪声污染源管理，选用低噪声机组、水泵等设备，站房门窗采用隔声门窗，安装水泵等动力设备时，采取减振台座、柔性接头等，避免深夜作业，在远离居住区或噪声敏感区域布置空压机、吊车等高噪声设备，金属材料在装卸时要轻放，减少金属碰撞噪声。固体废物分类处置和利用，防止流失及二次污染，在施工场地设置生活垃圾堆放点，采取分类搜集、集中存放、及时清运，避免扬尘二次污染。做好节能管理，利用自然采光和通风，合理控制直射室内阳光降低能耗，建筑围护材料采用新型保温材料和保温措施，减少附加传热热损失，采用节能型的设备、灯具和电机等，采用并按经济运行方式运行节能型变压器，积极利用自然能源及可再生能源等。

财务与综合效益评价：项目由政府投资建设，经初步估算项目总投资25 347.64万元，拟通过申请银行贷款和自筹资金两个渠道解决建设资金，其中银行贷款20 000万元，约占总投资的78.9%，贷款期限为10年；另外建设单位自筹资金5 347.64万元，约占总投资的21.1%。项目建成后不会直接产生经济效益，但可改善地区投资环境、吸引资本进入、推动地区经济发展，产生不可估量的社会效益和间接经济效益。地方区政府为本项目受益方，项目贷款本金及利息将由区财政逐年拨款偿还。项目建成后可实现经济效益和社会效益相统一，通过大力发展农村电子商务和电子商务服务站建设，推广"一村一店"的品牌模式和产业行动工程；通过教育扶贫，创建"互联网+教育扶贫"平台，切实提高农村地区教育网络普及率，依托"互联网+农业生产+信息化技术"搭建技能教学培训平台，打通贫困地区人才的成长、就业、创业通道，为脱贫摘帽及地区经济可持续发展打下坚实的基础。

通过研究分析得出结论：项目虽然前期投入较大、短期见效较慢，但长期来看是普惠便民的重要扶贫工作，有着良好的社会和经济效益，有助于促进地区农业生产发展、带动农业结构调整、繁荣城乡经济、带动农民增收和贫困户就业等，让精准扶贫落到实处，让贫困地区群众在互联网共建共享中获得更多收益，项目开发建设符合国家政策，适应经济建设和社会可持续发展的需求。

（资料来源：易君芝．投资建设城乡精准扶贫工程的可行性研究——基于某中心城区网络扶贫开发项目的案例分析[J]．住宅与房地产，2019(30)：221)

🎯 学习目标

知识点：
1. 了解一般工业项目的可行性研究报告；
2. 了解水利项目的可行性研究报告；
3. 了解技术改造和技术引进项目的可行性研究报告；
4. 了解学校项目的可行性研究报告；
5. 了解PPP项目的可行性研究报告。

重点：了解不同项目的可行性研究报告的构成。

难点：能够根据实际需要编写项目可行性研究报告。

本章知识思维导图

第一节　一般工业项目可行性研究

> **案例：某建材基地工程一期沥青混凝土工程项目可行性分析**

一、项目概况

(一)建设规模与目标

某投资发展有限公司是一家从事建筑材料生产、供应和研发的综合性企业。公司筹建的某建材基地工程拟分为三期投入：一期为沥青混凝土工程项目；二期为预拌混凝土项目；三期将增加一条先进的石粉砖、石粉加气砼砌块生产线。三个项目的建设将有效促进企业的持续发展和对资源的合理利用。公司目前正在筹建该建材基地的一期沥青混凝土工程项目。

建材基地一期、二期、三期项目的建设。

(1)一期沥青混凝土工程预计占地约93亩，拟投资3000型沥青混凝土搅拌设备一套(40万吨/年)、实验室设备、变配电设备等共约1 608.0万元；场地平整、基础建设(设备基础及管线等)、试验室、配套厂房等投资约5 465.8万元，工程预备费及其他费用投资共约1 630.9万元，征地约930万元，共投资约9 634.7万元。另将根据需要投入第二套沥青混凝土搅拌设备。

(2)由于该区工业、房地产、市政设施建设的快速发展，满足预拌混凝土的需求和符合环保的要求，根据市场需要及企业的运转情况等，将在适当的时机投入建设二期预拌混凝土项目。该项目可将场地平整过程中产生的大量碎石等废弃材料合理利用，变废为宝，既能达到资源合理利用的目的，又能降低企业的生产成本。建议规划57亩地建设二期预拌混凝土项目，投资额约2 000万元。

(3)国家大力发展新型墙材，各种"禁实推新"政策不断出台，在禁止使用实心黏土砖的要求下，本项目第三期将增加一条先进的石粉砖、石粉加气砼砌块生产线。其机械化程

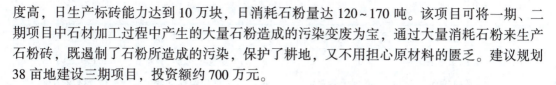

度高，日生产标砖能力达到 10 万块，日消耗石粉量达 120～170 吨。该项目可将一期、二期项目中石材加工过程中产生的大量石粉造成的污染变废为宝，通过大量消耗石粉来生产石粉砖，既遏制了石粉所造成的污染，保护了耕地，又不用担心原材料的匮乏。建议规划 38 亩地建设三期项目，投资额约 700 万元。

（二）主要建设条件

1. 交通运输条件

该区作为城市副中心，岛外东部地区中心，具体来说，本项目选址的场地周围有大道：高速公路、324 国道、马新路和水琼线。预计项目建成后，其生产的混凝土能够及时、高效、保质保量地运到各施工现场，保证施工的顺利进行。所以本项目选址在该地区，具有非常好的地理优势。

2. 选址与环保的关系

建材生产基地的选址与环保有密切的关系。本项目选址于市头山，为废弃的采石场，是规划区的二类工业用地。项目所在区有良好的天然屏障条件，对控制粉尘、烟尘的扩散十分有利，且远离居民区及以后的商住区，对居民的生产、生活不会造成不利的影响。在项目建设中，采取必要的工程措施，加强营运期管理，可以解决好项目选址与环保的关系。

3. 主要原材料的供应

本项目主要原材料为沥青、矿料（砂、碎石、矿粉）等。砂子可在市场购入，碎石、沥青及沥青混凝土面层矿料（辉绿岩、玄武岩等）均可外购。此外，项目区为花岗岩石山，在项目建设中的山体开挖过程中产生的废弃石料可以作为沥青混凝土路面的中、下层碎石，这样既可使原本废弃的资源得到充分、合理的利用，又避免了对环境造成污染。由上可见，本项目在生产过程中的直接原材料的供应没有问题。

4. 水电供应条件

该区在今年内可建成并投入运行 22 万伏马巷变电站，位于马巷镇市头村，距离市头山有 1.2 千米。本项目供电拟从新店镇开闭所引入双回路 10 千伏电源。自来水主管道已通到各个自然村村口。本项目只使用生活用水，用水量不大，可就近从市政道路的供水管网中引入本项目区内。

5. 通信设施

本项目由电信部门铺设线路至项目区，解决通信问题。

6. 用地条件

经与规划、土地部门协商及政府会议拟定，建材基地拟选址于市头山废弃采石场，该地块为集体未利用土地，为规划中的二类工业用地，可供开发利用面积约 188 亩。一期沥青混凝土项目拟用地 93 亩。为了使项目用地更好地与规划和企业发展相衔接，建议规划预留一期项目用地周边 95 亩作为二期、三期项目用地。

（三）一期项目投资总资金及效益情况

本项目投资规模适宜、结构合理，建筑方案具有经济实用、布局合理的特点，本项目投资总额控制在 9 634.7 万元左右是合适的。资金来源均为企业自筹，如表 10-1 所示。

表 10-1　项目投资效果指标汇总表

序号	项　目	效果指标	序号	项　目	效果指标
1	投资总额	9 634.7 万元	5	累积上缴所得税	3 159.3 万元
2	总建筑面积	69 290 平方米	6	累积税后利润	17 734.8 万元
3	产品累计销售收入	157 558.4 万元	7	投资利润率	216.9%
4	累积上缴税费	10 493.7 万元	8	投资利税率	141.7%

经测算，本项目的静态投资回收期为 4.37 年(含建设期)，动态投资回收期为 5.30 年(含建设期)，盈亏平衡点 38.5%。因此，建设该沥青混凝土搅拌站项目在经济效益上是可行的。

(四)主要技术经济指标

一期项目主要技术经济指标如表 10-2 所示。

表 10-2　一期项目主要经济指标

名　称	内　容	名　称	内　容
总用地面积	一期项目用地约 93 亩(61 935.07 平方米)	建筑密度	50.71%
建设用地面积	49 023.05 平方米	容积率	1.41
地上总建筑面积	69 290 平方米	绿地率	20%
建筑占地面积	24 860 平方米		

二、市场预测

(一)产品市场供应现状

根据调查，目前 XM 市只有两家较大型的沥青混凝土搅拌站，分别是 XM 市某局物资供应处和 XM 市某工程公司，其中 XM 市某局物资供应处的年生产量约为 40 万吨，XM 市某工程公司目前的年生产量约为 10 万吨。另外还有 4 家私有小型的沥青混凝土搅拌站，由于受其生产设备的限制，年生产量都非常低，对整个市场没有太大的影响。

(二)产品市场需求预测

随着我国交通事业建设的发展，沥青混凝土路面由于具有表面平整、行车舒适、耐磨、环保降噪、施工周期短、养护维修简便等特点，越来越多地应用到公路和市政道路的建设中。今年 XM 市岛内计划建设的道路有某隧道、集美大桥、杏林公铁大桥、XM 市外环快速路、成功大道、XM 市环岛干道、灌新路、五缘湾路、五石路、环湖路、仙岳路高架改造、同集路改造等。即将建设的道路有东坑路、水琼线、后坝路、美上路、福厦高速公路复线、西柯大桥及两段接线、丙洲桥面等，基本上也是采用沥青路面，城市道路的快速建设发展将大大提高沥青混凝土的需求量。

另外，目前在 XM 市的周边地区，漳州、泉州、莆田等地的道路建设中沥青混凝土路、桥面都是采用沥青混凝土，但是这些地方并没有大型的沥青混凝土搅拌站，所以这些地方也有很大的市场。

（三）市场目标的确定（略）

（四）产品销售价格

根据市场调查，沥青混凝土在 XM 市及周边城市的销售价格为 450 元/吨（包括摊销）。

三、原材料及资源条件评价

某投资发展有限公司筹建的某建材基地工程拟选址于市头山废弃采石场，该采石场可供开发利用面积约 188 亩，一期沥青混凝土工程项目拟用地面积约 93 亩。沥青混凝土的主要原材料为砂石料、粉料、沥青、木质纤维。这些材料在市场上供应充足，均可在市场上直接购买。

在项目建设和生产过程中将会产生大量的废弃石料，然而，这些废弃的石料都是可以再利用的资源，具有很高的利用价值，应当合理利用起来。某投资发展有限公司拟于后期在一期项目用地周边投入建设二期预拌混凝土项目和三期石粉砖项目。三个项目的建设将有效相互消化和吸收项目建设和生产过程中产生的废弃石料，有利于实现对资源充分、合理的利用，这对于环境保护、可持续发展和促进企业发展都是极为有利的。因此，从合理利用资源等多角度考虑，建议规划利用本项目周边的 95 亩地作为某建材基地二期和三期项目用地。

四、建设规模与产品方案

（一）建设规模

某投资发展有限公司筹建的某建材基地工程一期沥青混凝土项目拟建成年产 40 万吨的 3000 型沥青混凝土搅拌站。基础设施配套建设包括办公楼、试验楼、科研楼、倒班楼、食堂、地磅房、机械设备停放库、机修车间、变配电室、配件库、石料加工区、粒石料仓、片石料仓、矿粉仓库、砂仓、搅拌机组基础、沥青储罐基础、桶装沥青库、停车坪、室外道路，厂区内供电、供水、雨水、照明等市政管线，绿化美化环境工程等；厂区外部工程有临时道路，供水、供电的外线引入工程等。

根据市场需求，为保证产品供应，拟于后期再增加一套沥青混凝土搅拌机组设备。

根据某投资发展有限公司对某建材基地工程建设的发展规划，拟于后期在一期项目用地周边投入建设二期预拌混凝土项目和三期石粉砖项目。

（二）产品方案

近期主要以生产道路沥青混凝土为主，主要包括上面层、中面层、下面层的沥青混凝土；中期发展商品水泥混凝土、改性沥青混凝土；后期考虑石粉砖的生产。

（三）建设规模研究结论

根据市场预测，2006 年 XM 市沥青混凝土的需求量为 70 万吨/年，目前生产能力约 50 万吨/年，随着岛外建设力度的加大，工程建设项目的加快，尤其是在建和待建的道路工程量剧增，2007 年及以后若干年，本市对沥青混凝土需求每年将达到 80 万吨以上。周边泉州、漳州、莆田等地区的道路工程更多，部分道路路面也是采用沥青混凝土。因此，XM 市及周边地区对沥青混凝土的总需求量将达 100 万吨以上。本项目一期工程生产沥青混凝土规模确定为 40 万吨/年，是可行的。

五、场址选择

(一)场址选择原则

(1)满足城市总体规划、环境卫生专业规划以及国家现行的有关标准要求。

(2)应具备建设工程的工程地质条件和水文地质条件。

(3)应避开重点保护的文化遗址、风景区，尽量避免城市规划道路通过厂区。

(4)不受洪水、潮水或内涝的威胁。

(5)充分利用荒山、废坑，少拆迁和占用农田。

(6)运距合理，有方便的交通，可靠的供水、供电条件及污水排放系统。

(二)选址比较

根据项目所在区政府〔2006〕104 号《关于到某建设开发公司现场办公》的专题会议纪要精神，及与国土局某分局、规划局某分局等部门沟通协商，推荐确定了市头山、宵垄、小光山等废弃采石场作备选场址并进行比较，各场址优缺点比较如下：

1. 市头山废弃采石场

市头山位于内田溪东侧，水琼线北侧，美上路和溪东路之间，系废弃采石场，根据路网规划初定约 188 亩的地块作为整个建材基地的项目用地。该地块权属为马巷和内厝镇。从区政府计起，沿新马路、朱坑路至市头山废弃采石场约 3 千米，从市头山至大道约 2.7 千米，至水琼线 0.2 千米，紧邻美上路和溪东路，特别是距离火车站仅 3.3 千米，交通十分便利。

该山体主要由花岗岩组成，由于长时间的开采，现地表部分只剩约 30% 的岩石及部分工程红黏土。经了解，该地块为集体未利用土地，转为建设用地时不占"农转用"用地指标(从 2007 年起，国家将未利用土地作为新增建设用地控制指标纳入土地利用年度计划)，地块内只有两间废弃砖房和少许坟墓，拆迁量小，能在较短时间内开工建设。

2. 宵垄采石场

该地块系新店镇的飞地(属该镇管辖但不在该镇辖区内)，位于内厝镇辖区，占地约 200 亩。位于水琼线以北，八一路以东，从区政府计起，路程约 14.5 千米(12.5 千米的水泥路面和 2 千米的山路)，交通不便。该地块由上、下两个台地组成，各约 100 亩，均正在进行石方爆破开采。该地块按照新店土地所及当地村干部的意见，只能利用较低处台山地，起伏较大，旁边是自然沟壑，深约 10 米，场地平整，土方量较大。且有较难迁移的坟墓，地块内有近 600 平方米的民房，拆迁难度较大。

3. 小光山采石场

小光山位于鸿渐山脚。从区政府计起，路程约 17.5 千米(其中有 1 千米的山路)，有多家采石场正在开采爆破，地势高差较大，场地平整工程量大。

小光山采石场相对距离较远，海拔较高(黄海高程约 90 米)，交通不便，小光山基本没有废弃的采石场，绝大部分处于开采状态，且手续较为完整，拆迁难度较大。如果附近的采石场没有关闭，石方爆破继续进行，则势必严重干扰(小光山)沥青混凝土搅拌站的正常生产。

（三）选址结论及建议

建设沥青混凝土搅拌站是一项投资额较大的工程（规划总投资约 9 634.7 万元），既要考虑生态环保符合规划，又要考虑企业的经济效益，最大限度地降低运营成本，而降低运输成本则是重中之重。因此该项目的定点、选址显得尤为重要。既要能迅速启动项目建设、形成规模，又要能在短时间内产生盈利、促进企业快速成长，实现该企业经济效益和社会效益的双赢。

六、技术方案、设备方案和工程方案

（一）技术方案

1. 拌和工艺

沥青混凝土拌和机是拌制沥青混凝土的专用设备，将砂石料烘干、加热、筛分、计量，并加入适量的填充料（石粉），与热沥青液按一定配合比均匀搅拌成沥青混合料。其拌和工艺如下：①将砂石料烘干至 433~473K（160~200 ℃），筛分后按比例称量。②将沥青加热融化至 393~433K（120~160 ℃），保温，按容量或质量称量。③将热砂石料（加入适量的石粉）与热沥青均匀拌和成所需的混合料，出料温度为 110~170 ℃。

2. 工艺流程

砂石料的烘干、加热和混合料的搅拌在一个滚筒内连续进行，喷燃器装在滚筒的进料端中央，顺料流加热，热沥青液在滚筒的前半部分喷入，与热砂石料一起进行自落式搅拌后卸出，既简化了工艺过程，又减少了粉尘飞扬。卸出的成品放在成品仓内储存备用。这种搅拌设备近年来应用了电子技术和新型检测仪器，可实现生产自动化和严格控制配合比，保证了成品质量。沥青混凝土生产工艺流程如图 10-1 所示。

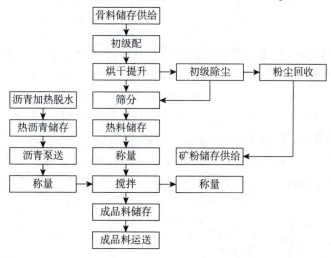

图 10-1 沥青混凝土生产工艺流程

（二）设备方案

1. 设备的主要组成

所需设备主要包括砂石料的烘干与加热设备、砂石料的筛分与称量设备、相应的升运设备、沥青的加热与保温设备、沥青的称量设备、拌和设备、传动系统和操纵系统、配套设施等。

2. 设备选择

沥青混凝土搅拌设备是生产各种沥青混合料的机械装备，适用于公路、城市道路、机场、码头、停车场等工程部门。它是沥青混凝土路面施工的关键设备之一，其性能直接影响到所铺筑的沥青路面的质量。在选择设备时，应结合企业自身的需求并把握"技术先进、质量稳定、价格合理"的原则，选择性价比高的设备。不要盲目追求进口和价格高的设备，也不要选择品质、产量等指标不符合企业生产要求的设备，避免增加后续投入和造成资金浪费。

沥青混凝土搅拌设备无论是国内还是国外都有很成熟的产品可以选择，国内厂家有西安筑路机械有限公司、徐州工程机械科技有限公司、无锡华通公路机械有限公司等。国外厂家有爱司太克、派克、阿曼、玛连尼等。国产品牌都是各公司引进国外品牌先进技术及制造技术生产出来的产品，主要部件如燃烧器、振动筛、搅拌锅、电气控制系统及所有的传动部件均采用进口件。从设备性价比来看，进口品牌虽然技术方面更成熟，但整机关税极高且供货周期长，以3000型为例，进口品牌都要1 300万元左右。国产品牌在主部件采用进口件的前提下，把结构件国产化，在不影响生产能力的情况下，一套3000型搅拌设备在800万元左右。国产新型环保节能式搅拌设备粉尘排放量达到欧洲排放标准，配置的燃烧器不但可燃柴油、重油、渣油，还可燃气体、煤粉等燃料，具有良好的经济性。本项目一期工程备选的沥青搅拌设备主要技术指标如下(略)。

根据建设单位的实际需要，选定价格适中、质量稳定、产量满足要求的 CL-(H)3000 型作为本项目一期所选用的设备。实验室设备一览表(略)。

(三)工程方案

1. 工程场地的"三通一平"方案

项目建设单位到该区自来水公司办理开户，从最近的自来水主管引出一路 DN150 塑管供水，从新店开闭所(马巷变电站)引出双回路(2×1 000 千伏·安)10 千伏高压线，线路长度约为 1.2 千米。红线范围内的土地平整确定场地标高为+15.00 米，局部沥青储罐区按标高+18.00 米挖填平衡，估计挖方中约30%为余方，其中挖方以开石方为主。施工建设一条进出场地的道路，道路宽9米，长度为150米左右。

2. 一期沥青混凝土项目主要建、构筑工程一览表

一期沥青混凝土项目主要建、构筑工程一览表如表10-3所示。

表 10-3　一期沥青混凝土项目主要建、构筑工程一览表

序号	项目名称	数量	建筑面积/平方米	备注	序号	项目名称	数量	建筑面积/平方米	备注
1	办公楼	6 层	6 000		11	配件库	1 个	3 900	3 层
2	倒班楼 1	6 层	2 700		12	石料加工区	1 个	7 280	2 层
3	倒班楼 2	6 层	3 900		13	粒石料仓	1 个	3 320	2 层
4	食堂	2 层	860		14	片石料仓	1 个	6 880	2 层

续表

序号	项目名称	数量	建筑面积/平方米	备注	序号	项目名称	数量	建筑面积/平方米	备注
5	试验楼1	6层	9 000		15	矿粉仓库	1个	600	2层
6	科研楼	6层	8 500		16	砂仓	1个	2 720	2层
7	地磅房	1个	100	2层	17	搅拌机组基础	1项	2 500	
8	机械设备停放库	1个	2 340	2层	18	沥青储罐基础	1项	600	
9	机修车间	1个	5 310	3层	19	桶装沥青库	1个	2 480	2层
10	变配电室	1个	300		20	停车坪	2个	1 600	

七、节能与节水

(一)节能

(1)本项目利用平整场地、炸山平地所整理出来的岩石作为原材料,一方面解决了石方外运的问题,另一方面利用了先有的自然资源,变废为宝,其本身就是一项节能、环保工程。

(2)建筑物节能措施。目前在我国的办公楼建设中,因密封性差,导致冬季保暖、夏季制冷方面的能源浪费严重,所以我们建议采取强化措施以达到节能的目的。本项目中所有大楼建筑节能措施主要包括墙体围护结构、外墙外保温技术、门窗节能、屋面节能、选用高效节能的空调系统、选用节能型的电力变压器、选用节能高效的用电设备以及高效节能照明灯具等。

(二)节水

由于沥青混凝土及碎石料的制备不需工艺用水参与生产过程,其搅拌站与石料场用水仅为卫生及生活用水,因此不再对搅拌站生产用水的水环境进行专门论述。

节水方面主要通过加强自来水管网的管理、及时排除管间泄漏现象、加强用水管理和安排有效的管理措施、采用节水型设备等方面来达到节水目的。

八、环境影响评价

(一)场址环境条件(略)

(二)项目建设和生产对环境的影响

1. 建设期间对环境的影响和主要应对措施

(1)主要污染物。①本项目施工主要包括场地平整、基槽开挖、办公楼及配套设施的建设。其污染物主要包括建筑垃圾、噪声、扬尘、废水及施工人员的生活污水和生活垃圾。②按照项目所在区的城区规划,项目所在区远离居民区及以后的商住区,且具有良好的天然屏障,噪声和扬尘等污染对居民的生产、生活不会造成不利的影响。③本项目建成并投入生产后,能够很好地消化和吸收开山过程中所产生的建筑垃圾,以建筑垃圾作为生产产品的原材料,这样既能使资源得到充分、合理的利用,又可以保护环境。

（2）主要应对措施。①扬尘：扬尘主要是由建筑材料的堆放、施工、垃圾处置中产生的。首先应注意加强原材料的保管和护理，减少施工扬尘，安置水喷淋系统，定期向产生扬尘的地方喷洒水雾并对场地进行多处绿化。②生活污水和施工废水：生活污水应经初级处理后排入市政管网，施工废水应经过砂池过滤排入市政管道。③生活垃圾：应集中放置，并组织专门人员管理，及时清运，保持工地的环境卫生。

2. 使用时对环境的影响和主要应对措施

（1）主要污染物。①沥青加热、使用过程中排放的沥青油烟和二氧化硫；②沥青拌和生产过程和石料破碎过程中排放出的粉尘；③沥青搅拌设备各工序的机械设备噪声及石料场的爆破、施工噪声；④生产人员和办公人员的生活污水、生活垃圾。

（2）主要应对措施。工程投入使用后的主要污染源为废气、噪声、生活污水、生活垃圾等，针对污染源采取应对措施(略)。

（三）环境保护措施方案

除尘系统：搅拌站采用初级重力沉降式加二级布袋式除尘系统的形式。其中：初级除尘能控制分离粉尘粒径≥75 微米，二级除尘控制粉尘污染≤50 毫克/立方米(原始骨料筛分水洗后可达到 15 毫克/立方米)，最大处理风量 103 500 立方米/小时(115 ℃)。采用重力式除尘，具有安装在二级除尘入口处，通过螺旋输送机将粉尘回送到热料提升机进料口的特点。

目前许多混凝土搅拌设备在有害气体排放控制、噪声控制、废弃物再利用等有利于保护环境方面的技术都有推广，因此，本项目在设备选择上应首选绿色环保型设备。

（四）环境影响评价

本项目区位于内田溪东侧，水琼线北侧，美上路和溪东路之间，系废弃采石场。按照××区的城区规划，项目所在区远离居民区及以后的商住区。且具有良好的天然屏障，噪声和扬尘等污染对居民的生产、生活不会造成不利的影响。

综合以上分析，由于在本项目的建设和运营中，充分考虑了各类可能产生的环境污染，并采取了比较完善的防护措施，从整体上做到了预防与治理并重，能够满足环境保护和可持续发展的要求。

九、劳动安全、卫生和消防

劳动安全与工业卫生应遵循所有的规程、规范和标准，本着"安全第一，预防为主"的方针，贯彻执行建设项目中职业劳动安全、卫生、消防措施。

十、组织机构与人力资源配置

组织机构与人力资源配置主要包括：项目法人组建方案(略)、管理机构的组建(略)、人力资源配置(略)。

十一、项目实施进度建议

项目实施进度的要求和应注意的问题(略)。

一期工程项目建设进度如表 10-4 所示，预计一期工程项目验收于 2007 年 6 月 30 日结束。

表 10-4　沥青混凝土搅拌工程一期建设综合进度表

进度	第1个月	第2个月	第3个月	第4个月	第5个月	第6个月	第7个月	第8个月	第9个月
项目前期工作	███								
征地		███							
三通一平			███						
土建工程				███████████					
外部工程					███████████				
设备安装								████████	
试车验收									████

十二、投资估算

一期沥青混凝土项目投资估算是在工程可行性研究的建设方案基础上，根据福建省定额标准，充分考虑到 XM 市物价行情、建设地址的条件以及该项目自身特点等因素进行的。该项目(一期沥青混凝土项目)投资估算包括建安工程费、其他费用、预备费用、征地费用等，估算总投资金额 9 634.7 万元，投资估算构成如表 10-5 所示。

表 10-5　投资估算表

	项目名称	计量单位	数量	指标/元	合计/万元
	一、建安费				7 073.8
	(一)土建工程部分				5465.8
1	办公楼	平方米	6 000	1 200	720.0
2	倒班楼 1	平方米	2 700	1 000	270.0
3	倒班楼 2	平方米	3 900	1 000	390.0
4	食堂	平方米	860	1 000	86.0
5	实验楼	平方米	9 000	1 200	1 080.0
6	科研楼	平方米	8 500	1 200	1 020.0
7	地磅房	平方米	100	500	5.0
8	机械设备停放	平方米	2 340	1 100	257.4
9	机修车间	平方米	5 310	1 000	531.0
10	变配电室	平方米	300	1 000	30.0
11	配件库	平方米	3 900	1 000	390.0
12	石料加工区	平方米	7 280	100	72.8
13	粒石料仓	平方米	3 320	300	99.6
14	片石料仓	平方米	6 880	300	206.4
15	矿粉仓库	平方米	600	300	18.0
16	砂仓	平方米	2 720	300	81.6
17	桶装沥青库	平方米	2 480	500	124.0
18	沥青储罐基础	平方米	600	300	18.0
19	搅拌机组基础	平方米	2 500	200	50.0
20	停车坪	平方米	1 600	100	16.0

续表

	项目名称	计量单位	数量	指标/元	合计/万元
	(二)安装工程				1 608.0
1	沥青混凝土搅拌机组	台	1	8 000 000	800.0
2	实验室	套	1	2 080 000	208.0
3	石料厂	套	1	5 300 000	530.0
4	变配电设备	套	1	700 000	70.0
	二、其他费用	按工程费用的15%估算,含所有前期工作费、政府规定税费、职工培训及提前进厂费、联合试运转费、办公及生活用具购置			1 061.1
	三、工程预备费	按工程费用和其他费用的7%估算			569.4
	四、征地费	亩	93	100 000	930.0
	五、合计				9 634.7

十三、财务评价

(一)评价依据及说明

(1)国家发展计划委员会颁布的《投资项目可行性研究指南》及中国国际工程咨询公司的《新建项目可行性研究经济评估方法》。

(2)本项目的投入、产出物均为含税价格。企业所得税15%,城市维护税、教育附加税、地方附加税分别为增值税的7%、3%、1%,增值税为销售额的6%。

(3)财务基准收益率按8%考虑,本项目的所有资金为自筹。

(4)沥青生产经营计算期按10年考虑,第一年项目建成并当年投产;生产负荷为第一年35%,其他年为100%。即第一年生产14万吨,其他年为40万吨。折成立方量为5.96万立方米和17.02万立方米。

(5)生产各级配的沥青混凝土的利润率一致,现折算成标准沥青混凝土进行分析。根据现场,大约碎石和石屑(密度1.5)可使用3年,其后年份为外购。

(6)AC-25I和AC-16I等中、下面层的沥青混凝土用的碎石为自产,价格为外购的70%。面层和SMA等用的碎石为外购。

(7)按目前的销售、成本等进行估算。

(二)销售和经营收入、销售税费等估算

1. 沥青混凝土的折算

把各品种沥青混凝土折算成某一沥青混凝土的材料成本价和销售价格。

目前以及未来几年,沥青高级路面的结构层最常见的为如下形式。上:中:下=4厘米:6厘米:7厘米;其中上面层为改性SMA13,中层为AC-16I,下层为AC-25I。现对其材料、加工成本进行分析:

AC-25I的配合比为:碎石:砂(石屑):矿粉:沥青=60.6:30:5:4.4;

AC-16I 的配合比为：碎石：砂(石屑)：矿粉：沥青=50.1：40：5.2：4.7；

SMA13 的配合比为：碎石(外购)：石屑(外购)：矿粉：沥青(改性，包括木质纤维素)= 70：13：11：6.0。

其中：AC-25I、AC-16I 用的碎石为 73.5 元/立方米(该单价包括损耗、运费等全部费用，堆积密度为 1.50 吨/立方米，因为是自产，价格为市场价的 70%)；砂或石屑为 36 元/立方米(该单价包括损耗、运费等全部费用，堆积密度为 1.50 吨/立方米)；矿粉为 180 元/吨，沥青单价为 3 600 元/吨。

SMA13 用的碎石为 120 元/ 立方米(该单价包括损耗、运费等全部，堆积密度为 1.50 吨/立方米)，石屑为 120 元/立方米(该单价包括损耗、运费等全部费用，堆积密度为 1.50 吨/立方米)，沥青(改性，包括木质纤维素)为 4 900 元/吨。

每立方米的沥青材料成本(沥青混凝土密度为 2.34~2.37 立方米，AC-25I、AC-16I 的碎石价格为自产)数据如表 10-6 所示。

表 10-6 沥青材料成本表

沥青混凝土品种	AC-25I	AC-16I	SMA13
前三年单位原材料成本/(元/立方米)	508.2	528	904
后七年单位原材料成本/(元/立方米)	537.8	552.3	904
权重	7	6	4

折算后的沥青混凝土材料成本中：

前三年为：

$$(508.2×7+528×6+904×4)/17=608.3(元/立方米)$$

后七年为：

$$(537.8×7+552.3×6+904×4)/17=629.1(元/立方米)$$

沥青混凝土的价格一直都比较稳定，根据 XM 市有关市场价格(查阅去年上半年和 10 月份的信息综合价格，其价格波动在 1 元/吨以下)，其价格如表 10-7 所示。

表 10-7 价格表

沥青混凝土品种	AC-25I	AC-16I	SMA13
单位材料价格/(元/立方米)	1 052	1 193	1 530

折算后的沥青混凝土售价：(1 052×7+1193×6+1 530×4)/17=1 214.3(元/立方米)。

按目前市场行情，合理低价中标的情况下，价格下调 10%和上缴 3%总包管理费用，同时扣除运费 70 元/立方米，可得出厂的销售价格(含税)为：

$$1 214.3×0.9×(1-0.03)-70=990.08(元/立方米)$$

2. 销售和经营收入估算和有关税费的估算

根据本项目产品市场预测，第一年年产 5.96 万立方米沥青混凝土，其他年生产 17.02 万立方米沥青混凝土，每立方米按如上分析 990.8 元计算销售收入和有关税费，如表 10-8 所示。

表 10-8　销售收入和销售税金及附加表

序号	项目	合计	生产期									
			1	2	3	4	5	6	7	8	9	10
	生产负荷		35%	100%	100%	100%	100%	100%	100%	100%	100%	100%
1	销售收入/万元	157 558.4	5 897.9	16 851.2	16 851.2	16 851.2	16 851.2	16 851.2	16 851.2	16 851.2	16 851.2	16 851.2
	单价/元		990.1	990.1	990.1	990.1	990.1	990.1	990.1	990.1	990.1	990.1
	销售量/万立方米	159.1	6.0	17.0	17.0	17.0	17.0	17.0	17.0	17.0	17.0	17.0
2	销售税金及附加/万元	1 039.9	38.9	111.2	111.2	111.2	111.2	111.2	111.2	111.2	111.2	111.2
2.1	城市维护建设费(3×7%)/万元	661.7	24.8	70.8	70.8	70.8	70.8	70.8	70.8	70.8	70.8	70.8
2.2	教育费附加(3×3%)/万元	283.6	10.6	30.3	30.3	30.3	30.3	30.3	30.3	30.3	30.3	30.3
2.3	地方附加税(3×1%)/万元	94.5	3.5	10.1	10.1	10.1	10.1	10.1	10.1	10.1	10.1	10.1
3	增值税(1×6%)/万元	9 453.5	353.9	1011.1	1011.1	1011.1	1011.1	1011.1	1011.1	1011.1	1011.1	1011.1

(三)总成本的估算

1. 原材料按如上分析计算

前三年为 608.3 元/立方米,后七年为 629.1 元/立方米。

2. 燃料和动力费用的估算

根据拟采用的设备其有关经济参数可得:
$$5.5 \times 6.5 \times 2.35 + 2.17 \times 2.35 = 89.11(元/立方米)$$

3. 工资和福利费

该部分为生产沥青混凝土的人员,不包括管理和材料员,每年按 120 人计算,人年均为 22800 元,则每年成本为:
$$2.28 \times 120 = 273.6(万元)$$

4. 折旧费用

固定资产设备折旧按年限法,残值率5%,其他则按使用年限计算如下:
$$5465.8/30(土建部分) + 1608 \times 0.95/10 = 335(万元/年)$$

5. 修理和大修费、配件费用

修理和大修费按设备折旧的 20% 计算可得:
$$1\ 608 \times 0.95/10 \times 0.2 = 30.55(万元)$$
配件费用为 180 万元,合计 210.55 万元。

6. 摊销费用

按十年计算可得:
$$(894.8 + 592.8)/10 = 148.76(万/年)$$

7. 技术研究开发费,管理费用

包括技术研究开发费、管理费用等,各按正常年销售收入的1%计算,可得:

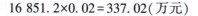

$$16\ 851.2 \times 0.02 = 337.02(万元)$$

8. 销售费用

包括销售人员工资等，按正常年销售收入的1%计算，可得：

$$16\ 851.2 \times 0.01 = 168.51(万元/年)$$

9. 土地使用费用

$$930/30 = 31(万元/年)$$

有关总成本费用估算详见附表10-9。

表10-9 总成本费用估算表 单位：万元

序号	项目	合计	生产期									
			1	2	3	4	5	6	7	8	9	10
	生产负荷		35%	100%	100%	100%	100%	100%	100%	100%	100%	100%
1	外购原材料费	96 803.0	3 623.6	10 353.3	10 353.3	10 353.3	10 353.3	10 353.3	10 353.3	10 353.3	10 353.3	10 353.3
2	外购燃料及动力费	14 180.7	530.8	1 516.7	1 516.7	1 516.7	1 516.7	1 516.7	1 516.7	1 516.7	1 516.7	1 516.7
3	工资及福利费	2 736.0	273.6	273.6	273.6	273.6	273.6	273.6	273.6	273.6	273.6	273.6
4	维修费	2 105.5	210.6	210.6	210.6	210.6	210.6	210.6	210.6	210.6	210.6	210.6
5	折旧费	3 349.6	335.0	335.0	335.0	335.0	335.0	335.0	335.0	335.0	335.0	335.0
6	摊销费	1 940.6	194.1	194.1	194.1	194.1	194.1	194.1	194.1	194.1	194.1	194.1
7	矿山维简费	0	0	0	0	0	0	0	0	0	0	0
8	还本付息	0	0	0	0	0	0	0	0	0	0	0
9	技术开发费用	1 685.1	168.5	168.5	168.5	168.5	168.5	168.5	168.5	168.5	168.5	168.5
10	管理费用	1 685.1	168.5	168.5	168.5	168.5	168.5	168.5	168.5	168.5	168.5	168.5
11	销售费用	1 685.1	168.5	168.5	168.5	168.5	168.5	168.5	168.5	168.5	168.5	168.5
12	总成本费用	126 170.8	5 673.2	13 388.6	13 388.6	13 388.6	13 388.6	13 388.6	13 388.6	13 388.6	13 388.6	13 388.6
	其中：固定成本	12 451.1	1 245.1	1 245.1	1 245.1	1 245.1	1 245.1	1 245.1	1 245.1	1 245.1	1 245.1	1 245.1
	可变成本	113 719.7	4 428.1	12 143.5	12 143.5	12 143.5	12 143.5	12 143.5	12 143.5	12 143.5	12 143.5	12 143.5
13	经营成本	120 880.6	5 144.2	12 859.6	12 859.6	12 859.6	12 859.6	12 859.6	12 859.6	12 859.6	12 859.6	12 859.6

(四)估算各年度利润

在估算各年度的利润中，所得税15%，城市维护税、教育附加税、地方附加税分别按营业税或增值税的7%、3%、1%计提。在项目计算期内，累计销售收入157 558.4万元，累计可实现利润总额20 894.1万元，累计上缴所得税3 159.3万元，累计可实现税后利润17 734.8万元。损益表如表10-10所示。

表10-10 损益表

序号	项目	合计	生产期									
			1	2	3	4	5	6	7	8	9	10
	生产负荷/%		35	100	100	100	100	100	100	100	100	100
1	产品销售收入/万元	157 558.4	5 897.9	16 851.2	16 851.2	16 851.2	16 851.2	16 851.2	16 851.2	16 851.2	16 851.2	16 851.2

续表

序号	项目	合计	生产期									
			1	2	3	4	5	6	7	8	9	10
2	销售税金及附加/万元	1 039.9	38.9	111.2	111.2	111.2	111.2	111.2	111.2	111.2	111.2	111.2
3	增值税/万元	9 453.5	353.9	1011.1	1011.1	1011.1	1011.1	1011.1	1011.1	1011.1	1011.1	1011.1
4	总成本费用/万元	126 170.8	5 673.2	13 388.6	13 388.6	13 388.6	13 388.6	13 388.6	13 388.6	13 388.6	13 388.6	13 388.6
5	利润总额（1-2-3-4）/万元	20 894.1	-168.1	2 340.2	2 340.2	2 340.2	2 340.2	2 340.2	2 340.2	2 340.2	2 340.2	2 340.2
6	弥补以前年度亏损/万元	0	0	0	0	0	0	0	0	0	0	0
7	应纳税所得额（5-6）/万元	21 062.2	0.0	2 340.2	2 340.2	2 340.2	2 340.2	2 340.2	2 340.2	2 340.2	2 340.2	2 340.2
8	所得税(15%)	3 159.3	0.0	351.0	351.0	351.0	351.0	351.0	351.0	351.0	351.0	351.0
9	税后利润（5-8）/万元	17 734.8	-168.1	1 989.2	1 989.2	1 989.2	1 989.2	1 989.2	1 989.2	1 989.2	1 989.2	1 989.2
10	提取法定盈余公积金(10%)/万元	1 790.3	0.0	198.9	198.9	198.9	198.9	198.9	198.9	198.9	198.9	198.9
11	提取公益金(5%)/万元	895.1	0.0	99.5	99.5	99.5	99.5	99.5	99.5	99.5	99.5	99.5
12	可供分配利润（9-10-11）/万元	15 049.4	-168.1	1 690.8	1 690.8	1 690.8	1 690.8	1 690.8	1 690.8	1 690.8	1 690.8	1 690.8
13	应付利润/万元	0	0	0	0	0	0	0	0	0	0	0
14	未分配利润（12-13）/万元	15 049.4	-168.1	1 690.8	1 690.8	1 690.8	1 690.8	1 690.8	1 690.8	1 690.8	1 690.8	1 690.8
15	累计未分配利润/万元	15 049.4	-168.1	1 522.8	3 213.6	4 904.4	6 595.2	8 286.1	9 976.9	11 667.7	13 358.6	15 049.4
16	盈亏平衡点/%	38.5										
17	年平均利润总额/万元	2 089.4										
18	年平均利税总额/万元	1 365.27										
19	投资利润率/%	216.9										
20	投资利税率/%	141.7										

（五）现金流量分析

对项目进行经济效益分析评价，计算全部投资和自有资金的经济效益时，选取的计算指标为财务内部收益、财务净现值及投资利润率。现金流量表如表 10-11 所示。

表 10-11　现金流量表

序号	项目	合计	生产期									
			1	2	3	4	5	6	7	8	9	10
	生产负荷/%		35	100	100	100	100	100	100	100	100	100
1	现金流入/万元	162 332.8	5 897.9	16 851.2	16 851.2	16 851.2	16 851.2	16 851.2	16 851.2	16 851.2	16 851.2	21 625.6
1.1	产品销售收入/万元	157 558.4	5 897.9	16 851.2	16 851.2	16 851.2	16 851.2	16 851.2	16 851.2	16 851.2	16 851.2	16 851.2
1.2	回收固定资产余值/万元	3 724.5										3 724.5
1.3	回收流动资金/万元	1050.0										1 050.0
1.4	其他现金流入/万元	0.0										
2	现金流出/万元	145 218.0	16 221.7	14 332.9	14 332.9	14 332.9	14 332.9	14 332.9	14 332.9	14 332.9	14 332.9	14 332.9
2.1	项目资本金/万元	9 634.7	9 634.7									
2.2	流动资金/万元	1 050.0	1 050.0									
2.3	经营成本/万元	120 880.6	5 144.2	12 859.6	12 859.6	12 859.6	12 859.6	12 853.6	12 859.6	12 859.6	12 859.6	12 859.6
2.4	销售税金及附加/万元	1 039.5	38.9	111.2	111.2	111.2	111.2	111.2	111.2	111.2	111.2	111.2
2.5	增值税/万元	9 453.S	353.9	1 011.1	1 011.1	1 011.1	1 011.1	1 011.1	1 011.1	1 011.1	1 011.1	1 011.1
2.6	所得税/万元	3 159.3	0.0	351.0	351.0	351.0	351.0	351.0	351.0	351.0	351.0	351.0
2.7	其他现金流出/万元											
3	净现金流量(1-2)/万元	17 114.8	-10 323.8	2 518.2	2 518.2	2 518.2	2 518.2	2 518.2	2 518.2	2 518.2	2 518.2	7 292.7
4	累计净现金流量/万元	17 114.8	-10 323.8	-7 805.5	-5 287.3	-2 763.1	-250.8	2 267.4	4 785.6	7 303.9	9 822.1	17 114.8
5	净现值(i_t=8%)/万元	7 218.3	-9 559.0	2 159.0	1 999.1	1 851.0	1 713.9	1 586.9	1 469.4	1 360.5	1 259.7	3 377.9
6	累计净现值流量/万元	7 218.3	-9 559.0	-7 000.1	-5 401.0	-3 550.0	-1 836.2	-249.2	1 220.1	2 580.6	3 840.4	7 218.3
7	所得税前净现金流量/万元	20 274.1	-10 323.8	2 869.3	2 869.3	2 869.3	2 849.3	2 869.3	2 869.3	2 869.3	2 869.3	7 643.7
8	累计所得税前净现金流量/万元	20 274.1	-10 323.8	-7 454.5	-4 585.2	-1 715.9	1 153.3	6 022.6	6 891.9	9 761.1	12 630.4	20 274.1
9	所得税前净现值(i_t=8%)/万元	9 248.8	-9 559.0	2 459.9	2 277.7	2 109.0	1 952.8	1 808.1	1 674.2	1 550.2	1 435.3	3 540.5
10	累计所得税前净现值/万元	9 248.8	-9 559.0	-7 099.1	-4 821.4	-2 712.4	-759.6	1 048.5	2 722.7	4 272.9	5 708.2	9 248.8

1. 估算流动资金需求

流动资金需求估算表如表 10-12 所示。流动资金每年为 1 050 万元。

表 10-12　流动资金估算表　　　　　　　　　单位：万元

序号	项目	最低周转天数	周转次数	生产经营期									
				1	2	3	4	5	6	7	8	9	10
1	流动资产			1 460	1 460	1 460	1 460	1 460	1 460	1 460	1 460	1 460	1 460
1.1	应收账款	90	4	300	300	300	300	300	300	300	300	300	300
1.2	存货			740	740	740	740	740	740	740	740	740	740
1.2.1	原材料——沥青	10	36	350	350	350	350	350	350	350	350	350	350
1.2.2	原材料——砂石	10	36	200	200	200	200	200	200	200	200	200	200
1.2.3	原材料——矿粉	10	36	30	30	30	30	30	30	30	30	30	30
1.2.4	原材料——路用纤维	90	4	30	30	30	30	30	30	30	30	30	30
1.2.5	原材料——改性材料	90	4	85	85	85	85	85	85	85	85	85	85
1.2.6	配件	30	12	15	15	15	15	15	15	15	15	15	15
1.2.7	柴油	5	72	30	30	30	30	30	30	30	30	30	30
1.3	其他应收款			120	120	120	120	120	120	120	120	120	120
1.3.1	其中保证金	30	12	100	100	100	100	100	100	100	100	100	100
1.4	现金	60	6	300	300	300	300	300	300	300	300	300	300
2	流动负债			420	420	420	420	420	420	420	420	420	420
2.1	应付账款	60	6	385	385	385	385	385	385	385	385	385	385
2.1.1	材料	60	6	365	365	365	365	365	365	365	365	365	365
2.1.2	工资	30	12	30	30	30	30	30	30	30	30	30	30
2.2	其他应付款	15	24	15	15	15	15	15	15	15	15	15	15
2.3	其他	20	18	20	20	20	20	20	20	20	20	20	20
3	流动资金			1 050	1 050	1 050	1 050	1 050	1 050	1 050	1 050	1 050	1 050
4	流动资金增加数			1 050	0	0	0	0	0	0	0	0	0

2. 财务内部收益率

财务内部收益率是指项目在整个计算期内各年净现金流量现值累计等于零的折现率，它反映项目所占用资金的盈利率，是考察项目盈利能力的主要动态评价指标。当财务内部收益率大于基准收益率时，则认为其盈利能力满足最低要求。基准收益率大小取决于银行利率的高低、项目经营的风险程度以及经营的目标和要求等。本项目参考贷款利率为 5.886%，故基准收益率取 8% 比较合理。本项目全部投资远高于基准收益率，说明本项目可行。

3. 投资回收期

本项目静态投资回收期为 4.37 年(含建设期)，动态投资回收期为 5.30 年(含建设期)。

(六)财务盈利能力分析

1. 财务净现值

财务净现值按事先规定的基准贴现率 i_0，将项目计算期内各年净现金流量折现到建设期的现值之和。它是考察项目在计算期内盈利能力的动态评价指标，净现值大于等于零的项目是可以接受的。该项目全部投资财务现金流量计算如表 10-11 所示，项目全部投资的

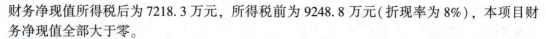

财务净现值所得税后为 7218.3 万元，所得税前为 9248.8 万元（折现率为 8%），本项目财务净现值全部大于零。

2. 投资利润率

项目全部投资的利润率：

总投资利润率＝利润总额/投资总额×100%＝20 894.1/9 634.7×100%＝216.9%

总投资利税率＝利税总额/投资总额×100%＝13 652.7/9 634.7×100%＝141.7%

计算结果表明，本项目具有很强的盈利能力，能为投资方所接受。

（七）不确定分析

1. 敏感性分析

正常情况下的财务内部收益率为 25.78%（所得税前），投资回收期为 5.30 年（动态）。

考虑项目中的不确定因素，分别考察建设投资、原材料价格、销售价格的 5% 波动单因素变化对财务的影响，如表 10-13 所示。

表 10-13　敏感性分析表

变动因素	财务内部收益率/%	净现值/万元	静态投资回收期/年	动态投资回收期/年
基本方案	25.78	9 248.8	4.37	5.3
项目投资+5%	24.38	8 878.7	4.43	5.4
项目投资−5%	27.30	9 618.8	4.3	5.15
原材料价格+5%	17.93	6 086.8	5.32	6.43
原材料价格−5%	31.87	12 410.8	3.5	4.36
销售价格+5%	34.70	13 882.9	3.44	4.21
销售价格−5%	16.93	4 614.6	6.02	7.4

2. 盈亏平衡点

以生产能力利用率表示盈亏平衡点的计算如下：

BEP（生产能力利用率）＝年固定总成本费用/（年销售收入−年可变成本总费用−

年销售税金）×100%

　　　　＝1 245.1/（16 851.2−12 143.5−111.2−1 011.1−351.0）×100%

　　　　＝38.5%

可见盈亏平衡点较低，产量的变动对财务内部收益率影响不大。

（八）财务评价结论

项目的财务内部收益率较高，为 25.78%，高于行业投资水平，财务净现值为 9 248.8 万元，能满足投资方的要求。项目静态投资回收期为 4.37 年，较适中。敏感性分析表明，对于市场销售价格方面，项目抗风险能力不强。综上所述，该项目可行，但要注意市场销售价格和原材料等价格变化的风险。

十四、社会效益评价

（一）项目对社会的影响分析

该项目建成投入使用后，将极大地推动所在地的社会和经济发展，有利于对当地自然资源的开发、利用和促进劳动就业，同时也能更便捷地为工程建设提供产品，推动道路工程及其他工程的建设。

(二)项目与所在地互适性分析

本项目拟建成花园式工厂，建成后能有效改善周边的自然景观，并取得良好的社会效益。项目所在地临近同安、晋江、泉州等地，且交通运输条件便捷，场址辐射范围广，为取得良好的经济效益奠定了基础。该项目的建设得到了当地各级部门的广泛支持和配合，为项目的建设和投入使用提供了保证。

(三)社会评价结论

规模化地生产沥青混凝土，为工程建设提供沥青混凝土，对社会经济发展和保护环境等方面具有以下意义：

(1)本项目建成后能及时便捷地为建设工程提供沥青混凝土产品，对推进工程进度，尤其是道路工程的施工进度提供有力保障。

(2)采用现代化的科学手段生产的沥青混凝土产品，质量是稳定的、有保证的，这对于确保工程质量十分重要。

(3)要集中地规模化建设沥青混凝土搅拌生产企业，在工厂建设时可以对厂区进行科学规划，对原材料进行科学管理，对文明生产、安全生产进行有效监控；利用环保设施和大规模的绿化工程，可以有效地控制和减少项目在运营过程中对环境的影响。

(4)进行规模化生产可以有效地利用资源，降低沥青混凝土生产成本，降低产品售价及提供良好的服务，这无疑将有力地推进工程的顺利实施。

(5)本项目的实施可以解决部分社会劳动就业问题，尤其是可以吸纳当地农民进场工作，对提高农民生活水平和社会安定有积极的作用。

综上所述，该项目的建设具有十分明显的社会效益，对建设和谐社会、和谐城市具有重要意义。

 水利项目可行性研究

第二节　技术引进项目可行性研究

> **案例：许可贸易可行性研究评价**

一、总说明

项目名称：×××式阀类许可转让

项目主办单位：××机械厂

项目负责人：×××

项目技术负责人：×××

项目经济负责人：×××

根据××部关于《×××式阀类制造技术许可转让》项目的建议书的批示，××机械厂进行了该项目的可行性研究。

技术许可转让的内容主要有：

(1)引进×××式 A 型和 LT 型的 2″~30″共 30 种规格阀类的制造技术。

(2)技术资料费共计 28 万元。

(3)关键设备费共计 66 万元。

(4)提成费按内销部分销售收入的 3%~5%计，每年末结算一次。

(5)许可转让后的产品，许可方包销 50%。

(6)外销部分用许可方商标出售，自销部分以双方联合商标出售。

(7)合同有效期自签字之日起 7 年，7 年后由承受方自行处理。项目本身的技术水平是目前国际上先进的。为项目所投入的资金，3.56 年(全投资)即可回收完。所用贷款税前还款条件下需 3.86 年(全投资)。按国家角度计算的内部收益率为 31.7%，按企业角度税前还款条件下计算的内部收益率为 20.04%。由于内部收益率较高，因此经济上属于可行范围。特别是许可方允许用联合商标出售产品，将有助于我国产品赶超世界先进水平和打进国际市场。

二、承办企业的基本情况

××机械厂具有多年生产阀类产品的经验，产品在国内有较高信誉。现有职工 800 多人，拥有关键设备××台，厂区占地面积××公顷。历史上产量最高的年份，可生产产品××吨，主要产品为阀类。该厂为引进×××式阀类制造技术，拟将食堂所在地改为引进制造阀类、技术生产阀类的专业车间，将两车间之间的空间改建成立体仓库。本项目除引进软件外，只需进口两台关键设备就能满足生产需要。本项目的专业车间只需 23 名工人，由厂内自行调剂解决。

本项目引进的阀类，是国内从未生产过的，属填补国内同行业空白的产品。

三、技术引进的基本情况

本项目引进的是国际上先进而成熟的产品制造技术，是许可方在国际市场上畅销的产品。所生产的阀类具有以下几个特点：

(1)结构简单，零件数量少，体积小，重量轻。产品由阀体、阀座、阀杆、阀板、衬套和密封圈等零件组成。阀体端部的传动装置法兰可通用于手动、蜗轮蜗杆传动、电动、气动及液动装置。以 5″阀门为例，×××式阀(暂称引进阀)与工厂原来生产的阀(暂称传统阀)对比如表 10-14 所示。

表 10-14　引进阀与传统阀比较

阀门名称	零件个数	外形尺寸
传统阀	34	265 mm×288 mm×720 mm
引进阀	28	580 mm×160 mm×312 mm

从表 10-14 可知，不仅零件数量上引进阀比传统阀少 6 个，体积也小近一半。

引进阀在重量上仅为传统阀的 1/10，材料消耗也很少，如表 10-15 和表 10-16 所示。

表 10-15　单件阀门重量比较

重量/千克 类别 \ 规格	3″	4″	6″	8″	10″	12″
引进阀 A 型	3.5	4	8	13.2	19	32.5
传统阀 SX 型	38	52	85	132	197	270

表 10-16　单件阀门材料消耗对比

材料	4″		5″		8″	
	传统阀	引进阀	传统阀	引进阀	传统阀	引进阀
铸铁	46.9	3.85	76.8	6.3	119.2	10.83
钢材	1.6	0.5	3.2	0.84	4.7	1.4
铜材	1.43	0.3	2.95	0.4	4.4	0.8

（2）引进阀应用范围广，适用介质多，使用性能好，密封性强。引进阀适用于压力为157 牛/平方厘米以下，温度为 $-46 \sim 135$ ℃ 的腐蚀性或非腐蚀性的气体、液体、半流体以及固体粉末管线和容器上作为节流和截流使用。引进阀阀板呈流线型，任何开启角度的流阻均很低。阀座系橡胶制品，设有骨架，两端面在安装时做法兰衬垫用，密封性能好，气密试验无泄漏。

（3）引进阀门的机械加工量少，材料利用率高。每台引进阀只有阀体和阀板两个主要加工件，铸件加工面的余量在 1.5 毫米以下，冷拔阀杆和粉末冶金衬套均不需机械加工。引进阀的钢材利用率比传统阀的钢材利用率高一倍以上。由于引进阀的机械加工量少，因此，其加工工时只为同规格传统阀的 8%～25%。

（4）启闭动作快，操作扭矩小。引进阀的操作速度比传统阀的操作速度快而且方便，只须将阀板转动 90°，即可迅速完成启闭动作。阀板与阀座锥形密封面的接触角度设计合理，端平面的过盈量选用精确，既保证了密封性能好，又可使阀板转动轻巧，操作扭矩小。为把握引进技术的先进性，将引进阀许可方与国际市场上能与之抗衡的最强对手日本巴氏阀门公司同类阀门的三个关键零件对比，如表 10-17 所示。

表 10-17　关键零件对比

关键件 \ 结构与特点	许可方	日本巴氏阀门公司
阀体	底部有盲孔，有反顶尖，产品结构简单，能消除外漏隐患，且能使阀杆转动灵活	底部通孔，产品结构相对复杂，且存在外漏隐患
阀板	特种弧形密封面，与阀座擦伤力小，不易磨损阀座	柱形密封面，与阀座擦伤力大，易磨损阀座
阀座	有刚性骨架，密封面接触角度适宜，扭矩小	无刚性骨架，易变形，接触角度大，扭矩大

引进阀的设计，充分注意并体现了标准化、通用化、系列化，两大系列 30 种规格的引进阀只有 600 种零件，而且只要变更零件材料就可以满足不同介质和温度的需要。

引进阀零件的机械加工，采取通用设备与专用设备相结合的形式，设备按生产工艺特点布置合理，占地面积少。毛坯和外协、配套件运入车间后的机械加工、装配、试压、喷漆、包装等工序，都在同一个车间里进行，形成了单元封闭式生产形式，车间与仓库相连，仓库向立体发展，运用铲车堆垛，充分利用了空间，同时减轻了工人的劳动强度。

车间生产线上仅加工主要零件，大部分零件由专业化协作厂提供。生产线上设计的工装，具有精巧、效率高、调整快以及加工精度有保证等特点。

四、产品需求预测

(一)传统阀

传统阀在该厂已有多年历史。近年来农业、轻纺、城市建设等行业发展迅速，对阀门的需求迅速增加，尤其是小口径(如 Dg75～200 毫米)的阀门需求量迅速增加，使该厂年销售量以 10%递增。传统阀在国内虽然还有市场，但其性能、质量、耗能等重要指标已不能满足要求。

(二)引进阀

引进阀是许可方在 20 世纪 60 年代开发出来的产品，在国际上享有很高声誉，销售量持续稳定增长。在工业发达的国家中，石油、化工、造纸、水电、食品等行业都已较多地采用了该产品作为管线中截流和调节用阀。

近年来，我国石油、化工、轻纺等行业进口的成套设备中，采用这类阀的也很多。

五、资金的概算与资金来源

(一)资金概算

(1)引进投资：

①技术资料费：28 万元。

②进口关键设备费：66 万元。

(2)国内设备费：60 万元。

(3)技术培训费：14 万元。

(4)土建费：30 万元。

(5)不可预见费：9 万元。

固定资金投资合计：207 万元。

(6)流动资金投资：110 万元。

合计：317 万元。

(二)资金来源

(1)中行外汇贷款：108 万元。

(2)建行贷款：99 万元。

(3)自筹流动资金：60 万元。

(4)人民银行借流动资金：50 万元。

中行外汇贷款年利息率 9.5%，建行贷款年利息率 5.76%，流动资金贷款年利息率 7.2%。

六、项目实施计划

项目改造期为 1 年，从第 2 年起开始投产，服务年限为 15 年，各年产量如表 10-18 所示。

表 10-18　各年产量

年份	2	3	4	5	6	7~16
产量/万台	0.74	1.00	1.20	1.50	1.80	2.00

七、经济与财务评价

(一)年成本计算

根据该产品所用各种耗费构成，计算出年经营费的固定部分成本为 29 万元，单位变动成本为 95 元/台(具体计算略)。

该项目形成的固定资产原值为 165 万元，具体包括设备费、土建费和不可预见费，设期末残值为 0，则年折旧额为 11 万元。各年成本如表 10-19 所示。

表 10-19　各年成本

年份	2	3	4	5	6	7~16
年成本/万元	110.3	135.0	154.0	182.5	211.0	230.0

(二)其他基数计算

(1)国内销售价为 270 元/台，许可方包销产品价(离岸价)180 元/台。

(2)许可方提成费，根据双方多次洽谈及签订的意向书，拟按下列办法计取提成费。

产品自销部分，不论自销国内或销往国际市场，均作为提成费基数，提成率为 3%~5%。自销 10 000 台以下，均按 10 000 台计取，提成率 5%；自销 10 001~20 000 台，按实际销售数计取，提成率 4%；自销 20 000 台以上，按实际数计取，提成率 3%。具体如表 10-20 所示(8~16 年的提成费，是以不可预见费计入的)。

表 10-20　各年提成支付计算

年份	自销台数	提成基数	提成率/%	提成额/万元
2	3 700	10 000	5	13.5
3	5 000	10 000	5	13.5
4	6 000	10 000	5	13.5
5	7 500	10 000	5	13.5
6	9 000	10 000	5	13.5
7	10 000	10 000	5	13.5

(3)技术资料费一次性付清。

(4)其他：该项目的工商税统一为 5%，所得税为 20%，具体评价基数如表 10-21 所示。

表 10-21　经济评价基数

项目	2	3	4	5	6	7	8~16
销售量/万台(1)	0.74	1.00	1.20	1.50	1.80	2.00	2.00

续表

项目	2	3	4	5	6	7	8~16
销售收入/万元(2)	162.06	219.00	262.80	328.50	394.20	438.00	438.00
其中：外销部分(2′)	62.16	84.00	100.80	126.00	151.20	168.00	168.00
内销部分(2″)	99.90	135.00	162.00	202.50	243.00	270.00	270.00
产品税/万元(3)=(2″)×5%	5.00	6.75	8.10	10.13	12.15	13.50	13.50
经营费/万元(4)	99.30	124.00	143.00	171.50	200.00	219.00	219.00
基本折旧/万元(5)	11.00	11.00	11.00	11.00	11.00	11.00	11.00
提成支付/万元(6)	13.50	13.50	13.50	13.50	13.50	13.50	13.50
税前利润(毛利)/万元(7)=(2)-(3)-(4)-(5)-(6)	33.26	63.75	87.20	122.37	157.55	181.00	181.00
所得税/万元(8)=(7)×20%	6.65	12.75	17.44	24.47	31.51	36.20	36.20
税后利润/万元(9)=(7)-(8)	26.61	51.00	69.76	97.90	126.04	144.80	144.80
税后净利润/万元(10)=(9)+(5)	37.61	62.00	80.76	108.90	137.04	155.80	155.80
税前净利润/万元(11)=(7)+(5)	44.26	74.75	98.20	133.37	108.55	192.00	192.00
国家角度利润/万元(12)=(7)+(3)	38.26	70.50	95.30	132.50	169.70	194.50	194.50
国家角度收益/万元(13)=(12)+(5)	49.26	81.50	106.30	143.50	180.70	205.50	205.50
流动资金占用额/万元	110.00	110.00	110.00	110.00	110.00	110.00	110.00
流动资金净增	110.00						

（三）各项指标计算

（1）国家角度投资回收期计算（如表10-22所示）。计算表明，按国家角度计算的投资回收期，从投产算起只用3.56年，若不计流动资金回收，则只需要2.72年。

表 10-22　国家角度投资回收期　　　　　　　　　单位：万元

年份(年末)	0	1	2	3	4	5	6	7~15	16
国家角度收益			49.26	81.50	106.30	143.50	180.70	205.50	205.50
流动资金回收									110.00
资金来源合计			49.26	81.50	106.30	143.50	180.70	205.50	315.50
固定资金投资回收			49.26	81.50	76.24				
流动资金投资回收(能力)					30.06	79.94			
资金使用合计			49.26	81.50	106.30	79.94			
固定资金投资尚未回收额	207.00	207.00	157.74	76.24	0				
流动资金投资尚未回收额		110.00	110.00	110.00	0				
盈余						63.56	180.70	205.50	315.50

（2）企业角度贷款偿还计算（如表 10-23 所示）。计算表明，税前（上缴所得税前）还款条件下，全部贷款偿还完（从投产算起）需 3.86 年，如果不计入流动资金的贷款偿还，只需 3.49 年。

表 10-23　企业角度贷款偿还年限计算表（税前还款）　　　　　单位：万元

年份（年末）	0	1	2	3	4	5	6	7～15	16
税前净收益			44.26	74.75	98.20	133.37			
税后净收益							137.04	155.80	155.80
流动资金回收									110.00
资金来源合计			44.26	74.75	98.20	133.37	137.04	155.80	265.80
中行贷款利息			11.23	9.01	3.66				
建行贷款利息			6.03	6.03	6.03	3.36			
流动资金贷款利息			3.60	3.60	3.60	3.60			
还中行贷款			23.40	56.11	38.57				
还建行贷款					46.34	58.36			
还流动资金贷款						50.00			
资金使用合计			44.26	74.75	98.20	115.32			
中行贷款尚欠额	108.00	118.26	94.86	38.57	0				
建行贷款尚欠额	99.00	104.70	104.70	104.70	58.36	0			
流动资金贷款尚欠额		50.00	50.00	50.00	50.00	0			
盈余						18.05	137.04	155.80	265.80

（3）国家角度的内部收益率计算（如表 10-24 所示）。计算表明，按国家角度计算的内部收益率为 31.7%，如果价格体系在这类产品的投入产出上比较合理，这一指标表明效益很好。

表 10-24　国家角度内部收益率计算表　　　　　单位：万元

年份（年末）	0	1	2	3	4	5	6	7～15	16
国家角度收益			49.26	81.50	106.30	143.50	180.70	205.50	205.50
流动资金回收									110.00
固定资金投资	-207.00								
流动资金投资		-110.00							
现金流量	-207.00	-110.00	49.26	81.50	106.30	143.50	180.70	205.50	315.50
内部收益率					31.7%				

（4）企业角度内部收益率计算（如表 10-25 所示）。按国家对沿海开放城市的优惠政策规定，技术引进项目可以在上缴所得税以前还款。这样算得扣除了全部利息的情况下的内部收益率为 20.04%，是比较可观的。

表10-25 企业角度内部收益率计算表 单位：万元

年份(年末)	0	1	2	3	4	5	6	7~15	16
税前净收益			44.26	74.75	98.20	133.37			
税后净收益							137.04	155.80	155.80
流动资金回收									110.00
固定资金投资	−207.00								
流动资金投资		−110.00							
支付利息合计			−20.86	−18.64	−12.99	−6.96			
现金流量	−207.00	−110.00	23.40	56.11	85.21	126.41	137.04	155.80	265.80
内部收益率	20.04%								

（5）盈亏平衡点产量及盈亏平衡时的生产能力利用率。根据已知条件，经营费中的固定部分成本为29万元，单位变动成本为95元/台，年折旧为11万元，则年固定成本为40万元。因此，可求出盈亏平衡点产量、盈亏平衡时的生产能力利用率及经营安全率等（其中销售价取内外销平均数219元），如表10-26所示。

表10-26 盈亏平衡分析表

角度	盈亏平衡点产量	生产能力利用率	经营安全率
国家角度	$Q_{ON} = \dfrac{F}{P_c - V}$ $= \dfrac{400\,000}{219-95}$ $= 3\,225.8$ $= 3\,226(台)$	$R_{XN} = \dfrac{Q_{ON}}{Q}$ $= \dfrac{3\,326}{20\,000}$ $= 16.2\%$	$O_{SN} = \dfrac{Q - Q_{ON}}{Q}$ $= \dfrac{20\,000-3\,326}{20\,000}$ $= 83.37\%$
企业角度	$Q_0 = \dfrac{F}{P_c(1-R) - V}$ $= \dfrac{400\,000}{219\times(1-5\%)-95}$ $= 3\,538.3$ $= 3\,539(台)$	$R_1 = \dfrac{Q_0}{Q}$ $= \dfrac{3\,539}{20\,000}$ $= 17.7\%$	$O_S = \dfrac{Q - Q_0}{Q}$ $= \dfrac{20\,000-3\,539}{20\,000}$ $= 82.31\%$

（6）静态投资利润率与投资收益率，如表10-27所示。

表10-27 静态投资利润率与投资收益率

角度	静态投资利润率	投资收益率
国家角度	$R_{P1N} = \dfrac{163.4}{317}$ $= 51.55\%$	$R_{BN} = \dfrac{163.4 + 11}{317}$ $= 55.02\%$
企业角度	$R_{P1} = \dfrac{179.5}{317}$ $= 25.1\%$	$R_B = \dfrac{79.5 + 11}{317}$ $= 28.55\%$

287

表中企业角度的两个指标，均取税前利润的前 4 年和税后利润的后 11 年为计算基数。表中所列各项利润和收益均为 15 年的平均值。

八、结论与建议

本项目投资少，见效快，对国民经济影响不大，因此没有进行国民经济评价。加之本项目有外商包销较多，计价选择较保守，所以风险较小。因此，应该支持这一项目。

技术改造项目可行性研究

第三节 学校项目可行性研究

案例：某信息职业技术学院项目经济可行性研究与分析

一、项目概况

HY 信息职业技术学院前身为某电子工业学校，始建于 1978 年，原为设有多类专业的综合性中等专业学校。2001 年 6 月，经江苏省人民政府批准，某电子工业学校升格为信息职业技术学院，隶属于江苏省信息产业厅，是一所培养电子信息及相关产业技术应用型人才的全日制普通高校。学院现有在校生 5 679 人（包括中专生、高职生、大专生等）。学院拥有一支素质较高、结构合理的师资队伍，现有在编教职工 283 人（含兼职教师）。

HY 信息职业技术学院创建以来，已为国家培养了万余名电子技术方面的人才，为我国的电子技术发展做出了一定的贡献。该院为适应江苏省信息产业的发展和高等教育大众化的发展趋势，制定了学院总体发展规划，提出力争以其学科门类齐全、专业水平领先、办学环境优良与办学特色鲜明的综合优势，步入全国电子信息行业示范性职业技术学院的行列。

目前，该院校区用地面积 120 亩，在校生 5679 人，现有用地已不能满足其功能布置的需要，并极大地制约了学校的发展，影响了办学效益的提高。为扩大校园用地，改善办学条件，适应发展需要，继续发挥该院在电子信息类职业技术院校中的作用，该院需要扩建新校区。根据 HY 市委、市政府提出的在 HY 兴办高等教育园的要求，HY 信息职业技术学院决定在 HY 高等教育园区按 8 000 人办学规模新征地 900 亩用于新校区的建设。

二、总体规划方案

（一）总体规划设计思想（略）

（二）总体布局

打造聚散有致、纯净清雅的环境特色，创造"生态绿洲"的绿色校园意境。绿色校园的

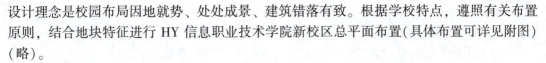

设计理念是校园布局因地就势、处处成景、建筑错落有致。根据学校特点，遵照有关布置原则，结合地块特征进行 HY 信息职业技术学院新校区总平面布置(具体布置可详见附图)(略)。

1. 功能分区

进入 CM 路侧的主入口，通过简捷明快的校园大门，以绿化带状空间及水面为引导，前方即为造型新颖别致的图书馆，是教学区乃至整个校园的标志性建筑。整个场区现可分为三个功能区，并留有部分发展用地。教学区和生活区占据大部分场地，在校区西侧，教学区位于南侧，生活区位于北侧；体育运动区在场区东北侧，东南侧为发展用地。

(1)图书馆为教学区的核心建筑，与校园主入口隔水相望，北侧留片绿地，形成弧形聚会共享空间，烘托出图书馆的重要作用，突出了校园文化的生态性、人文性、内聚性和场所性，其形象和内容反映了教育的信息化和现代化，必将成为校区入口的主要景观，成为校园的标志建筑。图书馆西侧为严肃、庄重的教学楼群和实验楼群，实验楼群邻近校园大门，其北面为教学楼群，教学楼和实验楼均以廊道相连，形成各自的庭院空间，两楼群之间既相互独立又相互连接，以步行走道相连形成较大的院落空间。大门东部为行政楼和各系办公室，以单体形式点缀在水边。教学区总体形成山水园林式的自由布局风格，为校园的整体规划定下了基本的格调与特色。

(2)生活区。生活区由学生宿舍、青年教师宿舍、学生食堂、教工食堂、学生活动中心、教师活动中心、专家楼以及其他后勤用房(有邮局、网吧、书店、美容美发店等)组成，分布合理、交通便捷、疏散迅速、管理方便，位于校园用地以北，有独立的对外出口。另外，后勤保障区的中心配电房、水泵房、保卫用房等结合在学生生活区，灵活布置。

(3)体育运动区。位于场区东南部，集中了多个排球场、篮球场、网球场以及一个标准田径运动场和一个体育馆，具有独立的对外出口，有利于体育设施功能共享。在需要的情况下，体育场可以向社会开放，观众和运动员可以方便进出，而不影响到学校正常的学习生活秩序。

2. 道路交通组织

道路交通组织包括出入口、交通组织、停车场地(略)。

3. 空间景观和环境绿化(略)

三、可行性研究方案

(一)建设规模测算及建筑方案

1. 测算依据

(1)参照《普通高等学校建筑规划面积指标》中的标准(按高等专科工科类院校、3 000人以上规模计)。

(2)《普通高等学校设置暂行条例》。

(3)《关于新时期加强高等学校教师队伍建设的意见》。

(4)国家及江苏省关于高校后勤工作的有关政策，包括《教育部关于大学生公寓建设标准问题的若干意见》《江苏省高等学校后勤社会化改革实施方案》及《江苏省高校公寓三年建设规划》。

(5)HY 信息职业技术学院发展规划。

(6)关于高等学校建设的其他有关要求以及本项目实际情况。

2. 设计依据

(1)民用建筑设计通则。

(2)宿舍建筑设计规范。

(3)图书馆建筑设计规范。

(4)办公建筑设计规范。

(5)饮食建筑设计规范。

(6)建筑设计防火规范。

3. 人员规模

(1)在校生规模。根据学院发展规划,HY 信息职业技术学院办学规模未来将达到在校生 9 400 人,其中新校区 8 000 人。本项目暂按 8 000 人的学生规模考虑 HY 信息职业技术学院新校区的建设。

(2)教师规模。生师比、生职比分别暂按 16∶1 和 12∶1 计,新校区教师为 500 人,教职员工合计为 666 人。

4. 学院规划建设用地面积

(1)三项用地总面积。根据《普通高等学校建筑规划面积指标》有关要求,按高等专科工科类院校、3 000 人以上规模测算。三项用地面积包括校舍建筑用地、体育用地和集中绿化用地:8 000×60＝480 000(平方米)。有关指标如表 10-28 所示。

表 10-28　学院规划建设用地面积

规模/生	校舍建筑用地/ (平方米/生)	体育用地/ (平方米/生)	集中绿化用地/ (平方米/生)	总用地面积定额/ (平方米/生)
8 000	44	10	6	60

(2)其他用地。本项目拟一次性征用土地,为避免日后因用地不足而影响学校的正常工作和长远发展,还需考虑拟选校址的地理地势、学校的长远发展规划、工科类院校特别是职业技术学院的特点及其他不确定因素,如增加有关专职科研人员科学研究、外教教学、学生勤工俭学、社会服务、对外交流等功能场所需用土地。

(3)学校规划建设用地面积。根据省发改委批复,同意 HY 信息职业技术学院在 HY 高教园区征地 1 000 亩,按 8 000 人的办学规模规划建设新校区。

结合前述,学校规划建设用地面积测算并考虑其他用地需求及项目实际情况,初步确定 HY 信息技术学院新校区规划建设用地面积为 900 亩(合 600 000 平方米)。新校区实际所需建设用地面积须根据有关要求由国土、规划等部门最终确定。

5. 单体建筑方案及学院校舍规划建筑面积

根据项目实际情况,结合 HY 信息职业技术学院目前办学需要及学院未来发展,学院校舍规划建筑面积测算中有部分指标较《普通高等学校建筑规划面积指标》中的定额指标有一定调整,有关测算均按新校区自然规模在校生 8 000 人计。在学院今后发展中,有关用房指标根据实际需要作适度调整。

该校园分为三大功能区：教学区、运动区和生活区。教学区以教学楼、实验楼、图书馆和办公楼为主；生活区由学生宿舍、青年教师宿舍、学生食堂、教工食堂、学生活动中心、教师活动中心以及其他后勤用房(有邮局、网吧、书店、美容美发店等)组成；运动区包括一个标准田径运动场、一个体育馆以及若干排球场、篮球场、网球场等。

校园中所有建筑物不超过 6 层。图书馆体量较大，是校园建筑组群中的主要角色，是校园内的一个标志性建筑物，将着重体现现代化办学特色，并与实验楼等相辅相成。教学楼、实验楼、办公楼等单体建筑均依地势而建，强调自身功能，突出鲜明个性，并与其他建筑物相互协调。

教学及办公用房包括教室、图书馆、实验用房、风雨操场、校系行政用房、会堂等六项内容。教学及办公用房建筑面积规划如表 10-29 所示。

表 10-29 教学及办公用房建筑面积规划

序号	项目名称	指标/(平方米/生)			建筑面积/平方米		
		方案一	方案二	方案三	方案一	方案二	方案三
1	教学楼	3.50	4.00	3.13	28 000	32 000	25 000
2	图书馆	1.60	1.63	1.58	12 800	13 000	12 600
3	实验用房	8.83	9.17	8.58	70 640	73 360	68 640
4	风雨操场	0.40	0.40	0.40	3 200	3 200	3 200
5	校系行政用房	2.07	2.07	2.07	16 560	16 560	16 560
6	会堂	0.30	0.31	0.28	2 400	2 500	2 200
	合计	16.70	17.58	16.03	133 600	140 620	128 200

新校区主要体育设施包括 400 米标准运动场(1 个)、体育馆(1 个)、篮球场、排球场网球场等，满足师生日常体育运动的需要，同时也服务于城市。教学楼共 8 幢，以廊道相连；图书馆(含会堂)正对校园主入口，流线型平面；实验用房(含办公用房)共 12 幢，以廊道相连；办公楼 1 幢，矩形。

● 方案一

根据国家及江苏省关于高校后勤工作的有关方针、政策，本项目新建校区后勤配套服务设施应按后勤社会化要求建设。考虑到当地实际情况，本项目暂考虑学院作为投资主体建设新校区后勤配套服务设施，满足在校生 8 000 人后勤用房需求。后勤用房包括学生公寓、学生食堂、教师公寓、教工食堂、生活福利及其他服务用房等五项内容。

◆ 学生公寓

《普通高等学校建筑规划面积指标》中，本科生学生宿舍规划面积上限指标为 6.5 平方米/生；《教育部关于大学生公寓建设标准问题的若干意见》推荐本科生公寓 4 人 1 间，生均建筑面积 8 平方米；《江苏省高等学校后勤社会化改革实施方案》及《江苏省高校公寓三年建设规划》规划本科生公寓 4 人 1 间，生均建筑面积 8~10 平方米。结合项目实际情况，本项目学生公寓建筑面积暂按 9 平方米/生计。初步确定本项目拟建学生公寓规模为：8 000×9 = 72 000(平方米)。

◆学生食堂

《普通高等学校建筑规划面积指标》中，学生食堂规划建筑面积上限指标为1.3平方米/生。初步确定本项目拟建学生食堂规模为：8 000×1.3=104 00(平方米)。

◆教师公寓

《普通高等学校建筑规划面积指标》中，教工住宅规划建筑面积指标不得超过33.06平方米/人，教工宿舍规划建筑面积指标不得超过22.5平方米/人。考虑到学院实际情况，本项目仅考虑建设少量中青年教师公寓，人数暂按75人计，面积指标暂按40平方米/人计，拟建教师公寓规模为：75×40=3 000(平方米)。

◆教工食堂

《普通高等学校建筑规划面积指标》中，教工食堂规划建筑面积上限指标为0.23平方米/生。本项目教工食堂建筑面积暂按0.2平方米/生计。初步确定本项目拟建教工食堂规模为：8 000×0.2=1 600(平方米)。

◆其他后勤服务用房

本项目其他后勤服务用房包括专家楼(引进高层次人才用)、活动室、浴室、医务室、超市、通信、邮政、储蓄、公用工程设施等用房，结合项目实际情况，暂按1.5平方米/生计，初步确定拟建其他后勤服务用房规模为：8 000×1.5=12 000平方米。

◆后勤用房建筑面积合计

72 000+10 400+3 000+1 600+12 000=99 000(平方米)。

生活区公寓以5层为主，采用端庄、典雅以不失灵活的建筑风格，注意与周围环境相协调，公寓之间适量种植一些花、草皮点缀，局部建小桥、亭、台、水榭等，用作读书和休闲。

学生活动中心、食堂、浴室等其他后勤服务用房以2~3层为主，建筑造型主要从造型元素的搭配及色彩处理两方面来考虑，使群体建筑成为和谐统一的建筑有机多元体。

◆学院校舍规划建筑面积

初步确定本项目教学办公、后勤用房等校舍规划建筑面积为：133 600+99 000=232 600(平方米)。

●方案二

◆学生公寓

结合项目将来情况，本项目学生公寓建筑面积暂按9.38平方米/生计。初步确定本项目拟建规模：8 000×9.38=75 000(平方米)。

面积上限指标为1.38平方米/生。初步确定本项目拟建学生食堂规模为：8 000×1.38=11 000(平方米)。

◆教师公寓

考虑到学院情况，本项目仅考虑建设少量中青年教师公寓，人数暂按80人计，面积指标暂按40平方米/人计，拟建教师公寓规模为：80×40=3 200(平方米)。

◆教工食堂

本项目教工食堂建筑面积暂按0.2平方米/生计。初步确定本项目拟建教工食堂规模为：8 000×0.2=1 600(平方米)。

◆其他后勤服务用房

本项目其他后勤服务用房包括专家楼(引进高层次人才用)、活动室、浴室、医务室、超市、通信、邮政、储蓄、公用工程设施等用房，结合项目情况，暂按1.54平方米/生计，初步确定拟建其他后勤服务用房规模为：8 000×1.54＝12 300(平方米)。

◆后勤用房建筑面积合计

75 000＋11 000＋3 200＋1 600＋12 300＝103 100(平方米)。

◆学院校舍规划建筑面积

初步确定本项目教学办公、后勤用房等校舍规划建筑面积为：140 620＋103 100＝243 720(平方米)。

●方案三

◆学生公寓

结合项目实际情况，本项目学生公寓建筑面积暂按8.63平方米/生计。初步确定学生公寓规模为：8 000×8.63＝69 000(平方米)。

◆学生食堂

结合项目实际情况，本项目学生食堂建筑面积暂按1.25平方米/生计。初步确学生食堂规模为：8 000×1.25＝10 000(平方米)。

◆教师公寓

考虑到学院实际情况，本项目仅考虑建设少量中青年教师公寓，人数暂按75人计，面积指标暂按40平方米/人计，拟建教师公寓规模为：75×40＝3 000(平方米)。

◆教工食堂

本项目教工食堂建筑面积暂按0.2平方米/生计。初步确定本项目拟建教工食堂规模为：8 000×0.2＝1 600(平方米)。

◆其他后勤服务用房

本项目其他后勤服务用房包括专家楼(引进高层次人才用)、活动室、浴室、医务室、超市、通信、邮政、储蓄、公用工程设施等用房，结合项目实际情况，暂按1.46平方米/生计，初步确定拟建其他后勤服务用房规模为：8 000×1.46＝11 700(平方米)。

◆后勤用房建筑面积合计

69 000＋10 000＋3 000＋1 600＋11 700＝95 300(平方米)。

◆学院校舍规划建筑面积

初步确定本项目教学办公、后勤用房等校舍规划建筑面积为：128 200＋95 300＝223 500(平方米)。

6. 装修标准

作为学校用房，装修强调简洁明亮、大方朴素。主要装修标准如下：

(1)室外。区内道路为钢筋混凝土及沥青路面；围墙下部实心砖，上部砼花格，双面外面涂料；建筑外量面以釉面砖及外墙涂料为主；外门窗均为铝合金门窗；广场采用广场砖；学校大门拟采用花岗岩装饰面，安装电动门。

(2)室内。墙面：各楼卫生间内墙面为瓷砖墙裙，大教室墙面做吸声处理，其他为乳漆涂料；楼地面：电脑教室为抗静电活动地板，语音教室、会议室为木地板，其他均为水磨石地面。办公楼为同质地砖楼地面，轻钢龙骨矿棉板吊顶。

(二)结构方案

1. 设计依据

(1)建筑结构统一标准。

(2)建筑结构荷载规范。

(3)建筑地基基础设计规范。

(4)混凝土结构设计规范。

(5)建筑抗震设计规范。

(6)建筑抗震设防分类标准。

(7)建筑桩基技术规范。

2. 有关设计要点

拟建场地类别为Ⅱ类，场地土属硬场地土；抗震设防烈度为7度。

规划中各单体建筑均不超过6层。实验楼、图书馆的上部结构均采用钢筋混凝土框架结构；体育馆可考虑采用钢筋混凝土柱加风架结构；教学楼、办公楼、青年教师宿舍、学生宿舍可采用多层砖混结构；食堂、学生活动中心采用钢筋混凝土框架结构，其他后勤配套服务用房主要为单层或2~3层的建筑物，考虑到经济性，拟以砖混结构为主，部分单体根据功能需要考虑采用钢筋混凝土框架结构。

根据项目单位提供的拟建场地附近地区的地质资料，建议本工程大部分建筑物采用条形基础或柱下独立基础。建议在下一步设计阶段，对本区域地质情况做详细勘探，并认真计算后确定每一建筑物的基础形式，以确保建筑物的安全可靠、经济合理。

(三)主要技术指标

新校区三个方案主要技术指标如表10-30所示。

表10-30　新校区三个方案主要技术指标

序号	名称	单位	数 值			备注
			方案一	方案二	方案三	
一	在校生规模	人	8 000	8 000	8 000	
二	总用地面积	亩	900	900	900	
三	总建筑面积	平方米	232 600	243 720	223 500	
1	教学区	平方米	130 400	137 420	125 000	
1.1	教学楼	平方米	28 000	32 000	25 000	8 幢
1.2	图书馆	平方米	12 800	13 000	12 600	
1.3	会堂	平方米	2 400	2 500	2 200	
1.4	实验楼	平方米	80 640	83 360	78 640	12 幢，包括 10 000 平方米办公房
1.5	办公楼	平方米	6 560	6 560	6 560	
2	运动区	平方米	3 200	3 200	3 200	

续表

序号	名称	单位	数值			备注
			方案一	方案二	方案三	
2.1	体育馆	平方米	2 200	2 200	2 200	
2.2	看台下用房	平方米	1 000	1 000	1 000	
3	生活区	平方米	99 000	103 100	95 300	
3.1	学生宿舍	平方米	72 000	75 000	69 000	15 幢
3.2	教师宿舍	平方米	3 000	3 200	3 000	1 幢
3.3	学生食堂	平方米	10 400	11 000	10 000	
3.4	教工食堂	平方米	1 600	1 600	1 600	
3.5	学生活动中心	平方米	3 500	3 800	3 200	
3.6	教师活动中心	平方米	1 500	1 500	1 500	
3.7	专家楼	平方米	3 000	3 000	3 000	
3.8	其他后勤服务用房	平方米	4 000	4 000	4 000	包括医务室、浴室、锅炉房、电房、便利店等
四	容积率		0.39	0.39	0.39	
五	绿化率	%	>40	>40	>40	包括集中及分散绿地

四、投资估算与资金筹措

(一)投资估算

1. 投资估算依据

(1)HY 信息职业技术学院新校区总体规划方案及单体设计方案。

(2)HY 市现行建筑、安装工程预算定额及收费规定。

(3)HY 市建筑材料、设备的现行价格。

(4)HY 市类似工程造价指标资料。

(5)本项目拟建各单项工程的建设内容及工程量。

2. 投资估算编制说明

(1)建筑工程费估算。本项目三个方案主体建筑工程费估算都按单位建筑工程投资估算法进行,单位建筑面积的工程费根据建筑物特点及 HY 市实际情况,教学楼按 800 元/平方米,图书馆按 1 000 元/平方米,实验用房按 900 元/平方米,风雨操场按 1 200 元/平方米,校系行政用房按 800 元/平方米,会堂按 1 000 元/平方米,学生宿舍按 600 元/平方米,食堂按 650 元/平方米,教师公寓按 600 元/平方米,其他后勤服务用房按 600 元/平方米估算。以上单价为建安工程费用,考虑了主体工程的给排水、电气工程及简单装修,不含专用设备及器具。

室外工程(含室外水电工程、绿化工程、围墙大门、土方工程、道路、广场、运动场地等)按主体工程费用的 20%估算。

(2)专用设备及器具费用估算。教学仪器设备按生均 4 000 元估算；图书资料按生均 1 350 元估算；公用设备、课桌及其他设施按生均 300 元计算；后勤设备及设施投资按生均 500 元计算；交通工具估算投资为 80 万元。以上含购置费及安装费，学生规模按正常年在校生 8 000 人计。

(3)工程建设其他费用估算。本工程需用地 900 亩，依照《共建江苏 HY 高等教育园区的协议书》，土地费用按 6 万元/亩计算，含人口安置费、土地补偿费、房屋拆迁费、青苗补偿费等。

根据《共建江苏 HY 高等教育园区的协议书》，本项目供电贴费、自来水管网建设费、市政公用基础设施配套费、新型墙体材料发展基金、消防设施建设费、地方教育附加费、白蚁防治费等建设费享受全免。

建设单位管理费按工程费用的 0.8% 估算。

招标费(含标底编制费、招标代理费)、公证费及有形资产服务费按工程费用的 1% 估算。

勘察、设计费按工程费用的 2.5% 估算。

工程监理、质监、安监费按工程费用的 1.5% 估算。

(4)不可预见费估算。不可预见费按工程费用和工程建设其他费用之和的 5% 估算。

(5)建设期利息估算。建设经营期根据各年自有资金投入和滚动投入情况，确定各年向银行借款额及银行借款利息，为简化计算，假定借款均在每年的年中支用，借款第一年按半年计息，其余各年按全年计算。以上三个方案各项投资估算详见辅助报表(略)。

3. 项目投入总资金及分年投入计划

● **方案一**

(1)项目投入总资金及建设投资构成。本项目投入总资金为 35 735 万元，均为建设投资，无流动资金，各项投资额及占项目投入总资金的比例分别如下：

建筑工程费 21 392 万元，占 59.86%。

设备及器具费 5 000 万元，占 13.99%。

工程建设其他费用 6 931 万元，占 19.39%。

不可预见费 1 666 万元，占 4.66%。

建设期利息 747 万元，占 2.09%。

(2)资金分年投入计划。根据项目实施进度的安排，本项目建设经营期 3 年，资金分年投入计划如表 10-31 所示。

表 10-31　资金分年投入计划

年份	投入资金/万元	占总投入的比例/%
第一年	14 377	40.23
第二年	9 784	27.38
第三年	11 575	32.39
总计	35 735	100.00

● **方案二**

(1)项目投入总资金及建设投资构成。本项目投入总资金为 36 895 万元，均为建设投

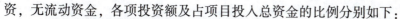

资，无流动资金，各项投资额及占项目投入总资金的比例分别如下：

建筑工程费 22 404 万元，占 60.72%。

设备及器具费 5 000 万元，占 13.55%。

工程建设其他费用 6 989 万元，占 18.94%。

不可预见费 1 720 万元，占 4.66%。

建设期利息 782 万元，占 2.12%。

（2）资金分年投入计划。根据项目实施进度的安排，本项目建设经营期 3 年，资金分年投入计划如表 10-32 所示。

表 10-32 资金分年投入计划

年份	投入资金/万元	占总投入的比例/%
第一年	14 844	40.23
第二年	10 102	27.38
第三年	11 951	32.39
总计	36 895	100.00

● 方案三

（1）项目投入总资金及建设投资构成。本项目投入总资金为 34 780 万元，均为建设投资，无流动资金，各项投资额及占项目投入总资金的比例分别如下：

建筑工程费 20 570 万元，占 59.14%。

设备及器具费 5 000 万元，占 14.38%。

工程建设其他费用 6 883 万元，占 19.79%。

不可预见费 1 623 万元，占 4.67%。

建设期利息 704 万元，占 2.02%。

（2）资金分年投入计划。根据项目实施进度的安排，本项目建设经营期 3 年，资金分年投入计划如表 10-33 所示。

表 10-33 资金分年投入计划

年份	投入资金/万元	占总投入的比例/%
第一年	13 992	40.23
第二年	9 523	27.38
第三年	11 265	32.39
总计	34 780	100.00

（二）资金筹措方式与来源

1. 自有资金及滚动投入

（1）HY 信息职业技术学院自有资金 8 000 万元可投入新校区建设。

（2）新校区建设经营期办学收入扣除运行费用后均用于滚动投入。三个方案建设经营期财政和学院自有资金及滚动投入计划如表 10-34 所示。

表 10-34　自有资金投入及滚动投入计划　　　　　单位：万元

建设经营期	自有资金	滚动投入			合计		
		一	二	三	一	二	三
第一年	3 000				3 000	3 000	3 000
第二年	3 000	485	463	497	3 485	3 463	3 497
第三年	2 000	1 148	1 107	1 186	3 148	3 107	3 186
合计	8 000	1 634	1 570	1 683	9 634	9 570	9 683

2. 债务资金投入

项目各年所需资金扣除自有资投入和滚动投入外，以银行提供的长期贷款投入，贷款有效年利率为 5.89%。三个方案在建设经营期各年银行借款额及银行借款利息如表 10-35 所示。

表 10-35　各年银行借款情况　　　　　单位：万元

建设经营期	银行借款			建设期借款利息			合计		
	一	二	三	一	二	三	一	二	三
第一年	11 051	11 505	10 679	325	339	315	11 376	11 844	10 994
第二年	6 118	6 449	5 633	180	190	166	6 298	6 639	5 799
第三年	8 185	8 591	7 586	241	253	223	8 426	8 844	7 809
合计	25 354	26 545	23 898	746	782	704	26 100	27 327	24 602

三个方案项目投资使用计划及资金筹措评价辅助报表(略)。

五、财务评价

本项目财务评价确定计算期为 15 年，其中建设期 1 年、建设经营期 2 年、经营期 12 年，拟建项目可以单独计算项目发生的效益与费用，因此以拟建新校区为评价对象。

根据进度安排，到计算期新校区第四年达到在校生 8 000 人的设计规模。

(一)办学收入估算

1. 收入估算范围

本项目收入估算包括新校区在校学生学费、各项设施收入、上级补助收入等。收入情况根据 HY 信息职业技术学院基本情况及预期情况进行估算。

2. 收入估算说明

项目达到设计规模后，各项收入估算说明如下：

(1)学费收入：HY 信息职业技术学院新校区在校生规模将达到 8 000 人，学费按每生每年 4 000 元(现行标准)，并按每年在校生人数确定各年的学费收入。

(2)学生公寓收入：本次将建成可入住学生 8 000 人规模的学生公寓，学生住宿费按每生每年 1 000 元收取。

(3)教师公寓收入：教师公寓按每年每平方米 48 元收取出租费用(正常年出租率按 95%计)。

（4）食堂收入：按每年每平方米 240 元收取出租费用（正常年出租率按 100%计）。

（5）其他后勤服务用房收入：平均按每平方米年租金 180 元计算（正常年出租率按 95%计）。

（6）上级补助收入：上级补助收入按每年每生 1 100 元计。

（7）其他收入：其他收入按以上各项收入的 10%计。

3. 办学收入

三个方案办学收入估算详见辅助报表（略）。

（二）成本费用估算

1. 成本费用估算范围

本项目成本估算包括教学行政费开支、教职工工资及福利、修理费用、其他费用等，主要依据《建设项目经济评价方法与参数》及现有 HY 信息职业技术学院的实际运行情况及预期进行估算。

2. 成本费用估算说明

（1）教学行政费开支。根据 HY 信息职业技术学院的实际情况，教学行政费用按每生每年开支 700 元计算。

（2）教职工工资福利。教职工人均工资福利按每年 25 000 元估算，按每 12 个学生需 1 个教职工计，正常年共需教职工 666 人。

（3）折旧、返销费。固定资产折旧按照国家有关规定采用分类直线折旧法计算，房屋按 30 年折旧，残值率为 5%；设备按 15 年折旧，残值率为 5%；无形资产（主要为土地费用）按 50 年摊销；递延资产按 10 年摊销。三个方案固定资产折旧费估算详见辅助报表（略）。三个方案递延资产摊销估算详见辅助报表（略）。

（4）修理费用。年修理费用按固定资产房屋及设备原值的 1%估算。

（5）财务费用。财务费用为长期借款利息，借款年利率按 5.89%（有效年利率）计算。

（6）其他费用。根据建成后新校区的实际情况，其他费用按其他收入的 20%估算。

3. 办学成本费用

三个方案办学成本费用见辅助报表（略）。

（三）项目损益与收支情况分析

1. 项目损益情况分析

三个方案项目损益情况分析详见基本报表（略）。

结果表明：本项目方案一计算期正常年学院收入为 5 926 万元，总成本费用为 3 779 万元，利润总额为 2 147 万元。方案二计算期正常年学院收入为 5 948 万元，总成本费用为 3 878 万元，利润总额为 2 070 万元。方案三计算期正常年学院收入为 5 909 万元，总成本费用为 3 728 万元，利润总额为 2 181 万元。本项目所得税暂按 0 税率计算，方案一税后利润为 2 146 万元，方案二为 2 070 万元，方案三为 2 181 万元。

2. 项目收支情况分析

本项目方案一计算期内办学收入总计 76 881 万元，办学支出总计 45 251 万元，收入相抵累计结余 31 630 万元，其中：1 634 万元用于项目建设的再投入，26 100 万元用于偿还建设投资借款，计算可知，本项目期末累计结余资金 3 896 万元。方案二计算期内办学收入总计 77 180 万元，办学支出总计 46 586 万元，收入相抵累计结余 30 594 万元，其中：1 570 万元用于项目建设的再投入，27 372 万元用于偿还建设投资借款，计算可知，本项目期末累计结余资金 1 652 万元。方案三计算期内办学收入总计 76 657 万元，办学支出总计 43 767 万元，收入相抵累计结余 32 890 万元，其中：1 683 万元用于项目建设的再投入，24 602 万元用于偿还建设投资借款，计算可知，本项目期末累计结余资金 6 605 万元。

项目收支情况详见基本报表（略）。

（四）项目偿债能力分析

项目建设投资中银行借款，用学院收入扣除学院办学费用支出及滚动投入资金后的结余资金偿还。该项目方案一建设共需偿还银行借款 26 100 万元，其中借款利息 746 万元，长期借款偿还期为 13.82 年（含建设期）。方案二建设共需偿还银行借款 27 327 万元，其中借款利息 782 万元，长期借款偿还期为 14.49 年（含建设期）。方案三建设共需偿还银行借款 24 602 万元，其中借款利息 704 万元，长期借款偿还期为 13.01 年（含建设期）。

三个方案借款还本付息估算详见辅助报表（略）。

（五）项目财务现金流量和资金来源与运用分析

1. 财务现金流量分析

项目评价的主要指标有财务内部收益率、财务净现值和投资回收期。根据现金流量分析，三个方案计算求得结果如表 10-36 所示。

表 10-36　现金流量分析结果

序号	指标名称	单位	全部投资			自有资金		
			一	二	三	一	二	三
1	财务内部收益率	%	7.18	6.87	7.63	8.23	7.65	9.06
2	投资回收期	年	12.51	12.82	12.11	14.34	14.38	14.22
3	财务净现值（$i=6\%$）	万元	2 785	2 134	3 723	2 264	1 624	3 225

全部投资、自有资金现金流量详见基本报表（略）。

2. 资金来源与运用分析

本项目三个方案计算期内各年资金来源与运用情况详见基本报表（略），从表中可以看出三个方案各年的收支均能平衡。

（六）财务评价结论

经综合测算，方案一全部投资财务内部收益率为 7.18%，以 6% 为折现率计算的财务净现值为 2 785 万元，全部投资回收期为 12.51 年（含建设期）。方案二全部投资财务内部收益率为 6.87%，以 6% 为折现率计算的财务净现值为 2 134 万元，全部投资回收期为 12.82 年（含建设期）。方案三全部投资财务内部收益率为 7.63%，收益率最高，高于基准收益率，以 6% 为折现率计算的财务净现值为 3 723 万元，大于零，全部投资回收期为 12.11 年（含建设期）。

从上可以得出，方案三在全部投资财务内部收益率、财务净现值、投资回收期等方面都优于其他方案。因此从财务评价的角度上，方案三为最优方案。

六、综合评价

从财务评价的角度来看，方案一在财务上既能保证投资的合理收益，按时偿还长期借款，又能确保学院教学的正常运转和发展所需的资金，是可行的。方案二虽然在财务上可行，但相对其他两个方案来说，内部收益率和净现值都小。方案三内部收益率和净现值都比其他两个大，在财务上来说方案三是最优方案。

从技术指标的角度来看，方案一在学院运行方面既能满足师生日常教学需要，又能为学院的将来提供发展空间，是可行的。方案二相对方案一来说，财务评价所得结果比方案一差，虽然方案二各方面的面积指标优于方案一，不过从目前学校的财力方面考虑，方案二并不适合目前学院的建设。方案三从财务方面的角度看比前两个方案都好，不过方案三建筑面积指标处于国家指定的面积指标的下限值，这会影响学院的发展空间，妨碍学院将来的综合评估，从学院将来发展的角度来看，方案三并不适合，方案三是在学院资金投入有困难时所作出的一种可能分析。

从上可以得出，方案一在财务上是可行的，从技术指标的角度也都优于其他方案。方案一为最优方案。

七、不确定性分析

本报告中，方案一选取了可能对经济效益产生较大影响的建设投资、招生人数两个因素进行敏感性分析。内部收益率对建设投资平均敏感度为 2.01，对招生人数平均敏感度为 2.55，财务净现值对建设投资平均敏感度为 11.49，对招生人数平均敏感度为 15.69。

以上分析可看出，指标对两项因素的敏感度差距较大，招生人数敏感度稍高些，在实际建设过程中加以控制。

八、研究结论及建议

(一)研究结论

(1)HY 信息职业技术学院新校区的建设，符合国家和江苏省有关产业政策。新校区的建立，可以进一步满足江苏省信息产业发展对人才的需求，为推动江苏省经济和社会发展提供人才和智力支持，从而有利于江苏省高职高专教育事业和信息化事业的进一步发展。

(2)HY 信息职业技术学院新校区选址于江苏省教育厅与 HY 市政府共建的 HY 高等教育园区，符合 HY 城市及社会事业发展规划。项目总用地面积 60 hm^2(900 亩)，用地空间较为平整、开阔，征地费用相对优惠。本项目建设具有较好的基础条件。

(3)按学院发展规划测算，新校区未来将达到在校生 8 000 人的规模，新校区新增总建筑面积 232 600 平方米。

(4)经估算，本项目总投资估算 35 735 万元。项目建设所需的资金筹措方案：学院自有资金投入 8 000 万元；学院办学收入滚动投入 1 634 万元；银行贷款 26 100 万元(其中建设期借款利息 746 万元)。通过以上立案，合计筹措项目建设资金 35 735 万元。上述资金筹措方案尚需进一步落实。

(5)经综合测算，本项目各年收支均能平衡。项目建成后，新校区正常年办学收入为 5 926 万元，办学费用支出为 2 597 万元，收支节余为 3 329 万元。本项目银行借款偿还期为 13.82 年(含建设期)。

分析结果表明，在本报告设定的条件下，项目能保证投资的合理收益，按时偿还长期借款，并能确保学院发展所需的资金，该项目在财务上资金能够平衡。

（二）主要技术经济指标

新校区建设主要技术经济指标如表 10-37 所示。

表 10-37 新校区建设主要技术经济指标汇总表

序号	项目	单位	数量	备注
一	主要技术指标			
1	在校生规模	人	8 000	
2	总用地面积	亩	900	合 60 公顷
3	总建筑面积	平方米	232 600	
3.1	教学及办公用房	平方米	133 600	
3.2	后勤用房	平方米	99 000	
4	教职工	人	666	
5	容积率		0.39	
6	绿化率	%	>40	
二	主要经济指标			
1	固定资产投资总额	万元	35 735	
1.1	固定资产投资	万元	34 989	
1.2	建设期利息	万元	746	
2	资金筹措	万元	35 735	
2.1	学院自有资金	万元	8 000	
2.2	滚动投入	万元	1 634	
2.3	银行借款	万元	26 100	其中建设期借款利息 746 万元
3	新校区办学收入	万元	5 926	正常年
4	新校区办学费用支出	万元	2 597	正常年
5	新校区收支节余	万元	3 329	正常年
6	长期借款偿还期	年	13.82	含建设期

（三）存在问题和建议

（1）本项目综合考虑学校长远规划和发展，确定新校区建设拟一次征地 900 亩，用地规模较大。因此，学院需按计划落实拟定规划建设内容和项目，保证所征土地用足、用够，充分利用土地资源。

（2）根据国家及江苏省关于高校后勤工作的有关方针、政策，新建校区后勤配套服务设施须按后勤社会化要求建设，考虑到新校区周边有关设施现状，本项目暂考虑由学院作为投资主体，按照新校区学生规模建设相应配套的后勤用房及设施。建议学院在实施项目时充分吸引社会力量，共同参与投资建设新校区后勤配套服务设施。

（3）校区供水、供电、通信、对外交通及道路等规划基础设施尚需进一步落实，周围生活、娱乐及商业网点等配套设施尚需进一步完善。学院应积极和当地有关部门协调，把

校区周围基础配套设施的建设与完善纳入当地的发展规划并加快予以实施。

（4）本项目地基尚未进行岩土工程详细勘测，以后需在最终确定并实施的基础上进行详细勘测，根据具体建筑物进行布孔，进一步查清各岩土层物理力学性质、埋藏分布规律，为下一步设计工作的顺利开展提供必要、可靠的基础资料，保证本项目建设和使用的安全。

（5）本项目建设资金的筹资方案需进一步落实。学院应加大筹资力度，保证建设资金及时足额到位。

第四节　PPP 项目可行性研究

> **案例：甘肃省 G316 线两徽高速公路项目**

一、项目概况

1. 项目基本情况和建设规模

G316 线长乐至同仁公路两当县杨店（甘陕界）至徽县高速公路建设项目（简称"两徽高速公路"）位于甘肃省陇南市境内。主线起于两当县杨店（甘陕界），与陕西省规划的太白至凤县至杨店（甘陕界）高速公路相接，经灵官峡、两当县城、柳林镇、银杏乡，止于李家河，与在建的十天高速主线相接。主线全长 53.4 千米，其中改造利用十天高速徽县一级连接线 7.0 千米（经改造满足 80 千米/小时的高速公路标准）。共设置特大、大桥 11 983 米/22 座、中桥 264 米/4 座、涵洞 65 道；隧道 19 110 米/9 座（以双洞计）；枢纽立交 1 处（利用李家河枢纽立交），出入口立交 4 处［栗川立交（十天高速）、徽县立交、柳林立交、两当立交］；分离式立交 1 处；小桥通道 7 座；涵洞通道 17 座；互通立交连接线 6.389 千米。

全线共设置高速公路管理所 1 处、养护工区 1 处、收费站 5 处（其中主线收费站 1 处，匝道收费站 4 处）、服务区 1 处、超限超载检测站 1 处、隧道管理站 2 处、变电所 12 处。

该项目主线采用路基宽度为 24.5 米、设计行车速度为 80 千米/小时的双向四车道高速公路标准（项目分两期实施）。投资估算总金额为 75.3 亿元。

2. 项目的背景和进展

该项目是 G316 线长乐至同仁公路的重要组成路段，是甘肃省委、省政府确定的连接两当县红色教育示范基地的快速通道，也是甘肃省规划的地方高速公路的一段。该项目同时也是落实全省"1236"脱贫攻坚计划，实施交通建设精准扶贫、精准脱贫，实现县县通高速公路目标的重要举措，根据《甘肃省"6873"交通突破行动方案》，2015 年 3 月甘肃省交通运输厅和甘肃省交通建设集团有限公司（简称甘肃交建）先行先试，确定采用 PPP 模式发起建设该项目。

该项目是我国西北地区首个高速公路 PPP 项目，项目由甘肃交建具体实施。自 2015年 3 月开展前置性手续的办理工作，截至 2015 年 10 月底已办结项目规划选址意见、用地预审、环境影响评价、地质灾害评估、压覆矿藏评估、水土保持方案、节能评估、社会稳定风险评估、林业自然保护区方案、文物保护方案、银行承诺函等手续。

2015年12月11日，省发展改革委员会批复可行性研究报告。2016年3月18日，项目全线初步设计通过评审并获得批复，已完成施工图设计，并获得省交通厅批复。2016年4月1日，甘肃省人民政府批复了该项目实施方案。2016年6月30日，全线开工建设此项目。

3. 社会资本概况和融资情况

为满足金融机构对两徽项目融资时的资本金需求，省政府批复的实施方案确定该项目资本金为30.12亿元，占项目总投资的40%。两徽项目公司初期注册资本为49 00万元（其中甘肃交通建设集团出资2 000万元，两徽基金出资2 900万元）。为提高公司的信用程度，降低融资成本，经甘肃交通建设集团和各社会投资人商议决定，拟通过增资扩股将项目公司注册资本金增加至30.12亿元。注册资本金实行认缴制，《增资扩股协议书》约定：甘肃交通建设集团作为该项目政府出资方，认缴新注册资本金14.27亿元，认缴后总资本金为14.76亿元，占注册资本金的49%；甘肃路桥第三公路工程有限责任公司认缴注册资本金5.47亿元，占资本金的18.16%；甘肃五环公路工程有限公司认缴注册资本金5.16亿元，占资本金的17.13%；中交路桥建设有限公司认缴注册资本金4.55亿元，占资本金的15.11%；甘肃省交通规划勘察设计院有限责任公司认购注册资本金0.18亿元，占资本金的0.6%。项目的股权结构如图10-2所示。

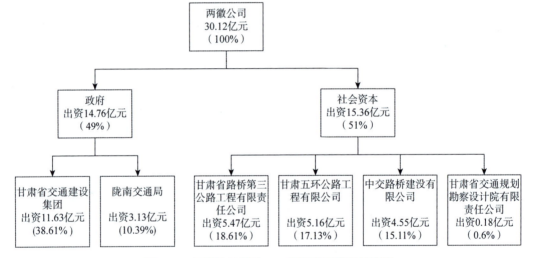

图 10-2　两徽高速公路 PPP 项目公司股权结构图

注：①项目工程可行性报告批复总投资75.30亿元，其中一期工程估算投资53.67亿元，二期工程估算投资21.63亿元。初步设计批复项目概算总投资74.99亿元。

②项目资本金占项目总投资的40%，为30.12亿元；项目公司社会融资占60%，为45.18亿元。

③政府出资人甘肃省交通建设集团有限公司出资11.63亿元。其中，中央车购税补助地方资金4.28亿元；甘肃两徽交通投资基金5.00亿元（含甘肃省级一般预算资金1.00亿元）；政府自筹资金2.35亿元（以工程可行性报告批复的投资估算进行测算）。

二、运作模式

（一）采用"PPP+EPC"合作模式

该项目采用"设计—施工—总承包（EPC）+建设—运营—移交（BOT）+可行性缺口补助"模式实施。其中建设期4年，运营期30年。项目PPP实施机构为甘肃交通建设集团，主要负责 PPP 项目的准备、采购、监管、移交等工作。项目实施机构与依法选定的社会投资人签订投资协议及特许经营协议，负责项目组织实施、运营管理等工作。

知识拓展

PPP 项目

1. 什么是 PPP 项目

政府与社会资本合作(Public-Private Partnership)，简称 PPP 模式，是一种新兴的公共基础设施建设与管理的合作模式。政府公共部门与社会资本方按照专门合同的约定开展合作，通过管理项目公司(SPV 公司)等手段共同开展项目的前期、建设、运营和移交等全过程工作。政府方可为建设项目在政策、财政资金、行政等方面提供良好保障，而社会资本方除提供资金外，还可利用自身能力发挥建设、管理等作用。PPP 模式工程相比传统建设工程，具有缓解财政压力、增强市场活力、促进财政薄弱的国家和地区的基建等优点，在基础设施开发和工程建设领域已迅速普及。

2. PPP 项目工程的特点

合作关系：这是 PPP 项目的前提条件，双方必须在项目目标、项目运作、项目盈利、项目落实等方面达到一致。合作主要在基础设施、公共产品和公共服务领域，如市政设施、城市更新、医院、学校、体育场馆、高速公路等。

利益共享：项目实施的成果是属于双方的，不是简单地归属于某一方。同时，PPP 项目一般都是属于公益性项目，项目在盈利方面一定不能超出公众的接受范围，而且 PPP 项目一般盈利都是长期且稳定。

风险共担：任何项目运作都有失败的风险，如果项目最终运作失败，或者在项目运作过程中存在一些风险，都必须是双方共同承担，任何一方都不能够逃避。

3. PPP 模式合作框架

PPP 模式合作框架如图 10-3 所示。

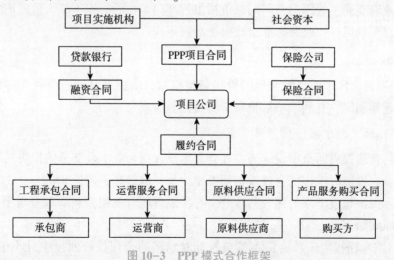

图 10-3　PPP 模式合作框架

（资料来源：PPP 项目知识简介-知乎）

(二)回报机制

1. 取得投资回报的资金来源

该项目通过"使用者付费+可行性缺口补助"方式获得项目回报。使用者付费来源包括：

(1)车辆通行费收入，即社会资本方按照国家规定收取的车辆通行费收入。

(2)其他业务收入，包括服务区收入和经营开发收入。

2. 可行性缺口补助来源

(1)政府提供项目资本金补助，政府无偿提供部分项目建设资金，包括交通运输部燃油税转移支付、地方政府征地拆迁费用、发行定向债券、甘肃交通产业基金、国家针对老区交通的专项扶贫款和交通运输部针对社会资本投入项目的专项补助等，以缓解项目公司的前期资金压力，降低整体融资成本。项目资本金补助资金来源为甘肃省交通运输厅和陇南市人民政府。

(2)运营期地方财政补贴。如因实行政府定价较低或者交通量无法达到最低需求导致使用者付费无法覆盖项目的成本和合理收益，政府将会给予项目公司一定的财政补贴。运营期地方财政补贴资金将纳入同级政府预算管理，并在中长期财政规划中予以统筹考虑。运营期补贴资金来源为甘肃省人民政府财政预算。

(3)其他方式，包括政府无偿划拨土地、提供优惠贷款、贷款贴息以及授予项目周边的土地、商业等开发收益权等方式，是否采纳上述方式及采纳后的具体操作途径由甘肃省人民政府决定。

(三)定价机制

根据《收费公路管理条例》第十五条规定，"经营性公路的收费标准，由省、自治区、直辖市人民政府交通主管部门会同同级价格主管部门审核后，报本级人民政府审查批准"，因此，该项目车辆通行费收费标准由政府批准确定。

(四)调价机制

在 PPP 项目合同中将设置合理的价格调整机制，防止过高或过低付费导致项目公司亏损或获得超额利润，有利于项目物有所值目标的实现。

1. 该项目约定合理投资回报率

该项目的合理投资回报率设定为：社会资本投入项目资本金部分的投资回报率(税后)以社会资本参与投标时承诺的合理投资回报率为准，但最高不超过 8%。

项目实际回报超过上限的部分归政府所有，或者政府就超额利润部分与项目公司进行分成，基本原则如下：

(1)项目实际回报大于社会资本参与投标时承诺的合理投资回报率且小于 8% 时，超出社会资本承诺合理投资回报率的收益部分由政府和社会资本双方按股权比例分成；项目实际回报在 8% 以上(含 8%)时，除超过社会资本承诺合理投资回报率与 8% 之间的收益部分由政府和社会资本双方按股权比例分成外，超出 8% 的收益部分全部归政府所有。

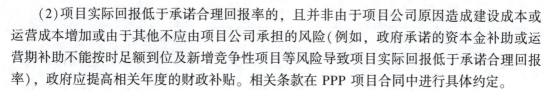

(2)项目实际回报低于承诺合理回报率的,且并非由于项目公司原因造成建设成本或运营成本增加或由于其他不应由项目公司承担的风险(例如,政府承诺的资本金补助或运营期补助不能按时足额到位及新增竞争性项目等风险导致项目实际回报低于承诺合理回报率),政府应提高相关年度的财政补贴。相关条款在 PPP 项目合同中进行具体约定。

2. 建立政府财政补贴动态调整机制

通过设定政府财政补贴动态调整公式来建立政府财政补贴与某些特定指标(如实际收费标准、实际交通量、合理投资回报率)之间的联动关系,在政府和社会资本之间合理分担交通量风险及其他业务收入风险。

3. 建立投资控制监管与激励机制

由于 PPP 项目承诺合理的投资回报,且该 PPP 项目采用"BOT+EPC"模式,项目公司对于控制项目建设投资和运营成本缺乏内部驱动力。因此,有必要设定投资控制的监管和激励机制,如交通运输主管部门对初步设计概算和施工图预算的审批监管,对项目公司建设成本和各年度运营成本的审计监管,并在 PPP 项目合同中约定项目实际投资的认定方法,以及项目投资发生节约或出现超支时的处理方法,避免在建设期和运营期内项目公司通过增加财务成本的方式而获得政府超额补贴。

4. 建立设计质量监控机制

由于该项目采用设计施工总承包模式,为保障项目能够达到预期的社会效益,政府加强对项目设计阶段的监管,充分发挥初步设计单位作为施工图设计审查单位的质量把控作用,施工图设计不得降低初步设计批复的质量安全标准,不得影响工程质量、耐久性和安全度。

5. 建立绩效监控机制

政府根据项目公司提供的项目是否达到合同约定的运营和养护标准来付费,并在此基础上根据项目公司的绩效设定相应的扣减机制。如果项目公司未能保证项目达到供公众使用的标准,政府将根据不达标公路项目的长度和数量以及不达标所持续的时间等,从应当支付给项目公司的费用(例如通行费收入的分配份额或者政府应该给予项目公司的财政补贴)中作相应扣减。相关条款在 PPP 项目合同中进行具体约定。

(五)绩效考核的方案及指标

在项目建设期和运营期内,陇南市人民政府通过建立有效的设计、施工和养护质量监控机制、投资控制监管与激励机制以及绩效评价体系等,对项目的绩效目标实现程度、运营管理、资金使用、公共服务质量、公众满意度等进行绩效评价。绩效评价结果依法对外公开,接受社会监督。根据评价结果,依据合同约定,对补贴等进行调整,激励社会资本通过管理创新、技术创新提高该项目的质量和效率。

该项目从全寿命周期成本出发,在明确该项目功能定位的基础上,建立了较为具体的指标控制与要求,同时设置了运营维护期绩效考核指标,并从不同的方面量化各个指标,如表 10-38 所示。

表 10-38　两徽高速公路运营绩效考核指标体系

一级指标		二级指标	
指标内容	权重（100）	指标内容	权重（100）
财务管理	35	运营收入	7
		管理费用	6
		运营成本	6
		维护成本	6
		利润总额	7
		预算管理	3
营运管理	30	运营征费管理	7
		路产路权管理	7
		维修养护管理	8
		经营开发管理	3
		政府及行业评价	5
顾客服务	15	道路畅通水平	3
		不可抗力及重大意外事故的应急预案	3
		公众满意度	3
		公共部门满意度	3
		投诉处理情况	3
生产管理	10	安全生产流程控制	3
		安全生产事故	4
		危险源识别	1
		安全生产意识及培训	2
行政管理	10	管理处建设	3
		人才队伍建设	2
		文化建设	3
		信息宣传	2

　　项目公司有义务保证所提供的服务符合相应的质量标准规定，依据相关的技术规范和标准，行业主管部门协同相关职能部门对项目的运营服务质量、设施运营维护情况等进行考核、评估，项目公司应全力配合相关部门的考核工作。

　　按照 PPP 合同的规定，项目实施机构及相关主管部门将针对项目公司所提供的道路养护、绿化管理、设施维护等不同服务内容分别制定考核标准，并对其运营服务质量进行考核。

三、主要风险分配框架

（一）项目风险分配原则

为保证 PPP 模式下政府和社会资本的双赢，按照"风险由最适宜的一方来承担"的原则，在政府方和项目公司之间合理分配风险。风险分配的基本原则如下：

（1）承担风险的一方能够将该风险合理转移（例如通过购买相应保险）。

（2）承担风险的一方对于控制该风险有更大的经济利益或动机。

（3）由该方承担该风险最有效率。

（4）如果风险最终发生，承担风险的一方不应将由此产生的费用和损失转移给合同相对方。

（二）风险分配基本方案

风险分配基本方案如表 10-39 所示。

表 10-39　风险分配基本方案

序号	风险种类		风险承担方	
			政府	社会资本
1	政策风险	征收征用和法律变更等	√	
		税率风险	√	
		利率风险	√	√
		收费标准发生变动的风险	√	
2	政府补偿风险	资本金补偿风险	√	
		运营期补偿风险	√	
		土地获取风险	√	
3	市场竞争风险	新增竞争性项目风险	√	
		交通量波动风险	√	√
4	项目审批风险		√	√
5	项目融资风险		√	
6	项目设计、建设和运营维护相关风险	按期完工风险		√
		设计、施工技术风险		√
		运营风险		√
		移交资产不达标的风险		√
7	自然不可抗力风险		√	√

四、合同体系及主要权利义务

PPP 项目的合同体系主要包括 PPP 项目合同、股东协议、履约合同（包括工程承包合同、运营服务合同）、融资合同和保险合同等。其中，PPP 项目合同是整个 PPP 项目合同体系的基础和核心。

(一)政府方权利

政府方除享有 PPP 合同约定的权利外，还享有以下权利：

(1)按照有关法律法规和政府管理的相关职能规定，行使政府监管的权力。

(2)按照项目所在地现行规定严格履行行政监督、行政执法、路政管理以及对项目沿线经营开发的行业管理工作。

(3)对社会资本方违反法律、法规、规章等的行为依法进行处理，对社会资本方违反合同约定的行为依法追究违约责任。

(4)按合同约定享有项目超额收益分享的权利。

(二)政府方义务

(1)按照国家及甘肃省有关法律及法规，在其权限和管辖范围内尽力协助投资人及时获得投资以及社会资本方进行项目融资贷款、设计、建设、运营、养护及管理所必需的批文；协助社会资本方办理项目相关核准手续，协调审批程序，以获得该项目所需的其他批准。

(2)政府方负责运营和养护连接项目的道路和其他基础设施，以保证通往项目的交通的高效和安全。

(3)政府方不应干预项目的正常实施，除非此种干预是为保护公共利益及安全所必需的，或是由法律、法规所赋予的权利。

(三)社会资本方权利

(1)有权对政府方未按照法律、法规以及合同约定履行义务的行为予以投诉、控告、申诉，对政府方违反合同约定的行为依法追究违约责任。

(2)有权对第三人侵害项目特许经营权的行为提起诉讼或仲裁。

(3)按项目合同约定实施项目，获得相应回报的权利。

(4)在特许经营期内，享受国家、甘肃省以及项目所在地、市给予的优惠政策。

(四)社会资本方义务

(1)按有关规定实行建设前、建设期间、竣工决算审计制度，接受并配合国家审计机关或交通运输主管部门的审计。

(2)严格执行项目法人责任制、项目资本金制、招标投标制、合同管理制、工程监理制等有关规定。

(3)严格执行国家规定的基本建设程序，不得违反或者擅自简化基本建设程序，严格执行公路建设行业的强制性标准、各类技术规范、标准及规程的要求。

(4)按照有关技术政策和技术规范要求，定期或经常性地对项目运行状况进行检测、检查和维护，使项目及其附属设施经常处于良好状态，并定期向甲方报送公路养护情况。

三、借鉴价值

(一)创新高速公路建设模式，实现建设运营一体化

传统的高速公路大多是由政府自行筹集资金或成立相应平台公司进行投资、建设、运营，无论政府还是平台公司都面临巨大的财务压力，并且也对建设速度、可持续性以及已

有基础设施建设的运营、维护等方面都提出了较大的挑战。PPP 模式的引进，可通过一定的激励及筛选机制吸引优质社会资本投入高速公路的建设，拓宽了高速公路的融资渠道，可加快甘肃地区高速公路的发展。

（二）采用"BOT+EPC"的模式，充分发挥市场配置资源的基础性作用，合理控制建设成本

在 PPP 建设模式下，根据交通运输部深化公路建设管理体制改革的若干意见要求，应在 PPP 项目实施过程中积极推行设计施工总承包建设模式。采用"BOT+EPC"模式可充分发挥市场在资源配置中的基础性作用，优化资源配置，这对建立与现代工程管理相适应的公路建设管理体系，减少招投标环节，提高工程质量和投资效益，严格落实项目全生命周期建设管理责任，都有非常重要的现实意义。

（三）成立公路建设基金，有利于缓解项目资金短缺问题

在目前采用"BOT+EPC"模式的项目中，大部分在运营初期存在资金缺口，社会资本方的早期配套风险较大，成为构建综合交通运输体系的瓶颈，若在前期有资金的支撑可在一定程度上缓解这一困境；其次，实践中，项目公司往往只能通过银行贷款缓解资金短缺的问题，融资方式单一，不利于项目公司的正常运营；最后，随着"一带一路"建设的推出，未来西部地区高速公路的建设规模将会有大规模的增长，拓宽高速公路建设的融资渠道，也能够大大激励社会资本投资建设西部地区高速公路的积极性，实现高速公路项目资金的良性循环。该项目中，甘肃省交通运输厅与中交基金共同发起设立甘肃交通投资基金，基金总规模为 400 亿元，甘肃两徽交通投资基金作为甘肃交通投资基金的首支项目基金，已向两徽高速公路项目成功投放基金 5 亿元。甘肃两徽交通投资基金的投放到位，一方面拓宽了高速公路建设的融资渠道，缓解了项目运营前期资金短缺的问题，另一方面也标志着甘肃省产业基金投资交通项目实现了零的突破，这对推进甘肃省交通投融资体制改革、加快 PPP 模式示范项目建设具有积极的作用。

（四）实施方案对合同框架进行深入研究，增加实施方案的可操作性，利于项目尽快落地

目前 PPP 项目落地周期长，落地率低，其中关键的原因之一在于项目前期工作不够细致，实施方案的编写较为粗糙，仅对项目大的方面进行了初步安排，项目实施的具体要求、程序、权利义务等政府和社会资本双方的约定在项目采购阶段进行，导致项目边界条件不清晰，经常需要通过后期漫长谈判解决分歧，项目合同签署难。

该项目实施方案中不仅罗列了项目合同体系，还将该项目的合同条款同时罗列在实施方案中，有助于社会资本能够充分了解该项目的建设运营条件和要求，有更多的时间理解PPP 项目合同内容，并根据自身条件判断项目投资的可行性；有助于缩短项目采购阶段合同起草和谈判的过程，促使项目尽快落地；同时也使项目信息更加公开，在边界条件明确的情况下，使项目能够充分竞争。

（五）合理设置回报机制，鼓励社会资本提高建设管理水平，激发项目运营潜力

该项目采用"使用者付费+可行性缺口补助"的回报机制，保障社会资本在运营过程中因实行政府定价较低或者交通量无法达到最低需求导致使用者付费无法覆盖项目的成本和合理收益时，仍然能够获得合理的投资回报。同时该合理投资回报的获得通过设置质量监控机制、投资控制监管以及绩效监管，可保证项目公司建设工程质量，实现运营期的各项标准。

通过对总投资的认定和项目设计施工的约束，确保项目工程质量；通过投资结余的分享机制［节余额度低于基准价3%以内（含3%）时，结余部分视为乙方收益］，鼓励社会资本提高建设管理水平；通过项目实际回报大于社会资本参与投标时承诺的合理投资回报率且小于8%时，超出社会资本承诺合理投资回报率的收益部分由政府和社会资本双方按股权比例分成以及项目的其他业务收入超过本合同约定的水平，社会资本和政府进行分成等安排，激发该项目的运营潜力。

（六）项目财务评价详尽，合理揭示项目运营风险，设计合理的补贴调整机制

PPP项目的财务分析是项目实施方案中重要的组成部分。财务分析评价结果的合理性和准确性影响着项目实施方案的具体安排，以及政府和社会资本对项目的判断。

该项目根据实际情况，用两种可行的项目资本金配置方案进行各项测算。同时结合类似项目经验和历史数据，选取重要的经济数据和参数，分析部分不确定因素对项目财务数据和参数的影响，根据项目全生命周期内的经济发展趋势，充分考虑对项目经济效益影响大的经济数据和参数的变动趋势，对项目运营成本以及可能的补贴金额进行预测，并且对影响项目收益和政府补贴的交通量和运营成本等重要参数进行敏感性分析，揭示项目风险并制定了合理的补贴调整机制，有助于项目运营过程中的实际政府补贴的确定。

本章小结

项目可行性研究的任务就是通过对拟建项目进行投资方案规划、工程技术论证、经济效益的预测和分析，经过对各方案的比较和评价，为项目决策提供可靠的依据和可行的建议。

可行性研究的内容随着建设项目的行业不同而有所差别。不同的行业虽各有侧重，但都要解决好建设的必要性、技术的可行性和经济的合理性问题，特别是在当前双碳目标下，项目的可持续发展评价也必不可少。

可行性研究报告的撰写要满足以下条件：第一，要明确研究的目标和范围，对研究的背景、目的、方法、内容等进行详细的描述和说明。第二，要全面收集和整理与研究项目有关的各种信息和数据，包括市场调查、技术分析、财务分析、风险评估等。第三，要进行合理分析，通过对收集到的信息和数据进行分析、比较、评估，得出相应的结论和建议。第四，编写可行性研究报告需要具备相关的专业知识和技能，同时要遵循相应的规范和标准，例如格式、结构、语言的规范等。第五，撰写要客观、公正和真实，报告中所引用的一些重要数据一定要有出处和依据，不得歪曲事实、虚构数据或夸大结论。

当然，可行性研究报告不一定按照模板固定的顺序写，可以根据项目的情况灵活处理。小型项目的可行性研究，只要满足决策需要，其内容可以从简。

关键名词

工程项目可行性　Feasibility of Engineering Project
技术引进项目可行性　Feasibility of Technology Introduction Project
学校项目可行性　Feasibility of School Project
PPP 项目可行性　Feasibility of Public-Private Partnership Project

思考题

1. 对一般工业项目而言，项目的可行性研究应该包括哪些主要内容？

2. 基本建设项目是从无到有，技术改造则一般偏重于从旧到新，或在原有的基础上扩大生产能力。请结合本章的建设项目和技术改造项目，分析技术改造项目和基本建设项目的可行性研究报告在撰写时有哪些不同。

3. 请结合本章技术引进项目和技术改造项目的可行性案例，分析两者可行性研究报告的内容差异。

4. 请结合本章"某信息职业技术学院项目经济可行性研究与分析"和"某建材基地工程一期沥青混凝土工程项目可行性分析"，分析在撰写可行性研究报告过程中怎样视项目情况灵活处理报告内容。

5. 试比较 PPP 项目与一般工业项目在撰写可行性研究报告时的异同。

本章实训

一、实训目的

1. 了解不同项目的可行性研究报告的撰写特点。
2. 通过相关案例，掌握项目可行性研究报告的撰写结构和内容设计。
3. 锻炼分析材料、团队合作、个人表达等能力。

二、实训内容

将班级学生分为六个小组，每组学生负责做本章相关案例的讲解，可以通过视频、文字、图片等方式进行讲解，最终全班讨论案例所反映的项目特点及可行性分析报告在撰写时的注意事项。小组实训作业如表 10-40 所示。

表 10-40　小组实训作业

团队名称		组长		成员	
小组选择的项目					
项目类型					
该可行性报告的结构和内容					

续表

团队名称		组长		成员	
该可行性报告的主要优点					
该可行性报告存在的不足					
学习和借鉴之处					

三、实训组织

1. 指导教师布置或学生自选实训项目，提示相关注意事项及要点。

2. 将班级学生划分为六组，小组成员可自由组合。小组人数划分视班级总人数而定，每组选出组长一名。

3. 以小组为单位，通过阅读本章案例材料，小组内部先充分展开讨论。讨论时间长度可视情况而定，课堂讨论或课外讨论均可。

4. 各小组在班级进行讲解，每组讲解时间以不超过15分钟为宜。

四、实训步骤

1. 指导教师布置任务，指出实训要点、难点和注意事项。小组讲解PPT或文字材料可以附在表10-40后面。

2. 讲解之前，小组发言代表对本组成员贡献或者角色进行介绍。讲解结束后，小组发言代表陈述本小组的研究方案或结论。其间允许并鼓励其他同学提问，小组发言代表及该组成员有义务作出解答。

3. 由各组组长组成评审团，对各组讲解进行评分。其中，讲解内容自述为30分，小组发言代表语言表达及台风展现能力为10分，小组回答协作应变能力为10分。每个评审团成员分别给各组评分，取平均值作为该组的评审评分。

4. 教师进行最后总结及点评，并为各组实训结果打分。教师评分满分为50分。

5. 各组的评审评分加上教师的总结评分作为该组最终得分，对于得分最高的小组，适当进行鼓励或奖励。

附 录 复利系数表

 复利系数表(全)

$$i=2\%$$

年限 n/年	一次支付 终值系数 （F/P，i，n）	一次支付 现值系数 （P/F，i，n）	等额系列 终值系数 （F/A，i，n）	偿债基金 系数 （A/F，i，n）	资金回收 系数 （A/P，i，n）	等额系列 现值系数 （P/A，i，n）
1	1.020 0	0.980 4	1.000 0	1.000 0	1.020 0	0.980 4
2	1.040 4	0.961 2	2.020 0	0.495 0	0.515 0	1.941 6
3	1.061 2	0.942 3	3.060 4	0.326 8	0.346 8	2.883 9
4	1.082 4	0.923 8	4.121 6	0.242 6	0.262 6	3.807 7
5	1.104 1	0.905 7	5.204 0	0.192 2	0.212 2	4.713 5
6	1.126 2	0.888 0	6.308 1	0.158 5	0.178 5	5.601 4
7	1.148 7	0.870 6	7.434 3	0.134 5	0.154 5	6.472 0
8	1.171 7	0.853 5	8.583 0	0.116 5	0.136 5	7.325 5
9	1.195 1	0.836 8	9.754 6	0.102 5	0.122 5	8.162 2
10	1.219 0	0.820 3	10.949 7	0.091 3	0.111 3	8.982 6
11	1.243 4	0.804 3	12.168 7	0.082 2	0.102 2	9.786 8
12	1.268 2	0.788 5	13.412 1	0.074 6	0.094 6	10.575 3
13	1.293 6	0.773 0	14.680 3	0.068 1	0.088 1	11.348 4
14	1.319 5	0.757 9	15.973 9	0.062 6	0.082 6	12.106 2
15	1.345 9	0.743 0	17.293 4	0.058 7	0.077 8	12.849 3
16	1.372 8	0.728 4	18.639 3	0.053 7	0.073 7	13.577 7

年限 n/年	一次支付终值系数 (F/P, i, n)	一次支付现值系数 (P/F, i, n)	等额系列终值系数 (F/A, i, n)	偿债基金系数 (A/F, i, n)	资金回收系数 (A/P, i, n)	等额系列现值系数 (P/A, i, n)
17	1.400 2	0.714 2	20.012 1	0.050 0	0.070 0	14.291 9
18	1.428 2	0.700 2	21.412 3	0.046 7	0.066 7	14.992 0
19	1.456 8	0.686 4	22.840 6	0.043 8	0.063 8	15.678 5
20	1.485 9	0.673 0	24.297 4	0.041 2	0.061 2	16.351 4
21	1.515 7	0.659 8	25.783 3	0.038 8	0.058 8	17.011 2
22	1.546 0	0.646 8	27.299 0	0.036 6	0.056 6	17.658 0
23	1.576 9	0.634 2	28.845 0	0.034 7	0.054 7	18.292 2
24	1.608 4	0.621 7	30.421 9	0.032 9	0.052 9	18.913 9
25	1.640 6	0.609 5	32.030 3	0.031 2	0.051 2	19.523 5
26	1.673 4	0.597 6	33.670 9	0.029 7	0.049 7	20.121 0
27	1.706 9	0.585 9	35.344 3	0.028 3	0.048 3	20.706 9
28	1.741 0	0.574 4	37.051 2	0.027 0	0.047 0	21.281 3
29	1.775 8	0.563 1	38.792 2	0.025 8	0.045 8	21.844 4
30	1.811 4	0.552 1	40.568 1	0.024 6	0.044 6	22.396 5

$i = 3\%$

年限 n/年	一次支付终值系数 (F/P, i, n)	一次支付现值系数 (P/F, i, n)	等额系列终值系数 (F/A, i, n)	偿债基金系数 (A/F, i, n)	资金回收系数 (A/P, i, n)	等额系列现值系数 (P/A, i, n)
1	1.030 0	0.970 9	1.000 0	1.000 0	1.030 0	0.970 9
2	1.060 9	0.942 6	2.030 0	0.492 6	0.522 6	1.913 5
3	1.092 7	0.915 1	3.090 9	0.323 5	0.353 5	2.828 6
4	1.125 5	0.888 5	4.183 6	0.239 0	0.269 0	3.717 1
5	1.159 3	0.862 6	5.309 1	0.188 4	0.218 4	4.579 7
6	1.194 1	0.837 5	6.468 4	0.154 6	0.184 6	5.417 2
7	1.229 9	0.813 1	7.662 5	0.130 5	0.160 5	6.230 3
8	1.266 8	0.789 4	8.892 3	0.112 5	0.142 5	7.019 7
9	1.304 8	0.766 4	10.159 1	0.098 4	0.128 4	7.786 1
10	1.343 9	0.744 1	11.463 9	0.087 2	0.117 2	8.530 2
11	1.384 2	0.722 4	12.807 8	0.078 1	0.108 1	9.252 6
12	1.425 8	0.701 4	14.192 0	0.070 5	0.100 5	9.954 0
13	1.468 5	0.681 0	15.617 8	0.064 0	0.094 0	10.635 0
14	1.512 6	0.661 1	17.086 3	0.058 5	0.088 5	11.296 1

续表

年限 n/年	一次支付终值系数 (F/P, i, n)	一次支付现值系数 (P/F, i, n)	等额系列终值系数 (F/A, i, n)	偿债基金系数 (A/F, i, n)	资金回收系数 (A/P, i, n)	等额系列现值系数 (P/A, i, n)
15	1.558 0	0.641 9	18.598 9	0.053 8	0.083 8	11.937 9
16	1.604 7	0.623 2	20.156 9	0.049 6	0.079 6	12.561 1
17	1.652 8	0.605 0	21.761 6	0.046 0	0.076 0	13.166 1
18	1.702 4	0.587 4	23.414 4	0.042 7	0.072 7	13.753 5
19	1.753 5	0.570 3	25.116 9	0.039 8	0.069 8	14.323 8
20	1.806 1	0.553 7	26.870 4	0.037 2	0.067 2	14.877 5
21	1.860 3	0.537 5	28.676 5	0.034 9	0.064 9	15.415 0
22	1.916 1	0.521 9	30.536 8	0.032 7	0.062 7	15.936 9
23	1.973 6	0.506 7	32.452 9	0.030 8	0.060 8	16.443 6
24	2.032 8	0.491 9	34.426 5	0.029 0	0.059 0	16.935 5
25	2.093 8	0.477 6	36.459 3	0.027 4	0.057 4	17.413 1
26	2.156 6	0.463 7	38.553 0	0.025 9	0.055 9	17.876 8
27	2.221 3	0.450 2	40.709 6	0.024 6	0.054 6	18.327 0
28	2.287 9	0.437 1	42.930 9	0.023 3	0.053 3	18.764 1
29	2.356 6	0.424 3	45.218 9	0.022 1	0.052 1	19.188 5
30	2.427 3	0.412 0	47.575 4	0.021 0	0.051 0	19.600 4

$i=5\%$

年限 n/年	一次支付终值系数 (F/P, i, n)	一次支付现值系数 (P/F, i, n)	等额系列终值系数 (F/A, i, n)	偿债基金系数 (A/F, i, n)	资金回收系数 (A/P, i, n)	等额系列现值系数 (P/A, i, n)
1	1.050 0	0.952 4	1.000 0	1.000 0	1.050 0	0.952 4
2	1.102 5	0.907 0	2.050 0	0.487 8	0.537 8	1.859 4
3	1.157 6	0.863 8	3.152 5	0.317 2	0.367 2	2.723 2
4	1.215 5	0.822 7	4.310 1	0.232 0	0.282 0	3.546 0
5	1.276 3	0.783 5	5.525 6	0.181 0	0.231 0	4.329 5
6	1.340 1	0.746 2	6.801 9	0.147 0	0.197 0	5.075 7
7	1.407 1	0.710 7	8.142 0	0.122 8	0.172 8	5.786 4
8	1.477 5	0.676 8	9.549 1	0.104 7	0.154 7	6.463 2
9	1.551 3	0.644 6	11.026 6	0.090 7	0.140 7	7.107 8
10	1.628 9	0.613 9	12.577 9	0.079 5	0.129 5	7.721 7
11	1.710 3	0.584 7	14.206 8	0.070 4	0.120 4	8.306 4

续表

年限 n/年	一次支付 终值系数 ($F/P, i, n$)	一次支付 现值系数 ($P/F, i, n$)	等额系列 终值系数 ($F/A, i, n$)	偿债基金 系数 ($A/F, i, n$)	资金回收 系数 ($A/P, i, n$)	等额系列 现值系数 ($P/A, i, n$)
12	1.795 9	0.556 8	15.917 1	0.062 8	0.112 8	8.863 3
13	1.885 6	0.530 3	17.713 0	0.056 5	0.106 5	9.393 6
14	1.979 9	0.505 1	19.598 6	0.051 0	0.101 0	9.898 6
15	2.078 9	0.481 0	21.578 6	0.046 3	0.096 3	10.379 7
16	2.182 9	0.458 1	23.657 5	0.042 3	0.092 3	10.837 8
17	2.292 0	0.436 3	25.840 4	0.038 7	0.088 7	11.274 1
18	2.406 6	0.415 5	28.132 4	0.035 5	0.085 5	11.689 6
19	2.527 0	0.395 7	30.539 0	0.032 7	0.082 7	12.085 3
20	2.653 3	0.376 9	33.066 0	0.030 2	0.080 2	12.462 2
21	2.786 0	0.358 9	35.719 3	0.028 0	0.078 0	12.821 2
22	2.925 3	0.341 8	38.505 2	0.026 0	0.076 0	13.163 0
23	3.071 5	0.325 6	41.430 5	0.024 1	0.074 1	13.488 6
24	3.225 1	0.310 1	44.502 0	0.022 5	0.072 5	13.798 6
25	3.386 4	0.295 3	47.727 1	0.021 0	0.071 0	14.093 9
26	3.555 7	0.281 2	51.113 5	0.019 6	0.069 6	14.375 2
27	3.733 5	0.267 8	54.669 1	0.018 3	0.068 3	14.643 0
28	3.920 1	0.255 1	58.402 6	0.017 1	0.067 1	14.898 1
29	4.116 1	0.242 9	62.322 7	0.016 0	0.066 0	15.141 1
30	4.321 9	0.231 4	66.438 8	0.015 1	0.065 1	15.372 5

$$i = 10\%$$

年限 n/年	一次支付 终值系数 ($F/P, i, n$)	一次支付 现值系数 ($P/F, i, n$)	等额系列 终值系数 ($F/A, i, n$)	偿债基金 系数 ($A/F, i, n$)	资金回收 系数 ($A/P, i, n$)	等额系列 现值系数 ($P/A, i, n$)
1	1.100 0	0.909 1	1.000 0	1.000 0	1.100 0	0.909 1
2	1.210 0	0.826 4	2.100 0	0.476 2	0.576 2	1.735 5
3	1.331 0	0.751 3	3.310 0	0.302 1	0.402 1	2.486 9
4	1.464 1	0.683 0	4.641 0	0.215 5	0.315 5	3.169 9
5	1.610 5	0.620 9	6.105 1	0.163 8	0.263 8	3.790 8
6	1.771 6	0.564 5	7.715 6	0.129 6	0.229 6	4.355 3
7	1.948 7	0.513 2	9.487 2	0.105 4	0.205 4	4.868 4
8	2.143 6	0.466 5	11.435 9	0.087 4	0.187 4	5.334 9

续表

年限 n/年	一次支付终值系数 $(F/P, i, n)$	一次支付现值系数 $(P/F, i, n)$	等额系列终值系数 $(F/A, i, n)$	偿债基金系数 $(A/F, i, n)$	资金回收系数 $(A/P, i, n)$	等额系列现值系数 $(P/A, i, n)$
9	2.357 9	0.424 1	13.579 5	0.073 6	0.173 6	5.759 0
10	2.593 7	0.385 5	15.937 4	0.062 7	0.162 7	6.144 6
11	2.853 1	0.350 5	18.531 2	0.054 0	0.154 0	6.495 1
12	3.138 4	0.318 6	21.384 3	0.046 8	0.146 8	6.813 7
13	3.452 3	0.289 7	24.522 7	0.040 8	0.140 8	7.103 4
14	3.797 5	0.263 3	27.975 0	0.035 7	0.135 7	7.366 7
15	4.177 2	0.239 4	31.772 5	0.031 5	0.131 5	7.606 1
16	4.595 0	0.217 6	35.949 7	0.027 8	0.127 8	7.823 7
17	5.054 5	0.197 8	40.544 7	0.024 7	0.124 7	8.021 6
18	5.559 9	0.179 9	45.599 2	0.021 9	0.121 9	8.201 4
19	6.115 9	0.163 5	51.159 1	0.019 5	0.119 5	8.364 9
20	6.727 5	0.148 6	57.275 0	0.017 5	0.117 5	8.513 6
21	7.400 2	0.135 1	64.002 5	0.015 6	0.115 6	8.648 7
22	8.140 3	0.122 8	71.402 7	0.014 0	0.114 0	8.771 5
23	8.954 3	0.111 7	79.543 0	0.012 6	0.112 6	8.883 2
24	9.849 7	0.101 5	88.497 3	0.011 30	0.111 3	8.984 7
25	10.834 7	0.092 3	98.347 1	0.010 20	0.110 2	9.077 0
26	11.918 2	0.083 9	109.181 8	0.009 2	0.109 2	9.160 9
27	13.110 0	0.076 3	121.099 9	0.008 3	0.108 3	9.237 2
28	14.421 0	0.069 3	134.209 9	0.007 5	0.107 5	9.306 6
29	15.863 1	0.063 0	148.630 9	0.006 7	0.106 7	9.369 6
30	17.449 4	0.057 3	164.494 0	0.006 1	0.106 1	9.426 9

$i=12\%$

年限 n/年	一次支付终值系数 $(F/P, i, n)$	一次支付现值系数 $(P/F, i, n)$	等额系列终值系数 $(F/A, i, n)$	偿债基金系数 $(A/F, i, n)$	资金回收系数 $(A/P, i, n)$	等额系列现值系数 $(P/A, i, n)$
1	1.120 0	0.892 9	1.000 0	1.000 0	1.120 0	0.892 9
2	1.254 4	0.797 2	2.120 0	0.471 7	0.591 7	1.690 1
3	1.404 9	0.711 8	3.374 4	0.296 3	0.416 3	2.401 8
4	1.573 5	0.635 5	4.779 3	0.209 2	0.329 2	3.037 3
5	1.762 3	0.567 4	6.352 8	0.157 4	0.277 4	3.604 8

年限 n/年	一次支付终值系数 $(F/P, i, n)$	一次支付现值系数 $(P/F, i, n)$	等额系列终值系数 $(F/A, i, n)$	偿债基金系数 $(A/F, i, n)$	资金回收系数 $(A/P, i, n)$	等额系列现值系数 $(P/A, i, n)$
6	1.973 8	0.506 6	8.115 2	0.123 2	0.243 2	4.111 4
7	2.210 7	0.452 3	10.089 0	0.099 1	0.219 1	4.563 8
8	2.476 0	0.403 9	12.299 7	0.081 3	0.201 3	4.967 6
9	2.773 1	0.360 6	14.775 7	0.067 7	0.187 7	5.328 2
10	3.105 8	0.322 0	17.548 7	0.057 0	0.177 0	5.650 2
11	3.478 5	0.287 5	20.654 6	0.048 4	0.168 4	5.937 7
12	3.896 0	0.256 7	24.133 1	0.041 4	0.161 4	6.194 4
13	4.363 5	0.229 2	28.029 1	0.035 7	0.155 7	6.423 5
14	4.887 1	0.204 6	32.392 6	0.030 9	0.150 9	6.628 2
15	5.473 6	0.182 7	37.279 7	0.026 8	0.146 8	6.810 9
16	6.130 4	0.163 1	42.753 3	0.023 4	0.143 4	6.974 0
17	6.866 0	0.145 6	48.883 7	0.020 5	0.140 5	7.119 6
18	7.690 0	0.130 0	55.749 7	0.017 9	0.137 9	7.249 7
19	8.612 8	0.116 1	63.439 7	0.015 8	0.135 8	7.365 8
20	9.646 3	0.103 7	72.052 4	0.013 9	0.133 9	7.469 4
21	10.803 8	0.092 6	81.698 7	0.012 2	0.132 2	7.562 0
22	12.100 3	0.082 6	92.502 6	0.010 8	0.130 8	7.644 6
23	13.552 3	0.073 8	104.602 9	0.009 6	0.129 6	7.718 4
24	15.178 6	0.065 9	118.155 2	0.008 5	0.128 5	7.784 3
25	17.000 1	0.058 8	133.333 9	0.007 5	0.127 5	7.843 1
26	19.040 1	0.052 5	150.333 9	0.006 7	0.126 7	7.895 7
27	21.324 9	0.046 9	169.374 0	0.005 9	0.125 9	7.942 6
28	23.883 9	0.041 9	190.698 9	0.005 2	0.125 2	7.984 4
29	26.749 9	0.037 4	214.582 8	0.004 7	0.124 7	8.021 8
30	29.959 9	0.033 4	241.332 7	0.004 1	0.124 1	8.055 2

$i=15\%$

年限 n/年	一次支付终值系数 $(F/P, i, n)$	一次支付现值系数 $(P/F, i, n)$	等额系列终值系数 $(F/A, i, n)$	偿债基金系数 $(A/F, i, n)$	资金回收系数 $(A/P, i, n)$	等额系列现值系数 $(P/A, i, n)$
1	1.150 0	0.869 6	1.000 0	1.000 0	1.150 0	0.869 6
2	1.322 5	0.756 1	2.150 0	0.465 1	0.615 1	1.625 7
3	1.520 9	0.657 5	3.472 5	0.288 0	0.438 0	2.283 2
4	1.749 0	0.571 8	4.993 4	0.200 3	0.350 3	2.855 0

续表

年限 n/年	一次支付 终值系数 (F/P, i, n)	一次支付 现值系数 (P/F, i, n)	等额系列 终值系数 (F/A, i, n)	偿债基金 系数 (A/F, i, n)	资金回收 系数 (A/P, i, n)	等额系列 现值系数 (P/A, i, n)
5	2.011 4	0.497 2	6.742 4	0.148 3	0.298 3	3.352 2
6	2.313 1	0.432 3	8.753 7	0.114 2	0.264 2	3.784 5
7	2.660 0	0.375 9	11.066 8	0.090 4	0.240 4	4.160 4
8	3.059 0	0.326 9	13.726 8	0.072 9	0.222 9	4.487 3
9	3.517 9	0.284 3	16.785 8	0.059 6	0.209 6	4.771 6
10	4.045 6	0.247 2	20.303 7	0.049 3	0.199 3	5.018 8
11	4.652 4	0.214 9	24.349 3	0.041 1	0.191 1	5.233 7
12	5.350 3	0.186 9	29.001 7	0.034 5	0.184 5	5.420 6
13	6.152 8	0.162 5	34.351 9	0.029 1	0.179 1	5.583 1
14	7.075 7	0.141 3	40.504 7	0.024 7	0.174 7	5.724 5
15	8.137 1	0.122 9	47.580 4	0.021 0	0.171 0	5.847 4
16	9.357 6	0.106 9	55.717 5	0.017 9	0.167 9	5.954 2
17	10.761 3	0.092 9	65.075 1	0.015 4	0.165 4	6.047 2
18	12.375 5	0.080 8	75.836 4	0.013 2	0.163 2	6.128 0
19	14.231 8	0.070 3	88.211 8	0.011 3	0.161 3	6.198 2
20	16.366 5	0.061 1	102.443 6	0.009 8	0.159 8	6.259 3
21	18.821 5	0.053 1	118.810 1	0.008 4	0.158 4	6.312 5
22	21.644 7	0.046 2	137.631 6	0.007 3	0.157 3	6.358 7
23	24.891 5	0.040 2	159.276 4	0.006 3	0.156 3	6.398 8
24	28.625 2	0.034 9	184.167 8	0.005 4	0.155 4	6.433 8
25	32.919 0	0.030 4	212.793 0	0.004 7	0.154 7	6.464 1
26	37.856 8	0.026 4	245.712 0	0.004 1	0.154 1	6.490 6
27	43.535 3	0.023 0	283.568 8	0.003 5	0.153 5	6.513 5
28	50.065 6	0.020 0	327.104 1	0.003 1	0.153 1	6.533 5
29	57.575 5	0.017 4	377.169 7	0.002 7	0.152 7	6.550 9
30	66.211 8	0.015 1	434.745 1	0.002 3	0.152 3	6.566 0

$i = 20\%$

年限 n/年	一次支付 终值系数 (F/P, i, n)	一次支付 现值系数 (P/F, i, n)	等额系列 终值系数 (F/A, i, n)	偿债基金 系数 (A/F, i, n)	资金回收 系数 (A/P, i, n)	等额系列 现值系数 (P/A, i, n)
1	1.200 0	0.833 3	1.000 0	1.000 0	1.200 0	0.833 3

续表

年限 n/年	一次支付终值系数 $(F/P, i, n)$	一次支付现值系数 $(P/F, i, n)$	等额系列终值系数 $(F/A, i, n)$	偿债基金系数 $(A/F, i, n)$	资金回收系数 $(A/P, i, n)$	等额系列现值系数 $(P/A, i, n)$
2	1.440 0	0.694 4	2.200 0	0.454 5	0.654 5	1.527 8
3	1.728 0	0.578 7	3.640 0	0.274 7	0.474 7	2.106 5
4	2.073 6	0.482 3	5.368 0	0.186 3	0.386 3	2.588 7
5	2.488 3	0.401 9	7.441 6	0.134 4	0.334 4	2.990 6
6	2.986 0	0.334 9	9.929 9	0.100 7	0.300 7	3.325 5
7	3.583 2	0.279 1	12.915 9	0.077 4	0.277 4	3.604 6
8	4.299 8	0.232 6	16.499 1	0.060 6	0.260 6	3.837 2
9	5.159 8	0.193 8	20.798 9	0.048 1	0.248 1	4.031 0
10	6.191 7	0.161 5	25.958 7	0.038 5	0.238 5	4.192 5
11	7.430 1	0.134 6	32.150 4	0.031 1	0.231 1	4.327 1
12	8.916 1	0.112 2	39.580 5	0.025 3	0.225 3	4.439 2
13	10.699 3	0.093 5	48.496 6	0.020 6	0.220 6	4.532 7
14	12.839 2	0.077 9	59.195 9	0.016 9	0.216 9	4.610 6
15	15.407 0	0.064 9	72.035 1	0.013 9	0.213 9	4.675 5
16	18.488 4	0.054 1	87.442 1	0.011 4	0.211 4	4.729 6
17	22.186 1	0.045 1	105.930 6	0.009 4	0.209 4	4.774 6
18	26.623 3	0.037 6	128.116 7	0.007 8	0.207 8	4.812 2
19	31.948 0	0.031 3	154.740 0	0.006 5	0.206 5	4.843 5
20	38.337 6	0.026 1	186.688 0	0.005 4	0.205 4	4.869 6
21	46.005 1	0.021 7	225.025 6	0.004 4	0.204 4	4.891 3
22	55.206 1	0.018 1	271.030 7	0.003 7	0.203 7	4.909 4
23	66.247 4	0.015 1	326.236 9	0.003 1	0.203 1	4.924 5
24	79.496 8	0.012 6	392.484 2	0.002 5	0.202 5	4.937 1
25	95.396 2	0.010 5	471.981 1	0.002 1	0.202 1	4.947 6
26	114.475 5	0.008 7	567.377 3	0.001 8	0.201 8	4.956 3
27	137.370 6	0.007 3	681.852 8	0.001 5	0.201 5	4.963 6
28	164.844 7	0.006 1	819.223 3	0.001 2	0.201 2	4.969 7
29	197.813 6	0.005 1	984.068 0	0.001 0	0.201 0	4.974 7
30	237.376 3	0.004 2	1 181.881 6	0.000 8	0.200 8	4.978 9

$i = 25\%$

年限 n/年	一次支付 终值系数 $(F/P, i, n)$	一次支付 现值系数 $(P/F, i, n)$	等额系列 终值系数 $(F/A, i, n)$	偿债基金 系数 $(A/F, i, n)$	资金回收 系数 $(A/P, i, n)$	等额系列 现值系数 $(P/A, i, n)$
1	1.250 0	0.80 0	1.000 0	1.000 0	1.250 0	0.800 0
2	1.562 5	0.64 0	2.250 0	0.444 4	0.694 4	1.440 0
3	1.953 1	0.512 0	3.812 5	0.262 3	0.512 3	1.952 0
4	2.441 4	0.409 6	5.765 6	0.173 4	0.423 4	2.361 6
5	3.051 8	0.327 7	8.207 0	0.121 8	0.371 8	2.689 3
6	3.814 7	0.262 1	11.258 8	0.088 8	0.338 8	2.951 4
7	4.768 4	0.209 7	15.073 5	0.066 3	0.316 3	3.161 1
8	5.960 5	0.167 8	19.841 9	0.050 4	0.300 4	3.328 9
9	7.450 6	0.134 2	25.802 3	0.038 8	0.288 8	3.463 1
10	9.313 2	0.107 4	33.252 9	0.030 1	0.280 1	3.570 5
11	11.641 5	0.085 9	42.566 1	0.023 5	0.273 5	3.656 4
12	14.551 9	0.068 7	54.207 7	0.018 4	0.268 4	3.725 1
13	18.189 9	0.055 0	68.759 6	0.014 5	0.264 5	3.780 1
14	22.737 4	0.044 0	86.949 5	0.011 5	0.261 5	3.824 1
15	28.421 7	0.035 2	109.686 8	0.009 1	0.259 1	3.859 3
16	35.527 1	0.028 1	138.108 5	0.007 2	0.257 2	3.887 4
17	44.408 9	0.022 5	173.635 7	0.005 8	0.255 8	3.909 9
18	55.511 2	0.018 0	218.044 6	0.004 6	0.254 6	3.927 9
19	69.388 9	0.014 4	273.555 8	0.003 7	0.253 7	3.942 4
20	86.736 2	0.011 5	342.944 7	0.002 9	0.252 9	3.953 9
21	108.420 2	0.009 2	429.680 9	0.002 3	0.252 3	3.963 1
22	135.525 3	0.007 4	538.101 1	0.001 9	0.251 9	3.970 5
23	169.406 6	0.005 9	673.626 4	0.001 5	0.251 5	3.976 4
24	211.758 2	0.004 7	843.032 9	0.001 2	0.251 2	3.981 1
25	264.697 8	0.003 8	1 054.791 2	0.000 9	0.250 9	3.984 9
26	330.872 2	0.003 0	1 319.489 0	0.000 8	0.250 8	3.987 9
27	413.590 3	0.002 4	1 650.361 2	0.000 6	0.250 6	3.990 3
28	516.987 9	0.001 9	2 063.951 5	0.000 5	0.250 5	3.992 3
29	646.234 9	0.001 5	2 580.939 4	0.000 4	0.250 4	3.993 8
30	807.793 6	0.001 2	3 227.174 3	0.000 3	0.250 3	3.995 0

参考文献

[1]虞晓芬,龚建立,张化尧. 技术经济学概论[M]. 5版. 北京:高等教育出版社,2018.

[2]吴添祖. 技术经济学概论[M]. 3版. 北京:高等教育出版社,2011.

[3]刘晓君. 技术经济学[M]. 北京:高等教育出版社,2014.

[4]陈立文,陈敬武. 技术经济学概论[M]. 3版. 北京:机械工业出版社,2023.

[5]雷家骕,程源,杨湘玉. 技术经济学的基础理论与方法[M]. 北京:高等教育出版社,2005.

[6]傅家骥,全允桓. 工业技术经济学[M]. 北京:清华大学出版社,1996.

[7]刘秋华. 技术经济学[M]. 4版. 北京:机械工业出版社,2022.

[8]祝尔娟. 技术创新[M]. 天津:天津人民出版社,2001.

[9]徐霞,叶彩霞,崔未合. 建设项目可行性研究与申请报告案例与分析[M]. 化学工业出版社,2008.

[10]许荫桐. 水利工程可行性研究[M]. 北京:水利电力出版社,1987.

[11]玄龙范. 工业项目可行性研究[M]. 延吉:延边大学出版社,1988.

[12]武春友. 技术引进项目可行性研究[M]. 北京:中国经济出版社,1988.

[13]王维才,戴淑芬,肖玉新. 投资项目可行性分析与项目管理[M]. 北京:冶金工业出版社,2000.

[14]陆兆华,王允光,黄献耐. 技术改造可行性研究[M]. 南宁:广西教育出版社,1990.

[15]邹和福. 引进技术可行性研究[M]. 成都:四川科学技术出版社,1985.

[16]范自立,汪万昌,邱良辉. 可行性研究入门[M]. 长沙:湖南人民出版社,1988.

[17]唐守山. 可行性研究[M]. 沈阳:辽宁人民出版社,1983.

[18]银路. 技术创新战略[M]. 北京:清华大学出版社,2022.

[19]陈劲. 技术创新管理方法[M]. 北京:清华大学出版社,2006.

[20]李宇,高良谋. 技术创新管理[M]. 北京:清华大学出版社,2016.

[21]王松江,王敏正. PPP项目管理[M]. 昆明:云南科技出版社,2007.

[22]李红镝. 可行性研究原理与方法[M]. 成都:电子科技大学出版社,2005.

[23]刘进宝,王明吉. 企业投资项目可行性研究[M]. 北京:中国农业出版社,1997.

[24]王应明. 技术经济学[M]. 北京:中国经济出版社,1998.

[25]孔国强. 技术经济学[M]. 北京:北京邮电学院出版社,1989.

[26]肖鹏. 技术经济学[M]. 北京:对外经济贸易大学出版社,2013.

[27]刘家顺,史宝娟. 技术经济学[M]. 北京:中国铁道出版社,2010.

[28]陈迅. 技术经济学[M]. 重庆:重庆大学出版社,2010.

[29]杨玉相,孙建强. 技术经济学[M]. 青岛:青岛海洋大学出版社,1994.

[30]李定鋆. 技术经济学[M]. 上海：上海交通大学出版社，1992.

[31]许本忠，齐瑜. 技术经济学[M]. 济南：山东人民出版社，1995.

[32]杜学钧，陈明高. 技术经济学[M]. 武汉：武汉工业大学出版社，1990.

[33]杨季美，等. 技术经济学[M]. 北京：中国铁道出版社，1994.

[34]黄世怀. 技术经济学[M]. 成都：成都科技出版社，1994.

[35]胡骥. 技术经济学[M]. 成都：西南交通大学出版社，2015.

[36]盛绪美，萧国泉. 技术经济学[M]. 北京：中国水力水电出版社，1992.

[37]孙陶生. 技术经济学[M]. 郑州：河南人民出版社，2006.

[38]黄正毓，金春林. 技术经济学[M]. 上海：同济大学出版社，1993.

[39]张金锁. 技术经济学[M]. 北京：中国经济出版社，1993.

[40]陶树人，等. 技术经济学[M]. 北京：石油工业出版社，2003.

[41]赵维双. 技术经济学[M]. 北京：兵器工业出版社，2005.

[42]朱家才. 技术经济学[M]. 成都：四川省社会科学院，1989.

[43]毕梦林. 技术经济学[M]. 沈阳：东北大学出版社，1999.

[44]万君康，蔡希贤. 技术经济学[M]. 武汉：华中理工大学出版社，1996.

[45]任玉珑. 技术经济学[M]. 重庆：重庆大学出版社，1998.

[46]赵国杰. 技术经济学[M]. 天津：天津大学出版社，1993.

[47]陈德智，王浣尘. 企业之间合作创新模式[J]. 科技管理研究. 2003(3)：33-34+38.

[48]简兆权，伍卓深. 社会网络视角的企业技术创新战略选择研究[J]. 科技管理研究，2011(23)：4-8.

[49]乔欢欢. 基于企业生命周期理论的企业技术创新组合战略选择研究[J]. 西部皮革，2016(22)：159.

[50]汪波，宋泽海，阎颐. 技术创新战略与企业组织模式的适应性[J]. 科学学与科学技术管理，2005，26(10)：71-74.